面向"十二五"示范应用型高校规划教材

蛋白质与酶工程

主编 张德华

合肥工业大学出版社

图书在版编目(CIP)数据

蛋白质与酶工程/张德华主编 .—合肥:合肥工业大学出版社,2015.9
(2024.6 重印)

ISBN 978 - 7 - 5650 - 2287 - 6

Ⅰ.①蛋… Ⅱ.①张… Ⅲ.①蛋白质—高等学校—教材②酶工程—高等学校—教材 Ⅳ.①Q51②Q814

中国版本图书馆 CIP 数据核字(2015)第 133673 号

蛋白质与酶工程

张德华 主编   责任编辑 马成勋

出　版	合肥工业大学出版社	版　次	2015 年 9 月第 1 版
地　址	合肥市屯溪路 193 号	印　次	2024 年 6 月第 6 次印刷
邮　编	230009	开　本	710 毫米×1000 毫米　1/16
电　话	理工编辑部:0551 - 62903200	印　张	20
	市场营销中心:0551 - 62903198	字　数	420 千字
网　址	press. hfut. edu. cn	印　刷	安徽联众印刷有限公司
E-mail	hfutpress@163. com	发　行	全国新华书店

ISBN 978 - 7 - 5650 - 2287 - 6   定价:48.00 元

前　言

　　"蛋白质与酶工程"是高等学校生物工程、生物科学、制药工程专业和食品质量与安全专业等相关专业的一门重要专业核心课程。2010年，皖西学院生物工程专业被列为安徽省高校质量工程省级特色专业、生物工程专业综合实验教学团队列为省级教学团队，2013年，皖西学院生物工程专业列为教育部综合改革试点专业。根据皖西学院示范应用型人才培养目标要求和生物工程省级特色专业建设规划，我们进行了生物工程专业的课程体系和实践教学模式改革，整合力量，组织编写了《植物生物技术》、《微生物发酵工程》、《蛋白质与酶工程》、《生物质能源工程》、《植物天然产物开发》等专业核心课程的系列教材和实验用书。

　　基因工程、蛋白质工程和酶工程是一脉相承的，同时这3门课的内容重复点较多，这3门课的关系如下：

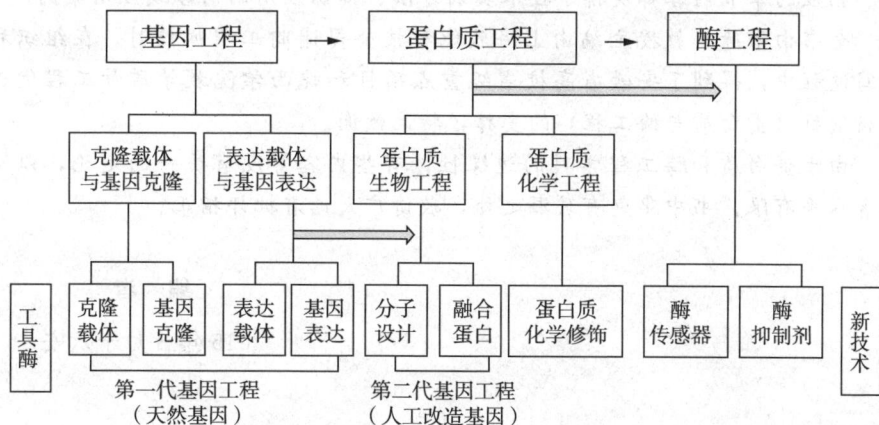

　　本书涵盖了蛋白质与酶工程的重要领域，内容包括蛋白质工程概述、酶工程概述、蛋白质分子设计、融合蛋白、蛋白质的化学修饰、酶的分离工程、固定化酶与固定化细胞、非水相酶催化、酶传感器、酶抑制剂、蛋白质和酶

的应用、基因工程基础和蛋白质工程新技术等。简明扼要地介绍了蛋白质与酶工程的基本原理、技术方法和操作流程，理论联系实际，突出案例教学与实践认知，并兼顾到知识的延伸拓展，同时介绍一些较新的前沿动态，形成自己的特色。使本科生了解现代蛋白质和酶工程理论的新进展并为相关学科提供知识和技术。

为了适应应用性本科教育，精减课程重复内容，整合课程体系，增加实用性内容，本教材有如下特色：

1. 科学精炼的内容体系

将基因工程归纳为基因克隆和基因表达，而基因表达奠定了蛋白质工程的基础。结合讲述蛋白质化学修饰可以得到内容完整的蛋白质工程知识体系，而在讲述蛋白质工程的内容时，蛋白质化学修饰结合模拟酶实例，蛋白质生物工程以抗体酶为实例。这样在讲述蛋白质工程的同时也同时阐述了酶工程的内容，结合讲述酶传感器和酶抑制剂达到酶工程较完整的体系。

2. 避免了不必要重复内容

由于上述内容体系的安排，避免了约 1/3 的重复内容，同时使知识体系更加明了。

3. 反映最新学术内容

本学科发展较快，新的技术不断涌现，本书的内容采用最新的学术观点，同时在最后一章专门安排了最新技术方法。

4. 强调实用性

相应的章节内容都安排了技术实训方法、知识应用的内容或应用案例。

全书由张德华教授主编由上海欣能科技公司谢昀工程师校对。在组织和编写过程中，得到了安徽省高校省级重点项目和皖西学院教学质量工程优秀教材项目（蛋白质与酶工程）的支撑，特此致谢。

由于蛋白质和酶工程学科的边缘性，有些内容暂没有统一的定论，以及编者水平有限，书中难免有疏漏之处，敬请广大读者批评指正。

编　者

2015 年 8 月于六安

目 录

第一章 绪 论

[内容提要] ①重点介绍蛋白质工程、蛋白质的结构与功能、蛋白质工程的原理、蛋白质工程的程序和操作方法、酶工程、酶活力等概念；②简要回顾酶及酶工程的研究意义、发展简史、酶工程研究的技术方法、酶的催化特点及影响因素。

第一节 蛋白质工程的物质基础

一、蛋白质工程

（一）蛋白质工程概念

蛋白质工程是以蛋白质的结构与功能的关系研究为基础，利用基因工程技术或化学修饰技术对现有蛋白质加以改造，组建成新型蛋白质的现代生物技术。

蛋白质是由许多氨基酸按一定顺序连接而成的，每一种蛋白质都有自己独特的氨基酸顺序，所以改变其中关键的氨基酸就能改变蛋白质的性质。而氨基酸是由三联体密码决定的，因此只要改变构成遗传密码的一个或两个碱基就能通过改变氨基酸达到改造蛋白质的目的。

```
              合成或改造                    分子设计
基因←mRNA←氨基酸序列←多肽链←蛋白质三维结构←预期功能
基因┅┅→转录┅┅┅┅→翻译┅┅┅┅┅┅┅┅┅→折叠┅┅┅┅┅→生物功能
```

操作对象：蛋白质工程的操作对象是基因

（二）蛋白质的来源

蛋白质工程所需的蛋白质主要来源有自然来源和人工合成。自然来源的蛋白质主要取自微生物、植物和动物，人工合成蛋白质主要为化学合成。

1. 微生物作为蛋白质的来源

目前工业生产蛋白质的微生物包括：

细菌：枯草芽孢杆菌、解淀粉芽孢杆菌及其他的杆菌、乳酸杆菌和链霉菌等。

真菌：包括曲霉属、青霉属、毛霉属和根霉属的许多种，如酿酒酵母。

安全性要求：微生物必须是非病原的、非毒性的、并且不产生抗生素。

优点：①生长周期短、易遗传操作；②可产胞外酶，提纯工艺简单。

表 1-1　一些源于微生物（非重组）的商业蛋白质

蛋白质	来源	应用
链激酶	各种溶血性链球菌	溶血栓剂（降解血凝块）
葡激酶	金黄色葡萄球菌	溶血栓剂
破伤风类毒素	破伤风细菌的甲醛处理的毒素	破伤风疫苗
天冬酰胺酶	菊色欧文杆菌或大肠杆菌	治疗癌（白血病）
葡萄糖氧化酶	黑曲霉	测定血糖水平
乙醇脱氢酶	酿酒酵母	测定血液乙醇水平
各种淀粉酶	杆菌和米曲霉	淀粉降解
各种蛋白酶	杆菌和曲霉	用做降解食品蛋白、去污剂或其他用途
纤维素酶	木霉属、黑曲霉和放射线菌	降解纤维素

（1）基因工程菌生产蛋白质

重组 DNA 技术有很多种方法用于提高内源微生物蛋白的产量，这些方法包括：①将相关基因的附加拷贝引入微生物；②将相关基因的一个拷贝或多个拷贝引入微生物，在强启动子下控制表达，该法能成倍提高有益蛋白质的产量。

将自然条件下细胞内不产生的重组蛋白称为异源蛋白，采用重组的方法在微生物体内产生的蛋白质几乎都是异源蛋白。

从特定的微生物菌种中分离一个基因/cDNA 序列，然后用重组的方法在相同种的菌体内表达基因产物，该方法被称为同源蛋白生产，在自然条件下宿主细胞也可以生产这种重组蛋白，但插入多拷贝的基因或改变启动子，则可提高基因产物的产量或克服基因表达的许多问题。例，代表产品脂肪酶洗涤剂和植酸酶。

（2）大肠杆菌生产异源蛋白

用于生产异源蛋白的细菌中最常见的是大肠杆菌，对它的遗传学特性非常清楚，目前已构建了很多可用的质粒。

一般情况下，编码有益蛋白质的外源基因或 cDNA 可直接与大肠杆菌的一个完整或部分基因结合，表达融合蛋白；而另一些外源基因在细菌的控制因素、启动子和终止子等调控下转录，即直接表达。

表 1-2 一些大肠杆菌生产的异源蛋白及表达水平

蛋白质	表达水平/%	蛋白质	表达水平/%
生长激素抑制剂	<0.05	抗胰蛋白酶	15
胰岛素 A 链	20	白细胞介素-2	10
胰岛素 B 链	20	肿瘤坏死因子	15
牛生长激素	5	β 干扰素	15
人生长激素	5	γ 干扰素	25
牛凝乳酶原	8		

由大肠杆菌天然合成的蛋白质大多数存在于细胞中，只有很少被分泌到细胞周质，还有少部分泌到培养基中。大肠杆菌产生的异源蛋白具有极高的表达水平，在多数情况下，这些蛋白质聚集在细胞质内，形成不溶性聚集体，即包涵体。

Ⅰ包涵体

包涵体：一种无膜包被的蛋白质不溶性聚集体，包括目标蛋白、菌体蛋白等。其中目标蛋白一级结构是正确的，但立体结构是错误的，所以没有生物活性。

包涵体成分主要由表达的异源蛋白（其中其他蛋白含量低于 15%，主要是 RNA 聚合酶）、大肠杆菌外膜蛋白和 rRNA 组成。

包涵体的形成：大肠杆菌中目标产物的表达水平过高，超过正常代谢水平，过多表达产物聚集在细胞内，形成不溶性的包涵体。包涵体即不是蛋白质天然的形式也不是完全伸展形式，而是经部分折叠的中间体组成。

包涵体形成原因：①蛋白过量积聚，超过溶解度，导致沉淀；②蛋白生成太快，分子间疏水基团相互作用而聚集沉淀；③蛋白生成太快，分子内部二硫键的错误连接导致沉淀；④表达蛋白过多，与其结合/诱导组分不足，不能形成溶解状态；⑤蛋白质自身不稳定；⑥没有足够的分子伴侣/折叠酶参与部分折叠中间体的聚集；⑦缺乏翻译后修饰酶，产生不稳定的（真核的）异源蛋白产物防止包涵体形成方法（几种表达可溶性异源蛋白）：防止包涵体形成可通过以下几种方法。①通过试验确定最准确的表达系统：准确的宿主菌株、质粒和质粒拷贝数、启动子序列都影响着产品表达的水平以及产品聚积形成包涵体的趋势。②所需蛋白质以融合蛋白进行表达：所需蛋白质与宿主细胞质中天然蛋白质（高溶解性的）融合表达能一定程度上防止包涵体的形成。③分子伴侣的共表达可提高异源蛋白的溶解度。④需要辅因子的重组蛋白：可通过增加细胞内辅因子的产生量（或外部添加辅因子）以提高蛋白质的溶解度。⑤在低于生长最适温度下培养重组细胞：将大肠杆菌的生长温度从 37℃降至 30℃以下培养，常可阻碍包涵体的形成。

Ⅱ大肠杆菌生产异源蛋白的优缺点

其优点主要有：①大肠杆菌遗传特性了解清楚；②已成功建立了适合的发酵技术；③能不受限制地生产重组蛋白；④经济前景很诱人。

其不足地方有：①重组蛋白以包涵体形式在细胞内聚集；②不能进行蛋白质翻译后修饰：如糖基化、酰胺化或乙酰基化；③重组蛋白与公众理念相悖。

（3）酵母菌生产异源蛋白

其优点主要有：①它们具有同大肠杆菌表达系统相同的优点；②大多数酵母菌是安全的食品级的（GRAS，generally recognized as safe，通常认为是安全的），如酿酒酵母是属于 GRAS 级的；③发酵技术已被完整建立：许多酵母在传统的生物技术加工如酿酒和焙烤中起重要作用；对于它们的发酵和操作已经积累了大量的技术经验和资料；④在许多生物技术应用中历史悠久：酵母的分子生物学已经历了多年的科学研究；⑤能进行翻译后修饰：酵母细胞为真核细胞，它具有亚细胞器官。

表 1-3　采用重组技术在酵母菌中生产的治疗用蛋白质

用于医学治疗中的蛋白质	酵母菌表达系统
乙肝表达抗原 B	酿酒酵母，巴斯德毕赤酵母
流行性感冒病毒的血凝素	酿酒酵母
脑灰质炎，VP2	酿酒酵母
胰岛素	酿酒酵母
人生长激素	酿酒酵母
抗体/抗体片段	酿酒酵母
人神经生长因子	酿酒酵母
人表皮生长因子	酿酒酵母
α-干扰素	酿酒酵母
白细胞介素-2	酿酒酵母
人血清白蛋白	酿酒酵母，多形汉逊酵母
肿瘤坏死因子	巴斯德毕赤酵母
破伤风毒素片段 C	巴斯德毕赤酵母

其不足地方有：①异源蛋白的表达水平低：通常占细胞总蛋白的5％以下，比在大肠杆菌低很多；②许多蛋白质分泌到细胞周质：许多由酿酒酵母生产和分泌的异源蛋白不是释放到培养基中，而是存在于细胞周质，尤其是高分子量的异源蛋白，使下游加工过程更复杂；③一些翻译后修饰的蛋白质与动物细胞生产的天然蛋白质差异很大：虽然酵母系统能进行翻译后修饰（如糖基化），但被修饰的水平和类型与天然来源所进行的修饰并不完全相同，这种翻译后修饰的变异可能会影响该异源蛋白的生物特性；④重组技术生产的蛋白质与公众理念相悖。

（4）真菌生产异源蛋白

微生物作为蛋白质来源的优点：①生长周期短、易遗传操作；②能合成并分泌大量的蛋白质到细胞外培养基中（可产胞外酶），提纯工艺简单；③它们具有异源蛋白翻译后修饰的功能；④丝状真菌许多是GRAS级的；⑤多年来被广泛应用于工业化生产各种酶以及别的初级和次级代谢产物（如维生素、各种有机酸、抗生素和生物碱）；⑥异源蛋白的胞外分泌简化了后序产品的纯化；⑦产量高：一些工业菌株如黑曲霉等可天然生产20g/L发酵液以上的葡糖糖化酶；⑧真菌大规模发酵系统已经过长时期的发展和优化。

表1-4 在重组真菌系统中表达的一些工业上重要的蛋白质

蛋白质	生物体
人干扰素	黑曲霉，构巢曲霉
牛凝乳酶	黑曲霉，构巢曲霉
天冬氨酸蛋白酶	黑曲霉，
甘油三酸酯脂肪酶	黑曲霉，
乳铁蛋白	米曲霉，黑曲霉

重组蛋白中真菌中低表达原因：①由于真菌中天然蛋白酶高水平表达，它们可分解重组蛋白；②真菌可能是由于密码子的偏好性。

2. 来源于植物蛋白质

植物蛋白质的应用：特有或更易提取的蛋白质（如木瓜蛋白酶）。

应用上不足：①许多蛋白质可在植物中合成，也可在别的生物中合成，故来源的选择应考虑技术和经济两方面因素；②植物生长有季节性，无法不断提供材料来源；③高等植物在生长过程中同时在液泡中积累排泄物，细胞分解这些排泄物时，产生大量的沉淀剂和变性剂，使植物蛋白发生不可逆的失活；④生长周期长；⑤特有蛋白质较少，其他生物提取更方便。

目前实际应用的植物特有蛋白（天然）类型主要有：应乐果甜蛋白和厅

异果甜蛋白（天然最甜物）、β－淀粉酶、无花果蛋白酶、木瓜蛋白酶。

如木瓜蛋白酶工业作用有：①肉的嫩化作用；②动物去皮；③饮料澄清；④辅助消化；⑤坏死组织去除剂（清理伤口）

利用植物生产的异源蛋白见表1-5：

表1-5　在植物中利用重组方法生产的蛋白质

蛋白质	原始来源	表达宿主
α－淀粉酶	地衣芽孢杆菌	西红柿
凝乳酶	小牛	西红柿
环糊精糖基转移酶	肺炎克氏杆菌	马铃薯
红细胞生成素	人	西红柿
葡糖淀粉酶	黑曲霉	马铃薯
生长激素	鲑鱼	西红柿
乙肝表面抗原	乙肝病毒	西红柿
水蛭素	药用水蛭	油菜
β－干扰素	人	西红柿
溶菌酶	小鸡	西红柿
植酸酶	黑曲霉	西红柿
血清白蛋白	人	马铃薯
木糖聚酶	热纤梭菌	西红柿

利用重组蛋白质的两种方法：①蛋白质能从植物组织中提取、纯化，然后使用；②重组植物组织能作为蛋白质的来源直接使用。

利用植物生产重组蛋白的优点：①产品投资更经济；②易于规模化生产；③可以利用已建立的实践/植物收获仪器/贮存等技术；④如果以含重组蛋白的植物直接作为蛋白质来源可消除下游的加工过程；⑤可进行蛋白质产物的靶位生产/积聚在植物的特殊组织可实施翻译后修饰。

利用植物生产重组蛋白的不足：①通常表达水平较低；②糖基化模型不同于动物的糖蛋白；③缺乏工业化经验和植物组织下游加工的规模化试验数据；④植物生长的季节性和地理特性；⑤在植物学的液泡中存在有毒的物质；⑥已建立的可用的或可选择的生产系统较少。

目前，对植物中重组蛋白的大规模生产缺乏工业化经验和试验。

3. 动物组织作为蛋白质的来源

许多商用蛋白质来源于动物，如胰岛素和血液因子。传统上由动物来源的重要蛋白质见表1-6。

表1-6 传统上由动物来源的重要蛋白质

蛋白质	来源	应用
胰岛素	猪/牛胰腺组织	治疗Ⅰ型糖尿病
胰高血糖素	猪/牛胰腺组织	胰岛素反向诱导的低血糖症
促滤泡素（FSH）	猪垂体	诱导动物超数排卵
	更年期妇女的尿液	治疗（人）生殖功能障碍
人绒毛膜促性腺激素	怀孕期妇女的尿液	治疗生殖功能障碍
促红细胞生成素	尿液	治疗贫血病
血液因子	人血液	治疗血友病
多克隆抗体	人或动物血液	各种诊断和治疗学应用
凝乳酶（高血压蛋白原酶）	未断奶小牛的胃	奶酪制作

（1）利用转基因动物生产异源蛋白

利用转基因动物生产异源蛋白的优点：①产量高：一只羊在典型的5个月哺乳期时，每天可以产2～3L乳。如果重组蛋白的表达水平为1g/L，一只羊每周可以生产20g以上重组蛋白。②原材料易于选择：只要能产乳动物即可，商业中采用自动挤乳系统，已设计了最佳的卫生标准。③易于规模化生产：按照饲养程度可扩大动物数量。④哺乳动物组织可以对合成的蛋白质进行广泛翻译后修饰。常见的转基因动物生产异源蛋白质见表1-7。

表1-7 转基因动物生产异源蛋白质

蛋白质	生产动物	用途
α-抗胰蛋白酶	羊	肺气肿
因子Ⅸ	羊	B血友病
纤维蛋白原	羊	血液失调
抗血栓Ⅲ	山羊	血液失调
各种多克隆抗体	山羊	很多肿瘤包括体内肿瘤的检测
人血清白蛋白	山羊	血浆体积增大病

（2）利用动物细胞培养生产异源蛋白

利用这种方法生产的最著名的是单克隆抗体、各种疫苗和干扰素。

表 1-8　通过动物细胞培养技术生产的重组蛋白

蛋白质	生产细胞	医学应用
因子Ⅷ	CHO 细胞，BHK 细胞	血友病 A
因子Ⅸ	CHO 细胞	血友病 B
t-PA	CHO 细胞	心脏病发作
FSH	CHO 细胞	不孕症
促红细胞生成素	CHO 细胞	贫血症
B-干扰素	CHO 细胞	多样硬化症
几种多克隆抗体	杂交瘤细胞	防止包括肾移植排斥在内的各种移植排斥和肿瘤的体内定位

　　注：CHO，中国仓鼠卵巢；BHK，小鼠肾；t-PA，组织纤溶酶原激活剂；FSH，促滤泡素。

　　动物细胞培养和发酵设计特点（与微生物相比）：①动物细胞的营养要求比微生物细胞更复杂；②对氧需求低，比其他微生物生长缓慢；③发酵时要求的接种量大。

　　动物细胞从体外培养角度可分为贴壁依赖性细胞和非贴壁依赖性细胞。

　　（3）昆虫细胞培养

　　通常使用杆状病毒表达系统生产重组蛋白。

　　昆虫细胞比较便宜并易于培养和保存，同时也具有翻译后修饰的能力。

　　4. 化学合成

　　到目前为止医学和工业上使用的蛋白质都是以重组和非重组的方式在生物体系中合成，然后提取、纯化。现只进行少量多肽的化学合成

　　直接化学合成的优点：①基本消除通过病原体污染蛋白质产品而传播疾病的可能性；②提供改变氨基酸序列的蛋白质合成的又一种方法；③提供合成含有非天然氨基酸/D-氨基酸蛋白的方法；④可避免蛋白质合成时使用复杂的生物系统或大量昂贵的上游加工仪器；⑤对于一般公众，该法生产的蛋白质比基因工程法更容易接受。

　　直接化学合成的不足点：①目前通过该法生产的蛋白质大小仍受限制；②其工业化试验几乎没有；③大规模生产的经济情况还不清楚；④不能实现与许多天然蛋白质相关的翻译后修饰。

　　5. 影响选择蛋白质来源的主要因素

　　选择蛋白质来源的主要考虑的因素有：①所需蛋白质的技术特性：如在动物饲料中添加的酶，在动物消化道中，这些酶在 37℃ 及胃和小肠的 pH 范围内，应具有很高的活性；②蛋白质来源的实用性；③蛋白质的产量；④蛋

白质生产和食用安全性；⑤生产过程的管理控制；⑥蛋白质生产的专利问题；⑦消费者的接受程度。常见利用 DNA 技术生产的商业蛋白质见表 1-9。

表 1-9 利用 DNA 技术生产的商业蛋白质

蛋白质	应用
血液蛋白质（如因子Ⅷ和Ⅸ）	血友病和别的血液病的治疗
溶血栓剂（如组织纤溶酶原激活剂）	治疗心脏病发作
重组"亚组织"疫苗（如乙肝表面抗原）	抗特殊疾病的疫苗
工程抗体（嵌合的和人源化抗体）	主要用于肿瘤的体内检测/治疗
天然和工程胰岛素	治疗糖尿病（1 型）
生长激素	治疗身体矮小
干扰素	治疗癌症、病毒性疾病
胆固醇酯酶	用于确定血液胆固醇水平
凝乳酶	奶酪生产
各种蛋白酶、酯酶和淀粉酶	添加于去污剂以降解"生物"污染
植酸酶	添加动物饲料降解饮食中植酸

二、蛋白质的结构与功能

（一）蛋白质结构基础

蛋白质是由 20 种天然的氨基酸以肽键相连构成的生物大分子。

1. **氨基酸的种类和结构**

蛋白质是由许多不同的 α－氨基酸按一定的序列通过酰胺键缩合而成的，具有较稳定的构象并具有一定生物功能的生物大分子。

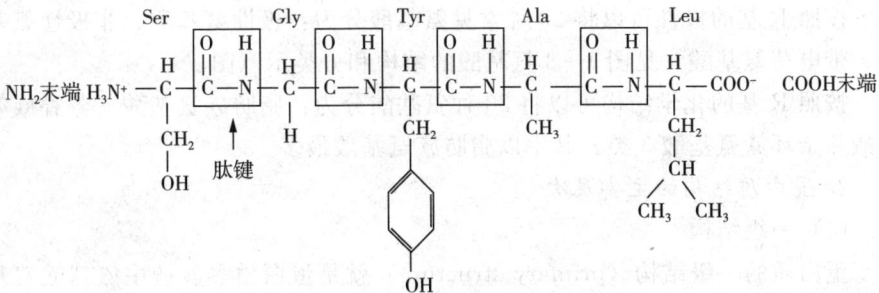

图 1-1 氨基酸通过肽键连接

表 1-10 氨基酸的名称及简写符号

名称	三字母符号	单字母符号	名称	三字母符号	单字母符号
丙氨酸 (alanine)	Ala	A	亮氨酸 (leucine)	Leu	L
精氨酸 (arginine)	Arg	R	赖氨酸 (lysine)	Lys	K
天冬酰胺 (asparagine)	Asn	N	甲硫氨酸 (蛋氨酸) (methionine)	Met	M
天冬氨酸 (aspartic acid)	Asp	D	苯丙氨酸 (phenylalanine)	Phe	F
Asn 和/或 Asp	Asx	B			
半胱氨酸 (cysteine)	Cys	C	脯氨酸 (proline)	Pro	P
谷氨酰胺 (glutamine)	Gln	Q	丝氨酸 (serine)	Ser	S
谷氨酸 (glutamic acid)	Glu	E	苏氨酸 (threonine)	Thr	T
Gln 和/或 Glu	Glx	Z			
甘氨酸 (glycine)	Gly	G	色氨酸 (tryptophan)	Trp	W
组氨酸 (histidine)	His	H	酪氨酸 (tyrosine)	Tyr	Y
异亮氨酸 (isoleucine)	Ile	I	缬氨酸 (valine)	Val	V

除脯氨酸（亚氨基酸）外，其他 19 种均具有如下结构通式：

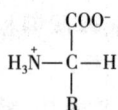

$$\begin{array}{c} COO^- \\ | \\ H_3\overset{+}{N}-C-H \\ | \\ R \end{array}$$

图 1-2 氨基酸通式

按照 R 基的极性可以将 20 种常见氨基酸分为：极性氨基酸、非极性氨基酸、带电荷氨基酸。见图 1-3 氨基酸的结构和分类示意图。

按照 R 基的化学结构可以将 20 种氨基酸分为：脂肪族氨基酸、芳香族氨基酸和杂环族氨基酸 3 类。其中以脂肪族氨基酸最多。

2. 蛋白质结构的主要层次

（1）一级结构

蛋白质的一级结构（primary structure）就是蛋白质多肽链中氨基酸残基的排列顺序。（sequence），是由基因上遗传密码的排列顺序所决定的。组成一级结构的 20 种氨基酸按照遗传密码的顺序，通过肽键连接起来，成为多肽链。

α碳

R基团

极性

天冬酰胺
Asn

谷氨酰按
Gln

酪氨酸
Tyr

丝氨酸
Ser

苏氨酸
Thr

酸 碱

带电荷

天冬氨酸
Asp

谷氨酸
Glu

精氨酸
Arg

赖氨酸
Lys

组氨酸
His

非极性

甘氨酸
Gly

丙氨酸
Ala

缬氨酸
Val

亮氨酸
Leu

异亮氨酸
Ile

非极性

色氨酸
Trp

脯氨酸
Pro

半胱氨酸
Cys

甲硫氨酸
Met

苯丙氨酸
Phe

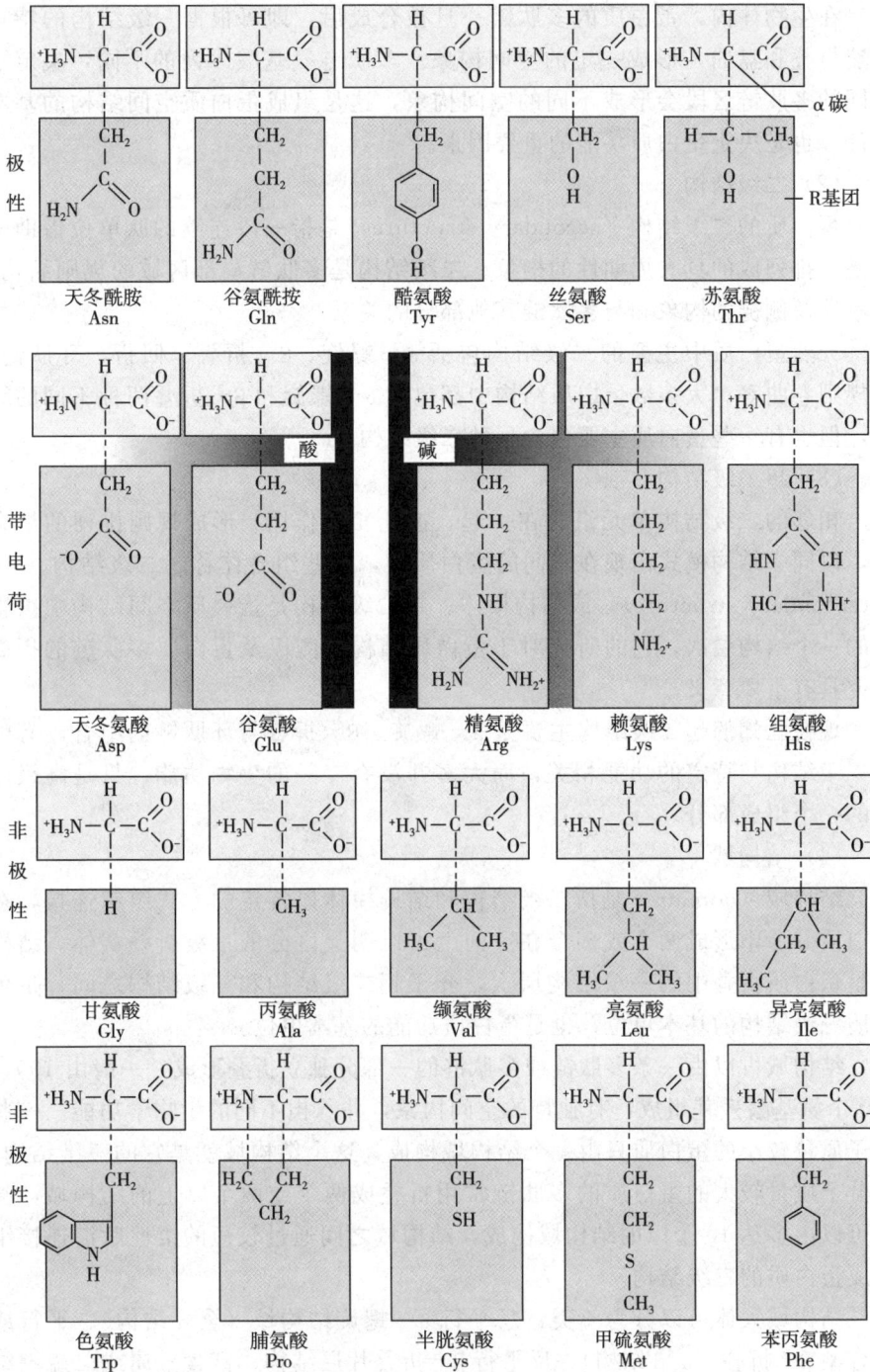

图 1-3 氨基酸的结构和分类示意图。

在生物体内，蛋白质的多肽链一旦被合成后，即可根据一级结构的特点自然折叠和盘曲，形成一定的空间构象。多肽链氨基酸序列的不同，决定了不同的多肽链区段会形成不同的空间构象，这是组成蛋白质空间结构的基本元件，也是决定蛋白质功能的重要因素。

（2）二级结构

蛋白质的二级结构（secondary structure）是指一段连续的肽单位借助于氢键，排列成的具有周期性的构象。二级结构是多肽链局部区域的规则结构，它不涉及侧链的构象和与多肽链其他部分的关系。

天然蛋白质中主要的二级结构包括 α—螺旋、β—折叠、回折、环肽链、无规则卷曲等。大多数蛋白质结构中都包含 α—螺旋和 β—折叠两种不同的结构，但也有一些蛋白质主要包含一种二级结构。

（3）超二级结构

相邻的二级结构单元组合在一起，彼此相互作用，形成规则排列的组合体，以同一结构模式出现在不同的蛋白质中，这些组合体称超二级结构（supersecondary structure），或结构模体。超二级结构是蛋白质空间结构中很重要的一个结构层次，它的研究对于蛋白质结构预测以及蛋白质多肽链的折叠研究具有重要意义。

现在已知的超二级结构主要是 α—螺旋、β—折叠与环肽链的组合，有的超二级结构与特定的功能相关，而大多并没有专一的生物功能，只是高级结构的一个组成部分。

（4）结构域

结构域（domain）是指二级结构和结构模体以特定的方式组织连接，在蛋白质分子中形成两个或多个在空间上可以明显区分的三级折叠实体。结构域是蛋白质折叠中的一个结构层次，介于超二级结构和三级结构之间，是蛋白质三级结构的基本单位，也是蛋白质功能的基本单位。

结构域可以由一条多肽链或多肽链的一部分独立折叠形成，一般由 100—200 个氨基酸残基组成，有独特的空间构象，并承担不同的生物学功能。一些分子质量较小的蛋白质只由一个结构域构成，这个结构域就是它的三维结构。而分子质量较大的蛋白质的多肽链常用折叠成两个或两个以上的结构域，甚至可以由多达 10 个以的结构域构成，结构域之间通过较短的柔性肽链连接组装成蛋白质的三级结构。

结构域大体可以分为 4 类：反平行 α—螺旋结构域（全 α 结构）、平行或混合型 β—折叠（α/β 结构）、反平行 β—折叠片层结构、富含金属或二硫键结构域（不规则小蛋白结构）。同一个蛋白质分子中几个结构域可以十分相似，也可以相差很大，而一些相似的结构域也可以出现在功能和序列都不同的蛋白质中。

（5）三级结构

蛋白质的多肽链在各种二级结构的基础上再进一步盘曲或折叠形成具有一定规律的三维空间结构，称为蛋白质的三级结构（tertiary structure）。包括肽链一级结构中相距较远的肽段之间的几何相互关系和侧链在三维空间中彼此间的相互关系。

蛋白质三级结构的稳定主要靠次级键：包括氢键、疏水键、盐键、范德华力等。这些次级键可存在于一级结构相隔很远的氨基酸残基的 R 基团之间，因此蛋白质的三级结构主要指氨基酸残基的侧链间的结合。次级键是非共价键，易受环境中 pH、温度、离子强度等影响，有变动的可能性。二硫键不属于次级键，但它对稳定蛋白质的三级结构有作用。

具备三级结构的蛋白质从其外形上看，有的细长（长轴比短轴大 10 倍以上），属于纤维状蛋白质，如丝心蛋白；有的长短轴相差不多基本上呈球形，属于球状蛋白质，如血浆清蛋白、球蛋白、肌红蛋白。球状蛋白的疏水基多聚集在分子的内部，而亲水基则多分布在分子表面，因而球状蛋白质表面是亲水的。

多肽链经过折叠、盘绕后，形成具有一定形状和构象的三级结构，并形成一些能发挥生物学功能的特定区域，如酶的活性中心、分子间识别位点等。

（6）四级结构

由两条或两条以上具有独立三级结构的多肽链组成的蛋白质就是寡聚蛋白，分子中多肽链间通过次级键相互组合而形成的空间结构称为四级结构（quarternary structure），每个具有独立三级结构的多肽链单位称为亚基（subunit）。

四级结构实际上是指亚基的立体排布、相互作用及接触部位的布局。亚基之间不含共价键，亚基间次级键的结合比二、三级结构疏松，因此在一定的条件下，四级结构的蛋白质可分离为其组成的亚基，而亚基本身构象仍可不变。构成寡聚蛋白质分子的亚基可以是相同的、相似的或完全不同的。

蛋白质亚基间紧密接触的界面存在极性相互作用和疏水相互作用。亚基间结合的主要驱动力是疏水相互作用，亚基结合的专一性是由相互作用的表面上的极性基团之间的氢键和离子键提供。

（7）维持蛋白质空间构象的作用力

蛋白质的一级结构是通过肽键连接成多肽链，二级结构是靠肽链骨架中的酰胺与羰基之间形成的氢键维持稳定，维持三级结构稳定主要靠大量的非共价因素（疏水效应、氢键、范德华力、离子键等次级键）对于寡聚蛋白亚基之间的作用力主要是靠一些非共价键（如疏水作用、静电引力）。虽然这些次级键单独存在时作用力比较弱，但大量的次级键加在一起，就产生了足以维持蛋白质天然构象的作用力。

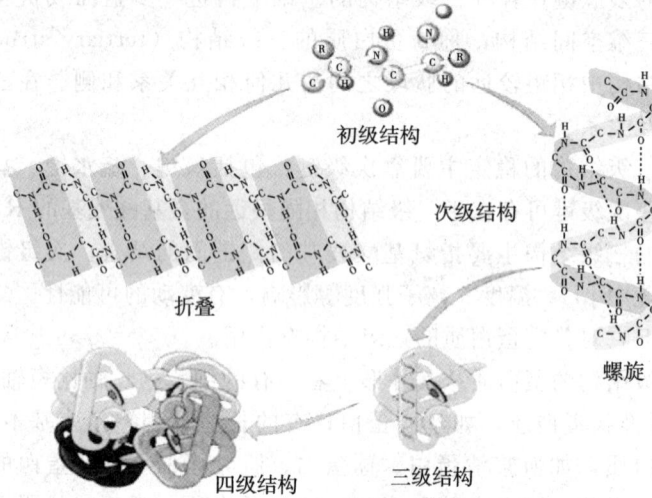

图 1-4 蛋白质一至四级结构示意图

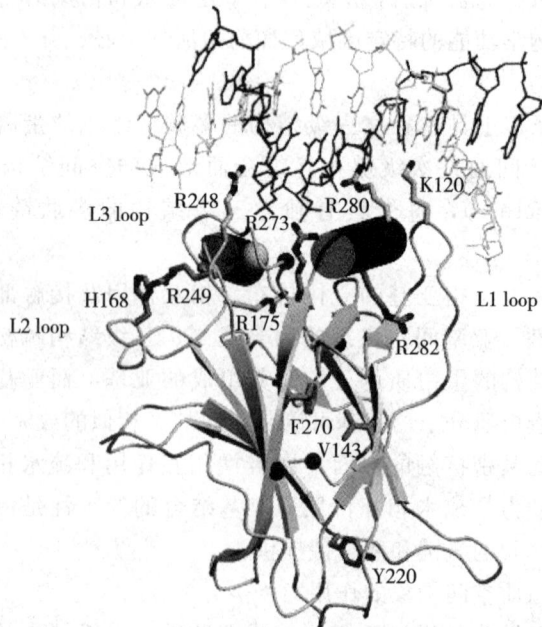

图 1-5 蛋白质分子的构象示意图

3. 多肽链的折叠

蛋白质在体内形成可以大致分为两个阶段，第一阶段，多肽链的生物合成；第二阶段，新生肽链折叠或蛋白质折叠（protein folding）成为个有完整结构和功能的蛋白质分子。蛋白质结构层次的产生是多肽链折叠的结果。

蛋白质折叠的研究，就是研究蛋白质特定三维空间结构形成的规律、稳定性和与其生物活性的关系。大量研究表明，蛋白质折叠形成的原因主要有三个：疏水作用、二级结构的形成和一些特殊作用力（如二硫键等）。起主导作用的是二级结构的形成，决定了蛋白质折叠的途径。

（1）第二遗传密码

研究蛋白质折叠的过程，可以说是破译"第二遗传密码"——折叠密码（folding code）的过程。生物遗传信息传递途径应该是从核酸序列到功能蛋白质的全过程，而核苷酸三联体遗传密码（第一遗传密码）仅有从核酸序列到无结构的多肽链的信息传递是不完整的。大量实验说明氨基酸顺序与蛋白质三维结构之间存在着对应关系，人们称之为第二遗传密码或折叠密码。

第二遗传密码特点有：

① 简并性

不少氨基酸序列不同的肽链可有极为相似或相同的三维结构（执行相同功能）。例，近百种不同来源的线粒体细胞色素 C 的氨基酸序列，残基数均在 104 左右，但仅在 21 位上相同，其他则各不相同，但所有这些细胞色素 C 的整体三维结构却是非常相似。简并性还体现在用化学修饰及定点突变方法研究侧链残基取代对蛋白质折叠状态的影响。例，对金黄色葡萄球菌核酸酶的 149 个残基逐一替换，多数对结构或功能无影响，说明个别键破坏不对结构起作用。

② 多义性

指某些相同的氨基酸序列在不同条件下有不同的三维结构，某些蛋白质在一定条件下可有多种构象。例，天然型朊蛋白（PrPc，为 α 螺旋结构）在正常动物体内，不致病。感染型朊蛋白（PrPsc，为 β 折叠）则引起神经性疾病，并导致天然型朊蛋白转变为感染型朊蛋白。（注：三维结构一般是在一定条件下处于热力学最稳定的结构）

③ 全局性和复杂性

全局性。维系蛋白质总体三维结构相对稳定的是大量弱键协同作用的结果，个别键的形成或破坏并不足以影响蛋白质的总体三维结构。

复杂性。在肽链上相距很远的残基可在空间上彼此靠近而相互作用，影响分子结构。

环境对分子结构影响：如免疫球蛋白轻链在不同离子强度和 pH 值下形

成不同的晶体，这些晶体有不同的三维结构。

除了第二遗传密码的作用以外，分子伴侣在新生肽链折叠中关键作用的发现，已经把多肽链自发折叠的概念转变为"有帮助的肽链的自发折叠和组装"。另外，还有亚基间相互作用而组装成有功能的多亚基蛋白，以及错误折叠分子与特异蛋白水解酶的识别清除构象错误的分子等。细胞内的折叠过程也是一个蛋白质分子内和分子间肽链的相互作用的过程。

（2）帮助折叠的蛋白质和酶

由蛋白质的一级结构生成三级结构的折叠过程是非常复杂的，包括多肽链中两个氨基酸残基的接触、螺旋－链环的转变、二级结构的初步形成、疏水塌缩、侧链的簇集、折叠中间体的形成、脯氨酸的顺反异构等过程。蛋白质的折叠是一个序变过程，在蛋白质的折叠过程中可以形成稳定存在的半折叠状态（中间态）。在折叠过程中可以存在各种构象，相互转换，并可以沿着不同路径进行折叠。

蛋白质折叠过程中，有可能受到阻碍，如中间态分子的聚合、二硫键的错配以及脯氨酸的异构化等，停留在某一个中间状态，所以许多蛋白质的正确折叠需要其他因子的帮助才能完成。

帮助蛋白质完成正确折叠的因子分为两类：分子伴侣和折叠酶，分子伴侣帮助正确折叠，阻止和修正不正确的折叠；折叠酶催化与折叠直接有关的化学反应，限制蛋白质折叠的速率。

综上所述，多肽链在内外因的作用下完成蛋白质的折叠过程，蛋白质折叠内因（自发）：第二遗传密码决定折叠状态（热力学因素）；折叠外因（帮助）：分子伴侣蛋白和折叠酶（克服动力学和熵的障碍）。

A. 分子伴侣（molecular chaperone）

分子伴侣是一类相互之间有关系的蛋白质，它们的功能是帮助其他含多肽结构的物质在体内进行非共价键的组装和卸装，但不是这些结构在发挥其正常生物学功能的永久组成成分。

分子伴侣的功能有：①帮助新蛋白的折叠；②帮助蛋白质的跨膜转运；③使一些聚合蛋白解聚；④催化不稳定蛋白的降解；⑤控制调节蛋白的折叠，影响基因的转录；⑥参与细胞内囊泡的转运；⑦参与细胞骨架蛋白的装配。

分子伴侣的种类较多，如蛋白质家族的Hsp60、Hsp70、Hsp90。

分子伴侣的概念延伸：①分子伴侣不局限于蛋白质（含酶），核糖体、RNA或某些磷脂等有分子伴侣活性。如生物膜上的磷脂酰乙醇胺是乳糖透过酶正确折叠所必需的，称脂分子伴侣。②分子伴侣帮助的对象不局限于蛋白质，也可帮助其他生物大分子的折叠。如与DNA结合帮助DNA折叠的称"DNA分子伴侣"。帮助RNA分子折叠的蛋白质，称"RNA分子伴侣"。

分子伴侣的应用：如分子伴侣突变和损伤会引起某些疾病。

B. 折叠酶

① 帮助在蛋白质折叠过程中二硫键的正确形成和配对的折叠酶

二硫键是两个半胱氨酸侧链巯基（—SH）氧化形成的共价键（—S—S—），出现在许多蛋白质中，对蛋白质正确三维结构的形成和稳定具有重要的作用。细胞中有两类酶分子可以帮助在蛋白质折叠过程中二硫键的正确形成和配对：二硫键形成酶（Dsb）和二硫键异构酶（protein disulfide isomerase，PDI）。

② 催化脯氨酰残基异构化的酶

另一个折叠酶是肽基脯氨酰顺反异构酶（peptidyl-prolyl cis-trans isomerase，PPI），反式肽基脯氨酰键经过肽基脯氨酰顺反异构酶的催化转变为肽基脯氨酰顺式构型，使折叠能顺利进行。

（3）蛋白质去折叠

蛋白质的去折叠与折叠互逆过程，当蛋白质变性后，就变成去折叠态（unfolding），当去除变性因素后，又逐渐恢复天然构象，就是再折叠的过程。通过蛋白质去折叠研究可探讨蛋白质由天然态变为去折叠态的机制，从逆向思维的角度回答一级结构怎样决定高级结构的问题。

通过实验方法使蛋白质去折叠，常用的实验方法有变性剂诱导、温度诱导、压力诱导、pH 诱导、蛋白酶诱导、电荷诱导和外力诱导等。

实验研究手段主要是通过物理学方法配合各种生物化学和分子生物学方法。

（4）蛋白质的错误折叠与疾病

① 细胞内保证蛋白质正常功能的"质量控制"系统。

细胞内存在某些"质量控制"系统，以保证生产出有正常功能的蛋白质，如 DNA 复制的质量控制，翻译过程中的质量控制，翻译后的质量控制。特别是在内质网和分泌路径中的下游细胞器中，有多种质量控制机制以保证蛋白质表达的精确性。

② 与蛋白质错误折叠有关的疾病

一般多肽链在翻译后通过正确的折叠都能形成具有功能的蛋白质，如果折叠过程出现错误，可能会导致某些疾病的发生。如朊病毒，天然型朊蛋白不致病。但感染型朊蛋白（PrPsc，错误折叠）会形成淀粉样小纤维，较多的淀粉样小纤维聚集形成淀粉样斑块前体，淀粉样斑块前体再形成淀粉样斑块，淀粉样斑块会导致动物和人大脑海绵状退化病变（神经性疾病）。如人的纹状体脊髓变性病、疯牛病、老年痴呆症、亨廷顿舞蹈病、帕金森病和淀粉样蛋白质等病症都与其有关。

4. 蛋白质结构测定

蛋白质结构测定的重点是一级结构测定，蛋白质分子中多肽链的氨基酸序列就是蛋白质的一级结构，对氨基酸序列的测定是了解蛋白质结构和功能的基础。多肽链氨基酸序列测定的基本策略是片段重叠法和氨基酸顺序直测法

基本步骤：细胞中的蛋白质通过分离与纯化（分离和纯化方式有盐析法、有机溶剂沉淀法、等电点沉淀法、吸附法、超滤、离子交换层析、凝胶过滤、疏水作用层析、亲和层析、高效液相层析、快速蛋白质液相层析、电泳、结晶），得到纯化后无其他杂质的蛋白质，再进行蛋白质结构的测定。蛋白质结构顺序测定的基本路线为：

（1）测定蛋白质分子中多肽链数目

分离寡聚蛋白可用变性剂 8mol/L 尿素、68mol/L 盐酸胍或高浓度盐溶液处理，使寡聚蛋白亚基间的非共价键断裂，亚基分开，多肽链松散成无规则的构象。

（2）拆分蛋白质的多肽链，断开多肽链内二硫键

断裂二硫键常用氧化剂或还原剂将二硫键断裂。如用过量的巯基乙醇处理，使 $-S-S-$ 还原为 $-SH$（巯基）。

（3）分析每一条多肽链的氨基酸组成

（4）鉴定多肽链 N$-$末端、C$-$末端氨基酸残基

多肽 N、C$-$末端氨基酸的测定方法：

N 端测定常用 Sanger 法［二硝基氟苯（DNFB）反应］，因为 DNFB 能同蛋白质 N 末端氨基酸的自由 $\alpha-$氨基定量反应，生成 DNP$-$蛋白质。DNP$-$蛋白质经酸水解，得到 DNP$-$氨基酸和氨基酸的混合物。由于 DNP$-$氨基酸都呈黄色，当用纸层析、聚酰胺薄膜层析，电泳或柱层析等分离后，可进行定性及定量测定。

C 端测定可用 DNS 法（丹磺酰氯反应）、Edman 法（异硫氰酸苯脂反应）、氨肽酶法、肼解法、还原法和羧肽酶法等实验完成。

Edman 化学降解法过程为：①偶联反应：异硫氰酸苯脂与肽（或蛋白质）反应生成苯氨基硫甲酰肽（PTC$-$肽）。②环化反应：在无水三氟乙酸中 PTC$-$肽裂解产生噻唑啉酮中间物，而肽的其余部分被释放出来。③转化反应：噻唑啉酮中间物不稳定，先水解为苯氨基硫甲酰氨基酸（PTC$-$氨基酸），然后再环化形成乙内酰苯硫脲氨基酸（PTH$-$氨基酸），PTH$-$氨基酸用有机溶剂抽提，通过薄膜层析，再与标准的 PTH$-$氨基酸图谱比较，便可确定未知的 N 末端氨基酸。因 PTH$-$氨基酸在 268nm 附近有强烈吸收，用紫外光源照射可在荧光屏上看到。气$-$液色谱对 PTH 氨基酸（除精氨酸外）可进行

迅速而灵敏的定量测定。

Edman 方法优点是在切下 N 末端氨基酸残基时，不发生整个肽链的全水解；大多数搭配残基与 Edman 试剂都很容易反应，产率较高。Edman 化学降解法范围为 10 肽以下的肽段。

丹磺酰氯（dansyl chlorid）末端分析（DNS 法）原理是荧光试剂二甲氨基萘磺酰氯（DNS－Cl）在碱性条件下与氨基酸（肽或蛋白质）的氨基结合成带有荧光的 DNS－氨基酸（DNS－肽或 DNS－蛋白质），DNS－肽和 DNS－蛋白质再经酸水解可释放出 DNS－氨基酸。DNS－氨基酸在紫外光照射下呈现黄色荧光。另外 DNS－氨基酸在酸性条件下可被乙酸乙酯抽提，然后取乙酸乙酯点样层析，层析图谱清晰。DNS－氨基酸也可用聚酰胺薄层析法进行分离和鉴定。

（5）裂解多肽链成较小的片段

多肽链的部分裂解方式主要有酶解法和化学法。酶解法可用胰蛋白酶、胰凝乳蛋白酶、胃蛋白酶、木瓜蛋白酶或动物消化道内几种蛋白酶进行专一性裂解。化学方法可用溴化氰法或羟胺法对多肽链进行裂解。

（6）测定各肽段的氨基酸顺序

氨基酸序列测定常规方法主要有 Sanger 法、Edman 降解法和 DNS－Edman 测序法、质谱法、气谱－质谱联用法等，也可用蛋白质顺序仪对小片段多肽进行测序。

（7）片段重叠法重建完整多肽链一级结构

如果一条多肽链断裂成两段或三段肽段，通过对肽段测序，可以很容易推断出它们在多肽链中的先后顺序。但如果得到的肽段太多，需要用两种或两种以上的不同方法，得到两套或几套肽段，借助肽段之间的重叠就可以确定肽段在原多肽链中的正确位置，拼接出整个多肽链的氨基酸序列。片段重叠法确定肽段在多肽链中顺序示意如下：

例通过上述实验得到如下资料。

氨基末端残基　　H

羧基末端残基　　S

第一套肽段　　　　　　　　　第二套肽段

　QUS　　　　　　　　　　　　SEQ

　PS　　　　　　　　　　　　　WTQU

　EQVE　　　　　　　　　　　VERL

　RLA　　　　　　　　　　　　APS

　HQWT　　　　　　　　　　　HQ

借助重叠肽确定肽段次序：

末端残基	H				S
末端肽段	HQWT				APS
第一套肽段	HQWT	QUS	EQVE	RLA	PS
第二套肽段	HQ	WTQU	SEQ	VERL	APS
推断全顺序	HQWTQUSEQ		VERLAPS		

（8）确定半胱氨酸残基间形成二硫键交联桥的位置。

对角线电泳最经典的用途当属二硫键的确定，1966 年 Brown 及 Hartlay 提出用对角线电泳进行含—S—S—肽的定位，此方法是将水解后的肽混合物进行第一相电泳，样品点在中间，电泳毕，将样品纸条剪下，置于装有过甲酸的器皿中，用过甲酸蒸气处理 2 小时，使—S—S—断裂，此时含—S—S—肽段的静电荷发生了改变。然后将纸条缝于另一张纸上，进行第二相电泳，电泳条件与第一相相同，只是与第一次方向成直角。在第二相电泳中，那些不含—S—S—的肽段的电泳情况与第一相相同，因此电泳后各肽斑均坐落在纸的对角线上，而那些含—S—S—的肽由于被氧化，电荷发生变化，第二相电泳速度就与第一相不同，电泳结果这些肽斑就偏离对角线，肽斑可用茚三酮显示。对角线法由于其速度快，操作简便以及能用于小分子样品，是直接分离—S—S—肽的好方法。含—S—S—肽被分离后，即可进行肽段顺序分析，并与已测定的该蛋白质的一级结构进行比较，即可找出相应的—S—S—位置。

通过对角线电泳方法可用于确定半胱氨酸残基间形成二硫键交联桥的位置。两向条件相同，所以肽段都在对角线上。样品蛋白质经处理后，利用荧光巯基探针标记巯基，目标蛋白会带上荧光探针。再进行对角线电泳时，如果发现目标蛋白存在分子内二硫键，则经处理后所得的点位于对角线的上方；如果目标蛋白存在分子间二硫键，则经过处理后得到的点位于对角线的下方。不过中间用过甲酸处理了，所以原来有二硫键的肽段会偏离。（注：对角线电泳与常规双向电泳不同）

对角线电泳有一定缺点：①检测低丰度蛋白的敏感性不够；②一些分子量过大、极酸性或极碱性蛋白在电泳中会丢失；③高疏水性蛋白或不溶性蛋白得不到较好的检测；④重复性问题。

（二）蛋白质的功能

蛋白质是生活细胞内含量最丰富、功能最复杂的生物大分子，参与了几乎所有的生命活动，与核酸共同构成了生命现象的主要物质基础。蛋白质的生物学功能主要包括：

① 具有生物催化功能。人体内的化学变化几乎都是在酶的催化下不断进行的。而生物体内酶主要是由蛋白质组成。

② 调节功能。激素对代谢的调节作用也具有重要意义，而酶的激素都直

接或间接来自于蛋白质。

③ 运输功能。如氧和二氧化碳在血液中运输、脂类的运输、铁的运输等都与特殊蛋白质有密切的关系。

④ 运动功能。肌肉收缩依赖于肌球蛋白和肌动蛋白，有肌肉收缩才有躯体运动、呼吸、消化及血液循环等生理活动。

⑤ 可作为机体的结构成分。蛋白质是构成体内各组织的主要成分，蛋白质在人体内的主要功能是构成组织和修补组织。人的大脑、神经、肌肉、内脏、血液、皮肤、指甲、头发等都是以蛋白质为主要成分构成的。人体发育成长后，随着机体内新陈代谢的不断进行，部分蛋白质分解，组织衰老更新以及损伤后的组织修补等都需要不断补充蛋白质。

⑥ 具有防御和保护功能。机体抵抗力的强弱，取决于抵抗疾病的抗体的多少，抗体的生成与蛋白质有密切关系。近年来被誉为抑制病毒的法宝和抗癌生力军的干扰素，也是一种复合蛋白质（糖和蛋白质结合而成）。

⑦ 生物体发育和生长的营养物质。

⑧ 支架作用。支架蛋白借助自身的特定结构，通过蛋白－蛋白相互作用能识别并结合其他蛋白，可以将多种不同蛋白质装配成一个多蛋白复合体，这种复合体参与对激素和其他信号分子的胞内应答的协调和通讯。例如，激素和神经递质的受体蛋白有接受和传递信息的功能。

⑨ 信息传递。在细胞膜上存在很多受体蛋白，可以与细胞外或细胞内膜包裹的内空间相互作用，将信号跨膜传递，再通过复杂的信号传导途径引发一系列生化反应。

⑩ 其他特定功能。有些蛋白具有特殊的功能，如生物氧化过程中起电子传递体作用的某些色素蛋白、植物中的甜味蛋白、昆虫的节肢弹性蛋白、胶质蛋白、种子贮藏蛋白为种子的生长发育提供原料等。

蛋白质具有多种生物学功能，这些功能都与各自的分子特征和空间构象有关，空间构象的改变会导致蛋白质生物学功能的变化。

（三）蛋白质的结构与功能的关系

蛋白质分子结构是多层次性（一到四级结构，既四个层次）。它的功能主要取决于空间结构。

1. 氨基酸序列决定蛋白质的结构与功能

（1）具有不同功能的蛋白质总是有不同的氨基酸序列，氨基酸序列的变异与蛋白质的功能密切相关，如镰刀型贫血病人的血红蛋白的 β 亚基一个谷氨酸（正常人）被缬氨酸取代。

（2）同源蛋白的物种差异与生物进化关系。在不同生物体中具有相同或相似功能的蛋白质称同源蛋白。同源蛋白质的氨基酸序列具有明显的相似性，称蛋白质序列同源性。蛋白质序列差异与进化比较时发现，来自任何两个物种的同源蛋白，其序列间的氨基酸差异数目与这些物种间的系统发生差异是成比例的，在进化位置上相差愈远，其氨基酸序列之间的差别愈大。

2. 蛋白质的变性与复性

天然蛋白质受到物理因素（如热、紫外线、高压）或化学因素（如有机溶剂、酸、碱）的影响时，引起蛋白质天然构象的破坏，导致生物活性的降低或丧失，称蛋白质变性。蛋白质变性的实质是蛋白质分子中的次级键被破坏，引起天然构象解体，形成无规则卷曲的构象。

蛋白质在一定范围内适度变性，当变性因素除去后，变性蛋白质又可重新恢复到天然构象，称蛋白质的复性或再折叠。多数人认为天然构象是处于能量最低的状态，认为变性是可逆的，即蛋白质的体外再折叠过程与生理条件下蛋白质的生物合成及折叠过程具有相同的原理和途径。但并不是所有变生的蛋白质在变性后都能重新恢复活力，有些蛋白质变性后不能复性，主要是因为所需要的条件复杂，不容易满足。

3. 蛋白质空间结构与功能的关系

蛋白质多种多样的功能与各种蛋白质特定的空间构象密切相关，蛋白质的空间构象是其功能活性的基础。蛋白质适度变性时，空间结构破坏，使蛋白质生物功能丧失；适度变性的蛋白质复性后，构象复原，活性又能恢复。

4. 蛋白质间的相互作用与特殊结构

蛋白质结构单元组成的特定构象常与蛋白质的功能有关，在蛋白质之间、蛋白质与核酸之间、蛋白质与配体分子的相互识别和作用中具有生物学功能。例，抗原与抗体的相互识别，抗原可以是蛋白质、多糖或核酸，抗体是针对抗原表面不同区域结构的由淋巴细胞的白结构合成的糖蛋白。

5. 参与蛋白质与 DNA 分子间相互作用的结构域

如 DNA 转录因子中的结构域参与基因活性的调控，而这些调控因子许多都是小分子蛋白质或多肽，如 DNA 转录因子中的螺旋－转角－螺旋、锌指结构、亮氨基拉链和螺旋－环－螺旋结构等。

第二节　蛋白质工程的原理

一、蛋白质工程的理论依据

蛋白质工程的理论依据是基因指导蛋白质的合成。人们可根据需要对负责编码某种蛋白质的基因进行重新设计和改造，借以改善蛋白质的物理和化学性质，使合成出来的蛋白质的结构和性能更加符合人们的要求。由此可见，蛋白质工程是在基因工程的基础上发展起来的，所以又被称为"第二代基因工程"。

二、蛋白质工程设计原理

首先了解需要改造的蛋白质的结构和功能，再提出蛋白质改造的设计方案，然后从基因水平或蛋白质水平进行改造。基因水平改造是在功能基因开发的基础上对编码蛋白质的基因进行改造。蛋白质水平改造是对制造出的蛋白质进行加工、修饰，如糖基化、磷酸化等。

蛋白质分子在基因水平上设计类型可分为：

① 小改。对已知结构的蛋白质进行几个残基的替换来改善蛋白质的结构和功能；

② 中改。对天然蛋白质分子进行大规模地肽链或结构域替换以及对不同蛋白质的结构域进行拼接组装；

③ 大改。在了解蛋白质结构和功能的基础上，从蛋白质一级结构出发，设计自然界不存在的全新蛋白质。

第三节　蛋白质工程的程序和操作方法

一、蛋白质工程的程序

蛋白质工程主要通过以下步骤完成。①筛选纯化需要改造的目的蛋白；②研究其特性常数等；③制备结晶，通过氨基酸测序、X射线晶体衍射分析、核磁共振分析等研究，获得蛋白质结构与功能相关的数据；④结合生物信息学的方法对蛋白质改造进行分析；⑤由氨基酸序列及其化学结构预测蛋白质的空间结构，确定蛋白质结构与功能的关系，找出可修饰的位点和可能的途径；⑥根据氨基酸序列设计核酸引物或探针，并从 cDNA 文库或基因文库中获取编码该蛋白质的基因序列；⑦在基因改造方案设计的基础上，对编码蛋白质的基因序列进行改造，并在不同的表达系统中表达；⑧分离纯化表达产物，并对表达产物的结构和功能进行检测。

二、蛋白质工程的操作方法

以重组 DNA 技术为核心的基因工程技术改造蛋白质。通过计算机辅助设计（生物信息学）与基因工程、生物化学相结合的方法。

改造蛋白质分子常用方法有通过突变、重组和功能筛选技术。基因突变技术（位点特异性突变）如在寡核苷酸引物介导下的定点突变、盒式突变、PCR突变等技术。蛋白质筛选系统（高通量筛选法）如噬菌体表面展示技术、细菌表面展示技术和体外展示技术等。

三、蛋白质工程的产生和发展

1972年，美国斯坦福大学Berg成功地实现了DNA重组实验，标志着基因工程的诞生。20世纪80年代初，蛋白质晶体学、结构生物学，计算机辅助设计、基因定位诱变等技术的融合，促使了蛋白质工程这一新兴生物技术领域的诞生。1982年，Winter等首次报道了通过基因定位诱变获得改性的酪氨酸tRNA合成酶。1983年，Ulmer在《科学》杂志上发表了以"Protein Engineering"的专论，这标志着蛋白质工程的诞生。

四、蛋白质工程与基因工程的关系

基因工程是以DNA双螺旋分子结构为理论基础，以DNA的体外操作为技术基础，按人们的意愿对不同生物的遗传基因进行切割、拼接或重新组合，再转入生物体内产生出人们所期望的产物，或创造出具有新遗传性状生物的一门技术。

蛋白质工程是从DNA水平改变基因入手，通过基因重组技术改造蛋白质或设计合成具有特定功能的新蛋白质的新兴研究领域。

基因工程为蛋白质工程提供基因克隆、表达、突变及活性检测等关键技术。两者比较（关系）如下：

（1）基因工程可分为基因克隆和基因表达两类。其中基因表达就是利用基因工程合成蛋白质。

（2）蛋白质工程也可分为基因工程方法和化学修饰的方法两类。

（3）一般基因工程利用表达载体合成天然蛋白，蛋白质工程利用基因工程合成新型蛋白质。

第四节　酶工程定义

酶工程是一种可以让工厂高效、安静、美丽如画的工程技术。

一、酶及酶工程的研究意义

酶是活细胞产生的一种高效的、专一的生物催化剂。酶工程是利用酶、细胞器或细胞的特异催化功能，通过适当的反应器工业化生产人类所需产品或达到某种特殊目的的一门技术科学。

酶工程研究的主要内容包括酶的发酵工程、酶的分离工程、固定化酶与固定化细胞、化学酶工程、生物酶工程、酶反应器及传感器、酶的非水相催化、酶抑制剂以及酶的应用。酶工程研究的最终目的就是为了获得大量所需要的酶，并能高效利用所得的酶。酶工程的研究涉及生物化学、分子生物学、基因工程、细胞工程、发酵工程、医学、免疫学、有机化学、分析化学以及仿生学等多学科。

二、酶与酶工程发展简史

1. 酶学研究简史

酶学研究经历了从不自觉的应用，如酿酒、造酱、制饴和治病等活动，到专门对酶学的研究两大过程。

（1）消化研究

如 1777 年，意大利物理学家 Spallanzani 的山鹰实验。1822 年，美国外科医生 Beaumont 研究食物在胃里的消化。1836 年德国生理学家施旺在研究消化过程时，分离出一种在胃内消化蛋白的物质，将它命名为胃蛋白酶。

（2）发酵研究

如 1684 年，比利时医生 Helment 提出 ferment 是引起酿酒过程中物质变化的因素（酵素）。1833 年，法国化学家 Payen 和 Person 用酒精处理麦芽抽提液，得到淀粉酶（diastase）。1878 年，德国科学家 Kühne 提出 enzyme 是从活生物体中分离得到的酶，意思是"在酵母中"（希腊文）。Buchner 兄弟的试验，他们用细砂研磨酵母细胞，压取汁液，汁液不含活细胞，但仍能使糖发酵生成酒精和二氧化碳，实验证明发酵与细胞的活动无关。

现代把酶定义为是活细胞产生的，能在细胞内外起作用（催化）的生理活性物质。

enzyme—organic chemical substance (a catalyst) formed in living cells, able to cause changes in other substance without being changed itself.

（3）酶学的迅速发展（理论研究）

① 酶的化学本质。1926 年，美国康乃尔大学的"独臂学者"Sumner（萨姆纳）博士从刀豆中提取出脲酶结晶，并证明具有蛋白质的性质。1930 年，美国的生物化学家 Northrop 分离得到了胃蛋白酶（pepsin）、胰蛋白酶（trypsin）、胰凝乳蛋白酶（chymotrypsin）结晶，确立了酶的化学本质。

② 酶学理论研究。主要成果有 1890 年，Fisher——锁钥学说。1902 年，Henri——中间产物学说。1913 年，Michaelis 和 Menten——米氏学说。1958

年，Koshland——诱导契合学说。1960 年，Jacob 和 Monod——操纵子学说。

酶是一类由活性细胞产生的具有催化作用和高度专一性的特殊蛋白质。

③ 核酶的发现

1982 年，Thomas R. Cech 等人发现四膜虫细胞的 26S rRNA 前体具有自我剪接功能，将这种具有催化活性的天然 RNA 称为核酶——Ribozyme。1983 年，Altman 等人发现核糖核酸酶 P 的 RNA 组分具有加工 tRNA 前体的催化功能。而 RNase P 中的蛋白组分没有催化功能，只是起稳定构象的作用。核酶的发现，改变了有关酶的概念，即 "酶是具有生物催化功能的生物大分子（蛋白质或 RNA）。故现代又可把酶分两大类：一类主要由蛋白质组成—蛋白类酶（P 酶）；另一类是由核糖核酸组成—核酸类酶（R 酶）。

2. 酶工程应用研究

酶工程应用研究事例较多，如 1894 年，日本的高峰让吉用米曲霉制备得到淀粉酶，开创了酶技术走向商业化的先例。1908 年，德国的 Rohm 用动物胰脏制得胰蛋白酶，用于皮革的软化及洗涤。1908 年，法国的 Boidin 制备得到细菌淀粉酶，用于纺织品的褪浆。1911 年，Wallerstein 从木瓜中获得木瓜蛋白酶，用于啤酒的澄清。1949 年，用微生物液体深层培养法进行 α—淀粉酶的发酵生产，揭开了近代酶工业的序幕。1960 年，法国科学家 Jacob 和 Monod 提出的操纵子学说，阐明了酶生物合成的调节机制，通过酶的诱导和解除阻遏，可显著提高酶的产量。

在酶的应用过程中，人们注意到酶的一些不足之处，如稳定性差，对强酸碱敏感，只能使用一次，分离纯化困难等。

解决的方法之一是固定化。如 1916 年，Nelson 和 Griffin 发现蔗糖酶吸附到骨炭上仍具催化活性。1969 年，日本千佃一郎首次在工业规模上用固定化氨基酰化酶从 DL—氨基酸生产 L—氨基酸。1971 年，第一届国际酶工程会议在美国召开，会议的主题是固定化酶。

三、酶工程简介

酶工程由酶学与化学工程技术、基因工程技术、微生物学技术相结合而产生的一门新的技术科学。它从应用目的出发，研究酶的产生、酶的制备与改造、酶反应器以及酶的各方面应用。可分为化学酶工程与生物酶工程。

1. 化学酶工程（初级酶工程）

化学酶工程是酶化学与化学工程技术相结合的产物。主要研究内容有酶的制备、酶的分离纯化、酶与细胞的固定化技术、酶分子修饰、酶反应器和酶的应用。

2. 生物酶工程（高级酶工程）

在化学酶工程基础上发展起来的、酶学与现代分子生物学技术相结合的产物。

3. 生物酶工程主要研究内容

（1）用基因工程技术大量生产酶（克隆酶）

如尿激酶原和尿激酶是治疗血栓病的有效药物。用 DNA 重组技术将人尿激酶原的结构基因转移到大肠杆菌中，可使大肠杆菌细胞生产人尿激酶原，从而取代从大量的人尿中提取尿激酶。

（2）用蛋白质工程技术定点改变酶结构基因（突变酶）

如酪氨酰－tRNA 合成酶，用第 5 位的丙氨酸取代第 51 位的丝氨酸，使该酶对底物 ATP 的亲和力提高了 100 倍。

（3）设计新的酶结构基因，生产自然界从未有过的性能稳定、活性更高的新酶。

四、酶工程研究的技术方法

研究酶工程的技术方法主要有：①酶的分离纯化；②酶的固定化；③酶蛋白的化学修饰；④侧链修饰（羧基、氨基、精氨酸的胍基、巯基、组氨酸的咪唑基、色氨酸吲哚基、酪氨酸残基、脂肪族羟基、甲硫氨酸甲硫基等）；⑤酶的亲和修饰；⑥酶的化学交联；⑦酶分子的定向改造（包括易错 PCR 技术、DNA 的改造技术、外显子改组、计算机辅助设计和突变库的构建）。这些方法旨在提高酶的催化活性，提高酶分子的稳定性、专一性和高效性。

第五节　酶的催化特点以及影响因素

一、酶的催化特点

酶作为生物催化剂，其作用与一般的无机催化剂或有机催化剂相比，具有显著的特点。

1. 极高的催化效率

酶可催化正向及逆向反应，在 37℃ 或更低的温度下，酶的催化速率是没有催化剂催化的化学反应速率的 $10^{12} \sim 10^{20}$ 倍，比一般催化剂催化反应的速率高 $10^7 \sim 10^{13}$ 倍。

2. 高度的专一性

指酶对催化的反应和反应物有严格的选择性。酶往往只能催化一种或一类反应，作用于一种或一类物质。

酶的专一性分为结构专一性和立体异构专一性。其中，结构专一性包括：

①绝对专一性，酶只作用于一种底物，如脲酶只能催化尿素水解成 NH_3 和 CO_2；②相对专一性，一种酶可作用于一类化合物或一种化学键，这种不太严格的专一性称相对专一性。包括键专一性和基团专一性。如脂肪酶水解脂肪以及酯类的酯键。

立体异构专一性包括旋光异构专一性和几何异构专一性。

3. 活性的可调节性

酶是生物体的组成成分，和体内其他物质一样，不断在体内进行新陈代谢，酶的催化活性也受多方面的调控。包括酶含量的调节与酶活性的调节。酶含量的调节主要体现在酶生物合成的调节和酶分子的降解速度上。酶活性的调节主要包括酶的共价调节、酶的别构调节、前馈和反馈作用调节酶活性、激素对酶活性的调节、同工酶的调节作用、酶的分子修饰对酶活性的影响和酶之间的相互作用等方面。

酶的共价调节指酶蛋白分子上的某些残基在另一种酶的催化下进行可逆的共价修饰，从而使酶在活性与非活性形式之间互相转变的过程。

酶的别构调节指某些小分子物质与酶的非催化部位或别位特异地结合，引起酶蛋白构象的变化，从而改变酶活性的方式。能发生别构效应的酶称为别构酶。

前馈和反馈作用调节酶活性，酶的活性受到其底物和产物的影响。把底物对酶作用的影响称为前馈，而把产物对酶作用的影响称为反馈。前馈和反馈都有正作用和负作用。

激素对酶活性的调节，激素的一个生理作用就是通过直接或间接作用影响酶的活性而调节生物体物质代谢。大多数激素是通过直接和间接激活细胞内的蛋白激酶或其他酶的活性来实现对某种酶的调节。

同工酶的调节作用，同工酶是指催化相同的化学反应，但其蛋白质分子结构、理化性质及生物学特性等方面都存在明显差异的一组酶。

酶的分子修饰对酶活性的影响，在体外通过酶的分子修饰，如酶中金属离子的置换修饰、大分子结合修饰、肽链的有限水解修饰、酶蛋白的侧链基团修饰、氨基酸的置换修饰以及一些物理的修饰方法，均可使酶蛋白的构象发生不同程度的改变，使酶的活性显著提高。

酶之间的相互作用，在某些特定反应体系中，一种酶的加入可使得另一酶促反应速度加快或减慢。这种作用机制尚不清楚。

4. 酶活性的不稳定性

酶是蛋白质，酶的活性强弱易受环境中的温度、pH、离子种类和浓度的影响。

5. 酶催化反应的温和性

酶的反应条件温和，能在接近中性 pH 和生物体温以及在常压下催化反应。这一特点使酶制剂在工业上有良好前景，一些产品生产可免除高温高压耐腐蚀的设备，因而可提高产品的质量，降低原材料和能源的消耗，改善劳动条件和强度，降低成体。

二、影响酶催化的因素

酶的催化作用受到底物浓度、产物浓度、酶浓度、温度、pH 值、抑制剂浓度、激活剂浓度等多种因素的影响。在酶的应用过程中，影响酶催化反应的因素是重要的控制参数，在优化的环境条件下，才能发挥酶的催化效率。

（1）底物浓度。在酶浓度不变的情况下，底物浓度对反应速度影响的作用呈现矩形双曲线。双曲线大致分为三段：第一段，在底物浓度很低时，反应速度随底物浓度的增加而急骤加快，两者呈正比关系，表现为一级反应。随着底物浓度的升高，反应速度不再呈正比例加快，反应速度增加的幅度不断下降，表现为一级反应和零级反应之间的混合反应，如果继续加大底物浓度，反应速度不再增加，达到最大反应速度，表现为零级反应。但有些酶在高底物浓度下，速度反而下降，这种现象称为底物抑制。

（2）产物浓度。在生物代谢过程中，许多代谢途径的中间产物或终产物是酶的变构剂，使酶变构从而影响其反应速度，称反馈调节作用。反馈调节可分为正反馈作用和负反馈作用两种。

（3）酶浓度。在底物浓度足够高的条件下，酶催化反应速度与酶浓度成正比。

（4）温度。温度从两个方面影响酶促反应的速率。首先，在一定温度范围内，反应速度随温度升高而加快，一般地说，温度每升高 10℃，反应速度大约增加一倍。超过一定范围，较高的温度会引起酶三维结构的变化，甚至变性，导致催化活性下降，反应速度反而随温度上升而减慢。

（5）pH 值。当酶分子处于最适 pH 反应介质中时，酶、底物和辅酶的解离情况，最适宜于它们互相结合，并发生催化作用，使酶促反应速度达到最大值。当反应介质的 pH 偏离酶的最适 pH，可影响酶分子，特别是活性中心上必需基团的解离程度和催化基团中质子供体或质子受体所需的离子化状态，也可影响底物和辅酶的解离程度，从而影响酶与底物的结合。当 pH 发生较大偏离时甚至会引起酶的变性。第一种酶都有其适宜 pH 范围和最适 pH，在酶催化反应过程中，必须控制好 pH。

（6）抑制剂。指能降低酶的活性，使酶促反应速率减慢的物质。酶的催化活性可被某些专一性小分子或离子抑制，这具有重要的生理意义。如许多药物和毒物可抑制酶的活性，通过与酶分子上的某些必需基团结合，使这些基团的结构和性质发生改变，从而引起酶活力下降或丧失，这种作用称为抑制作用。抑制作用与酶的变生作用是不同的，抑制作用并未导致酶的变性。酶蛋白变性而引起酶活力丧失的作用称为失活作用。

(7) 激活剂。凡能提高酶活性，加速酶促反应进行的物质都可视为酶的激活剂。其中大部分为离子或简单的有机化合物，还有对酶原起激活作用的具有蛋白质性质的大分子物质。激活剂按其相对分子质量可分为 3 类：无机离子激活剂、小分子的有机化合物和生物大分子激活剂。

第六节　酶的活力测定

一、酶活力

酶活力 (enzyme activity) 又称酶活性，指酶催化某一化学反应的能力，酶活力的大小可用在一定条件下，酶催化某一化学反应的反应速率来表示。所以酶的活力测定，实际上就是测定酶所催化的化学反应的速率。反应速率越大，表示酶活力越高，酶活力的大小即酶量的多少用酶活力单位来表示，因此酶活力单位是表示酶量多少的单位。

在实际应用中，酶活力单位往往与所用的测定方法、反应条件等因素有关。同一种酶采用不同的测定方法，活力单位也不尽相同。1961 年国际生物化学学会酶学委员会提出采用统一的"国际单位"（U）来表示酶的活力，规定为：在特定条件（25℃，具最适底物浓度、最适温度、最适 pH 和离子强度系统）下，每分钟内能转化 $1\mu mol$ 底物或催化 $1\mu mol$ 产物形成所需要的酶量为 1 个酶活力单位。1972 年，国际酶学委员会为了使酶的活力单位与国际单位制中的反应速率表达方式相一致，推荐使用一种新的酶活单位催量 (kat)。1 单位催量定义为：在最适条件下，每秒钟能使 1mol/L 底物转化为产物所需的酶量定为 1kat。催量和国际单位之间的关系是：$1kat = 1mol/s = 60mol/min = 6 \times 10^7 U$

二、酶活力测定方法

酶活力与底物浓度、酶浓度、温度、pH、激活剂和抑制剂的浓度以及缓冲液的种类和浓度都密切相关。酶活力测定可用中止反应法或连续反应法进行。中止反应法是在恒温反应系统中进行酶促反应，间隔一定的时间，分几次取出一定容积的反应液，使酶即刻停止作用，然后分析产物的生成量或底物的消耗量。终止酶反应的方法可用强酸、强碱、三氯乙酸、过氯酸、SDS（十二烷基磺酸钠）使酶失活，或迅速加热使酶变性等。

酶反应的底物或产物根据其物理或化学特性可选用下列方法：

（1）比色法。如果酶反应的产物可与特定的化学试剂反应而生成稳定的有色溶液，生成颜色的深浅与产物浓度在一定的浓度范围内有线性关系可用此法。

如蛋白酶的活力测定。蛋白酶可水解酪蛋白，产生的酪氨酸可与福林试剂反应生成稳定的蓝色化合物，在一定的浓度范围内，产生蓝色化合物颜色的深浅与酪氨酸的量之间有线性关系，可用于定量测定。此方法的不足点是取样及停止作用时间不易准确控制。

酶分析仪可以将不同时间取样、停止反应、加入反应试剂、保温、比色或其他测量方法编排成程序，自动地依次完成，并将分析结果由打印机输出。

（2）分光光度法。利用底物和产物光吸收性质的不同，在整个反应过程中通过不断测定其吸收光谱的变化，测得反应混合物中底物的减少量或产物的增加量，以了解反应的过程。

几乎所有的氧化还原酶都使用该法测定。该法的优点是测定迅速简便，特异性强。自动扫描分光光度计对于酶活力和酶反应研究工作中的测定更快速准确和自动化。

（3）滴定法。如果产物之一是自由的酸性物质或碱性物质可用此法。

如脂酶催化脂肪水解出脂肪酸，脂肪酸的浓度可用 NaOH 溶液进行滴定。这种方法目前多被 pH 电极取而代之，即采用 pH 电极跟踪反应过程中 H+ 的变化，用 pH 的变化来测定酶的反应速率。

（4）量气法。当酶促反应中产物或底物之一为气体时，可测量反应系统中气相的体积或压力的改变，从而计算气体释放和吸收的量，根据气体变化和时间的关系，求得酶反应的速率。

如氨基酸脱羧酶、脲酶的活力测定。产生的二氧化碳可用特制的仪器如华勃氏呼吸仪或二氧化碳测定仪器。

（5）同位素测定法。是酶活力测定中常用方法。一般用放射性同位素标记底物，在反应进行到一定程度时，分离带放射性同位素标记的产物并进行测定，就可测知反应进行的速率。

常用的同位素有 ^3H，^{14}C，^{32}P，^{35}S，^{131}I 等。如脲酶，将底物尿素用 ^{14}C 标记，产生的带放射性的 CO_2 气体可用标准计数法进行测定。

（6）酶偶联分析。某些酶促反应本身没有光吸收的变化，通过偶联至另一个能引起光吸收变化的酶反应，使第一个酶反应的产物，转变成为第二个酶的具有光吸收变化的产物来进行测定。如葡萄糖氧化酶的活力测定可与过氧化氢酶相偶联进行。

方法是葡萄糖氧化酶催化葡萄糖氧化生成 D－葡萄糖和过氧化氢，加入过氧化氢酶后，过氧化氢分解产生氧，氧又与邻联二茴香胺发生氧化反应，生成一棕色化合物，测定其在 460nm 处的光吸收可确定反应的速率，计算出酶的活力。

（7）其他方法。离子选择电极法、旋光法、量热法、层析法等也常用于酶活力的测定。

思考题

1-1 名词解释：蛋白质工程、酶工程、酶活力、酶活国际单位、肽键、多肽链、一级结构、二级结构、三级结构、四级结构、超二级结构、结构域、亚基、α—螺旋、β—折叠、回折、蛋白质变性、蛋白质复性、蛋白质折叠、蛋白质的去折叠、分子伴侣、第二遗传密码

1-2 组成蛋白质的常见氨基酸有哪些？可以将它们分成几类？

1-3 简述蛋白质各个结构层次的基本特点？

1-4 维持蛋白质三级结构和四级结构的作用力有哪些？

1-5 为什么说蛋白质的一级结构决定它的高级结构？二硫键、α—螺旋、β—转角等结构的形成与氨基酸序列有什么关系？

1-6 举例说明蛋白质的结构与功能之间的关系。

1-7 蛋白质的变性涉及哪些变化？哪些因素会导致蛋白质的变性？

1-8 什么是蛋白质的折叠？折叠的一般过程是什么？有哪些因素会影响到蛋白质的正确折叠？

1-9 简述分子伴侣在蛋白质折叠中的作用。

1-10 折叠酶帮助蛋白质正确折叠的机制是什么？

1-11 你认为研究蛋白质分子结构有什么意义？

1-12 简述酶的研究简史。

1-13 简述酶工程的发展概况。

1-14 简述酶的催化特点。

1-15 简述影响酶催化作用的因素。

1-16 简述蛋白质有哪些功能。

第二章　蛋白质分子设计

[内容提要]　①重点介绍生物信息学与蛋白质工程关系、蛋白质结构预测、蛋白质分子设计和抗体酶等概念；②简要说明蛋白质常用数据库在蛋白质分子设计中运用。

第一节　生物信息学与蛋白质工程

一、生物信息学概述

生物信息学（Bioinformatics）是一门数学、统计、计算机与生物医学交叉结合的新兴学科。它通过对生物学实验数据的获取、加工、存储、检索与分析，进而达到提示数据所蕴含的生物学意义的目的。

广义地说，生物信息学是一门交叉学科，从事对生物信息的获取、加工、存储、分配和解释，并综合应用数学、计算机科学、物理学、化学和生物学等工具，来阐明和理解大量生物数据所包含的生物学意义。

它已广泛地渗透到医学的各个研究领域中，成为生物医学发展不可缺少的重要工具。随着人类基因组计划的快速发展，生物信息学技术在人类疾病与功能基因的发现与识别、基因与蛋白质的表达与功能研究方面都发挥着关键的作用。生物信息学技术在基于基因与蛋白质功能缺陷的合理化药物设计方面也有着巨大的潜力。同时，生物信息学技术在亲子鉴定、罪犯识别等各方面都有重要的应用。目前主要的研究方向有：序列比对、基因识别、基因重组、蛋白质结构预测、基因表达、蛋白质反应的预测，以及建立进化模型。

生物信息学研究的内容主要有以下几个方面：①生物信息的收集、存储、管理与提供；②基因组序列信息的提取与分析；③功能基因组相关信息分析；④生物大分子结构模拟和药物设计；⑤生物信息分析的技术与方法研究。

二、生物信息学与蛋白质工程

生物信息学与蛋白质工程研究之间具有密切的关系。蛋白质研究为生物信息学提供了极为丰富的研究数据，极大地推动了生物信息学的发展。生物信息学在蛋白质的序列分析、结构预测、功能预测、分子设计等方面具有重要应用。

1. 蛋白质序列分析

序列比对是生物信息学的基础，通过比较两个式多个蛋白质序列的相似区域和保守性位点，确定相互间具有共同功能的序列模式和分子进化关系，进一步分析其结构和功能。此外，把未知结构的蛋白质序列与已知具有三维结构的蛋白质序列进行序列比对，有助于进一步了解该未知结构蛋白质的空间折叠信息。

通过生物信息学手段可以对核酸和蛋白质序列进行分析，预测其理化性质、空间结构及生物学功能。

2. 蛋白质结构预测

蛋白质结构预测包括二级结构和三维结构预测。预测的方法分为理论分析方法和统计分析方法两种。理论分析方法是在理论计算的基础上进行结构预测；统计分析方法则是在对已知结构的蛋白质进行统计分析的基础上，建立由序列到结构的映射模型，对未知结构的蛋白质直接从氨基酸序列预测其结构。

3. 蛋白质功能预测

利用生物信息学理论和技术可以对蛋白质的功能进行预测。由于蛋白质不同区段进化速率不同，通过与相似序列的数据库和序列模体数据库的比对，确定某蛋白质序列中的保守区域，从而进一步预测功能。也可以直接从蛋白质序列预测其疏水性、跨膜螺旋等。

4. 蛋白质分子设计

蛋白质一级结构决定其空间结构，蛋白质空间结构决定其生物学功能。因此可通过对蛋白质进行分子设计，有目的地改造其空间结构，使其发挥特定的功能。

蛋白质分子设计的过程，首先建立所研究对象的结构模型，该结构模型的构建可通过生物信息学获得支持，在此基础上进行结构－功能关系研究，然后提出设计方案，通过实验验证后进一步修正设计。

蛋白质的分子设计又可按照改造部位的多寡分为三类：

第一类"小改"，可通过定位突变或化学修饰来实现；

第二类"中改"，对来源于不同蛋白的结构域进行拼接和组装；

第三类"大改"，即完全从头设计出一种具有特异结构与功能的全新蛋白质。

三、生物信息学与蛋白质组学

蛋白质的空间结构模拟和药物设计已有二三十年的历史。随着人类基因组研究的飞速发展，这一领域面临着新的态势，即：找到人类 3～4 万个基因的碱基序列是指日可待的事，因而确定它们表达产物的氨基酸顺序也会逐渐实现，此时预测这些蛋白的空间结构，进而实现针对性的药物设计，就成了迫在眉睫的任务。这也是大规模的计算问题。

20 世纪中期以来，随着 DNA 双螺旋结构的提出和蛋白质空间结构的 X 射线解析，开始了分子生物学时代，对遗传信息载体 DNA 和生命功能的主要体现者蛋白质的研究，成为生命科学研究的主要内容。90 年代初期，美国生物学家提出并实施了人类基因组计划，预计用 15 年的时间，30 亿美元的资助，对人类基因组的全部 DNA 序列进行测定，希望在分子水平上破译人类所有的遗传信息，即测定大约 30 亿碱基对的 DNA 序列和识别其中所有的基因（基因组中转录表达的功能单位）。经过各国科学家 8 年多的努力，人类基因组计划已经取得了巨大的成绩，一些低等生物的 DNA 全序列已被阐明，人类 DNA 的序列也已测定，迄今已测定的表达序列标志（EST）已大体涵盖人类的所有基因。在这样的形势下，科学家们认为，生命科学已经入了后基因组时代。

在后基因组时代，生物学家们的研究重心已经从解释生命的所有遗传信息转移到在整体水平上对生物功能的研究。这种转向的第一个标志就是产生了一门成为功能基因组学（FunctionalGenomics）的新学科。它采用一些新的技术，如 SAGE、DNA 芯片，对成千上万的基因表达进行分析和比较，力图从基因组整体水平上对基因的活动规律进行阐述。但是，由于生物功能的主要体现者是蛋白质，而蛋白质有其自身特有的活动规律，仅仅从基因的角度来研究是远远不够的。例如蛋白质的修饰加工、转运定位、结构变化、蛋白质与蛋白质的相互作用、蛋白质与其他生物分子的相互作用等活动，均无法在基因组水平上获知。

正是因为基因组学（Genomics）有这样的局限性，于 90 年代中期，在人类基因组计划研究发展及功能基因组学的基础上，国际上萌发产生了一门在整体水平上研究细胞内蛋白质的组成及其活动规律的新兴学科——蛋白质组学（Proteomics），它以蛋白质组（Proteome）为研究对象。蛋白质组是指"由一个细胞、一个组织或完整生物体的基因组所表达的全部相应的蛋白质"。测定一个有机体的基因组所表达的全部蛋白质的设想，萌发在 1975 年双向凝胶电泳发明之时。1994 年 Williams 正式提出了这个问题，而"蛋白质组"的名词则是由 Wilkins 创造的，发表在 1995 年 7 月的 Electrophoresis 杂志上。

蛋白质组与基因组相对应，但二者又有根本不同之处：一个有机体只有一个确定的基因组，组成该有机体的所有不同细胞共享用一个确定的基因组；而蛋白质组则是一个动态的概念，它不仅在同一个机体的不同组织和细胞中不同，在同一机体的不同发育阶段，在不同的生理状态下，乃至在不同的外界环境下都是不同的。正是这种复杂的基因表达模式，表现了各种复杂的生命活动，每一种生命运动形式，都是特定蛋白质群体在不同时间和空间出现，并发挥功能的不同组合的结果。基因 DNA 的序列并不能提供这些信息，再加上由于基因剪接，蛋白质翻译后修饰和蛋白质剪接，基因遗传信息的表现规律就更加复杂，不再是经典的一个基因一个蛋白的对应关系，一个基因可以表达的蛋白质数目可能远大于一。细菌可能为 1.2～1.3，酵母则为 3，而人可高达 10。后基因组和蛋白质组研究，是为阐明生命活动本质所不可缺少的基因组研究的远为复杂的后续部分，无疑将成为 21 世纪生命科学研究的主要任务。

第二节　蛋白质常用数据库

一、核酸数据库

核酸序列是了解生物体结构、功能、发育和进化的出发点。国际上权威的核酸序列数据库有三个，分别是美国生物技术信息中心（National Center for Biotechnology Information，NCBI）的 GenBank（http：//www. ncbi. nlm. nih. gov/Web/Genbank/index. html），欧洲分子生物学实验室的 EMBL — Bank（EuropeanMolecular Biology Laboratory，EMBL，http：//www. ebi. ac. uk/embl/index. html），日本遗传研究所的 DDBJ（（DNA Data Bank of Japan，DDBJ，http：//www. ddbj. nig. ac. jp/）。三个组织相互合作，各数据库中的数据基本一致，仅在数据格式上有所差别，对于特定的查询，三个数据库的响应结果一样。这三个数据库是综合性的 DNA 和 RNA 序列数据库，其数据来源于众多的研究机构、核酸测序小组和科学文献。用户可以通过各种方式将核酸序列数据提交给这三个数据库系统。数据库中的每条记录代表一个单独、连续、附有注释的 DNA 或 RNA 片段。由于 DNA 测序能力的极大提高，DNA 序列增长的速度也非常快速。

下面着重介绍 EMBL 数据库。EMBL 是最早的 DNA 序列数据库，于1982 年建立。目前 EMBL 数据库中的数据按照每年约 60% 的速率增长。截至 2000 年 3 月底，EMBL 数据库中的核酸序列总长度达 70 亿个碱基，覆盖 2/3

的人类基因组序列。对于每个序列，相关数据包括序列名称、序列、位点、关键字、来源、生物种、参考文献、注释、序列中具有重要生物学意义的位点等。而到 2004 年 2 月，数据库中的核酸序列数超过 3000 万条，总的数据量近 400 亿 bp。随着分子生物学技术的不断发展，数据的增长速度将会不断地提高。EMBL 的数据来源主要有两条途径。一是由序列发现者直接提交。几乎所有的国际权威生物学刊物都要求作者在文章发表之前将所测定的序列提交给 EMBL、GenBank 或 DDBJ，得到数据库管理系统所签发的登录注册号。二是从生物医学期刊上收录已经发表的序列资料。EMBL 核酸数据库由关系数据库管理系统 ORACLE 来维护，在 DECalphaVMS 系统下运行，数据库中的每一个序列数据被赋予一个登录号，它是一个永久性的唯一标识。EMBL 的序列数据用外在的 ASCII 文本文件来表示，而每一个文件分都为文件头和文件体两大部分。文件头由一系列的信息描述行所组成，描述信息有序列的标识符、序列的功能、种属、参考文献等。每一行的起始位置有一个标志，该标志由两个字母组成，标志后面是相关的正文信息。

　　"ID" 为序列的标识符行，包括登录号、类型、分子的长度；"AC" 为登录号行，如表示的序列登录号为 AB000888；"SV" 为序列版本行，其数据的形式为 "登录号 . 版本号"，例如，AB000888.1 表示序列的登录号为 AB000888，并且该序列数据是第一个版本；"XX" 为分隔符号行；"DT" 为创建和更新日期行；"DE" 为序列描述行；"KW" 为关键字行；"OG" 行描述非核序列的亚细胞定位，表明该序列来自于线粒体、叶绿体等；"OS" 行描述生物体种属；"OC" 行描述生物体分类信息；"RN"、"RP"、"RA"、"RT"、"RL"、"RC" 分别描述参考文献的编号、页码、作者、题目、参考文献出处和注解；"RX" 行是到其他文献数据库的链接，如 "MEDLINE；97450990" 表示对应参考文献在 MEDLINE 数据库的标示号为 97450990；"DR" 行是到其他生物信息数据库的链接，如到基因组数据库、蛋白质序列数据库、蛋白质结构数据库的链接，通过这些链接可以找到更多与本序列相关的数据；"FH" 为特征表开始符号；"FT" 为特征表行。FT 行具体的信息有：序列的长度，序列来自于何种生物体、何种组织，在染色体上的定位，蛋白质编码序列片段在整个序列中的位置，外显子和内含子的位置，与基因对应的蛋白质序列等。

　　FT 行主要有三项：① FeatureKey，它是描述特征的关键字，如 "source"、 "CDS" 等；② Location，指明特征在序列中的特定位置；③ Qualifiers，描述关于一个特征的辅助信息。科研工作者可以将新发现的核酸序列数据提交给 EMBL。但是，为保证每一条序列数据都有较高的质量，在提交数据之间必须利用 EMBL 提供的工具进行检查与核实。如果必要，数据库管理人员可以直接与序列的提交者讨论，澄清有关问题。早期提交数据的方式是编辑电子表格，用任何正文编辑工具编辑固定格式的提交表格。编辑任务比较复杂，也容易出错，特别是对于没有经验的用户。另外，由于没有实时的数据校验，用户当时不能得到错误信息的反馈。后来利用 Authorin 程序提交数据。

Authorin 是欧洲生物信息学研究所（EBI）提供的一个交互的序列输入程序，用以帮助用户填写提交表格，该程序可在 Macintosh 和 IBM 兼容机上运行。Authorin 与用户交互，并进行数据有效性的检查。它最后根据用户的输入形成一个特定格式的文本文件，作为结果提交给 EMBL。目前，主要利用基于 WWW 网络环境的序列提交系统 WEBIN，这是一种基于 Internet 网 3W 服务器的序列数据提交系统，它使用户提交序列数据的过程更直接、容易、简便。该系统具有序列检查、更新和恢复等功能。对于用户端的要求是安装 3W 浏览器。这个系统具有很大的优点。首先，与单机输入程序相比，用户不必每次从 EBI 取回高版本的程序，用户总是使用服务器上最新版本的序列输入程序。第二，如果用户机器上已经安装了标准的 3W 客户端程序，则用户不必再花时间、精力和磁盘空间去安装单机输入程序。第三，由于直接和数据库所在的服务器相连，用户可以直接使用数据库资源，如查看数据库中已有的序列，查看期刊、作者等信息，以避免重复工作。早期用户主要通过发行的 CD－ROM 使用 EMBL。CD－ROM 上包含了所有的数据，包括序列数据、相关的索引文件以及信息检索程序。EMBL 数据库随时更新，但 CD－ROM 每隔三个月发布一个最新的版本。后来用户可以通过 ftp 服务器访问 EMBL，下载相关的数据及各种程序。

随着 Internet 的不断发展，现在用户主要通过互联网访问 EMBL，直接利用本地计算机上的 3W 浏览器查询 EMBL 的有关数据，并将所需要的数据取回。查询时，用户根据自己的要求，按照服务程序的提示填写查询条件，并将查询条件通过 Internet 发送给 EMBL 的服务器。服务程序根据用户的查询条件搜索数据库，然后将满足查询条件的有关核酸序列数据传送给用户。EMBL 数据库服务器提供序列查询和序列搜索服务。最简单的查询就是通过序列的登录号（如 X58929）或序列名称（如 SCARGC）直接查询。虽然这种方式需要用户事先知道登录项的标识，但这确实是从数据库取得序列的最快方式。当然，也可以通过其他渠道查询，如通过物种、序列功能等进行查询。如果找到所查询的序列，则服务器将查询结果以 HTML 文件返回给用户。

如果数据库中该序列有到 MEDLINE 的交叉索引，则系统同时返回与包含参考文献摘要等信息的 MEDLINE 链接。如果该序列有到其他数据库的交叉索引，也返回相应的链接。例如，登录号为 J00231 的核酸序列具有这样一个交叉索引行：DRSWISS－PROT；P01860；GC3 _ HUMAN 表示该核酸序列有一个到数据库 SWISS－PROT 的交叉索引，链接到其 P01860 文件。这时，用户只要点击返回的超文本链接，就可以进一步访问 SWISS－PROT 数据库中的相关数据。EMBL 服务器支持用户使用程序 FastA 或 BLAST 进行核酸序列搜索，它们根据给定的目标序列在数据库中搜索其同源序列。

二、蛋白质数据库

1. 蛋白质信息资源数据库（Protein Information Resource，PIR）

历史上，蛋白质数据库的出现先于核酸数据库。在 1960 年左右，Dayhoff 和其同事们搜集了当时所有已知的氨基酸序列，编著了《蛋白质序列与结构图册》。从这本图册中的数据，演化为后来的蛋白质信息资源数据库 PIR（Protein Information Resource）。PIR（http：//www－nbrf. georgetown. edu/pir/）是由美国生物医学基金会 NBRF（National Biomedical Research Foundation）于 1984 年建立的，其目的是帮助研究者鉴别和解释蛋白质序列信息，研究分子进化、功能基因组，进行生物信息学分析。它是一个全面的、经过注释的、非冗余的蛋白质序列数据库。所有序列数据都经过整理，超过99％的序列已按蛋白质家族分类，一半以上还按蛋白质超家族进行了分类。PIR 提供一个蛋白质序列数据库、相关数据库和辅助工具的集成系统，用户可以迅速查找、比较蛋白质序列，得到与蛋白质相关的众多信息。目前，PIR 已经成为一个集成的生物信息数据源，支持基因组研究和蛋白质组研究。至2004 年，PIR 有近 30 万个蛋白质的登录数据项，包括来自不同生物体的蛋白质序列。除了蛋白质序列数据之外，PIR 还包含以下信息：（1）蛋白质名称、蛋白质的分类、蛋白质的来源；（2）关于原始数据的参考文献；（3）蛋白质功能和蛋白质的一般特征，包括基因表达、翻译后处理、活化等；（4）序列中相关的位点、功能区域。对于数据库中的每一个登录项，有与其他数据库的交叉索引，包括到 GenBank、EMBL、DDBJ、GDB、MEDLINE（美国国立医学图书馆：The National Library of Medicine，简称 NLM））等数据库的索引。

PIR 提供三种类型的检索服务。一是基于文本的交互式查询，用户通过关键字进行数据查询。二是标准的序列相似性搜索，包括 BLAST、FastA等。三是结合序列相似性、注释信息和蛋白质家族信息的高级搜索，包括按注释分类的相似性搜索、结构域搜索等。

目前，PIR 包括三个子数据库，分别是蛋白质序列数据库 PIR－PSD、蛋白质分类数据库 iProClass 以及非冗余的蛋白质参考资料数据库 PIR－NREF。

2. 蛋白质序列数据库（SWISS－PROT）

SWISS－PROT（蛋白质序列数据库：Swiss－Prot Protein Sequence

Database，http：//www.ebi.ac.uk/swissprot/）是由 Geneva 大学和欧洲生物信息学研究所（EBI）于 1986 年联合建立的，它是目前国际上权威的蛋白质序列数据库。SWISS－PROT 中的蛋白质序列是经过注释的。SWISS－PROT 中的数据来源于不同源地：（1）从核酸数据库经过翻译推导而来；（2）从蛋白质数据库 PIR 挑选出合适的数据；（3）从科学文献中摘录；（4）研究人员直接提交的蛋白质序列数据。2004 年 3 月的 SWISS－PROT43.0 版本有 146720 序列登录项，包含摘自 113719 篇参考文献的 54093154 个氨基酸。与其他蛋白质序列数据库相比较，SWISS－PROT 有三个明显的特点：（1）注释在 SWISS－PROT 中，数据分为核心数据和注释两大类。对于数据库中的每一个序列登录项，核心数据包括：序列数据、参考文献、分类信息（蛋白质生物来源的描述）等，而注释包括：①蛋白质的功能描述；②翻译后修饰；③域和功能位点，如钙结合区域、ATP 结合位点等；④蛋白质的二级结构；⑤蛋白质的四级结构，如同构二聚体、异构三聚体等；⑥与其他蛋白质的相似性；⑦由于缺乏该蛋白质而引起的疾病；⑧序列的矛盾、变化等。（2）最小冗余对于给定的蛋白质，许多数据库根据不同的文献报道设置分立的登录项，而在 SWISS－PROT 中，尽量将相关的数据归并，降低数据库的冗余程度。如果不同来源的原始数据有矛盾，则在相应序列特征表中加以注释。（3）与其他数据库的连接 SWISS－PROT 目前已经建立了与其他 30 多个相关数据库的交叉索引，即对于每一个 SWISS－PROT 的登录项，有许多指向其他数据库相关数据的指针，这便于用户迅速得到相关的信息。例如，根据到蛋白质结构数据库的索引，用户不仅可以得到某个蛋白质的序列，还可以进一步得到其结构。现有的交叉索引有：到 EMBL 核酸序列数据库的索引，到 PROSITE 模式数据库的索引，到生物大分子结构数据库 PDB 的索引等。与前面介绍的核酸序列数据库 EMBL 类似，每一个 SWISS－PROT 的条目用外在的 ASCII 文件表示，两者主要差别在于特征表的不同。用户可以通过网络将蛋白质序列数据提交给 SWISS－PROT，或者对蛋白质数据进行修改。SWISS－PROT 提供序列查询及相似蛋白质序列搜索工具。

3. TrEMBL

大多数蛋白质序列不是直接由实验得到，而是通过 DNA 序列映射而得到的。TrEMBL（Translation from EMBL，http：//www.ebi.ac.uk/trembl/index.html）是一个计算机注释的蛋白质数据库，作为 SWISS－PROT 数据库的补充。该数据库主要包含从 EMBL/Genbank/DDBJ 核酸数据库中根据编码序列（CDS）翻译而得到的蛋白质序列，并且，这些序列尚未集成到 SWISS－PROT 数据库中。TrEMBL 有两个部分，分别是 SP－TrEMBL

（SWISS－PROT TrEMBL）和 REM－TrEMBL（REMaining TrEMBL）。SP－TrEMBL 包含最终将要集成到 SWISS－PROT 的数据，所有的 SP－TrEMBL 序列都已被赋予 SWISS－PROT 的登录号。这部分数据可以看成是 SWISS－PROT 数据库的预备队。REM－TrEMBL 包括所有不准备放入 SWISS－PROT 的数据，因此这部分数据都没有登录号。如人工合成的蛋白质序列、申请专利的序列、伪基因对应的蛋白质序列等。TrEMBL（16.0 版，2001 年 3 月）根据 EMBL 的核酸数据库（65.0 版）建立，共有 489620 条序列，包括 141347364 个氨基酸。为了减少冗余，若根据核酸编码序列翻译的蛋白质序列已经出现在 SWISS－PROT，则将对应的序列删除。TrEMBL 数据库的 26.0 版（2004 年 3 月）拥有 1069649 条蛋白质序列，总氨基酸长度达到 335331748。目前，欧洲生物信息学研究所 EBI 将上述 3 个蛋白质数据库（即 PIR、SWISS－PROT 和 TrEMBL）统一起来，建立了一个蛋白质数据仓库 UniProt（Universal Protein Resource，http：//www. ebi. ac. uk/uniprot/index. html）。UniProt 包含 3 个部分：（1）UniProt Knowledge base（UniProt），这是蛋白质序列、功能、分类、交叉引用等信息存取中心；（2）UniProt Non－redundant Reference（UniRef）数据库，该数据库将密切相关的蛋白质序列组合到一条记录中，以便提高搜索速度；目前，根据序列相似程度形成 3 个子库，即 UniRef100、UniRef90 和 UniRef50；（3）UniProtArchive（UniParc），是一个资源库，记录所有蛋白质序列的历史。用户可以通过文本查询数据库，可以利用 BLAST 程序搜索数据库，也可以直接通过 FTP 下载数据。

　　生物信息学数据库是将不断积累的生物学实验数据按一定的目标收集和整理而成，其几乎涉及生命科学各个研究领域。Nucleic Acids Research 每年第一期均详细介绍各种最新版本的生物信息学数据库。常用的数据库有：

核酸序列数据库（Nucleotide Sequence Databases）

RNA 序列数据库（RNA Sequence Databases）

蛋白质序列数据库（Protein Sequence Databases）

结构数据库（Structure Databases）

基因组数据库（Genomics Databases）

代谢酶相关产物（Metabolic and Signaling Pathways）

人类和其他脊椎动物基因组（Human and other Vertebrate Genomes）

人类基因和疾病（Human Genes and Databases）

芯片和其他基因表达数据库（Microarray Data and other Gene Expression Databases）

蛋白组资源（Proteomics Resources）

其他分子生物学数据库（Other Molecular Biology Databases）

细胞器官数据库（Organelle Databases）

植物数据库（Plant Databases）

免疫学数据库（Immunological Databases）

根据数据库来源又可将生物信息学数据库分为一次数据库和二次数据库两大类，一次数据库的数据直接来源于实验获得的原始数据，仅对原始数据进行简单的归类整理和注释。例如，GenBank、EMBL 和 DDBJ 等核酸序列数据库；SWISS−PROT、PIR 等蛋白质序列数据库；PDB 等蛋白质结构数据库。二次数据库非常多，针对不同的研究内容和需要在一次数据库、实验数据和理论分析的基础上对相关生物学知识和信息进行进一步分析和整理，如人类基因组图谱库 GDB、转录因子和结合位点库 TRANSFAC、蛋白质结构家族分类库 SCOP 等。

各数据库提供相关的数据查询、数据处理等服务，大多可以通过网络免费访问或下载到本地使用。一些生物学计算机中心将多个相关数据库进行整合，提供综合服务。

第三节 蛋白质结构预测

蛋白质的空间结构决定其生物学功能。大量的实验证明：蛋白质的空间结构由蛋白质的氨基酸序列决定。随着生物信息学的发展，利用生物信息学手段直接从氨基酸序列预测蛋白质空间结构的效率和精确度不断提高。目前，蛋白质结构预测方法主要有理论分析方法和统计方法两种。本节简要介绍蛋白质结构预测理论，结合具体实例进行蛋白质结构预测。蛋白质结构预测流程见图 2−1。

一、蛋白质序列比对

通过序列比对确定两个或多个序列之间的相似性或不相似性，是生物信息学中最基本、最重要的操作，通过序列比对可以发现生物序列中的功能、结构和进化的信息。

通过蛋白质序列之间或核酸序列之间的双重比对或多重比对，确定序列之间的相似区域、保守性位点，从而探寻相互间的分子进化关系以及产生共同功能的序列模式。通过蛋白质序列与对应核酸序列间的比对有助于确定核酸序列中可能的阅读框，分析和预测一些新基因的功能。通过蛋白质序列与已知空间结构信息的蛋白质序列间的比对，预测该蛋白质的空间结构及生物学功能。以外，将所提交序列与整个数据库序列进行比对，找出最相似的序

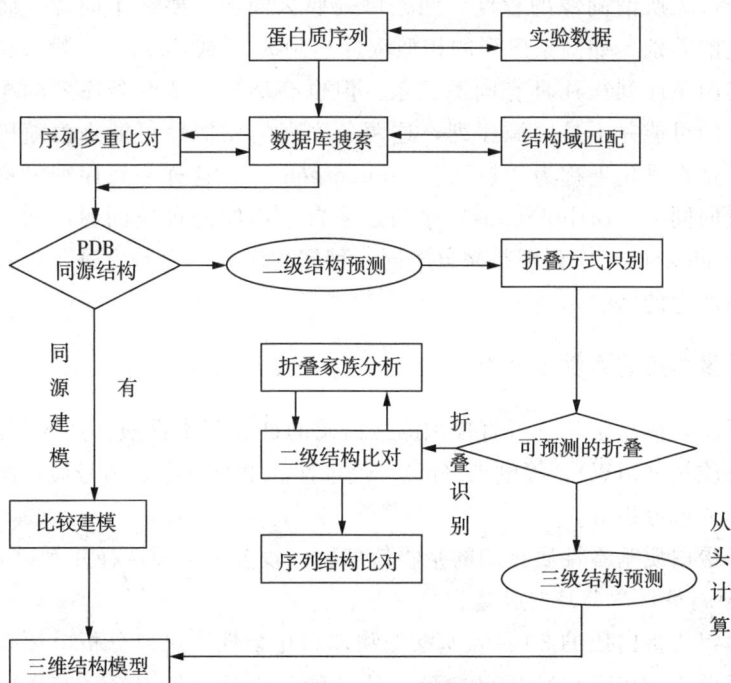

图 2-1 蛋白质结构预测流程图

列，从而获得有价值的参考信息，有助于进一步分析该序列的结构和功能。

序列比较的根本任务是：通过比较生物分子序列，发现它们的相似性，找出序列之间共同的区域，同时辨别序列之间的差异。在分子生物学中，DNA 或蛋白质的相似性是多方面的，可能是核酸或氨基酸序列的相似，可能是结构的相似，也可能是功能的相似。一个普遍的规律是序列决定结构，结构决定功能。研究序列相似性的目的之一是，通过相似的序列得到相似的结构或相似的功能。这种方法在大多数情况下是成功的。当然，也存在着这样的情况，即两条序列几乎没有相似之处，但分子却折叠成相同的空间形状，并具有相同的功能。这里先不考虑空间结构或功能的相似性，仅研究序列的相似性。研究序列相似性的另一个目的是通过序列的相似性，判别序列之间的同源性，推测序列之间的进化关系。这里，将序列看成由基本字符组成的字符串，无论核酸序列还是蛋白质序列，都是特殊的字符串。

序列的相似性可以是定量的数值，也可以是定性的描述。相似度是一个数值，反映两条序列的相似程度。关于两条序列之间的关系，有许多名词，如相同、相似、同源、同功、直向同源、共生同源等。在进行序列比较时经常使用"同源"（homology）和"相似"（similarity）这两个概念，这是两个经常容易被混淆的不同概念。两条序列同源是指它们具有共同的祖先。在这个意义上，无所谓同源的程度，两条序列要么同源，要么不同源。而相似则是有程度的差别，如两条序列的相似程度达到30%或60%。一般来说，相似性很高的两条序列往往具有同源关系。但也有例外，即两条序列的相似性很高，但它们可能并不是同源序列，这两条序列的相似性可能是由随机因素所产生的，这在进化上称为"趋同"（convergence），这样一对序列可称为同功序列。直向同源（orthologous）序列是来自于不同的种属同源序列，而共生同源（paralogous）序列则是来自于同一种属的序列，它是由进化过程中的序列复制而产生的。

二、蛋白质基本性质分析

利用生物信息学软件可直接预测蛋白质的许多基本性质，如氨基酸组成、相对分子质量（MW）、等电点（pI）、疏水性、电荷分布、信号肽、跨膜区域及结构功能域分析等。

用于蛋白质基本性质预测的生物信息软件较多，下面选择几例说明：

1. 预测蛋白质的序列性质

根据组成蛋白质的20种氨基酸的物理和化学性质可以分析电泳等实验中的未知蛋白质，也可以分析已知蛋白质的物化性质。ExPASy工具包中提供了一系列相应程序：AACompIdent：根据氨基酸组成辨识蛋白质。这个程序需要的信息包括：氨基酸组成、蛋白质的名称（在结果中有用）、pI和Mw（如果已知）以及它们的估算误差、所属物种或物种种类或"全部（ALL）"、标准蛋白的氨基酸组成、标准蛋白的SWISS－PROT编号、用户的Email地址等，其中一些信息可以没有。这个程序在SWISS－PROT和（或）TrEMBL数据库中搜索组成相似蛋白。AACompSim：与前者类似，但比较在SWISS－PROT条目之间进行。这个程序可以用于发现蛋白质之间较弱的相似关系。除了ExPASy中的工具外，PROPSEARCH也提供基于氨基酸组成的蛋白质辨识功能。程序作者用144种不同的物化性质来分析蛋白质，包括分子量、巨大残基的含量、平均疏水性、平均电荷等，把查询序列的这些属性构成的"查询向量"与SWISS－PROT和PIR中预先计算好的各个已知蛋白质的属性向量进行比较。这个工具能有效的发现同一蛋白质家族的成员。可以通过Web使用这个工具，用户只需输入查询序列本身。ExPASy的网址是：http：//www.expasy.ch/tools/。PROSEARCH的网址是：http：//www.embl－heidelberg.de/prs.html。

2. 预测蛋白质的理化参数

利用ProtParam程序可以预测蛋白质序列的理化参数。将蛋白质序列整理成FASTA格式后输入ProtParam程序，会自动给出输入序列的氨基酸组成、分子式、等电点、相对分子质量等理化参数。也可直接提供蛋白质序列的 SWISS－PROT 数据库序列编号或 SWISS－PROT 标识，利用 ProtScale 程序预测该条目的理化参数。

3. 等电点和相对分子质量预测

利用 Compute pI/MW 程序可以计算出蛋白质序列的等电点和相对分子质量。输入 FASTA 格式的蛋白质序列，Compute pI/MW 程序会自动计算出输入序列的等电点和相对分子质量。也可直接提供蛋白质序列的 SWISS－PROT 数据库序列编号（AC）或 SWISS－PROT 标识（ID），利用 Compute pI/MW 程序预测该条目的等电点和相对分子质量。需要说明的是，Compute pI/MW 程序对于碱性蛋白质预测的等电点可能不准确。

4. 疏水性分析

利用 ProtScale 程序可以计算蛋白质的疏水性区域，将 FASTA 格式的蛋白质序列输入 ProtScale 程序，预测蛋白质的疏水性区域。也可直接提供蛋白质序列的 SWISS－PROT 数据库序列编号（AC）或 SWISS－PROT 标识（ID），利用 ProtScale 程序预测该条目的疏水性区域。

此外，SAPS（蛋白质序列统计分析程序）也可预测蛋白质序列的氨基酸组成、电荷分布、疏水性区域、跨膜区域、重复结构等信息。

5. 酶切肽段预测

利用 PeptideMass 程序可以预测蛋白质在特定蛋白酶作用下的酶切产物或化学试剂作用下的内切产物。将 FASTA 格式的蛋白质序列输入 PeptideMass 程序，可以预测胰蛋白酶（trypsin）、糜蛋白酶（chymotrypsin）等蛋白酶酶切产物，CNBr 等化学试剂的内切产物。也可直接提供蛋白质序列的 SWISS－PROT 数据库序列编号（AC）或 SWISS－PROT 标识（ID），利用 PeptideMass 程序预测该条目的酶切结果。

三、蛋白质空间结构预测

（一）二级结构预测

蛋白质的二级结构具有较强的规律性，每一段相邻的氨基酸残基具有形成一定二级结构的倾向。二级结构预测通常作为蛋白质局部结构预测和三维空间结构预测的基础。

通过分析、归纳已知结构蛋白质的二级结构信息，建立各自的预测规则来预测蛋白质序列的二级结构。蛋白质结构的理论预测方法都是建立在氨基酸的一级结构决定高级结构的理论基础上，目前蛋白质二级结构预测方法已有几十种。可分为统计方法、基于已有知识的预测方法和混合方法三类。

1. 统计方法（statistical method）

蛋白质二级结构预测常用的统计方法有：Chou－Fasman 方法、GOR

(Garnier—Gibrat—Robson) 方法、神经网络方法 (neural network method)、最近邻居方法 (nearest neighbor method) 等。

2. 基于已有知识的预测方法 (knowledge—based method)

蛋白质二级结构预测常用的基于已有知识的预测方法有：Lim 方法和 Cohen 方法。其中 Lim 方法综合了氨基酸残基的理化性质和邻近氨基酸残基的相互作用，有助于深入了解蛋白质结构的相关信息。

3. 混合方法 (hybrid system method)

单一的预测方法通常存在一些不足，结合几种方法各自的优点进行综合应用，可以提高蛋白质二级结构预测的准确率。

常用的蛋白质二级结构预测程序有以下几种：

(1) nnPredict。nnPredict 程序运用神经网络方法预测蛋白质的二级结构，对全 α 蛋白质预测的准确率可达到 79%。

(2) PredictProtein。PredictProtein 程序提供序列搜索和结构预测服务，输出结果中包含大量的预测过程中产生的信息，还包含每个氨基酸残基位点预测的可信度。该程序的平均预测准确率可达到 72% 以上。

(3) SSPRED。SSPRED 程序与 PredictProtein 程序相似，先在数据库中搜索与目标序列相似的蛋白质序列，构建多序列比对，然后进行预测。在比对时考虑非保守位点的替换，并利用比对结果作为初始预测结果。

(4) SOPMA。SOPMA 程序将 GOR 等几种预测方法综合成一个"一致预测结果"，从而使蛋白质二级结构预测的准确率得到提高。

（二）三维结构预测

蛋白质三维结构很大程度上决定了蛋白质的功能，因此如何获得蛋白质的结构并对之序列分析研究是现代分子生物学的重要课题。目前应用 X 射线晶体衍射法和核磁共振 (NMR) 法已测定出 1 万多种蛋白质及其复合物的结构，但与已测得的 30 多万种蛋白质序列相比，还有很大的差距，大大地影响了人们对蛋白质结构和功能关系的研究。因此发展一种不依赖实验而又有一定准确性的理论蛋白质结构预测方法显得格外重要，近年来在这个方面取得了很多重要的成果。

下面介绍常用的几种方法。

1. 比较建模法 (comparative modeling method)

比较建模法（又称同源模建）是基于已知的蛋白质结构预测方法，又称为同源结构预测，是根据大量已知的蛋白质三维结构来预测序列已知而结构未知的蛋白质结构。

按照目前的定义，若待模型构建蛋白质的序列与模板序列经比对 (alignment) 后的序列同源性 (sequenceidentity) 在 40%（也有人认为在

35%）以上，则它们的结构可能属于同一家族，它们是同源蛋白（homology），可以用同源蛋白模型构建的方法预测其三维结构。因为它们可能是由同一种蛋白质分化而来，它们具有相似的空间结构，相同或相近的功能。因此，若知道了同源蛋白家族中某些蛋白质的结构，就可以预测其他一些序列已知而结构未知的同源蛋白的结构，可以用同源模型构建的方法预测未知蛋白质的三维结构。

同源蛋白模型构建（模建）的步骤：

（1）目标蛋白序列与目标序列的匹配：应用 FASTA 或 BLAST 搜索软件，在 PIR、SWISSP ROT 或 GENEBANK 等序列库中按序列同源性挑选出一些同源性比较高的序列，然后把挑选出的序列与目标序列基序多重匹配，得到模板结构等价位点套的初始集合。

（2）根据模板结构构建目标蛋白结构模型：在已确定的模板结构等价位点套的初始集合的基础上，旋转每一个模板的结构，使它们相互间的位置尽可能多地重叠在一起。不同两个模板在空间中若复合一定的重叠距离标准，那它们相互之间的关系就是等价位点。许多这样的等价位点构成了等价位点套。

叠合结束后，即得到了同源蛋白的结构保守区（SCRs），以及相应的基架结构（frame work）。模板结构匹配后，一般还要用得到的同源体的 SCRs 的第一条序列与目标序列匹配，挑选出目标序列上的高相拟区，定义为目标蛋白的 SCRs。

Homology、UQANTA/CHARM、COMPOSER、CONSENSUS、MODELLER 和 Collarextension 等软件和方法可以用于目标蛋白结构模型的构建。

（3）对模建结构基序优化和评估：同源结构模建（预测）得到的蛋白质结构模型，通常含有一些不合理的原子间接触，需要对模型进行分子力学和分子动力学优化，消除模型中不合理的接触。另外，模型中有些键长、键角和二面角也有可能不合理，也需要检查评估。PROCHECK 和 PROSAII 等软件常用于完成这类工作。

2. 反向折叠法

反向折叠法是近年来发展起来的一种比较新的方法。它可以应用到没有同源结构的情况中，且不需要预测二级结构，即直接预测三级结构，从而可以绕过现阶段二级结构预测准确性不超过 65% 的限度，是一种有潜力的预测方法。

反向折叠法的主要原理是把未知蛋白的序列和已知的结构进行匹配，找出一种或几种匹配最好的结构作为未知蛋白质的预测结构。它的实现过程是总结出已知的独立的蛋白质结构模式做为未知结构进行匹配的模板，然后用经过对现有的数据库的学习总结出的可以区分正误结构的平均势函数（Mean-ForceField），做为判别标准来选择出最佳的匹配方式。这种方法的局限性在于它假设蛋白质折叠类型是有限的，所以只有未知蛋白质和已知蛋白质结构相像的时候，才有可能预测出未知的蛋白质结构。如未知蛋白质结构是现在还没有出现的结构类型时，这种方法将不能被应用。

3. 从头预测法

从理论上说，从头预测法是最为理想的蛋白质结构预测方法。它要求方法本身可以只根据蛋白质的氨基酸序列来预测蛋白质的二级结构和高级结构，但现在还不能完全得到这个要求。

从头预测可以细分为：

（1）二级结构预测。首先从一级结构预测出二级结构，然后再把二级结构堆积成三维结构。由于目前对二级结构中氨基酸的中远程相互作用不完全清楚，因此预测准确率一般在65%以下。如果具有多种蛋白质同源序列的三维结构，在多重序列匹配比较的情况下，预测的准确性可以达到88%以上。

Barton和Sander等人发现，在一个蛋白质序列中总有约40%序列的预测可以有很好的可信度，其预测的准确性都在80%以上。这些区域都是一些二级结构序列比较保守的部分。这些结果给如何将现有二级结构预测结果应用到三维结构预测提供了有益的启示。

（2）超二级结构预测。实际上是局域的空间结构预测，主要应用人工神经网络方法和向量投影方法，从蛋白质序列出发，直接预测蛋白质的超二级结构，观察此段氨基酸序列是否能形成某一种模式的超二级结构。其中人工神经网络方法预测的准确率在75%～82%，向量投影方法预测的准确率达到85%以上。

（3）结构类型（structureclass）预测。该方法是预测未知结构蛋白质属于何种类型，如全α类蛋白质（主要由α－螺旋组成）、全β类蛋白质（主要由β－折叠组成）、α/β类蛋白质（由α－螺旋和β－折叠交替排列）或α+β类蛋白质（由分开的α－螺旋和β－折叠组成，其中β－折叠一般为平行结构）。结构类型预测除能了解大概的蛋白质结构折叠情况外，对二级结构的预测也有帮助。方法主要有光谱数据预测、神经网络预测和Mahalanobis距离预测等，后者的准确率较前两者为高，可达94.7%。

（4）三维结构预测。是蛋白质结构预测的最终目标。主要有两个方向：①根据二级结构、结构类型和折叠类型预测的结果，结合结构间的立体化学性质、亲疏水性质、氢键以及静电相互作用，把可信度较高的二级结构进一步组装，搭建出最后的蛋白质结构。由于该方法主要依赖于前面的预测结果，所以受到的限制很多。②不依赖二级结构预测的结果，直接预测三维结构。

主要方法是有效收集构象空间和区分天然结构和错误结构。

根据对天然蛋白质结构与功能分析建立起来的数据库里的数据，可以预测一定氨基酸序列肽链空间结构和生物功能；反之也可以根据特定的生物功能，设计蛋白质的氨基酸序列和空间结构。通过基因重组等实验可以直接考察分析结构与功能之间的关系；也可以通过分子动力学、分子热力学等，根据能量最低、同一位置不能同时存在两个原子等基本原则分析计算蛋白质分子的立体结构和生物功能。虽然这方面的工作尚在起步阶段，但可预见将来能建立一套完整的理论来解释结构与功能之间的关系。用以设计、预测蛋白质的结构和功能。

四、蛋白质结构预测实例

长期以来，设计目标都是一些结构简单、规律明显的分子。最著名的是四螺旋捆结构，这个结构可以作为一个独立的折叠单位，易于独立研究。Degrado 等应用"设计循环"的策略，在 1986 年完成了一个四聚体螺旋捆，每个单体为 16 残基，这个序列仅使用 Leu 作为疏水残基，放在螺旋的内侧，用 Lys 或 Glu 作为极性残基，置于螺旋的外侧，每个螺旋用 Gly（螺旋终结者）结束，而 Gly 又为将来加环区埋下了伏笔。之后，研究者在两个反平行的螺旋间加了环区，并根据第一步的结果对螺旋进行了一些修改。环区开始是用单个 Pro 与两个螺旋的终结者 Gly 构成 Gly—Pro—Arg—Gly 的连接区，结果发现产物成了三聚体（含 6 个螺旋）而不是期望的二聚体（4 个螺旋），后来将连接的环区改成 Gly—Pro—Arg—Arg—Gly 才得到二聚体。第三步，在二聚体之间加了第三个连接体，用的仍是 Pro—Arg—Arg，这个肽共 74 个残基。最后，他们合成了该多肽的基因，在 E.coli 中实现了表达。这项工作被誉为蛋白质分子设计的里程碑。后来 Richardson 等也设计了四螺旋捆，称为 Felix（意为 fourhelix），79 个残基，由非重复序列组成，并在 1~4 螺旋间加了一个二硫键。

设计目标除了 α—螺旋外还有 β—折叠。β—折叠比 α—螺旋要困难一些，后者主要靠局域性的氢键就可以设计出来，而前者却涉及了序列上靠近或不靠近的不同股之间的氢键。著名的是 Betabellin（Betabarrelbellshapedprotein），是由前后两个 β—折叠组成，每个折叠由四股组成。

随着理论和技术的发展，人们又把目标瞄向 α/β 混合蛋白质，以及进一步优化已经成功的结果和将设计工作自动化。

最近成功的例子是 Dahiyat 和 Mayo 等完成的自动化蛋白质从头设计。这是一个 ββα 锌指结构域蛋白质，共 28 个残基，结构中同时包含了 α—螺旋、β—折叠以及转角，全部使用天然氨基酸，其重要意义在于这是第一个全自动设计的蛋白质。

除了努力达到设计出具有目标结构的蛋白质外，人们更希望设计出有目标功能的蛋白质。Hecht 等最近成功地应用二元模式设计出了具有血红素结合活性的蛋白质。

蛋白质从头设计这个领域还有许多挑战性的问题，如 β－折叠蛋白质、α/β 交替蛋白的设计还有困难，即使对 α－螺旋蛋白而言，要设计各种性能都和天然蛋白质一样仍然是个问题。序列组合中只有极少数序列能形成精确的结构、高水平的活性，要设计出这样的分子无疑是个难度更高的课题。但无论如何，在过去 10 年中，人们已经从一个只能从天然有机体中提取蛋白质的时代走到了一个蛋白质从头设计成为新期刊和专题研讨会的焦点的时代。

第四节　蛋白质分子设计

蛋白质是一类非常有用的物质，在生物体的进化过程中起着非常重要的作用。与其他化学试剂比较：（1）分子量非常大；（2）在机体内稳定；（3）专一性的优劣。

分子生物学的发展改变了上述某些特点，如定位突变、PCR 使蛋白质可以工程化生产。蛋白质设计（蛋白质的结构、功能预测）涉及多学科的交叉领域，包括材料学、化学、生物学、物理及计算机学科。其应用范围涵盖了药物、食品工业中的酶、污水处理、疫苗、化学传感器等，设计的蛋白质也不仅仅限于 20 种天然氨基酸，也包括非天然氨基酸、有机/无机模块。

蛋白质设计的目的：（1）为蛋白质工程提供指导性信息；（2）探索蛋白质的折叠机理。

蛋白质设计分类：（1）基于天然蛋白质结构的分子设计；（2）蛋白质从头设计。

存在问题：与天然蛋白质比较：（1）缺乏结构独特性；（2）缺乏明显的功能优越性。

一、基于天然蛋白质结构的分子设计

（一）概述

蛋白质结构与功能的认识对蛋白质设计至关重要，需要多学科的配合。蛋白质设计循环如下：

（1）对要求的活性进行筛选。

（2）对蛋白质进行表征，如测定序列、三维结构、稳定性及催化活性。

图 2-2　蛋白质设计示意图

（3）专一型突变产物。

（4）计算机模拟。

（5）蛋白质的三维结构。在 PDB 中搜索，无纪录即进行 X 射线、NMR 方法或预测并构建三维结构模型。

（6）蛋白质结构与功能的关系。

蛋白质突变体设计的三个主要步骤。

（1）突变位点和替换氨基酸的确定。

① 确定对蛋白质折叠敏感的区域。

② 功能上的重要位置。

③ 其他位置对蛋白质突变体的影响。

④ 替换或加减残基对结构特征的影响。

（2）能量优化和蛋白质动力学方法预测修饰后蛋白质的结构。

（3）预测结构与原始蛋白质结构比较，预测新蛋白质性质。

上述设计工作完成后，再进行蛋白质合成或突变实验，分离、纯化并对新蛋白质定性。

（二）蛋白质设计原理

（1）内核假设。假设蛋白质独特的折叠形式主要由蛋白质内核中的残基相互作用决定。所谓内核指蛋白质在进化过程中的保守区域，由氢键连接的二级结构单元组成。

（2）所有蛋白质内部都是密堆积且没有重叠。

（3）所有内部的氢键都是最大满足的（主链和侧链）。

（4）疏水和亲水基团需要合理地分布在溶剂的可及与不可及表面。分布代表了疏水效应的主要驱动力。要在原子水平上区分疏水和亲水部分；表面安排少许疏水基团、内部安排少许亲水基团。

（5）金属蛋白质中配位残基的替换要满足金属配位几何。

（6）对于金属蛋白，围绕金属中心的第二壳层的相互作用是最重要的。金属的第二壳层通常涉及蛋白主链的相互作用，有时也参与同侧链或水分子的相互作用。这些相互作用符合蛋白质折叠的热力学要求；氢键固定在空间的配位位置。

（7）最优的氨基酸侧链几何排列。蛋白质侧链构象决定于立体势垒和氨基酸的位置。

（8）结构及功能的专一性。

（三）蛋白质设计中的结构与功能关系研究

蛋白质的序列、三维结构、热力学与功能性质之间的关系对蛋白质工程、蛋白质设计非常重要。选择突变残基，最重要的信息来自于结构特征。通过定位突变鉴定蛋白质功能残基、探讨作用机理。

这些研究为研究蛋白质—蛋白质相互作用、酶催化的本质提供理论基础，也为蛋白质工程和蛋白质设计提供理论依据，也可用于药物开发。

定位突变技术分别对一个或多个氨基酸进行：①插入；②删除；③替换。

1. 功能上的分析：

最重要的是数据的解释。所有突变检测中共同存在的困难在于：如何区别功能残基替换引起的效应及蛋白质构象变化引起的效应？

对于三维结构未知的蛋白质，这个问题特别重要：

（1）不能确定残基的立体位置；

（2）残基所处的周围环境不确定；

（3）残基对溶剂的暴露程度；

（4）残基间的相互作用。

2. 目前的检测方法：

（1）在某些情况下，溶解度与突变蛋白质的稳定表达可作为结构整体性的一种标志。因为突变可能破坏蛋白质的球形整体结构，引起蛋白质失活、不溶性以及在细胞中降解。突变引起的结构变化可通过蛋白质中引进另一种突变来检测。这种多重突变中单一突变是有加性的，偏离这个规则说明残基间相互作用引起构象的变化。

（2）热力学分析可用于测量突变蛋白质的热稳定性及化学变化自由能，并可作为构象整体性的检测。

（3）X射线晶体学及NMR谱可直接提供突变蛋白质的高分辨率结构及评估结构整体性。

（4）圆二色散方法用于分析突变体结构。

（5）单克隆抗体利用分析一系列构象灵敏的McAb的结合能力可以探测突变蛋白的构象变化。

3. 根据结构信息确定残基的突变

对于三维结构已经确定、并已知抑制剂、辅酶及受体的三维结构的蛋白质，根据氨基酸来推测专一性残基的功能作用的方法非常有效。残基—配体上的受体基团间的距离、取向决定它们之间形成的氢键、离子对或疏水相互作用。这样的残基通过定向突变取代后，能证实某一残基对键合过程的参与、每一个相互作用对复合物结构的贡献。

例：酪氨酸—tRNA 合成酶

● 过渡态稳定性的阐明。

● 底物专一性的认识。

● 蛋白质三维结构对突变设计策略的帮助。

4. 其他实验方法鉴定功能残基

随机突变、删除分析及连接段扫描分析（linkerscanningmutagenesis）等实验方法可鉴定功能残基。

（1）随机突变技术

优点：用一种简单方法就可以产生突变体。

缺点：对突变没有控制，必须进行大量的突变产生大量的可解释数据。

（2）删除分析及连接段扫描分析

涉及整个基因位置删除或插入小数目的核苷酸，通过重组 DNA 技术很容易构建。

原理：利用能识别序列内的多重位点的限制酶可以部分降解基因，并分离得到在单一位点被切断的线性片段。为了进行分散插入小的合成 DNA 片段，常常编码一个有限位点的片段（linker），可以把它配位到断开位置。为了建立分散删除，在重新配位形成之前用外核酸酶降解 DNA，目的是快速扫描编码序列的长度以及鉴定重要功能区域，然后可进行单一氨基酸替换的更仔细的分析。

扫描删除分析曾用于鉴定鼠和人的粒状白细胞大噬菌体激活因子（GM－CSF）的重要区域。GM－CSF 的功能是刺激造血细胞的增殖。通过突变在 5 个氨基酸里删除 3 个，再在 E. coli 表达及检测活性。

5. 利用蛋白质同源性鉴定功能残基

每个残基所起作用的信息来自不同源蛋白质的序列比较或一类具有相应活性的蛋白质的序列比较。同源蛋白质的保守的残基是保持那类蛋白质共同功能或是维持共同结构的关键因素。相反，在一类蛋白质内变化的残基看来对结构及功能不重要，但涉及在分子识别中起作用的专一性。这两个假设已用于指导位点突变分析蛋白质。

缺点：不能确定效应由突变引起还是结构的微小变化引起。

解决办法：减少结构的破坏。

要求：预先尽可能多了解蛋白质的结构、进化保守及生物化学信息（X－射线、NMR 结构信息，特别是蛋白质分配体或底物形成的复合体的结构信息、原子水平上结构与活性的关系及分子相互作用等。）

突变策略：已知结构并可进行序列对准的突变，使用不同二级结构单元的转换，如"loop－交换"。

一组同源蛋白质同感兴趣的蛋白质比较，鉴定出高度保守的残基，它们是突变、功能进化的很好的候选残基；而非保守残基即涉及每个蛋白质的独特功能。如底物、专一性。

优点：转换的序列与蛋白质的整体结构协调，突变对结构破坏少。

6. 天然蛋白质的剪裁

分子剪裁：在天然蛋白质的改造中替换 1 个肽段或一个结构域。

反平行四螺旋束 Rop 重新设计的成功例子。LmRop 与 WtRop 类似地折叠证实了蛋白质设计原理中的内核假设。蛋白质结构对残基的替换有一定的容忍度，即结构与功能有一定的稳健度。不同的氨基酸序列具有相近的设计结构。

二、全新蛋白质设计

（一）概念

利用定点突变和蛋白质分子拼接的方法对天然蛋白质进行改造已民用工业很多成功的实例，但他们只对天然蛋白质中少数的氨基酸残基进行替换，而蛋白质的高级结构基本保持不变，因而对蛋白质功能的改造极为有限。蛋白质的空间结构受其氨基酸序列控制，而功能又与结构密切相关，同时基因工程的发展为蛋白质序列的表达提供了有力的手段，因此如果能够找到构造蛋白质结构的方法，我们就能得到具有任意结构和功能的全新蛋白质，这就是蛋白质全新设计问题。全新蛋白质分子设计也称蛋白质分子从头设计，是指基于对蛋白质折叠规律的认识，从氨基酸的序列（一级序列）出发，设计制造自然界中不存在的全新蛋白质，使之具有特定的空间结构和预期的功能。

蛋白质全新设计的一般策略是"设计循环"，就是理论设计和实验验证交互进行，逐步发展。一般包括四个部分：设计、模拟、实验和分析。首先确定设计目标后，基于理论和研究结果，由一个算法设计出初始分子模型，经过结构预测和构建模型对序列进行初步的修改；然后进行多肽合成或基因表达，实际构建这个分子，再用各种手段分析它，寻找成功或失败或不理想的原因，接着修改算法、参数、理论基础、改进模型，进行重新设计，如此循环反复。第一个全新蛋白质分子的设计，一般都要经过反复多次设计→合成→检测→再设计的过程。

（二）蛋白质结构的从头设计

中心问题：设计一个具有稳定基因独特的三维结构的序列。

基本障碍：线性聚合链的构象熵。

策略：①使相互作用的强度与数目达到最大。

②通过共价交叉连接减小折叠的构象熵。

根据第一原理设计一个蛋白质，我们必须依赖于分析已知结构的天然蛋白质中的二级结构单元，例如螺旋、β 叠片、环以及转折，得到一些结构知识，这些知识涉及氨基酸形成二级结构的倾向性等。对于螺旋已有很好的认识，近来重点研究二级结构在三维空间形成的独特的构象通过远程相互作用可控形成超二级结构。螺旋合成、β 折叠、ββα 模块形成规律较清楚，设计合成成功率较高。

复杂的三级折叠和四级结构可分解为有效的二级结构单元，如：螺旋、折叠、串、转角通过 loop 连接为三级结构。

对蛋白质结构和稳定性很好的认识，在蛋白质设计中可安排残基的最大的疏水相互作用形成一个紧密的疏水内核。离子相互作用与氢键可进一步稳定蛋白质的结构。另一种途径是根据主链的构象限制设计二级结构。全新蛋白质设计的策略：

1. 二级结构模块单元的自组装

最简单、最直接的策略：合成单一的两亲性的二级结构单元（α 螺旋、β 折叠）作为多肽链的片段模块，然后复制这些片段并把它们连接成整个蛋白质结构。疏水表面埋藏在内核形成紧密的蛋白质结构中。

模块方法的特点：（1）它是最简单的。（2）容易合成。

与单链天然类蛋白质比较，缺点：（1）蛋白质的稳定性差。（2）结构的简单重复。

α 螺旋通过氢键达到结构稳定，单一 α 螺旋在溶液中是稳定的。螺旋设计使用的策略：

（1）使用大的、能形成螺旋倾向的残基，如 Leu/Glu/La 等。

（2）使用合适的基团去除端基的电荷，防止与螺旋偶极不合适的电荷相互作用。

（3）使用极化或荷电氨基酸引入稳定的氢键或在螺旋中相隔一圈残基间的离子相互作用。

（4）使用在螺旋中相隔一圈的残基间疏水的范德华力相互作用。

（5）使用芳香－荷电或芳香－硫的相互作用。

最简单的在自然界中观察到的 α 螺旋结构是 coiled－coil 及四螺旋束。这些结构在全新蛋白质领域首次通过模块方法设计成功。

Degrado 的工作：四螺旋束被成功应用于 α 螺旋束的设计中。

不合适的构象熵由非共价相互作用（氢键、电荷－电荷、疏水相互作用）补偿。两亲螺旋的聚集主要是基于疏水相互作用提供足够的结合能去驱动折叠平衡。

不合适的折叠熵的作用在实践中逐步由结合足够数目的疏水残基所克服。

Coiled-coil 模型体系：由 2~4 个 α 螺旋彼此以平行或反平行堆积在一起，螺旋的交叉角接近 20°。

Hodges 的工作：设计 7 肽重复组成的 Coiled-coil 及其特征。

途中序列设计要求同时稳定 α 螺旋二级结构、双条螺旋间的相互作用。

设计合成：（1）考虑疏水界面、离子间相互作用。结果合成的结构比天然结构更稳定。（2）长度：至少含有 29 个残基才能自由组装成 Coiled-coil。（3）二聚体界面改变疏水接触的影响。（4）两个 α 螺旋之间增加一个二硫桥，加强了稳定性。（5）二硫桥对 Coiled-coil 结构稳定性的加性效应。

对于模块设计，什么特征是最基本的？是否有设计形成二级结构及自组装肽的一般规律？

自组装主要涉及疏水相互作用，设计的序列必须是两亲性的。极性和非极性的残基的周期性对二级结构的形成及自组装起着决定作用。如：α 螺旋形成者组成的序列，极性/非极性周期为 2，形成自组装的 β 折叠。β 形成者组成的序列，极性/非极性周期为 3，4，则形成 α 螺旋。

2. 配体诱导组装

第二个策略是使用一个配体（如金属离子）诱导模块蛋白片段的合成。在蛋白结构中几个相互作用片段的界面处设计一个配位结合位点，如果这个位点对配体有很高的亲和力，则结合配体的合适的自由能将充分克服熵消耗并驱动肽自组装。

例：Lieberman 和 Sasaki 的 Fe（Ⅱ）诱导组装 15 肽两亲 α 螺旋双吡啶。Ghadiri 的 Ni（Ⅱ）、Co（Ⅱ）、Ru（Ⅱ）的优到组装 15 肽两亲 α 螺旋双吡啶

3. 通过共价交叉连接实现它的自组装

肽链的构象熵是涉及全新蛋白质的主要障碍，共价交叉连接可减少构象熵。自然界唯一用于交叉连接的方法是二硫键。在蛋白质设计中也使用其他方法。如 Richardson，Erickson 等在 Betabillin 的设计中使用称为 DAB 的新的交叉连接方法。

不使用二硫键和人工连接片段的方法：赖氨酸的侧链基团，谷氨酸、天冬氨酸的侧链羧酸彼此间能形成肽键。

4. 在合成模板上肽的组装

Mutter 研究组发展了模板组装合成蛋白（TASPs）方法。不使用天然蛋白质中的 turn 和 loops 连接二级结构单元，而用人工模块。α 螺旋和 β 折叠股在一个特殊折叠过程有一个正确的相对取向。TASP 分子的螺旋和股通过模板结构导向形成所希望的构象。

他们使用的模板是寡肽，如：环十聚体。这个模板用于形成两个反平行 β 折叠股，通过一个在一端的 Pro—Gly 转折和一个在另一端的二硫键形成两个反平行的 β 折叠股。

特点：（1）有一个环结构，因此构象因受到限制而较确定，残基侧链的取向也较确定。（2）每条肽链显示最低限度的浓度依赖关系，但是一旦连接到模板上，它们的结构倾向于稳定并且不依赖浓度。

缺点：能模拟单链肽而不能模拟天然蛋白的性质。

优点：TASP 策略能模拟天然蛋白的关键性质。

Sasaki 研究组使用卟啉作模板连接 α 两亲螺旋的 4 条复制序列得到的最终蛋白质 Helichrome 形成稳定的球形结构，而且具有酶活性。

5. 线性多肽折叠为球状结构

全新蛋白质设计追求的目标之一是不用模板或交叉连接而通过线性多肽折叠形成球形的确定的三维结构。把一个线性肽折叠形成独特的三维结构的主要障碍是构象熵，这需要精心设计一系列的相互作用才能稳定结构。这方面的工作已取得重大进展。

第一个成功例子是 Degrado 研究组完成的 α_4 结构。最小化途径：把全新设计的复杂性简化为几个涉及天然蛋白稳定性的关键特征并优化。

稳定 α_4 的最重要的特征：α 螺旋明显的两亲性；形成明显的疏水核。

最小化途径的缺点：（1）结构简单且有更多的重复部分；（2）重复的序列使结构易变难于精确测定；（3）缺少天然蛋白那样好的互补堆积。

对 α_4 的修饰：用非极性侧链残基 Val、Phe、Ile 替代埋藏的残基赖氨酸，使之具有更多的构象限制、增加螺旋间堆积的立体互补性。引入一个金属结合位点可减少链内侧柔性。

6. 基于组合库的全新蛋白质设计

蛋白质组学包括天然蛋白质的多样性、相互作用、结构及功能。组合库设计的核心问题是埋藏疏水部分。一个常用的方法是基于极性与非极性的"二元模式"。"二元模式"要求（1）有利于形成二级结构；（2）埋藏疏水部分。"二元模式"可用于二级结构的片段，一面完全亲水，一面完全疏水。缺点是没有完全考虑内核的堆积。第二代二元编码蛋白库的优点：（1）由原来的 74 个残基改为 104 个残基；（2）对转折区域作了些修改；（3）最重要的修饰是 4 条螺旋中的每条加 6 个残基；

结果：任取 5 个证明蛋白质是单体且螺旋程度很高；产生出类似天然蛋白质的全新蛋白。

利用组合库寻找全新蛋白质在如下方面取得了成功：α 螺旋、β 折叠片、单体、自组装为有序的排列、堆积为天然蛋白质、超热稳定性、结合辅因子自的能力、催化活性。

(三) 蛋白质的功能设计

功能设计主要涉及键合及催化。途径：（1）反向实现蛋白质与工程底物的契合，改变功能；（2）从头设计功能蛋白质。

1. 通过反向拟合天然蛋白质设计新功能

执行特别生物功能的天然蛋白质能通过反向拟合获得新的活性。通过修饰天然结构得到专一性及活性改变的蛋白质是切实可行的，并在 DNA 结合专一性、改变辅助因子专一性、底物专一性获得成功。如，①引入金属结合位点使金属—溶菌酶的活性均优于天然酶。②通过改变抗体 loop 区免疫体系能产生特异性的结合专一性。

2. 在全新蛋白质中引入结合位点

α螺旋引入金属结合位点的设计：全新蛋白质设计除折叠成预想的结构，还要考虑结合位点和催化性质。Degrado 和 Regan 研究组在 $α_4$ 设计合成后，又进行了修饰使之具有金属蛋白结合位点—能结合 Zn^{2+} 的四面体结合位点，并为催化活性留有余地。

在大肠杆菌 E.coli 中表达的蛋白质表征：①Zn^{2+} 的解离常数为 2.5×10^{-8} mol/L。②结合位点在单一蛋白质的单体内。③结合金属后蛋白质的二级结构没有改变，变为更为有序的结构。④结合 Zn^{2+} 后增加了蛋白质的稳定性。⑤半胱氨酸巯基对结合是最重要的。

β折叠片骨架引入金属结合位点的设计。

4. 催化活性蛋白质的设计

Hahn 设计的 Chymohelizyme。Sasaki 设计的 Helichrome。Benner 设计的草酰乙酸脱羧酶—人工脱羧酶 ART—OAD。特点：不依赖金属；赖氨酸与底物形成席夫碱。结果：α螺旋占优势；二级结构依赖于浓度；脱羧反应快900 倍。

5. 膜蛋白及离子通道的设计

膜蛋白设计的要求：①与疏水效应不同。②全新膜蛋白从一个不溶于水的聚集体转换为类似于膜的环境要求构象变化。

Montal 等离子通道蛋白质 Synporin 的设计：

使用方法：Mutter 辅助模板法。

设计过程：4 条相同的 23 肽 α 螺旋被固定在载体模板上，相互平行。

设计结果：①单通道。②能区别不同的阳离子。③在毫秒时间内可打开和关闭。④对局部麻醉通道阻塞剂敏感。

Lear 的设计：简单两亲 α 螺旋的离子通道。特点：①序列与天然离子通道不同。②不用模板，通过自组装形成一个中心亲水孔的多聚体。③具备天然离子通道的基本特征。

第五节　抗体酶

抗体酶自 1986 年研制成功以来，在生物学、化学、医学、制药等诸多学科中发挥着重要的作用，它开创了催化剂研究和生产的崭新领域，抗体酶的研究深化了对酶本质的认识，丰富了酶的种类，是酶学研究的一大进步。下面介绍抗体酶的作用机理、设计和制备、应用和存在的问题。

一、抗体酶的作用机理

抗体酶又称催化抗体，是指通过一系列化学与生物技术方法制备出的具有催化活性的抗体，它既具有相应的免疫活性，又能像酶那样催化某种化学反应。酶的催化机制是在反应过程中酶的活性中心能与底物的过渡态结合，形成酶—底物复合物，大大降低了反应的活化能，从而加快了反应速率。抗体是生物体受抗原诱导产生的，在结构与抗原高度互补并能与之特异结合的蛋白质。抗体酶是具有催化能力的抗体，通过设计化学反应过渡态或中间体类似物作为半抗原，诱导机体产生抗体，产生的抗体能特异性地识别过渡态分子，降低反应的活化能，到达催化反应的目的。抗体酶和所有的抗体一样，都是由两条轻链和两条重链构成，抗原与轻链和重链的可变区特异性结合，因此可变区的氨基酸排列顺序决定了抗体分子的特异性，可变区赋予其酶的属性。

抗体与酶都是蛋白质，且都能高选择性地与靶分子结合，但酶的种类有限，仅有几千种，而抗体的种类可达千万种以上，如果能赋予抗体以酶的活性，则酶的范畴将大大扩展，制备成功的抗体酶不仅能催化天然酶可以催化的反应，还能催化一些天然酶所不能催化的反应。抗体酶的发现打破了只有天然酶才有分子识别和加速催化反应的传统观念，为酶工程学开创了新的领域。

二、抗体酶的设计和制备

抗体酶的设计和制备方法主要有诱导法、工程抗体催化法、拷贝法、化学修饰法等多种方法，其中尤以前两种方法的应用最为普遍。诱导法这是抗体酶的传统制备方法，选择合适的反应过渡态类似物作为化学模型物，与载体蛋白偶联后免疫动物，使宿主产生抗体，再利用杂交瘤技术来筛选和分离，得到具有催化活性的单克隆抗体。就是抗体酶用单克隆化的杂交瘤细胞就能进行单克隆抗体的扩大生产，由于多数反应过渡态类似物的分子量较低，即半抗原本身的免疫原性很弱，必须与某种载体偶联才能表现免疫原性。目前最常见的载体蛋白包括牛血清蛋白和钥孔血蓝蛋白等，所得到的抗体酶的催化能力的高低，在很大程度上取决于反应过渡态类似物，即半抗原的设计要求。通过半抗原的设计，产生最优化的抗体催化剂，实现与免疫球蛋白结合口袋的互补，现已应用的设计策略包括过渡态类似物设计、诱导和转换设计、反应免疫、"潜过渡态"半抗原设计等。

工程抗体催化法：工程抗体催化法借助基因工程和蛋白质工程技术，对抗体进行改造，引入催化活性，将催化基因引入到特异抗体的抗原结合位点上，也可以针对性地改变抗体结合区的某些氨基酸序列，以获得高效的抗体酶。目前，定点突变的方法已成为提高抗体酶活性的一种常规方法。此外，对抗体结合口袋中的氨基酸残基进行随机突变，再用合适的体外筛选方法，就可获得高活性的抗体，随着噬菌体抗体库技术的完善，可根据需要构建适当序列的基因片断，绕过免疫学方法，构建全新的抗体酶。在此基础上，人们又发展了噬菌体展示技术，这种技术将组建亿万种不同特异性抗体可变区基因库和抗体在大肠杆菌中功能性表达，与高效快速的筛选手段结合起来，彻底改变了抗体酶生产的传统途径，用工程抗体催化法生产抗体酶，不需要进行细胞融合以获得杂交瘤细胞，并且可筛选具有特定功能的未知结构，具有生产简单、价格低、抗体的免疫原性较低的优点，并易获得稀有的抗体。

拷贝法：用已知的酶作为抗原免疫动物，通过单克隆技术，制得该种酶的抗体，以此种抗体免疫动物，再次采用单克隆技术，经筛选与纯化，就可获得具有原来酶活性的催化抗体。因为抗原和由其诱导产生的抗体具有互补性，经过二次拷贝后，就把原来酶的活性部位的信息翻录到抗体酶上，使该抗体酶具有高选择性地催化原酶所催化反应的能力

化学修饰法：对抗体进行化学修饰，引入酶的催化基团或辅助基团，如果引入的催化基团与底物结合部位取向正确、空间排布恰到好处，就能产生高活力抗体酶

为提高抗体酶的催化能力，可采用邻近效应、静电催化、应变、功能团催化等方法，在抗体结合位点引入催化基团对抗体酶进行结构修饰的关键，是找到一种温和的方法在抗体结合位置或附近引入具有催化功能的基团。

三、抗体酶的应用

1. 在有机合成领域的应用

目前，已成功筛选出几种类型可催化酶促反应和几十种化学反应的抗体酶，可催化许多困难和能量不利的反应催化类型包括底物异构化反应、酰胺

水解、酰基转移、重排反应、光诱导反应、氧化还原、金属螯合、环化反应等，抗体酶还可以作为手性助剂控制光加成反应产物的立体化学，用于手性化合物的拆分，还可用于探索化学反应机制。

2. 在医学领域的应用

利用抗体酶催化药物在体内的还原，有利于机体对药物的吸收，并降低药品的毒副作用，将抗体酶技术和蛋白质融合技术结合在一起，设计出既有催化功能又有组织特异性的嵌合抗体，用于切割恶性肿瘤。将抗体酶直接作为药物，以治疗酶缺陷症患者。

3. 在戒毒领域的应用

抗体酶可以拮抗可卡因等麻醉剂的成瘾性，使可卡因失去刺激功能，以帮助瘾君子戒除毒瘾。抗体酶还可以水解清除血液中的毒素，如分解可卡因、有机磷毒剂等。

4. 在前药设计中的应用

前药是指为降低药物毒性而设计的一类自身无活性或活性较低，需在体内经代谢转化为活性药物以发挥作用的化合物。抗体酶在发展的叮体系中成功地对前药进行活化，提高了肿瘤治疗的选择性，显示出很好的应用前景体系，即抗体靶向的酶前药治疗体系将能催化前药转化为肿瘤细胞毒剂的酶，与肿瘤细胞专性抗体相偶联，酶通过与肿瘤抗体的结合而存在于肿瘤细胞表面，当前药扩散至肿瘤细胞表面或附近时，抗体酶就会将前药迅速水解，释放出抗肿瘤药物，这样大大提高了肿瘤细胞附近局部药物的浓度，增强对肿瘤细胞的杀伤力，减少对正常细胞的杀伤作用。经过科学家们的不断努力，抗体酶在叮体系中的应用将日益完善，有可能成为癌症化疗的重要武器

四、抗体酶应用中存在的问题和研究展望

存在的问题：目前，抗体酶技术工业化面临的最大困难是生产出的一些抗体酶的底物专一性、反应选择性和催化效率不如天然酶。抗体酶催化活性较低的可能原因是设计出的半抗原与真实过渡态之间总会存在细微的差别，抗体酶的结合位点易受底物抑制和环境因素的影响，同一种类的不同细胞产生的抗体酶的活性有差异，多数特异性的抗体酶并不是单一的分子种类，这使得抗体酶的分离纯化较为困难。抗体酶多为鼠源性的单克隆抗体，在诱导中机体内可能会产生抗催化抗体的蛋白，使抗体酶失活。另外抗体酶的应用中还存在制备价格较贵，制备过程过于复杂，并且还没有找到一种普遍适用的筛选方法。

研究展望：未来对抗体酶的研究重点是通过定制催化活性实现对特定化学反应的催化，实现对那些不能用天然酶催化的反应的催化，利用抗体酶的

立体或区域选择性实现化学反应的选择性催化抗体酶，体内治疗作用的拓展对抗体酶催化活性的优化策略的研究，以提高催化效率，降低抗体用量，降低应用成本。抗体酶生产库以及生产技术的研究，使抗体酶能降低成本，实现商业化应用，随着蛋白质工程、基因工程、免疫学等生物技术的不断发展，抗体酶的研究将会有更大的突破和广泛的应用前景。

思考题

2-1　试述蛋白质分子设计的概念和它的基本内容。

2-2　试述蛋白质分子设计与蛋白质工程的关系。

2-3　蛋白质分子设计的种类有哪些？他们各自有哪些特点？

2-4　试述蛋白质分子设计的原理。

2-5　试述蛋白质分子设计的程序。

2-6　实施蛋白质设计需要遵循哪些原则？

2-7　试述蛋白质结构的全新设计方法与特点。

2-8　简述蛋白质结构数据库的主要种类和特点。

2-9　简述 SWISS—PORT 数据库的主要特点。

2-10　简述进行相似序列的数据库搜索的意义。

2-11　比较常见的蛋白质二级结构预测的方法。

2-12　简述二级结构预测在蛋白质局部结构预测和三维结构预测中的作用。

2-13　简述抗体酶的作用机理。

2-14　简述抗体酶的几种设计和制备方法。

2-15　名词解释：生物信息学、EMBL 数据库。

2-16　简述生物信息学主要研究哪些方面的内容。

2-17　生物信息学对蛋白质工程有哪些支持作用。

第三章　融合蛋白

[**内容提要**]　①重点介绍定点突变、定向进化、高通量筛选方法、基因融合等概念；②简要说明表型观察筛选、影响基因融合的因素及融合基因的应用。

第一节　基因突变技术

基因突变技术是通过在基因水平上对其编码的蛋白质分子进行改造，在其表达后研究蛋白质功能的一种方法。这一技术的出现使蛋白质结构功能关系的研究产生重在变化，可以使人们随心所欲地研究特定氨基酸残基、特定结构元件在蛋白质结构形成和功能表达中的作用。根据改造策略的不同可分两类：定点突变和定向进化。

一、定点突变

利用定点突变进行蛋白质的理性设计是蛋白质工程最早使用的技术，定点突变具有突变率高、简单易行、重复性好的特点。对某个已知基因的特定碱基进行定点改变、缺失或者插入，可以改变对应的氨基酸序列和蛋白质结构，对突变基因的表达产物进行研究有助于了解蛋白质结构和功能的关系，探讨蛋白质的结构/结构域。

定点突变技术的应用领域很广，如研究蛋白质相互作用位点的结构、改造酶的不同活性或者动力学特性、改造启动子或 DNA 作用元件、提高蛋白的抗原性或是稳定性和活性、研究蛋白的晶体结构以及药物研发和基因治疗等方面。其中，在优化酶特性方面有重要地位，近几年已利用定点突变技术对天然酶蛋白的催化活性、底物特异性、稳定性、改变抑制剂类型、辅酶特异性、提高表达量、进化新的代谢途径等方面进行了成功的改造。定点突变的方法主要有重叠延伸 PCR 技术和快速定点突变方法两种。

1. 重叠延伸 PCR 技术

重叠延伸 PCR 技术（gene splicing by overlap extension PCR，简称 SOE

PCR）由于采用具有互补末端的引物，使 PCR 产物形成了重叠链，从而在随后的扩增反应中通过重叠链的延伸，将不同来源的扩增片段重叠拼接起来。

这里先介绍重叠延伸 PCR 的原理及两基因的引物设计。该方法必须在特定的待突变位点和上下游分别设计引物，引物 A、B 为上下游引物，且分别与模板链互补，引物 C、D 为突变引物。先以引物 B、C 在一定条件下进行 PCR，得产物 BC，再以引物 A、D 进行 PCR 得产物 AD，混合这两个扩增产物，以 A、B 为引物进行 PCR，即可得到带突变点的 DNA 片段。将其装入特定的载体中，转化入相应的宿主菌，扩增后经鉴定得到目的 DNA。

重叠延伸 PCR 技术的特点：突变位点是确定的，突变的个数也是预知的，突变的效应往往是未知的，定点突变的方法一般是以 PCR 技术为基础的。此技术利用 PCR 技术能够在体外进行有效的基因重组，产生新基因，而且不需要内切酶消化和连接酶。

2. 快速定点突变

快速定点突变过程是设计一对包含突变位点的引物（正、反向），和模板质粒退火后用聚合酶"循环延伸"（所谓的循环延伸是指聚合酶按照模板延伸引物，一圈后回到引物 5′ 端终止，再经过反应加热退火延伸的循环，这个反应区别于滚环扩增，不会形成多个串联拷贝）。正反向引物的延伸产物退火后配对成为带缺口的开环质粒。DpnI 酶切延伸产物，由于原来的模板质粒来源于常规大肠杆菌，是经 dam 甲基化修饰的，对 DpnI 敏感而被切碎（DpnI 识别序列为甲基化的 GATC，GATC 在几乎各种质粒中都会出现，而且不止一次），而体外合成的带突变序列的质粒由于没有甲基化而不被切开，因此在随后的转化中得以成功转化，即可得到突变质粒的克隆。

二、定向进化

自然界进化是在整个有机体繁殖和存活过程中自发出现的一个非常缓慢的过程，是一个先突变后选择过程。实验室基因工程加速了进化历程，可模仿自然进化的关键步骤——突变、重组和筛选，在较短时间内完成漫长的自然进货过程。这种策略只针对特定蛋白质的特定性质，因而被称为定向进化。蛋白质定向进化是人为创造特殊的条件，在体外对基因进行随机突变，从一个或多个已经存在的蛋白质出发，经过基因的突变和重组，构建一个人工突变蛋白质库，通过一定的筛选或选择方法最终获得预先期望的具有某些特性的进化蛋白。定向进化模拟自然进化方法，首先让基因发生随机突变，通过筛选系统进行定向筛选或选择。因预先不知道基因或蛋白质序列，称为非理性设计。而基因工程一般预先知道突变结果，根据已有基因的序列和功能进行设计，所以称为理性设计。定向进化，不同于定向突变，"定向"依靠筛选。

蛋白质的定向进化需要两项重要的支撑技术，一是产生大量突变体为进一步筛选提供丰富的素材；二是有合适的筛选系统，可迅速从突变体库中筛选到符合目标的蛋白质。

1. 制作突变体

对于定向进化，关键步骤是创造基因的多样性，主要是利用易错 PCR 或 DNA 改组技术。

（1）易错 PCR

易错 PCR（error prone PCR）是一种利用 PCR 技术简便快速在 DNA 序列中随机制造突变的方法，其基本原理是通过改变正常 PCR 反应体系中某些组分的数量或质量，导致 PCR 反应异常，随机引入错误碱基从而创造序列多样性的 DNA 序列文库。本法的关键在于选择适当的突变频率，一般有益突变的频率很低，多数目标基因内有 1.5～5 个碱基发生碱基替换时，诱变结果是最理想的。

由于一轮易错 PCR 往往很难获得满意的结果，因此常用连续易错 PCR 方法。连续易错 PCR 方法是将一次 PCR 扩增得到的有利突变基因作为下一次 PCR 扩增的模板，连续反复地进行随机诱变，使每一次获得的突变积累而产生重要的有益突变。

（2）DNA 改造（DNA Shuffling，DNA 重组）

DNA 改造基本原理是：单个基因或一组相关基因经酶切产生一系列随机大小的 DNA 片段。无引物 PCR，具有互补 $3'$ 末端的片段互为引物，各为模板，通过不断的 PCR 循环在不同模板上随机互补结合并进一步延伸。最后利用基因两端序列为引物合成全长的重排产物，这些重排产物的集合被称为突变文库。对突变文库进行筛选，选择改良的突变体进行下一轮 Shuffling 循环，重复多次重排和筛选，直到最终获得性状比较理想的突变体。

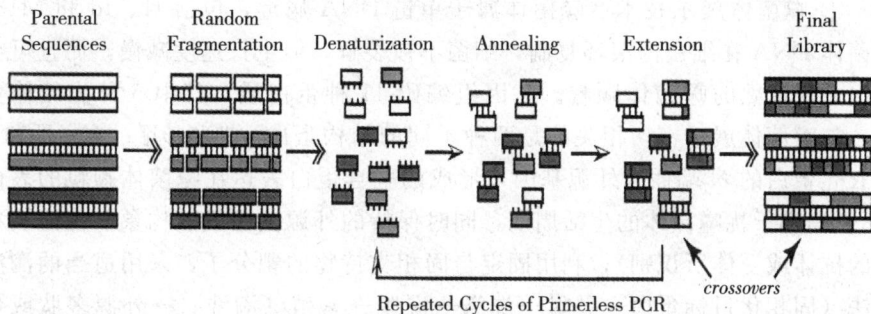

图 3-1　DNA Shuffling 原理示意图

DNA 改组成功与否取决于三个因素：相关基因组中基因的相似程度、酶切产生的 DNA 片段大小和退火温度。此外，如果将突变频率控制在适度范围内，能有效地在目的基因中引入点突变，这使得 DNA 改组技术有更广阔的应用前景。DNA Shuffling 不仅可在单个基因中引入突变，它也能对基因家族进行改造。该方法可以跨过物种界限，在不同物种来源的 DNA 基因之间进行重组。

2. 筛选

由于筛选条件确定了蛋白质预期特性的进化方向，因此，在确定了合理的方法产生突变体文库之后，建立有效的方法搜索蛋白质文库得到预期的性状是决定定向进化成功与否的关键。虽然选择是一种非常有效的搜索机制，但只有在突变体蛋白质或酶可赋予宿主细胞生长或存活的优势时才能使用选择机制。因此，突变体文库通常需要筛选而非选择。

(1) 表型观察选择和筛选。当我们感兴趣的功能产生可见信号时，简单的肉眼可见的筛选方法（如易被观察的菌落表型）被广泛应用。如依据营养缺陷型互补筛选突变体；依据对细胞毒素的抗性来筛选突变体；依据荧光产物来筛选突变体（如绿色荧光蛋白突变体）；分泌活性蛋白酶的转化菌落涂布在琼脂糖平板上可以产生溶解圈，根据溶解圈大小筛选。

表型观察筛选法的优点是筛选速度快，缺点是具有很大的局限性，如不能定量、对蛋白质特性中的微小的变化不灵敏，因此不能被广泛使用。

(2) 高通量筛选方法。近几年，与创建多样性突变体文库相适应，在高流通量和超高流通量筛选技术方面发展了一系列新技术，如噬菌体表面展示技术、细菌表面展示技术、酵母表面展示技术、核糖体展示技术、酵母双杂交系统、蛋白片段互补实验等。此外，还有其他原理各不相同的高通量筛选方法，如将靶活力与转录信号相偶联的三杂交体系、以发光信号为指示的反射增进系统等。

① 噬菌体展示技术：噬菌体属于单链 DNA 病毒，包括 f1、fd 和 M13；噬菌体 DNA 在细菌内滚环复制，细菌不被裂解，但生长速度减慢，而且可分泌出大量成熟的噬菌体颗粒。基因组编码 11 种蛋白质，其中 5 种为结构蛋白，与噬菌体展示密切相关的是两种不同的结构蛋白 pⅢ 和 pⅧ；在 pⅢ 和 pⅧ 衣壳蛋白的 N 端插入外源基因，形成的融合蛋白表达在噬菌体颗粒的表面（不影响和干扰噬菌体的生活周期，同时保持的外源基因天然构象，也能被相应的抗体或受体所识别）；利用固定与固相支持物的靶分子，采用适当的淘洗方法（固相化目标蛋白→吸附→洗涤→洗脱→繁殖（淘洗）→外源多肽或蛋白质表达并展示于噬菌体表面），洗去非特异结合的噬菌体，筛选出目的噬菌体。

外源多肽或蛋白质表达在噬菌体的表面，而其编码基因作为病毒基因组中的一部分可通过分泌型噬菌体的单链 DNA 测序推导出来。

噬菌体展示技术是一种基因表达产物和亲和选择相结合的技术，以改构的噬菌体为载体，把待选基因片段定向插入噬菌体外壳蛋白质基因区，使外源多肽或蛋白质表达并展示于噬菌体表面，进而通过亲和富集法表达有特异肽或蛋白质的噬菌体。也就是待选基因＋噬菌体信号肽序列－衣壳蛋白基因之间（载体）→融合蛋白噬菌体文库。噬菌体展示技术是第一个真正用于体外高通量筛选方法。将筛选的靶蛋白偶联到固相支持物（磁珠或酶联板）上，加入噬菌体作用一段时间后，去掉与靶蛋白不结合的噬菌体，将有特异性结合活性的噬菌体侵染细菌，几轮筛选后就富集到与靶细胞高亲和力的噬菌体克隆。

随着展示内容的多样多及展示库质量的提高，人们利用目标蛋白来筛选噬菌体展示库，能很容易获得相应的配体，通过分析所获得肽段的序列及结构，就能准确地分析出蛋白质分子间的相互作用，如抗原抗体反应、受体与配体、酶与底物之间的相互作用机制及相应分子特征。因此，噬菌体展示库变称全能库，在免疫学、细胞生物学及药物开发等领域有广泛的应用。

② 核糖体展示技术：在体外无细胞翻译体系中进行，所以不受细胞转化效率的限制。

核糖体展示技术的基本原理是通过 PCR 等方法扩增目的基因建立 DNA文库，同时加入启动子、核糖体结合位点及茎环（有启动基因转录、使核糖体能结合到该处开始翻译、茎环终止转录作用），并置于具有耦联转录/翻译的无细胞翻译系统中孵育，使目的基因的翻译产物展示在核糖体表面，并形成"mRNA－蛋白质－核糖体"三元复合体，最后利用常规的免疫学检测技术，通过固相化的靶分子直接从三元复合体中筛选出感兴趣的核糖体复合体，再利用 RT－PCR 扩增，进行下一循环的富集和选择，最终筛选出高亲和力的目标分子。

核糖体展示技术的优点是不需要将 DNA 库转化到微生物中，因此，库容量的大小不受转化效率的限制，库容量可达到 $10^{12} \sim 10^{13}$。

③ 细菌表面展示技术：细菌表面能够展示的许多基因产物，如某些蛋白质，这些展示在细菌表面的蛋白很容易通过荧光探针显示出来，结合流式细胞仪或荧光激活细胞筛选仪等实验仪器，能够定量分析酶活性、同时测定多个参数并且对每个观察到的克隆进行记录。

④ 酵母表面展示技术：其优点是酵母展示的蛋白质是紧密锚定在细胞壁上，可以耐受 SDS 等的抽提（可与其他杂蛋白质分离）；酵母有发酵特性且生长快，因此在工业上具有很好的应用前景；分泌机制与哺乳动物细胞非常相

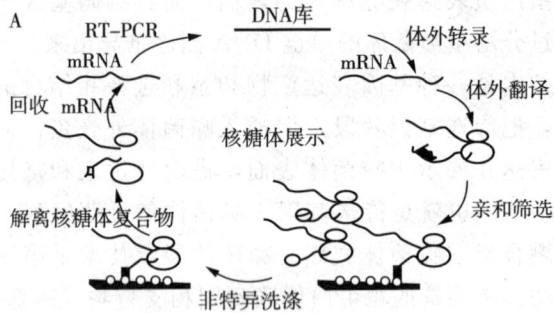

图 3-2　核糖体展示技术示意图

似，因而比原核细胞更能正确表达和展示人的蛋白质。酵母表面展示技术构件表达载体时，加入 α 凝集素序列，目的蛋白与 α 凝集素融合可展示于酵母细胞表面。筛选和分离可用流式细胞仪等方法。

第二节　基因融合

一、基因融合技术

基因融合技术是将不同的基因连接起来从而表达具有复合功能的融合蛋白，构建融合蛋白的基本原则是：将第一个蛋白基因的终止密码子删除，再接上带有终止密码子的第二个蛋白基因，即可实现 2 个基因的融合表达。融合蛋白除了具有衍生因子的双重活性外，其各自的活性可能发生如下变化。

（1）一些融合蛋白的活性较各自野生型低：如 HBsAg 和小鼠 IL-18 融合蛋白诱导 BALB/c 鼠免疫应答的能力时，融合表达质粒不能增强免疫应答，反而降低了机体的免疫应答水平（柯亨宁等，2001）。IL-2 与 IL-15 的融合分子未能显著提高 IL-15 分子的功能（Ozdemir and Savasan 2005）。

（2）活性与野生型因子活性的相加作用一致：Weichetal（1993）构建了 3 种 IL3 和促红细胞生成素不同组合方式的融合蛋白并在 CHO 细胞表达，受体结合实验及生物活性分析表明，IL3 和促红细胞生成素的融合蛋白的活性并不比两种因子联合使用的活性高。

（3）融合蛋白的活性高于衍生因子的相加活性：Hazamaetal（1993）用 IL-2 和单纯疱疹病毒胞膜糖蛋白 D 构建的重组融合分子研究表明，融合蛋白在体内具有协同与增强作用。用基因重组方法将表达 IL-2 和 HBV 的 preS 的质粒转染 Cos-7 细胞，该细胞分泌表达的 IL-2preS 融合蛋白保留了 IL-

2 和 preS 抗原天然分子的生物学活性，且能增强 preS 抗原的免疫原性，产生协同作用，促进机体免疫应答。IL－2preS 诱导小鼠产生的抗 preS 抗体较单独 preS 抗原诱导产生的高达 8 倍左右，说明 IL－2preS 融合蛋白产生了协同作用，增强了 preS 抗原的免疫原性，增强了免疫应答的效应等，（周卫红等，1999）。

（4）人工构建的新蛋白可能具有与衍生因子无关的新活性：E. coli 表达的 IL－6 和 IL－2 融合蛋白 CH925，生物活性分析结果显示，CH925 不但可以提高不同级别的红系祖细胞的增殖，还能提高 LAK 细胞的体外增殖。

二、构建融合蛋白的意义

构建融合蛋白技术具有以下实际意义：①有利于回收目的蛋白质（衍生因子之一为亲和标签）；②产生新的多功能蛋白；③利于检查和产物定位；④避免产物的快速溶解；⑤防止包涵体的形成；⑥外源蛋白定位在宿主的不同区段；⑦融合蛋白再体外切割提高产量稳定性；⑧研究蛋白质结构。

三、影响基因融合的主要因素

1. 融合蛋白接头（linker）的设计和选择

将 2 个或多个不同的模块连接成为一个大分子，其中起连接作用的氨基酸链即为 linker，具有一定柔性以允许两侧的分子完成各自独立的功能。设计 linker 接头时应考虑以下几个因素。

（1）linker 的长度：一般是在 10～15 个氨基酸之间。若使用的 linker 较长，由于在重组蛋白的生产过程中对蛋白裂解比较敏感，可能会导致融合蛋白产量的降低；同时又涉及免疫原性的问题，因接头序列本身就是新的抗原。应用较短的 linker 虽可克服蛋白酶分解的问题，但可能使 2 个分子相距太近，影响两种蛋白高级结构的折叠，从而相互干扰，导致蛋白功能丧失（LaVallieandMccoy，1995）。

（2）linker 的整体折叠：Robinson 和 Sauer（1998）发现 linker 序列的组成对融合蛋白的稳定折叠有重大影响。linker 序列有太多的 α 螺旋或 β 角结构会限制融合蛋白的伸缩性，结果会影响到融合蛋白的功能活性。因此，设计 linker 序列时需要仔细分析以避免二级结构的产生。为此，Chiquito 和 Feng（2000）等开发了软件 LINKER，它可以根据输入的参数自动生成一系列 linker 序列。这个程序 X 衍射晶体结构或 NMR 质谱结构推测，适于更广范围的确定融合蛋白中的 linker 序列。

（3）linker 中常见的氨基酸：非极性的疏水氨基酸如甘氨酸（Gly）、丝氨酸（Ser），因其结构简单，具有构象的广泛性，有利于运动，常出现在蛋白质中运动性大的区域，如绞链区；且体积小的特点又使其利于堆积，不易产生碰撞。Chaudharyetal.（1989）用 2 个脯氨酸（Pro）作中间接头，具有较好柔韧性，在表达 hIL－2/mGM－CSF 融合蛋白中获得较理想的结果。

（4）linker 内部核苷酸序列调整：linker 序列（GGGGS）的核苷酸组成，虽未改变原接头 linker 的氨基酸序列，结果却发现重组融合蛋白在 mRNA 水平上显著增加 30 倍，产生高水平转染克隆更稳定。

linker 序列在融合蛋白的构建中起着重要作用，但也有学者认为，融合蛋白中没有必要增加 linker。郑黎燕等（2001）构建 IL－6－D24－PE40 和 IL－6－D24－linker－PE40 两种融合蛋白，比较发现，柔性接头对融合蛋白的生物活性没有影响，这说明柔性接头并不能增加 IL－6 与其受体的结合，据作者推测于 IL－6－D24 和 PE40 融合蛋白没有必要加 linker，这种结果可能同样适用于其他分子导向药物。智刚等（1991）通过定点诱变技术将人肿瘤坏死因子和干扰素基因首尾相连，未加任何接头序列，也表达出 1 个具有抗肿瘤和抗病双重活性的融合蛋白，但其活性较单独使用肿瘤坏死因子和干扰素分别低 24 倍和 15 倍。所以，具体涉及每种蛋白在构建融合蛋白时，应多选择几种融合方式，从中优化出理想的连接方式。

（5）连接肽两个条件：第一，两者的多肽链应不相互影响而折叠缠绕在一起而使彼此的活性丧失；第二，两者的活性中心要彼此远离，不会形成空间位阻而影响活性的表现，更不能使活性相互影响甚至抑制。

2. 构建融合蛋白的常用技术

（1）重叠延伸基因融合技术：夏荣等（2001）通过具有互补末端序列的 2，3 引物，PCR 重叠延伸将 hIL－2 和 mGM－CSF 通过 2 个脯氨酸（Pro）的中间接头连接起来，克隆出 hIL－2/mGM－CSF 融合基因。此项技术有一定的局限性，在 PCR 过程中容易产生序列错误。

（2）以酶切位点相连构建融合基因编码：5 肽 GSGGS 中 GGATCC 与 BamHⅠ酶切位点的 DNA 序列相同，故将研究所用质粒多克隆酶切位点中的 BamHⅠ酶切位点设计在 linker 内，以利于鉴定和操作。刘冬梅等（2002）构建 rhGM－CSF/IL－2 融合蛋白表达载体时也选用了该种融合方法，在 linker 的前部设计了一个 BamHⅠ位点，GM－CSF 的下游引物与 IL－2 的上游引物均起始于该点。然后通过 PCR、酶切和连接一系列的分子克隆的方法，构建融合蛋白的克隆及表达载体。

3. 融合蛋白标签

表达系统分泌的蛋白质不止一种，同时还有其他物质，如何分离、纯化这种目标蛋白成为一个难题。随着蛋白质组学和蛋白质工程的发展，有许多不同的蛋白质、结构域或多肽作为融合蛋白标签用于构建融合蛋白。如蛋白质亲和标签，有助于融合蛋白通过亲和层析的方法分离纯化蛋白质。常见主要有以下两种：①小分子肽标签（干扰小，可不去除），如精氨酸标签、多聚组氨酸标签、FLAG 标签；②大分子肽类或蛋白质标签，如荧光蛋白标签。融合标签最初只是为了方便重组蛋白质的纯化，随着新的融合系统的不断开发，应用范围越来越广，包括目的蛋白质的检测和定向固定，体内生物事件的可视化，提高重组蛋白质的产量，增强重组蛋白质的可溶性及稳定性等。

精氨酸标签：由蛋白质 C 末端 5－6 个精氨酸组成。精氨酸是碱性最强的氨基酸，可以通过阳离子交换树脂 SP－Sephadex 分离纯化。精氨酸残基的 C 末端序列可用羧肽酶 B 处理去除。

多聚组氨酸标签：由 2～10 个组氨酸组成，通常置于重组蛋白质的 N 端或 C 端。通过固定化金属螯合层析分离。

FLAG 标签：由 8 氨基酸肽组成，可位于蛋白质的 C 端或 N 端。通过抗体 M1 进行分离纯化蛋白。

荧光蛋白标签：绿色荧光蛋白是由 238 个氨基酸组成的片状蛋白，1962年由下村修从水母身上分离出来，马丁·查尔菲明确了绿色荧光蛋白的机理，钱永健创造了发出不同颜色光的荧光蛋白。荧光蛋白可以应用于观察蛋白质在细胞中的运动，应用十分广泛。

4. 融合蛋白的报告分子

报告基因（report gene）是指一组编码易被检测的蛋白质或酶的基因，将其与目的基因融合表达后，可通过报告基因产物的表达来"报告"目的基因的表达调控。

报告基因需满足几个条件：①基因被克隆并且已知全序列；②宿主不存在报告基因产物或类似产物；③表达产物易被检测；④报告分子的分析结果应具有很宽的线性范围；⑤报告基因在细胞内表达对宿主正常的生理作用没有影响。报告基因所编码的蛋白质叫做报告分子。

常见的报告基因有 β－半乳糖苷酶基因、胭脂碱合成酶基因、章鱼碱合成酶基因、葡萄糖苷酶基因、新霉素磷酸转移酶基因、氯霉素乙酰转移酶基因、庆大霉素转移酶基因、荧光酶基因等。

5. 蛋白质剪接－内含肽

内含肽对应的核苷酸序列嵌合在宿主蛋白对应的核酸序列之中，与宿主蛋白基因存在于同一开放阅读框架内，并与宿主蛋白质基因进行同步转录和翻译，当翻译形成蛋白质前体后，内含肽从宿主蛋白质中切除，而形成成熟的宿主蛋白。

内含肽与内含子之间的区别。一个是蛋白质的拼接，一个是 mRNA 的拼接。

蛋白质剪接Protein splicing

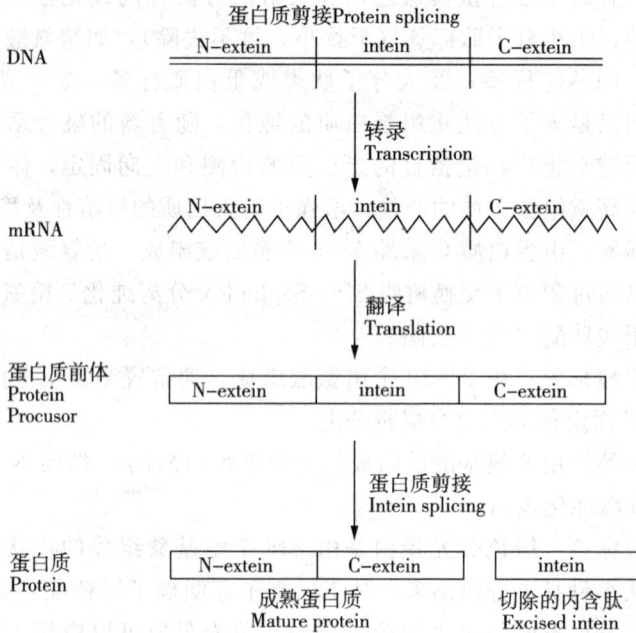

图 3-3　蛋白质剪接—内含肽示意图

内含肽机理是蛋白质自体催化，将蛋白质 N 端为半胱氨酸的多肽和一段 C 端硫脂键蛋白连接起来。蛋白质工程利用内含肽原理，可以实现外源蛋白的自我拼接。

6. tRNA 介导的蛋白质工程

蛋白质翻译的忠实性是依赖于 tRNA 的，20 种天然氨基酸，对应于 20 种氨酰 tRNA 合成酶。20 个 tRNA 类型（多于 20 个 tRNA）。

在蛋白质工程中借助于校正 tRNA 定点掺入非天然氨基酸可提供蛋白质的结构信息、改进蛋白质检测与分离的方法，甚至赋予蛋白质某些新的特性。随着生物技术的发展，tRNA 介导的蛋白质工程将不仅在蛋白质工程中发挥潜能，而且在研制新型生物材料和疾病诊断及药物治疗方面起到重要作用。增添一个非天然氨基酸到遗传密码中需要创建一套新的组分，包括 tRNA、密码子和氨酰 tRNA 合成酶。如可改造氨酰 tRNA 合成酶和 tRNA 可以在肽链中掺入非天然氨基酸。天然的氨酰 tRNA 合成酶携带天然氨基酸后，对氨基酸进行修饰后，也可以在肽链中掺入非天然氨基酸。非天然氨基酸氨酰化二核苷酸 CA，然后连接到已去除 3′端 CA 二核苷酸的 tRNA 上，也可以在肽链中掺入非天然氨基酸。采用未分配密码子，也可以在肽链中掺入非天然氨基酸。

7. 融合基因的主要应用

融合蛋白的研究侧重两个方面，一个是利用其生物学功能，另一个是利用其与受体结合的特异性，构建导向药物。融合蛋白中辅助性因子的介入可能对其表达和生物效应有所帮助，使人们可以较随意地控制基因的表达，故而这一技术颇受青睐。

（1）多功能细胞因子融合基因：细胞因子可以介导机体多种免疫反应，如肿瘤免疫、感染免疫、移植免疫、自身免疫及造血系统等过程中发挥着重要的作用。细胞因子的作用具有多相性、网络性的特点，它们不仅可以单独的发挥生物学活性，而且不同的细胞因子之间还有相互协调和相互制约的作用，利用细胞因子的这一特点，人们可以根据自己的设想，通过基因融合等技术创造出自然界原本不存在的活性更佳的细胞因子融合蛋白。Senoetal.（1986）用 EcoRI 的 12 个核苷酸（4 肽）CCGGAATTCATG 为接头，将 IFN－γ 和 IL－2 片段连接，结果发现产生的蛋白具有 IFN－γ 和 IL－2 的双重活性。Fengetal.（1988）将羧基 C 端经过重组 IFN－γ 和人 TNF－β 基因片段组建成融合蛋白基因，在 E.coli 表达系统中得到表达，表达产物在体外细胞毒效应明显高于原单因子的作用。Kimetal.（1998）研究发现 IL－2 和 TNF－α 融合基因显著提高辅助性 T 细胞的增殖；还报道了共注射 IL－15 和 TNF－α 后，DNA 疫苗增加 HIV－1 抗原的细胞毒反应。Yoonetal.（2001）表达 GM－CSF 和分枝杆菌分泌型蛋白可以增强 T 细胞的免疫反应，仍有遗憾的是在用结核分枝杆菌病原攻击时并未增强机体的保护性。

（2）与抗原分子形成的融合基因：利用基因融合技术，将黏附因子、单克隆抗体、其他利于特异性结合真核细胞的受体或多糖等辅助蛋白与靶抗原嵌合，不仅可以增加免疫反应，还可在众多的疑难疾病病因学和诊断治疗方面有重要作用。

① 细胞因子与抗原分子的融合：细胞因子用以调节 T 细胞的活性，可以增强抗原递呈细胞（APC）的信号转导，提高机体对病原的免疫反应，但细胞因子的毒性和体内半衰期短的特点限制它们在全身的使用。融合策略可以增强免疫反应，确保抗原和细胞因子被递呈给同一抗原细胞并活化同一 APC；与此同时还会延长了细胞因子的在体内的半衰期，使之更好的发挥佐剂的功能（Maeckeretal.，2001；Bleaseetal.，2001）。细胞因子受体有助于与细胞因子相连抗原的吸收（Faulkneretal.，2001）。早期研究显示这种嵌合的疫苗可以提高疾病保护能力，例如：肺炎球菌表面蛋白 A 与 IL－2 融合可以诱导产生特异性抗体，抵抗病原的攻击（Worthametal.，1998）。Kangetal.（1999）研究中观察到抗原与 IL－2 的融合蛋白可以保持体内 T 细胞抗原特异性细胞毒反应。IFN 和 HIVI 型表面糖蛋白 gp120 的融合蛋白免疫小鼠能显著

增强了 gp120 的初次免疫反应，尤其是 IgG2a 亚类的水平，融合蛋白初次免疫极大地增强了 T 细胞免疫和抗原特异性 IFN—γ 的产生（McCormicketal.，2001）。Chelseaetal.（2002）构建 IL—2、IFN—γ 与链球菌 M6 蛋白 CRR（保守的 C 端重复域）抗原的融合蛋白，皮下免疫鼠发现融合蛋白明显的上调了全身免疫反应。这表明链球菌可以将生物活性分子（如细胞因子）与抗原一起递呈于免疫系统。IFNα—2b 和 Env 通过 T4 连接酶头尾正向连接，其融合蛋白成功地在真核细胞中获得表达，与痘苗病毒共转染的细胞悬液免疫小鼠未发现不良反应，且能产生很好的体液免疫反应（王洪军等，2002）。这些结果证实分泌细胞因子、非入侵细菌疫苗载体与抗原共表达可以调节免疫反应。本实验室在前期的研究工作显示：ChIL—2 与 IBDV（Lietal.，2004）等疫苗联合免疫能不同程度增强相应疫苗的免疫应答水平，使鸡体的细胞、体液免疫水平都得到了提高。利用家蚕/杆状病毒系统，制备表达了传染性法氏囊病病毒的主要保护性抗原 VP2 与 ChIL—2 的融合蛋白分子，间接免疫荧光和 Westerblot 都证实了构建的融合分子兼具了 2 种分子的免疫原性。Faulkneretal.（2003）构建流感病毒血凝素 HA 的 T、B 细胞表位与 IFN—γ的融合蛋白，在脂质体包裹成颗粒下，免疫小鼠观察到融合蛋白诱导的 IFN—γ 产量显著高于包括混合免疫的对照组。肺病毒含量滴度显著低于对照组，证实经脂质体包装的颗粒融合蛋白是抵抗疾病增强免疫力的有效方法。郭晓兰等（2004）成功地构建 GM—CSF 和 preS2 融合基因表达质粒，重组质粒在 HepG2 细胞中表达。为进一步增强乙肝病毒的 DNA 疫苗的研究打下基础。

② 不同抗原分子构成的嵌合重组：免疫原多个 T 细胞表位融合，获得免疫原性的增强（Mc—Cormicketal.，2001），或通过基因重组技术融合 T 细胞和 B 细胞的表位构建融合蛋白有效的增强对体液和细胞两大免疫系统的刺激（Lietal.，1999；Brumeanuetal.，1996）。这种嵌合重组的免疫原可以发挥免疫治疗作用，从而引起了更为广泛的关注。

③ 细胞因子与毒素融合：利用细胞因子为导弹，特异性抗体与毒素以共价键连接成的杂交分子即所谓的免疫毒素，这使毒素蛋白选择性地杀伤相应的细胞因子受体阳性细胞，起到免疫抑制作用，以治疗那些由于细胞因子而引发起病理性作用的疾病（如自身免疫性疾病、移植排斥反应等）（Kreitman，2000）。郑黎燕等（2001）将 N 末端缺失 24 个氨基酸的重组人 IL—6 与缺失细胞结合区的绿脓杆菌外毒素 PE40 融合在一起，构建了 IL—6—D24—PE40 融合蛋白，并在 E. coli 中实现了高效表达。纯化的 IL—6—D24—PE40 融合蛋白依赖于 IL—6—D24 与 IL—6R 的特异性结合，将其携带至高表达 IL—6R 的靶细胞表面，通过受体介导的内吞作用进入细胞内部，然后穿膜进入胞质而发挥 PE40 的细胞毒作用。因此，IL—6—D24—PE40 融合蛋

白能高度特异地选择性杀伤高表达 IL－6R 的 U937 细胞，而对不表达 IL－6R 的 CEM 细胞无杀伤作用。这为进一步研究利用 IL－6/IL－6R 系统来介导高度选择性地杀伤高表达 IL－6R 的白血病和肿瘤细胞奠定了基础。利用细胞因子－受体系统介导重组细胞因子－毒素融合蛋白的选择性杀伤作为导向治疗肿瘤的第二代新策略，是现代分子导向药物研究的重要发展方向。重组的细胞因子与其受体特异性结合，导向的特异性强；细胞因子与细菌外毒素通过基因工程技术重组后稳定性好、相对分子量更小、细胞穿透能力更强，可进行工业化生产，成本低、产物均一、活性稳定；便于在基因水平设计出特异性更好、杀伤力更强、相对分子质量更小、细胞穿透力更强、疗效更好的重组毒素。

（3）与单链抗体分子构建的融合基因：由抗体和细胞因子构成的融合蛋白，又称为免疫细胞因子（immuno－cytokines），也是肿瘤免疫治疗的新方法之一。免疫细胞因子保持了抗体和细胞因子的活性，同时表现了很强的抗肿瘤活性，这比单独的抗体和细胞因子、非肿瘤特异性的融合蛋白效果要好。Helogueraetal.（2002）研究发现在神经外胚层肿瘤细胞存在特殊的神经节苷脂 GD2、骨髓瘤细胞中的 RM4，使用特异性抗体与细胞因子（如 IL－2、IFN－γ 等）融合即可实现靶向肿瘤治疗作用。董俊等（2001）将抗胶质瘤单链抗体与缺失细胞结合区的绿脓杆菌外毒素融合在一起，构建融合蛋白并在 E. coli 中实现了高效表达。纯化后依赖于单链抗体与胶质瘤细胞膜抗原特异结合，将其携带至肿瘤细胞表面，然后通过受体介导的内化作用进入细胞内部，穿膜进入细胞质而发挥 PE40 细胞毒作用。一些细胞因子如 TNF－α，参与多层次、多环节的抗胶质瘤免疫反应已被多项研究证实。TNF－α 源于人体无免疫原性，MW 仅为 17000，且导向给药有利于减少 TNF－α 的用量，从而降低其系统毒副作用。此融合蛋白相对分子量较重组免疫毒素进一步减小，因而具有更佳的药代动力学特征。Euietal.（2002）构建 IL－2 与抗 CD3 的 scFV 融合蛋白，可以保护由地塞米松（DEX）诱导的细胞凋亡，效果远好于单一的 IL－2 或抗 CD3 的 scFV 分子。

思考题

3－1 名词解释：基因突变技术、定点突变、重叠延伸 PCR、定向进化、易错 PCR、DNA 改造。

3－2 基因突变的种类有几种？各自的特点是什么？

3－3 为什么要发展基因融合技术？

3－4 常见的融合蛋白质标签和报告分子是什么？

3－5 如何利用内含肽实现蛋白质的连接？

3-6 如何在遗传密码中增添一个非天然氨基酸?

3-7 突变文库的筛选方法主要有哪些?

3-8 突变体文库通常使用哪些方法进行筛选。

3-9 简述噬菌体展示技术的原理和操作过程。

3-10 简述核糖体展示技术的原理。

3-11 简述融合蛋白接头 (linker) 的设计中应考虑哪些因素。

3-12 举例说明融合基因的主要应用。

第四章 蛋白质的化学修饰

[**内容提要**] ①重点介绍侧链基团的化学修饰、蛋白质的位点专一性修饰、蛋白质的聚乙二醇修饰、蛋白质的化学交联和化学偶联等概念；②简要说明模拟酶概念及常用几种模拟酶类型。

蛋白质的修饰是蛋白质工程的重要研究内容和手段，蛋白质的修饰作为改善蛋白质物理化学和生物学特性的有效手段。凡是通过活性基团的引入或去除，而使蛋白质一级结构发生改变的过程统称为蛋白质的化学修饰。有的情况下，化学结构改变并不影响蛋白质的生物学活性，这些修饰称为非必需部分的修饰。但在大多数情况下，蛋白质化学结构的改变将导致生物活性的改变。在生物医学方面，化学修饰可降低免疫原的免疫反应性、抑制免疫球蛋白质的产生等；在生物技术领域，酶经过化学修饰后能够在有机溶剂中高效地发挥催化作用，并表现出特异的催化性能。化学修饰是研究蛋白质的结构与功能关系的一种重要手段，也是定向改造蛋白质性质的一种有力工具。

影响蛋白质化学修饰反应的主要因素有两方面：一是蛋白质功能基的反应活性；二是修饰剂的反应活性。影响蛋白质功能基反应活性的因素有两方面：一是基团之间的氢键和静电作用等；二是基团之间的空间阻力。

根据化学修饰剂与蛋白质之间反应的性质不同，修饰反应主要有酰化反应、烷基化反应、氧化还原反应、芳香环取代反应等类型，对蛋白质的巯基、氨基和羧基等侧链基团进行化学修饰。

第一节 蛋白质侧链基团的化学修饰

蛋白质侧链基团的化学修饰（以下简称化学修饰）是通过选择性试剂或亲和标记试剂与蛋白质分子侧链上特定的功能基团发生化学反应而实现的。在 20 种天然氨基酸的侧链中，大约有一半可在足够温和的条件下产生化学取代而不使肽键受损，其中巯基、氨基和羧基特别容易产生有用的取代。

一、羧基的化学修饰

由于羧基具有很强的亲核性，羧基基团一般是蛋白质分子中最容易反应的侧链基团。几种修饰剂与羧基的反应如图 4-1 所示，其中水溶性的碳二亚胺类特定修饰酶的羧基已成为最普遍的标准方法，它在比较温和的条件下就可以进行（图 4-1）。

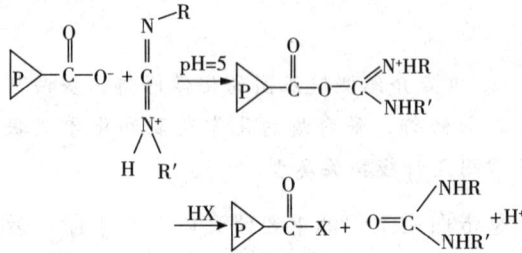

图 4-1　羧基的碳二亚胺修饰

二、氨基的化学修饰

赖氨酸的 $\varepsilon-NH_2$ 以非质子化形式存在时亲核反应活性很高，易被选择性修饰，可用的修饰剂也很多。氨基的来源有 Lys（赖）、Arg（精）、His、Gln（谷氨酰胺）等，修饰反应有酰基化与烷基化。酰基化修饰剂主要有三硝基苯磺酸和丹磺酰氯，氨基的烷基化是一种重要的赖氨酸修饰方法，修饰剂包括有烷基化修饰剂主要有 2，4-二硝基氟苯、碘乙酸、碘乙酰胺、亚硝酸、氰酸盐、磷酸吡哆醛（PLP）、芳香卤和芳香族磺酸等。卤代乙酸、在硼氢化钠等氢供体存在下酶的氨基能与醛或酮发生还原烷基化反应，所使用的羰基化合物取代基的大小对修饰结果有很大影响。其中三硝基苯磺酸（TNBS）是非常有效的一种氨基修饰剂，它与赖氨酸残基反应，生成一种三硝基苯基化的氨基磺酸复合物，该复合物呈黄色，在 420nm 和 367nm 能够产生特定的光吸收。

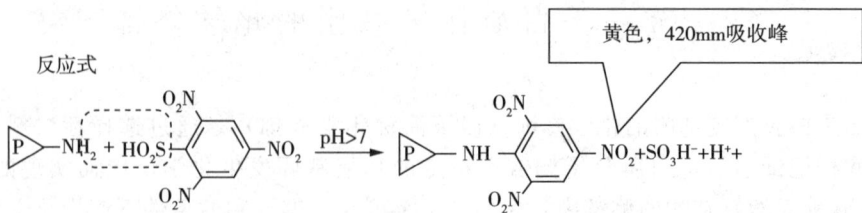

图 4-2　氨基的三硝基苯磺酸修饰

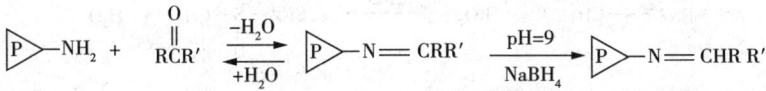

图 4-3　氨基的还原性烷基化修饰

磷酸吡哆醛是一种非常专一的赖氨酸修饰试剂，可逆反应生成的 Schiff 碱可通过硼氢化钠还原来固定，反应可通过光吸收或 $^3H-H_2B$ 还原来定量。利用氰酸盐使氨基甲氨酰化也是一种常用的修饰赖氨酸残基的手段，这种方法的一个主要优点是氰酸根离子很小，比较容易接近所要修饰的基团。

三、色氨酸吲哚基的修饰

N-溴代琥珀酰亚胺（NBS）可以修饰吲哚基，并通过 280nm 处光吸收的减少跟踪反应，但是酪氨酸存在时能与修饰剂反应干扰光吸收的测定。2-羟基-5-硝基苄溴（HBSS）和 4-硝基苯硫氯对吲哚基修饰比较专一。但是 HBSS 水溶性差，与它类似的二甲基（-2-羟基-5-硝基苄）溴化锍易溶于水，有利于试剂与酶作用。这两种试剂分别称为 Koshland 试剂和 Koshland 试剂Ⅱ，它们还容易与巯基作用，因此修饰色氨酸残基时应对巯基进行保护。

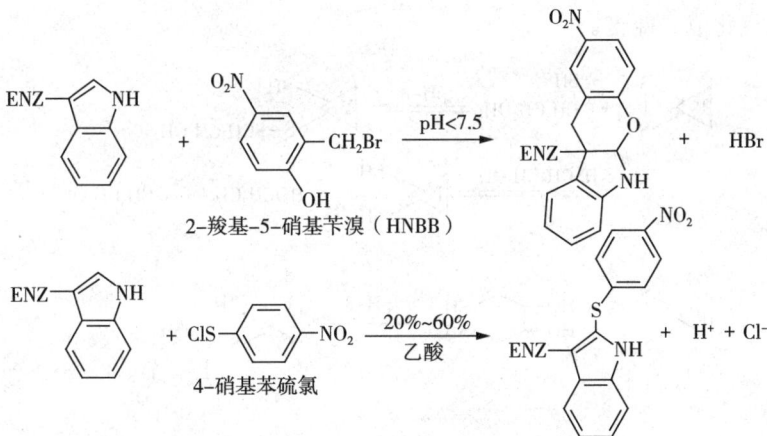

图 4-4　4-硝基苯硫氯对吲哚基修饰示意图

四、甲硫氨酸甲硫基的修饰

虽然甲硫氨酸残基极性较弱，在温和条件下，很难选择性修饰。但是由于硫醚的硫原子具有亲核性，所以可用过氧化氢、过甲酸等氧化成甲硫氨酸亚砜。用碘乙酰胺等卤化烷基酰胺使甲硫氨酸烷基化。

$$ENZ\text{—}S\text{—}CH_3 + H_2O_2 \xrightarrow{pH<5} ENZ\text{—}\overset{\overset{O}{\|}}{S}\text{—}CH_3 + H_2O$$

$$ENZ\text{—}S\text{—}CH_3 + 2\ H\overset{\overset{O}{\|}}{C}OOH \xrightarrow{约-10℃} ENZ\text{—}\overset{\overset{O}{\|}}{\underset{OH}{S}}\text{—}CH_3 + 2\ H\overset{\overset{O}{\|}}{C}OH$$

$$ENZ\text{—}S\text{—}CH_3 + I\overset{\overset{O}{\|}}{C}H_2CNH_2 \xrightarrow{pH<4} ENZ\overset{CH_3}{\underset{\underset{O}{\overset{\|}{CH_2CNH_2}}}{S^+}} + I^+$$

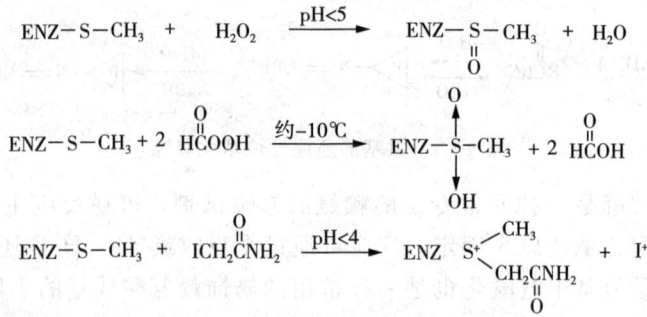

图 4-5 碘乙酰胺使甲硫氨酸烷基化示意图

五、二硫键的化学修饰

二硫键同巯基基团类似,具有其特有的特性,可以被特异地修饰,通常是通过还原的方法。这些方法通常与某些巯基修饰方法相结合以阻止再氧化成二硫键或计算断裂开的二硫键数目。用巯基乙醇或二硫苏糖醇可将二硫键还原成游离的巯基是一种常用的方法,具有高度的选择性和长的半衰期。为使二硫键充分还原,反应应该在有变性剂存在下进行,并且由于反应的平衡常数接近于1,必须使用超剂量的巯基乙醇。二硫键经还原剂处理后被还原成巯基,一般情况下很容易自动氧化回去,因而需要经过羧甲基化处理,以防止重新氧化成二硫键。

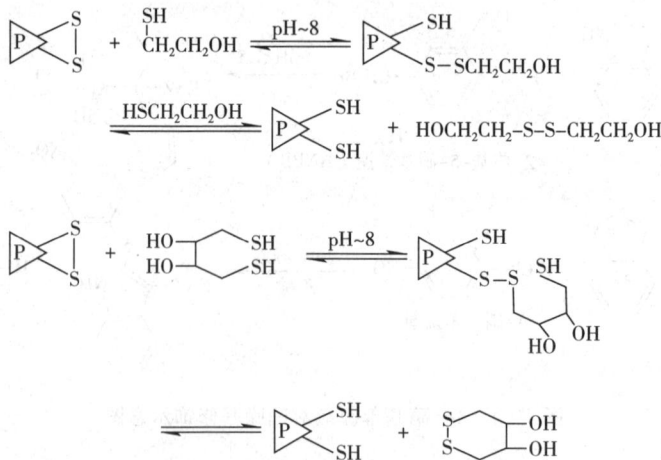

图 4-6 用巯基乙醇或二硫苏糖醇还原二硫键示意图

由于二硫键在序列分析中以及在蛋白质折叠研究中具有重要的地位,因此二硫键的化学修饰、二硫键数目的测定以及二硫键位置的确定非常重要。蛋白质分子中有无二硫键,是链内二硫键还是链间二硫键,这需要以试验的手段来确证。常用的判断方法是通过非还原/还原双向 SDS 电泳技术进行鉴定。第一向样品未经还原处理，第二向样品经还原处理。结果分子内既无链内二硫键又无链间二硫键的蛋白质由于两个方向的迁移率相等出现在对角线上；而分子内存在链间二硫键的蛋白质，二硫键的断裂会导致分子变小，所以第二向电泳时会出现在对角线的下方；只含有链内二硫键的蛋白质分子由于链内二硫键被还原，使分子伸展体积增大，所以会出现在对角线的上方。

六、巯基的化学修饰

由于巯基具有很强的亲核性（带负电荷或孤对电子的试剂即亲核试剂对亲电子原子的进攻的能力），巯基基团一般是蛋白质分子中最容易反应的侧链基团。巯基的修饰反应应符合 2 点要求：（1）反应条件温和；（2）容易被测定。巯基的修饰方式主要有酰化反应、烷化反应、氧化反应和还原反应等。

酰化反应或称（酰基化反应），为有机化学中，氢或者其他集团被酰基取代的反应，而提供酰基的化合物，称为酰化剂。无机或有机含氧酸除去羟基后所余下的原子团，称为酰基。有机化合物分子中的氮、氧、碳等原子上引入酰基的反应统称为酰化，但习惯上把碳原子上引入硝基、磺基和羧基（羧基可作为碳酸的酰基）的反应分别叫硝化、磺化和羧基化。

烷化反应：是有机化合物中引进烷基（脂基、芳基）的反应，主要可分羟基氧上的烷化和氨基氮上的烷化。

被修饰的巯基主要来源于半胱氨酸，常用修饰剂有碘乙酸、碘乙酰胺、N－乙基马来酰亚胺、5，5－二硫－2－硝基苯甲酸等。

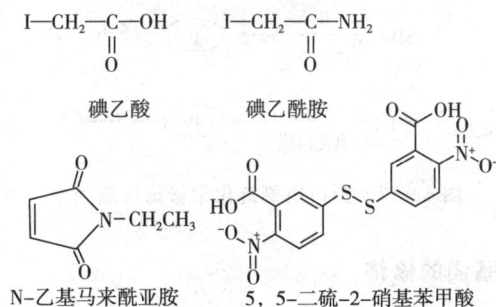

图 4－7 巯基常用修饰剂结构示意图

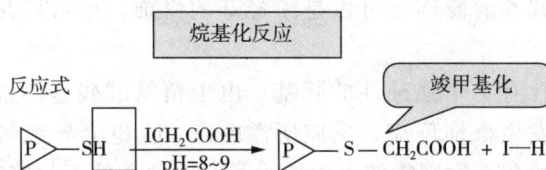

图 4－8 巯基的碘乙酸修饰

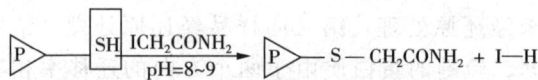

图 4 - 9　巯基的碘乙酰胺修饰

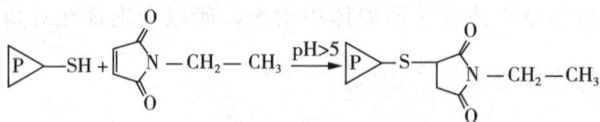

图 4 - 10　巯基的 N - 乙基马来酰亚胺修饰

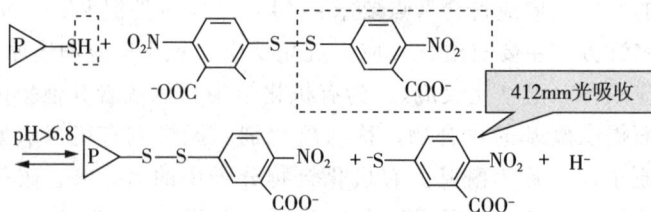

图 4 - 11　巯基的 5，5 - 二硫 - 2 - 硝基苯甲酸修饰

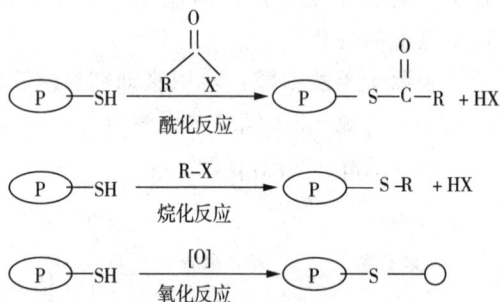

图 4 - 12　蛋白质侧链化学修饰反应类型

七、其他侧链基团的修饰

氨基酸残基的咪唑基可以通过氢原子的烷基化或碳原子的亲核取代来进行修饰。酪氨酸残基的修饰既可以是酚羟基的修饰，也可以是芳香环上的取代修饰。

精氨酸残基含有 1 个强碱性的胍基，由于精氨酸残基的强碱性，使其与大多数试剂很难发生修饰反应，反应所需的高 pH 也会导致蛋白质结构的破坏，而一些二羰基化合物则能够在中性或弱碱性的条件下与精氨酸反应。

色氨酸吲哚基可以与一些试剂发生取代反应或者被氧化裂解。由于色氨酸的反应性要比一些新核基团（如巯基和氨基）差，而且色氨酸残基一般是位于蛋白质分子的内部，所以色氨酸残基不与通常使用的一些试剂反应。一种常用的修饰色氨酸残基的试剂是 N－溴代琥珀酰亚胺（NBS），可以使吲哚基团氧化成羟吲哚衍生物，反应可以通过 280nm 处光吸收的减少而进行监测。但是酪氨酸残基也可与该修饰试剂发生反应，并且干扰光吸收的测定。

蛋氨酸残基的化学修饰主要是由于硫醚的硫原子的亲核性所引起的，尽管该残基的极性较弱。在温和条件下，很难选择性地修饰蛋氨酸残基，但可以用几种氧化试剂使蛋氨酸成为蛋氨酸亚砜，更多剧烈的氧化剂使它氧化成砜。

第二节　蛋白质的位点专一性修饰

酶的位点专一性修饰是根据酶和底物的亲和性，修饰剂不仅具有被作用基团的专一性，而且具有对被作用基团部位的专一性，即试剂只作用于被作用部位的某一基团，而不与被作用部位以外的同类基团发生作用。化学修饰的专一性含义：①试剂对被修饰基团的专一性；②试剂对蛋白质分子中被修饰部位专一性；如膜蛋白质上的激素结合部位、酶的活性部位。为了更好地进行选择性修饰特定残基可以采用亲和标记，包括外生亲和试剂与光亲和标记。

亲和标记，试剂不仅具有对被作用基团的专一性，并对被作用部位的专一性，这类化学修饰，称亲和标记或专一性的不可逆抑制作用。

一、亲和标记

亲和标记是一类位点专一性的化学修饰，试剂（抑制剂）可以专一性地标记于酶的活性部位上，使酶不可逆地失活，因此又称为专一性的不可逆抑制作用。

酶的位点专一性修饰时根据酶和底物的亲和性，修饰剂不仅具有对作用基团的专一性，而且具有被作用部位的专一性。这类化学修饰称为亲和标记。

亲和试剂专一性标记在酶的活性部位，使酶不可逆失活，也称专一性抑制剂。

亲和标记可以分为 2 类：Ks 型和 Kcat 型

Ks 型：具有和底物类似的结构，它们的结构中还带有一个活泼的化学基团可以与酶分子中的必需基团起反应使酶活力受到抑制。

Kcat 型：酶的天然底物的衍生物或类似物，在它们的结构中含有一种化学活性基团，当酶把他们作为底物结合时，其潜在的化学基团能被解开或激活，并与酶的活性部位发生共价结合，使结合物停留在某种状态，从而不能分解成产物，酶因而致"死"，此过程称为酶的自杀，这类底物称为自杀底物

二、光亲和标记

光亲和标记是亲和标记中极其重要的一类，光亲和标记试剂在结构上除了有一般亲和试剂的特点外，还具有一个光反应基团，这类试剂反应一般分两步进行：第一步，试剂先与蛋白质的活性部位在暗条件下发生特异性结合；第二步，光照，试剂被光激活后，产生一个高度活泼的功能基团，与活性部位的侧链基团发生反应。

第三节 蛋白质的聚乙二醇修饰

聚乙二醇（PEG）由环氧乙烷聚合而成，通过控制反应条件下可得到平均分子量由几百到几万的聚合物。普通的聚乙二醇分子两端各有一个羟基，若一个端以甲基封闭则得到单甲氧基聚乙二醇（mPEG），单甲氧基聚乙二醇可与均三嗪类反应被活化，活化后的单甲氧基聚乙二醇可降低反应条件。在多肽和蛋白质的聚乙二醇化修饰研究中应用最多的是 mPEG 的衍生物。例：聚乙二醇修饰的 L－天冬酰胺酶降低甚至消除酶的抗原性，提高了抗蛋白质水解的能力，延长体内半衰期，提高药效。

PEG 用于蛋白质药物或非蛋白质药物的修饰优点：

① 抑制免疫反应：PEG 为亲水、不带电荷的线性大分子，它与蛋白质的非必需基团结合时，作为屏障挡住蛋白质分子表面的抗原决定簇，避免抗体产生，或阻止抗原与抗体的结合。

② 蛋白质经 PEG 修饰后，分子质量增加，肾小球的滤过减少。

③ PEG 的屏障作用保护蛋白质不易被蛋白酶水解，有利于蛋白质类药物半衰期延长。

PEG 用于修饰剂的不足：PEG 修饰会影响蛋白质的生物学活性，这种影响的大小与修饰剂、修饰条件以及蛋白质本身的性质等有关。

PEG 末端的羟基是其化学反应的功能基团，但必须在较剧烈的条件下才能与其他基团发生反应。为使蛋白质能在温和条件下，以较高的速率与 PEG 偶联，需先对 PEG 进行活化。活化的 PEG 可与蛋白质分子侧链上的各种化学基团反应而与蛋白质相偶联，蛋白质分子上与 PEG 进行偶联的基团主要是氨基、巯基和羧基。

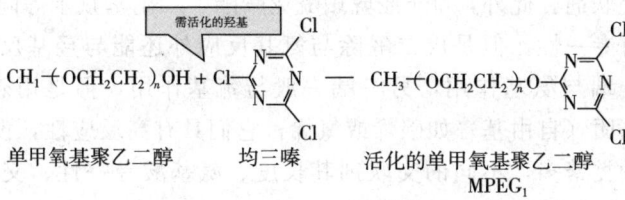

图 4-13 单甲氧基聚乙二醇的活化示意图

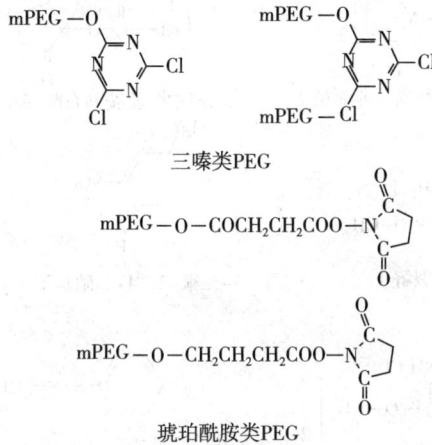

图 4-14 常用的聚乙二醇类修饰剂

第四节 蛋白质的化学交联和化学偶联

蛋白质的化学交联是一类重要的化学修饰。交联剂是具有两个反应活性部位的双功能基团的化学试剂。化学交联可以在相隔较近的两个氨基酸之间或亚基与亚基之间，也可以在蛋白质与其他分子之间，也可在多个分子之间发生交联反应，形成网状交联。

蛋白质的化学偶联是指将蛋白质分子偶联到一个化学惰性的水不溶性的载体上，形成固定化蛋白质

一、蛋白质修饰的交联方法和试剂

蛋白质修饰中所用交联剂分为同型双功能试剂、异型双功能试剂和可被光活化试剂 3 种类型，每类中又分为可裂解型和不可裂解型。同型双功能交联剂两端具有相同的活性反应基团，可与氨基反应的双亚氨酯是一个典型的

同型双功能交联剂。此外，N-羟琥珀酰亚胺酯、二硝基氟苯等同型双功能试剂都对氨基有专一性。但是戊二醛除与氨基反应外还能与羟基反应，异型双功能交联剂一端与氨基作用，另一端一般与巯基作用，但是用碳二业胺时，第二个反应基团（自由基）如碳烯或氮烯，它们具有高反应性，没有专一性。

交联剂种类繁多，不同的交联剂其长度、氨基酸专一性、交联速度和交联效率都不相同。下图是一些最常用的交联剂。

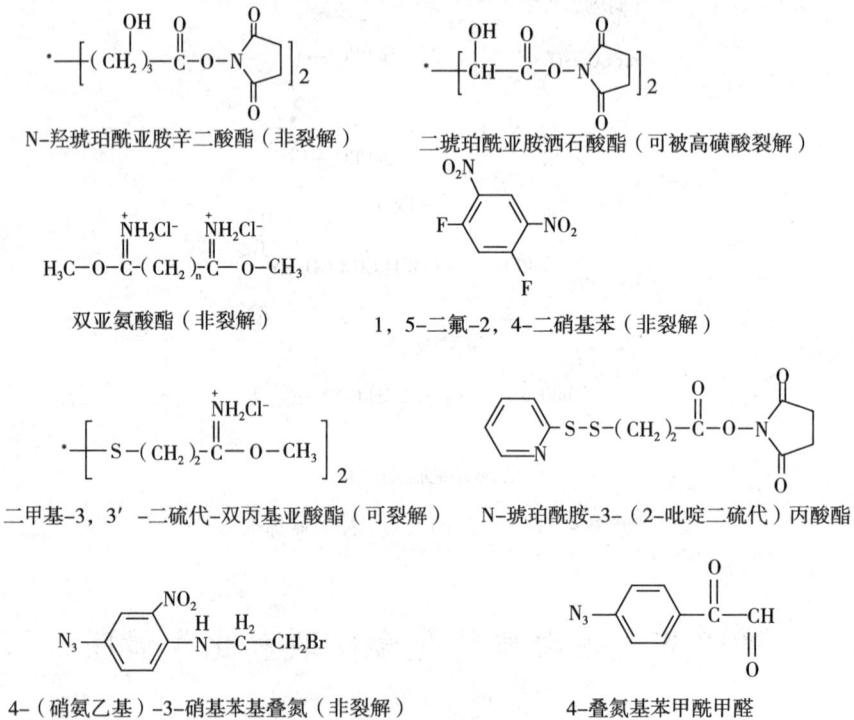

图 4-15 蛋白质修饰中常用的交联剂

蛋白质修饰的交联方法通常有重氮化法、戊二醛法、过碘酸盐氧化法、混合酸酐法以及碳二亚胺法，现分别叙述。

1. 重氮化法

含芳香胺的化合物，可以与亚硝酸反应形成重氮盐，然后直接连接于蛋白质分子中酪氨酸残基上酚羟基的邻位，即得到以偶氮键相连的结合物。这种重氮盐也能与组氨酸残基上的咪唑环或色氨酸残基的吲哚环反应。

2. 戊二醛法

同型双功能交联剂戊二醛的两个醛基可以分别与两个相同或不同分子上的伯氨基形成 Schiff 碱，将两分子以五碳链的桥连接起来。戊二醛连接反应条件温和，可在 4—40℃温度范围，pH6.0—8.0 的缓冲水溶液中进行，但是

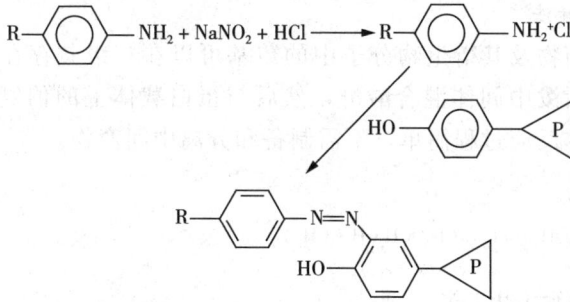

图 4-16　重氮化法修饰蛋白质

缓冲组分中不得含有氨基化合物。以硼氢化钠或氰基硼氢化钠还原 Schiff 碱可以形成稳定的单链，根据对偶联键的不同要求还原步骤也可省略。但是，本交联方法易形成相同蛋白质间的连接，产物的均一性较差。目前该方法多用于酶标抗体的制备。

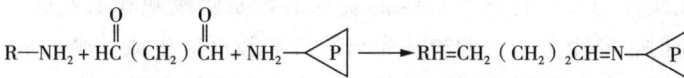

图 4-17　戊二醛法修饰蛋白质

3. 过碘酸盐氧化法

糖类或含糖基化合物分子中的邻二醇结构可被过碘酸钠氧化为醛基，然后与蛋白分子中的氨基形成 Schiff 碱（图 4-17）。与戊二醛的交联反应相似，过碘酸钠氧化法比较温和，可在常温和中性 pH 的条件下进行。这是一个两步反应，第一步生成醛基衍生物后过量的过碘酸盐必须除去或消耗后，方可进行与蛋白交联的第二步反应。本法只适用于含糖量较高的酶。辣根过氧化物酶（HRP）的标记常用此法。反应时，过碘酸钠将 HRP 分子表面的多糖氧化为活泼的醛基，可与蛋白质上的氨基形成 Schiff 碱而结合。

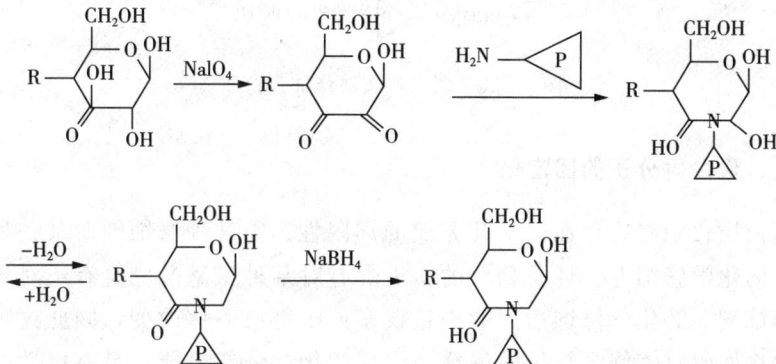

图 4-18　过碘酸盐氧化法修饰蛋白质

4. 混合酸酐法

半抗原或药物及其衍生物分子中的羧基可以在三级胺存在下与氯甲酸异丁酯反应生成活泼中间体混合酸酐,然后与蛋白载体上的伯氨基反应,形成酰胺交联键。本反应过程简单,不需制备和分离中间产物。

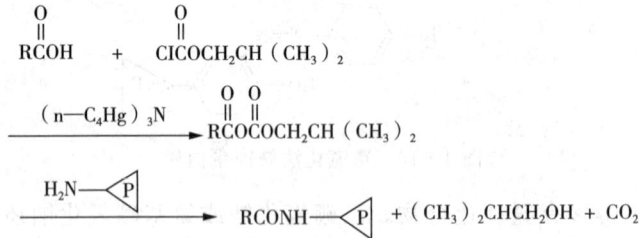

图 4 - 19　混合酸酐法修饰蛋白质

5. 碳二亚胺法

碳二亚胺(EDC)是一类很强的脱水剂,能使羧基和氨基脱水形成酰胺键。在反应时,一个分子中的羧基先与碳二亚胺反应生成一个加成中间产物,再与另一分子上的氨基反应形成酰胺键,实现两者的交联。

脂溶性的二环己基碳二亚胺至今仍被被广泛用于多肽合成领域,但其反应必须在有机溶剂中进行,不适用于蛋白质交联。水溶性的 EDC 等出现,使这一缩合反应成功用于蛋白质交联中。本交联反应条件温和,即使在 0℃ 条件下,也能于中性 pH 中进行。但由于碳二亚胺的缩合反应没有选择性,易形成蛋白质分子间的自身聚合,产生非均一性产物,所以先将羧基的药物或半抗原分子与 EDC 反应,活化羧基后,再加入蛋白反应物,可减少蛋白分子间的交联。

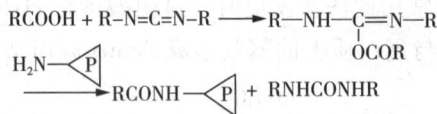

图 4 - 20　碳二亚胺法修饰蛋白质

二、蛋白质分子的固定化

蛋白质化学修饰存在以下几方面的局限性:①某种修饰剂对某一种氨基酸侧链的化学修饰专一性是相对的,很少有对某种氨基酸侧链有绝对转移的化学修饰剂。②化学修饰后酶的构象或多或少都有一些改变,因此这种构想的变化将妨碍对酶修饰结果的解释。③酶的化学修饰只能在具有极性的氨基酸残基侧链上进行,而其他的同样有着重要作用的非极性氨基酸侧链无法进行酶的化学修饰。④酶化学修饰的结果对于研究酶的结构和功能的关系能提供一些信息，但化学修饰会使酶失去活力。因此化学修饰法研究酶结构和功能关系上缺乏准确性和系统性。

因此，以蛋白质分子的固定化方式作为蛋白质的修饰另一种方式。蛋白质分子的固定主要是酶分子的固定。作为游离状态的酶对热、强酸、强碱、高离子强度、有机溶剂等稳定性较差，易失活，并且反应后混入催化产物中，纯化困难，不能重复使用，酶的固定化技术可克服这些问题。酶的固定化是用固体材料将酶束缚或限制于一定区域内，酶仍能进行其特有的催化反应，并可回收及重复使用的一类技术。

酶固定化后，既能保持酶的催化活性又能克服游离酶的一些不足，提高酶分子结构的稳定性；能与反应物分开，有效地控制生产过程；能与产物分开，可省去热处理使酶失活的步骤，简化生产工艺；固定化酶可在生产中反复使用，提高了酶的利用率。

酶的固定化可通过吸附法、交联法、包埋法、共价结合法完成。

第五节　模拟酶

在自然界的发展和生命进化中，动植物为了生存，进化出了酶的高效催化、激素的精密调控等无数绝妙的生物机能。通过自然的启发引导，科学工作者探索实现化学反应、产品检测及反应后处理等"绿色化"的可能。由于生物体内进行的生命活动恰是一个完整绿色化的过程，其中酶和激素扮演着极其重要的角色，这就为人们实现绿色化学提供了开展工作的切入点——模拟酶研究与开发。酶是一类生物催化剂，是具有催化功能的蛋白质。它有着所有催化剂的共性：如少量酶存在即可大大加速反应速度；有时也参与反应，但反应前后本身无变化。另外酶还有其自身特性：更高的催化效率、更高的反应专一性、温和的反应条件。有些酶（如脱氢酶）需要辅酶或辅基，有奇特的酶活性调节能力。然而，天然酶易变性失活、提纯困难、价格昂贵，给储藏及使用带来不便，实际需要同样促使人们开发具有酶功能的模拟酶体系用于实际生产。

利用有机化学的方法合成比酶分子结构简单得多的、具有催化功能的非蛋白分子，它既具有酶的催化作用的高效性和专一性，又有比天然酶稳定的特性，称模拟酶。它是用合成高分子来模拟酶的结构、特性、作用原理以及酶在生物体内的化学反应过程。

模拟酶一般应具有以下的性质：

① 具有一个良好的疏水键合区来和底物发生相互作用；②能与底物形成静电或氢键等相互作用，并以适当的方式相互键合；模拟酶在结构对底物键合的方向和立体化学方面应该具有专一性。

根据这些设计原则，模拟酶在结构上必须具备结合部位和催化部位，目前对天然酶的模拟工作主要从 3 个层次进行：

（1）合成有类似酶活性的简单配合物。如超氧化物歧化酶（SOD）是以铜为辅基的蛋白质配合物，而铜的某些氨基酸或羟基配合物，可用作模拟物，它们具有一定程度的 SOD 活性。尽管模拟物的作用机理、选择性及反应效率不同于原来的酶，但因可大量合成，仍有实用价值；（2）酶活性中心模拟。即在天然或人工合成的化合物中引入某些活性基团，使其具有酶的催化能力。人们用三亚乙基四胺合成铁（Ⅲ）配合物来模拟过氧化氢酶。用该化合物来进行如催化机理的研究显得很方便。结果证明该铁（Ⅲ）配合物催化分解过氧化氢的速度相当接近过氧化氢酶的速度；（3）整体模拟。即包括微环境在内的整个酶活性部位的化学模拟。Collman 等合成了围栅型铁（Ⅱ）卟啉用以模拟血红蛋白的可逆载氧，效果良好。

诺贝尔奖获得者 Cram、Pederson 与 Lehn 相互发展了对方的经验，提出了主—客体化学和超分子化学，奠定了模拟酶的重要理论基础。根据酶催化反应机理，若合成出能识别底物又具有酶活性部位催化基团的主体分子，同时底物能与主体分子发生多种分子相互作用，就能有效模拟酶分子的催化过程。随着生命科学与化学的相互交叉和渗透，模拟酶的研究成果已在生化分析中得到广泛应用。

当前模拟酶的研究领域主要在以下几个方面：

（1）模拟酶的金属辅基。有一类复合酶，除蛋白质外，还有含金属的有机小分子物质或简单的金属，称辅酶或辅基。辅基在催化反应中起着重要的作用。有一些研究就是模拟酶分子中的金属辅基。如用三亚乙基四胺与三价铁离子的络合物模拟过氧化氢酶分子中的铁卟啉辅基。这个模型在 pH9.5 和 25℃的条件下，其催化速率是血红蛋白或正铁血红素在同样条件下的一万倍。

（2）模拟酶的活性功能基。酶分子中直接与酶催化反应有关的部分称活性中心，通常是由几个活性功能基组成。例如，牛胰核糖核酸酶的催化中心是肽链序列中第 12 位和第 119 位的两个组氨酸。奥弗贝格等根据胰凝乳蛋白酶的催化中心与丝氨酸的羟基、组氨酸的咪唑基和天冬氨酸的羧基有关的事实，用乙烯基苯酚与乙烯基咪唑进行共聚合，制得带有羟基和咪唑基的一胰凝乳蛋白酶模型。

（3）模拟酶的高分子作用方式。利用高分子化合物作为模型化合物的骨架，引入活性功能基来模拟酶的高分子作用方式。例如：用分子量为 40000～

60000 的聚亚乙基亚胺作为模型化合物的骨架，引入 10％摩尔的十二烷基和 15％摩尔的咪唑基，合成一个硫酸酯酶模型。用这个模型聚合物催化苯酚硫酸酯类化合物的水解，其活性比天然 II 型芳基硫酸酯酶高 100 倍。

（4）模拟酶与底物的作用。模拟天然酶的构象，体现了酶的专一性。如用冠醚化合物来模拟酶，随着冠醚空穴尺寸的不同，其对底物的选择性也不一样。

（5）模拟酶的性状。在水溶液中，酶形成巨大的分子缔合体，构成同一分子内的疏水和亲水微环境。模拟这种微环境中的化学反应的特殊性质。例如：组氨酸的衍生物十四酰组氨酸与十六酰烷基－三甲基溴化铵组成两种分子的混合微胶束，来催化乙酸对硝基苯酯的水解，其速率比组氨酸增加了 100 倍。

一、卟啉类模拟酶

卟啉是含 4 个吡咯分子的大环化合物，其主体骨架是卟吩。自然界中卟啉化合物主要是原卟啉 IX、酞菁等。当主体中两个吡咯质子被取代后即成金属卟啉或金属酞菁。金属卟啉具有以共轭大 π 电子体系及金属价态可变为基础的氧化还原性质，中心金属对轴向配体有较强的配位能力。

Groves 报道用铁和锰的四苯基卟啉配合物模拟单加氧酶细胞色素 P450，在常温常压下催化 PhIO、NaClO、H_2O_2 等氧化剂将烷烃和烯烃分别氧化成醇和环氧化物。文献报道：氧桥连接的三价双核金属卟啉稳定性与单核金属卟啉相同。如用氧化双四苯基卟吩合铁－O 催化 PhIO 氧化环己烷成环己醇，在 CH_2Cl_2 或 C_6H_{12} 溶剂中，氧化产率分别为 15％及 62.6％，均高于相应的单核金属卟啉 TPPFe（III）Cl。李早英等合成了一系列的水溶性和非水溶性金属卟啉，作为超氧化物歧化酶和过氧化氢酶的模拟物催化歧化 O^{2-} 和催化分解 H_2O_2。含有吡啶溴化盐的水溶性金属卟啉的仿酶活性明显大于含羧基或酯基非水溶性金属卟啉。Crestini 等将锰金属卟啉固载于蒙脱土上，作为木质素过氧化物酶仿生催化剂催化木质素模型化合物的氧化。克服了天然卟啉由于自毁或形成 $\mu-O$ 络合物带来的稳定性差的问题。Liang 等以血红蛋白为模拟酶、L_2 酪氨酸为底物，开发了一种新颖的荧光光中心金属离子具有不同的轴向配体，已实现了对过氧化物酶、过氧化氢酶、细胞色素 C 氧化酶、核酸酶等的模拟。通过选择不同底物以及和其他酶催化反应联合可分析葡萄糖、氨基酸、抗坏血酸、肾上腺素及核酸等许多重要的生物物质。一些具有多部位协同催化作用的多聚金属卟啉及手性金属卟啉已被合成出来。既模拟催化部位又模拟结合部位疏水微环境的卟啉如金属卟啉桥联环糊精、杯芳烃－双金属卟啉、β2CD 聚合物包合的卟啉形成的固相超分子也获得了广泛研究。Shirai 等研究水溶液中四羧基取代和八羧基取代的铁（III）酞菁和钴（II）酞菁衍生物模拟氧化酶催化 O_2 分子氧化 22 巯基乙醇（RSH）的反应，指出反应过程中形成了过渡态 RS—金属酞菁—O_2 三元配合物。动力学研究表明，反应速度符合米氏方程，具有典型的酶促反应特征。基于生物体中过氧化氢酶的活性中心是高自旋的三价铁的卟啉化合物的事实，Hirofusa 等研究了 pH＞7 的水溶液中四羧基取代和八羧基取代的铁（Ⅲ）酞菁衍生物催化 H_2O_2 的分解反应。反应动力学研究结果表明该反应符合米氏方程，与过氧化氢酶酶促反应动力学一致。Hirabaru 等研究了水溶液中八羧基取代铁（Ⅲ）酞菁衍生物模拟过氧化物酶催化 H_2O_2 氧化邻甲氧基苯酚的反应。氨基（—NH_2）与铁（Ⅲ）酞菁的轴向配位能抑制该反应的进行，证明了 OOH— 和邻甲氧基苯酚与铁酞菁的双向轴向配位物种是反应中间体。Zhu 等建立了一种三重平衡体系中测定 DNA 的方法。H_2O_2 与 D，L2 酪氨酸之间的氧化反应作为荧光反应指示，在聚赖氨酸存在下，发现 DNA 对模拟酶四羧基酞菁铁（FeC_4Pc）的催化活性有明显的调节作用。恢复的荧光强度与 DNA 的浓度成正比。对鱼精 DNA 和小牛胸腺 DNA 的检测限分别为 1104、1118ngPmL。Chen 等研究了十六烷基三甲基溴化铵（CTAB）形成的反相胶束介质中四磺酸基酞菁铁（FeTSPc）模拟过氧化物酶催化 H_2O_2 与 L2 酪氨酸之间的荧光反应。发现反应速率显著高于水溶液中的反应速率。利用该方法测定 FeTSPc 和 H_2O_2 的检测限分别为 2.3×10^{-9} 和 5×10^{-9} molPL。

二、冠醚、环糊精及杯芳烃类模拟酶

自 1962 年 Pederson 发现冠醚以来，陆续合成了不同结构的线型和大环型聚醚。作为第一代主体试剂，由于其环内空腔的亲水性，根据尺寸大小借助离子偶极作用高选择性地测定 Na^+、K^+、Ca^{2+}、Mg^{2+} 等具有生理意义的碱金属及碱土金属离子。

人们设计了含有一个结合位和两个反应位的巯基冠醚，利用它已合成了含 Gly—Ala—Leu 的三肽，较好地模拟了肽合成酶的功能。将多种杂原子引入到冠醚环中形成了种类繁多的衍生物如：环状多胺（cyclicpolyamine）、环状多硫醚（cyclicpolythioether）、氮杂冠醚（azacrownether）、氮硫杂冠醚（azathiocrownether）、穴醚（cryptand）、球苑（spherand）等。Lehn 研究了不同结构的大环多胺化合物———氮杂冠醚对三磷腺苷（ATP）水解的催化作用，这一反应与生物体系里的 ATP 水解过程相似。$2N_3$ 大环及其衍生物是较好的质子海绵体，它们的 Zn 配合物能较好地模拟金属酶—锌酶的某些催化功能。有人合成了二十四元六氮大环双核铜配合物较好地模拟了木质素酶和 ω—羧化酶的氧化去甲基作用。总之，聚醚适于模拟金属或类似极性辅因子的酶及对底物有光学选择性的酶。但由于存在毒性及合成较困难，使其作为酶模型受到限制。

环糊精（CD）的分子形状如轮胎，由几个 D（＋）葡萄糖残基通过 α－1，4 糖苷键连接而成，聚合度分别为 6～12，互为椅式构象的环状低聚糖，具有独特的"外亲水、内疏水"的分子结构。环糊精（CD）中每个葡萄糖残基 6 位的伯羟基和 2、3 位的仲羟基都位于穴洞外面上边缘，所以两侧分别具有亲水性或极性。洞穴内壁为氢原子和糖苷键氧原子，具有疏水性或非极性。由于连接葡萄糖单元的糖苷键不能自由旋转，CD 不是圆筒状分子而是口宽底窄的角锥。

这些特殊的结构，使 CD 分子能识别并捕捉一般大小的底物分子，并形成易溶于水的包括物，模拟了酶的识别作用。α－，β－及 γ－环糊精，聚合度分别为 6、7 和 8，每个葡萄糖残基均处于无扭变变形的椅式构象。环糊精穴洞有选择性地包埋其他分子得到包接络合物，具有类似于酶的识别作用。如果在环糊精上添加某些催化基团，就可以来制作模拟酶。

Liu 等合成了 6 个水溶性的有机硒修饰的环糊精衍生物用于模拟超氧化物歧化酶（SOD）和谷胱甘肽过氧化物酶（GPX）。SOD 和 GPX 的活性分别为 121—330UPmg 和 0134—0186UPμmol。Tang 等合成了一种新型的席夫碱邻羟亚苄基 222 氨基 242 苯基噻唑（SAPTS），与 Cu^{2+} 形成的络合物模拟辣根过氧化物酶。对超氧化物响应的线性范围为 010～110×10^{-3} molPL，检测限为 7154×10^{-7} molPL。体系中 β－环糊精交联聚合物（β－CDP）的存在明显提高 $Cu_{II}{}_2$（SAPTS）$_2$ 的催化活性。Shen 等合成了双－（62 氧 2 羧基苯磺酰）－β－环糊精铁（Ⅲ）络合物作为 L－苹果酸脱氢酶的模拟物，能够将 L－苹果酸催化脱氢转换成丁酮二酸。该模拟物可以循环使用而不影响其催化活性。磷酸吡哆醛和磷酸吡哆胺是氨基酸代谢的两个重要辅酶。在 β－CD 上引入吡哆胺即可得到转氨酶模型。它们都具有底物选择性和一定程度的立体选择性。将吡哆醛连于 β－CD 上，可得到色氨酸合成酶模型，但催化效率并不高。将 1，4－二氢烟碱酰胺（NAH）引入 β－CD 上模拟脱氢酶（NADH）还原茚三酮的速率比 NADH 快 15～50 倍，甚至两个数量级。将 F_4S_4 簇合物连于 β－CD 上可模拟氧化还原蛋白酶模型，在水溶液中有较高的稳定性。CD 可成为底物的疏水性结合部位。B－CD 衍生物对于碳酸苷酶、硫胺素酶及羟醛缩合酶的模拟文献已有报道。它们能催化多种重要代谢过程。

杯芳烃是由酚单体通过亚甲基连接起来的环状低聚物。柔韧性好，具有空腔大小、构象、取代基等可选择因素，能与离子及中性分子形成主客体包结物，被称为第三代主体化合物。将其构象固定于锥形或部分锥形，就能选择性络合客体分子，若再将水溶性基团和具有催化功能的基团引入杯芳烃中即构成了一种典型的酶模型。将两个 Cu（Ⅱ）引入杯芳烃上缘的苯环对位，合成了核酸酶模拟物。由于两金属离子可协同作用，比无大环骨架的模拟物更有效。将一带侧链的环四聚体杯芳烃的构象固定于部分锥形作为醛缩酶模型，促进羟醛缩合反应迅速进行。利用杯芳烃还成功地模拟了甘油-3-磷酸脱氢酶等。

三、单核及双核配合物模拟酶

已知的酶有 1000 多种，其中 1/3 以上含有金属离子。大多数情况下金属离子是金属酶的活性中心，它是进行电子转移、键合外来分子和进行催化反应的部位。其成键方式、配位环境和空间结构与配位化合物极为类似。通过对配体的设计和剪裁可合成出与天然酶活性中心结构相似的配合物，用以模拟酶的结构和功能，这对没有获得单晶结构和功能及反应机理尚不完全清楚的金属酶特别有用。锰超氧化物歧化酶（Mn_2 SOD）及锰过氧化物酶（Mn_2 POD）活性中心的锰结合位点，可视为单核锰配合物。罗勤慧等合成了几类大环锰配合物，对其结构、性质及在模拟方面的实际效能和潜在用途作了较全面的研究。唐波等研究了 Schiff 碱（CuⅡ）配合物的辣根过氧化物酶（HRP）功能，SDS 的加入改善了模拟酶所处的微环境，其增溶、增敏的双重作用使其模拟酶性能显著提高。

二氧环胺-Zn（Ⅱ）配合物模拟碳酸酐水解酶催化 PNPP 的水解效果显著。在小分子锰配合物对 Mn_2 POD 模拟的研究方面，Defrance 等采用焦磷酸锰（Ⅱ）P $KHSO_4$ P 铁-磺基化卟啉催化剂体系研究了催化剂对生成 Mn（Ⅲ）的作用和对催化反应的影响。Hattori 等以 Mn（Ⅲ）PDMSOP 草酸体系模拟 Mn2POD，对一些非酚类木质素二聚物进行了降解，得到了 C—C 和 C—O 键断裂的产物。Mohajer 等用 Mn2 四苯基卟啉模拟单加氧酶细胞色素 P450 催化烯烃环氧化，使环己烯、苯乙烯等底物的转化率达到 100%。Mukherjee 等合成了 7 个 Mn2 自由基络合物用以模拟含 Cu 的儿茶酚氧化酶，提出了没有中心金属氧化还原参与的自由基"开关"机理。在水解和酯转移反应中，通常双核金属配合物在识别能力及催化活性等方面优于相应的单核配合物。双核金属离子具有双倍的路易斯酸性，能有效降低底物中心原子的电荷密度，使之更利于亲核试剂的进攻，并可通过催化中心的协同作用加速过渡中间体的形成，同时促进离去基团的脱离。苯氧基桥联配体的双钴配合物水解 BPP（苯基磷酸单酯）的速度增加达到 1011 倍。Chin 等合成了一些以羟基磷酸单酯或磷酸二酯桥连的双核钴配合物，成功地模拟了红紫酸磷脂酶、蛋白磷脂酶等的活性中心。水解断裂速度较非配位的磷酸二酯快 1011 倍。以双（二甲基氨甲基）吡啶修饰杯芳烃的顶部，所得配体的双锌配合物将异羟丙基对硝基苯基磷酸二酯的酯基转移反应提高了 23000 倍。化学核酸酶是一类模拟限制性内切酶的功能，可高效、高选择性地催化水解 DNA 或 RNA 的断裂工具，通常由核酸识别系统和化学断裂系统两部分组成。含大环配体的稀土双核配合物可将 pCAT 及 pCUC19 质粒 DNA 断裂为线性 DNA，其断裂 pCAT 质粒的半衰期仅为 25min，可能是目前断裂质粒 DNA 的最快催化体系。三氮杂环壬烷双核铜配合物催化 mRNA 模型物 GpppG 水解速度可比类似的单核配合物增加 100 倍。脲酶是目前唯一含双镍金属中心的酶，可催化尿素及小分子酰胺的水解，生成氨和羧酸。含酞嗪环的双镍配合物，其桥连的 H_2O 可在生理条件下产生亲核试剂 OH^-，催化吡啶酰胺的水解速度较相当的单核配合物提高 100 倍。

四、模拟酶展望

随着酶模拟化学的发展，对酶结构及作用机理的进一步了解，在化学家及生物学家共同协作下，不断改进合成手段和采用新技术，必将有更多更好的酶模型和模拟酶问世。预计今后国内外有关模拟酶的研究将呈现几个方向：(1) 由简单模拟向高级模拟发展。既模拟天然酶活性中心的催化部位又模拟其结合部位，以提高模拟酶的催化活性。(2) 将组合数据库技术、分子印迹等现代手段用于构造模拟酶体系，研制出各种选择性强、灵敏度高且易于制备的模拟酶传感器以适用于苛刻条件、复杂体系中重要生化组分的快速检测。(3) 开发出更多可多部位结合且具有多重识别功能的模拟酶，采用体外方法研究生物体内酶催化信息，探讨生物体系的生命现象的真谛。总之，通过化学手段研究生命科学，揭示生命的奥秘是目前发展的重要趋势。在生物学、仿生学及计算机等学科的推动下，有关模拟酶的研究及其在分析中的应用将日臻完善。

思考题

4-1 名词解释：模拟酶、酰化反应、烷化反应、对角线电泳、亲和标记、蛋白质化学偶联。

4-2 蛋白质化学修饰的反应类型有哪些？主要修饰部位是什么？

4-3 PEG 用于蛋白质药物或非蛋白质药物的修饰有哪些优点？

4-4 什么是蛋白质的化学交联？有哪些常用交联剂？可发生哪些类型的交联反应？

4-5 什么是酶的位点专一性修饰？

4-6 模拟酶一般应具有什么样的性质？

4-7 目前模拟酶的设计工作主要从哪几个层次进行？

4-8 当前模拟酶的研究领域主要在哪几个方面进行？

4-9 简述蛋白质化学修饰存在哪些方面的局限性。

第五章　酶的分离工程

[内容提要]　①重点介绍酶的分离纯化方法；②酶的分离工程主要单元操作包括预处理和细胞破碎，酶的提取，酶的分离纯化，酶的浓缩、干燥与结晶，对各单元操作进行了详细介绍。

无论是动植物细胞内的酶，还是微生物发酵产生的酶，都必须经过提取和分离纯化，才能进行后续研究或使用。酶的分离工程是酶生产和酶学研究中不可缺少的环节。

酶的分离工程指将酶从生物细胞或培养物等含酶原料中提取出来，再与杂质分开，从而获得能够满足使用需要的一定纯度的酶制品的过程。

酶的分离纯化流程一般分为 4 个阶段：①预处理（发酵液预处理和细胞破碎）；②粗分离（提取）；③细分离（精制）；④成品加工（浓缩和干燥等）。

第一节　预处理

根据酶在生物体的分布，可将其分为胞内酶和胞外酶两大类。胞外酶在细胞内合成后，透过细胞膜分泌到细胞外介质中，这类酶不必破碎细胞即可从体液或发酵液中提取。而胞内酶存在于细胞内的一定部位或区域，必须经过细胞破碎后，才能释放出来。从细胞中提取酶，首先需要经过预处理阶段，预处理主要包括微生物发酵液等介质的预处理和细胞破碎。

一、发酵液的预处理

发酵液预处理的目的主要有 3 点：①改变发酵液的物理性质，包括增大悬浮液中固体粒子的尺寸，降低液体黏度，以提高固液分离的效率；②相对纯化，去除发酵液中的部分杂质（高价无机离子和杂蛋白质），以利于后续各步操作；③尽可能使产物转入便于后处理的一相中（多数是液相）。

由于发酵液和其他生物大分子溶液较难过滤，且发酵液黏度高，所以常采用加热、凝聚和絮凝、调节悬浮液的 pH 值、添加助滤剂和反应剂、去处

原料液

↓

细胞分离（离心，过滤）

细胞 - 胞内产物　　**路线一**　　**路线二**　　清液 - 胞外产物

路线一B　　细胞破碎　　**路线一A**

包含体　　碎片分离

溶解（加盐酸胍、脲）　　粗分离（盐析、萃取、超过滤等）

复性

纯化（层析、电泳）

脱盐（凝胶过滤、超过滤）

浓缩（超过滤）

精制（结晶、干燥）

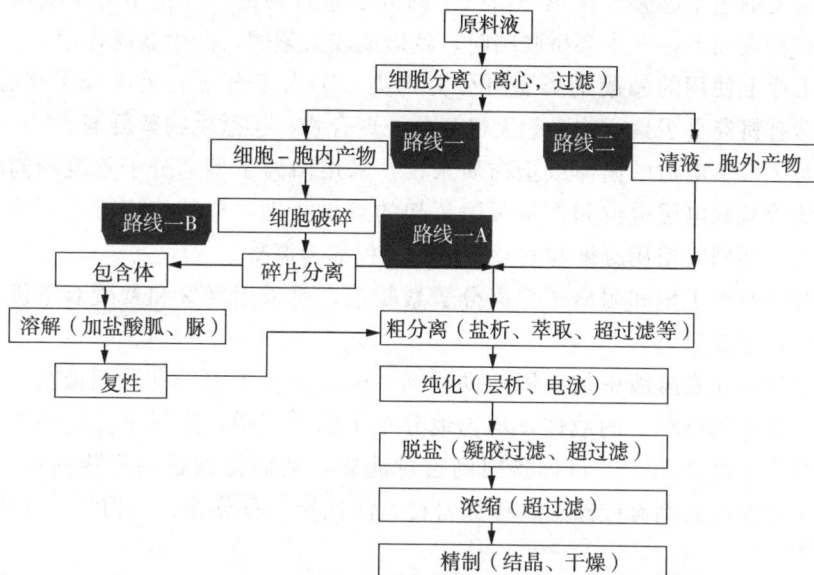

图 5 - 1　生物分离过程的一般流程

杂蛋白、去处高价无机离子等方法进行预处理。

加热可以降低发酵液的黏度，使某些杂质（如蛋白质）变性，从而使发酵液容易过滤，如柠檬酸发酵液加热至 80℃ 以上，可使蛋白质变性凝固，过滤速度加快。注意加热温度与时间，不影响产物活性和细胞的完整性。一般加热处理只适用于对热较稳定的目标蛋白质，当目标酶蛋白易受热处理失活时，不宜采用该法处理。

凝聚指在投加的电解质（即凝聚剂，一般是含多价离子的电解质，如铝、铁等盐类）作用下，破坏胶体稳定性，使胶体粒子相互聚集成较大的粒子或胶团。电解质可以降低胶粒之间双电层结构的排斥电位，中和粒子表面电荷，破坏粒子表面水化膜，使胶体体系变得不稳定，从而使胶体粒子之间因相互碰撞而凝集成团。

常用的凝聚剂有硫酸铝 $Al_2(SO_4)_3 \cdot 18H_2O$（明矾，还有液体硫酸铝）、氯化铝 $AlCl_3 \cdot 6H_2O$ 还有聚合氯化铝、三氯化铁 $FeCl_3$、硫酸亚铁 $FeSO_4 \cdot 7H_2O$、石灰；$ZnSO_4$；$MgCO_3$ 等。

絮凝：指使用絮凝剂（天然的或合成的大分子量聚电解质）将胶体粒子交联成网，形成 10mm 大小絮凝团的过程。

絮凝剂是一种能溶于水的高分子聚合物，分子量可高达数万至一千万，长链状，其链节上含有许多活性官能团，包括离子基团及非离子型基团。絮凝剂通过静电引力、范德华引力或氢键的作用，强烈地吸附在胶粒的表面。

絮凝剂主要起架桥作用。当一个高分子聚合物的许多链节分别吸附在不同的胶粒表面上，产生架桥联结时，就形成较大絮团，产生絮凝作用。

工业上使用的絮凝剂类型可分为四类：①人工合成有机高分子聚合物；②天然有机高分子聚合物；③无机高分子聚合物；④微生物絮凝剂。

对于带负电荷的菌体或蛋白质来说，采用阳离子型高分子絮凝剂同时具有降低胶粒双电层电位和产生吸附桥架的双重机理，单独使用可达到较好絮凝效果；即同时使用凝聚和絮凝机理的过程称为混凝。

对于非离子型和阴离子型高分子絮凝剂，要采用凝聚和絮凝双重机理才能提高过滤效果。

过滤前在发酵液中加入固体助滤剂，则菌体可吸附于助滤剂微粒上，助滤剂就作为胶体粒子的载体，均匀地分布于滤饼层中，降低了滤饼的可压缩性，减小了过滤阻力。目标蛋白则透过滤膜，从而得到目的产物的粗产品。目前常用的助滤剂有硅藻土、珍珠岩粉、活性炭、石英砂、石棉粉、纤维素、白土等。

利用上述方法进行发酵液的预处理主要是为了降低发酵液的黏性，提高其过滤速率，此外还要采用一定的方法去除发酵液中的无机金属离子和色素等物质，以减少这些物质对后续操作的影响。

二、细胞破碎

从生物产品来看大多数情况下，抗生素，胞外酶，一些多糖及氨基酸等目标产物存在于发酵液中。有些目标产物存在于生物体中，尤其是由基因工程菌产生的大多数蛋白质是在细胞内沉积。脂类物质和一些抗生素包含在生物体中。

从细胞类型看不同类型的细胞分泌目标产物的有差别，一般动物细胞多分泌到细胞外培养液，植物细胞多为胞内产物，微生物（细菌、酵母、真菌）胞内、胞外都有，而对于胞内产物需要收集菌体或细胞再进行破碎。

不同物种的细胞外层结构差异显著，采用的细胞破碎方法和条件也有所不同。所以操作中应根据对象的细胞特性和处理量等，选用合适的方法进行细胞破碎。细胞破碎按照处理方法一般可分为机械破碎法、物理破碎法、化学破碎法和酶促破碎法等。

（一）机械破碎法

机械破碎法指通过机械运动产生压缩力和剪切力，将组织细胞打碎的方法，具有处理量大、破碎效率高、速度快等优点。细胞的机械破碎法主要有捣碎法、研磨法、匀浆法、超声法等。

捣碎法是利用捣碎机叶片高速旋转产生的剪切力使细胞破碎。常用于动物内脏、植物叶片芽等组织细胞的破碎。破碎前，需要将动植物组织悬浮于水或其他介质中，将悬浮液倾入捣碎机进行细胞破碎。

研磨法是利用研钵、细菌磨、球磨等产生的压缩、撞击力和剪切力将细胞破碎。有时可加入玻璃小珠、石英砂、氧化铝等研磨剂（直径小于 1mm）一起快速搅拌或研磨，研磨剂、珠子与细胞之间的互相剪切、碰撞，使细胞破碎，释放出内含物。该法常用于微生物和植物组织细胞的破碎，也可用于动物内脏细胞的破碎。特点是简单，无需特殊设备，缺点是费力，效率很低。

匀浆法是利用匀浆器产生的剪切力将细胞破碎。匀浆器一般由硬质磨砂玻璃制成，也可由硬质塑料或不锈钢制成。该法常用于颗粒较小、比较柔软、易分散的组织细胞的破碎。一些较大的、致密的组织或细胞团需先经捣碎机或研磨器处理，使细胞分散后才能进行匀浆。针对不同的材料选择不同材质的匀浆器。

工业上使用的细胞破碎器械主要有撞击破碎机、大容量球磨机和高压匀浆器等，这些器械的作用机械不尽相同，有各自的适用范围和处理规模。可根据目标物质的性质差异（如来源、分子形态、稳定性）选择合适的细胞破碎器械，并确定适宜的操作条件。

如高压匀浆器由①高压泵和匀浆阀组成；②高压匀浆器工作原理：细胞悬浮液自高压室针形阀喷出时，速度高达 $200\sim300m/s$，高速喷出的浆液又射到静止的撞击环上，被迫改变方向从出口管流出。细胞在这一系列高速运动过程中经历了高速剪切、碰撞及压力骤降，造成细胞破碎。③使用高压匀浆器的注意事项；高压匀浆器的操作温度上升约为 $2\sim3℃/10MPa$，为了控制温度，可在进口处用干冰调节温度，使出口温度调节在 20℃左右。在工业生产中，对于酵母等难破碎的及浓度高或处于生长静止期的细胞，常采用多次循环的操作方法。④高压匀浆法适用的范围：适合于体积较大的颗粒细胞——酵母和大多数细菌细胞的破碎。是大规模细胞破碎的常用方法，料液细胞浓度可以高达 20％左右。⑤不宜使用高压匀浆法：易造成堵塞的团状或丝状真菌，体积较小的革兰氏阳性菌，含有包涵体的基因工程菌（因包涵体坚硬，易损伤匀浆阀）。

（二）物理破碎法

物理破碎法指利用温度、压力、声波等物理因素，使细胞破碎的方法，多用于微生物细胞的破碎。常用的破碎方法有温度差法（冻结－融化法）、压差法、渗透压冲击法、干燥法和超声波法等。

温度差法（冻结－融化法）是利用物理上的热胀冷缩原理，通过温度的突然变化，使细胞破碎的方法。如将细胞放在低温下冷冻（约－15℃），然后在室温（或 40℃）中融化，反复多次而达到破壁作用。温差变化一方面能使细胞膜的疏水键结构破裂，从而增加细胞的亲水性能，另一方面胞内水结晶，形成冰晶粒，引起细胞膨胀而破裂。该方法适用于细胞壁较脆弱的菌体，破碎率较低，需反复多次，此外，在冻融过程中可能引起某些蛋白质变性。

压差法是利用压力的突然变化，使细胞内外的压差迅速变化，从而引起细胞破裂的破碎方法。常用的有高压冲击法、突然降压法和渗透压变化法等。高压冲击法指在结实的圆柱体容器内装入菌体和助磨剂，在适宜温度下，用活塞或冲击锤施加高压冲力，从而使细胞破碎。突然降压法指将细胞悬液装入高压容器内，施压至 30MPa 以上，打开出口阀，使细胞悬液流出，出口处由高压突然降至常压，致使细胞迅速膨胀破裂。渗透压变化法指将处于对数生长期的菌体细胞悬浮在高渗透压溶液中（如一定浓度的甘油或蔗糖溶液），由于渗透压的作用，细胞内水分便向外渗出，细胞发生收缩，当达到平衡后，然后离心收集菌体迅速悬浮于低渗透压溶液（如蒸馏水），由于渗透压的突然变化，胞外的水迅速渗入胞内，引起细胞快速膨胀而破裂。渗透压变化法仅适用于细胞壁较脆弱的细胞或细胞壁预先用酶处理或在培养过程中加入某些抑制剂（如抗生素等）使细胞壁有缺陷的细胞。

干燥法指利用各种干燥方法（如气流、真空、喷雾、冷冻等）使细胞结合水分丧失，从而改变细胞的渗透性。当采用丙酮、丁醇或缓冲液等对干燥细胞进行处理时，胞内物质就容易被抽提出来。气流干燥主要适用于酵母菌，一般在 25℃～30℃气流中吹干，真空干燥多用于细菌，冷冻干燥适用于不稳定的生化物质。

超声波法是指利用超声波发生器产生的超声波在细胞膜周围产生数以万计的微小气泡（空化泡）。这些气泡在超声波纵向传播形成的负压区生长，而在正压区迅速闭合，从而在交替正负压强下受到压缩和拉伸。在气泡被压缩直至崩溃的一瞬间，会产生巨大的瞬时压力，产生极强的剪切力，使细胞破碎。超声波破碎机主要由发生器（发生高频电流）与换能器（电能转换成机械振荡）组成。超声波振荡器一般能发射 15～25kHz 的超声波，超声波振荡器以可分为槽式和探头直接插入介质两种型式，一般破碎效果后者比前者好。影响超声波细胞破碎的主要因素有超声波的输出功率和作用时间、菌悬液的浓度、黏度、pH、温度和离子强度等。要根据细胞的种类和酶的特点选择合适的输出功率和作用时间。超声破破碎法简便、快捷、效率高，对某些革兰氏阴性细菌的破碎效果较好，而对酵母、放线菌及球菌类细胞的破碎效果较差。菌体浓度不宜太高，介质黏度不宜太大。超声破碎的有效能量利用率极低，散热不畅。由于对冷却的要求相当苛刻，所以不易放大，但在实验室小规模细胞破碎中常用。

（三）化学破碎法

化学破碎法是指利用各种化学试剂作用于细胞膜，而使细胞破碎的方法。

常用的化学试剂，如酸碱、有机溶剂、变性剂、表面活性剂、抗生素、金属螯合剂等，这些试剂可以改变细胞壁或膜的通透性（渗透性），从而使胞内物质有选择地渗透出来。

酸处理可以使蛋白质水解成氨基酸，通常采用 6mol/L HCl。碱能溶解细胞壁上脂类物质或使某些组分从细胞内渗漏出来。酸碱物质成本低，反应激烈，不具选择性。

表面活性剂无论是阴离子、阳离子还是非离子型，都是两性的，既能和水作用也能和脂作用，都能与细胞壁上的脂蛋白结合，形成微泡，使膜的通透性增加或溶解。细胞破碎中常用的表面活性剂有十二烷基硫酸钠（SDS）、曲拉能（Triton）和吐温（Tween）等。表面活性剂对疏水性物质具有很强的亲和力，能结合并溶解磷脂，破坏内膜的磷脂双分子层，使某些胞内物质释放出来。

有机溶剂能溶解抽提细胞壁中的磷脂，使细胞结构破坏，胞内物质被释放出来。有机溶剂可采用丁酯、丁醇、丙酮、氯仿和甲苯等。

化学渗透法的优点是对产物释放有一定的选择性，可使一些较小分子量的溶质如多肽和小分子的酶蛋白透过，而核酸等大分子量的物质仍滞留在胞内，细胞外形完整，碎片少，浆液黏度低，易于固液分离和进一步提取。缺点是通用性差，时间长，效率低，一般胞内物质释放率不超过 50％，有些化学试剂有毒。化学试剂的加入常会给随后产物的纯化带来困难，并影响最终产物纯度。

（四）酶促破碎法

酶促破碎法是利用能溶解细胞壁的酶处理菌体细胞，使细胞壁受到破坏后，再利用渗透压冲击等方法破坏细胞膜。根据酶的来源可分为外加酶和内源酶。

外加的常用溶解酶有溶菌酶、$\beta-1,3-$葡聚糖酶、$\beta-1,6-$葡聚糖酶、蛋白酶、甘露糖酶、糖苷酶、肽键内切酶、壳多糖酶等。外加酶专一性强，必须根据细胞的结构和化学组成来选择酶系统。如溶菌酶能专一性地分解细胞壁上肽聚糖分子的 $\beta-1,4$ 糖苷键，因此主要用于细菌类细胞壁的裂解。革兰氏阳性菌悬浮液中加入溶菌酶，很快就产生溶壁现象。对于革兰阴性菌，单独采用溶菌酶无效果，脂多糖使其必须与螯合剂 EDTA 一起使用。放线菌的细胞壁结构类似于革兰氏阳性菌，以肽聚糖为主要成分，所以也能采用溶菌酶。酵母和真菌由于细胞壁的组分主要是纤维素、葡聚糖、几丁质等，常用蜗牛酶、纤维素酶、多糖酶等。植物细胞壁的主要成分是纤维素，常采用纤维素酶和半纤维素酶裂解。采用几种酶的混合作用，效果会更好的，但是加入时需确定相应的次序，如对酵母细胞采用酶法破碎时，先加入蛋白酶作用蛋白质-甘露聚糖结构，使二者溶解，再加入葡聚糖酶作用裸露的葡聚糖层，最后只剩下原生质体，这时若缓冲液的渗透压变化，则细胞膜破裂，释出胞内产物。外加酶解的优点是发生酶解的条件温和，能选择性地释放产物，胞内核酸等泄出量少，细胞外形较完整便于后步分离。不足点是酶价格高，酶法通用性差（不同菌种需选择不同的酶），产物抑制的存在。

内源酶解法主要是通过自溶作用完成，自溶作用是酶解的另一种方法，是利用菌体自身产生的酶来溶解细胞，而不需外加其他的酶。在大多数微生物代谢的某一阶段，都能产生一种能水解细胞壁上聚合物的酶，以便生长过程继续下去。通过改变微生物生长环境（温度、pH、缓冲液），可以诱发产生自溶酶或激发产生其他的自溶酶，以达到自溶目的。该法缺点是易引起所需蛋白质的变性，自溶后细胞悬浮液黏度增大，过滤速度下降。

第二节　酶的提取

酶的提取（酶的抽提）指在一定的条件下，用适当的溶剂处理含酶原料，使酶充分溶入溶剂的过程。由于目标酶在生物体内存在的部位及状态不同，采用的提取方法也有所不同，培养物的胞外酶可以直接利用溶剂进行提取，而胞内酶的提取首先需要进行组织和细胞的破碎，而后进行提取操作。利用各种提取方法，将尽可能多的酶，尽量少的杂质，从原料引入溶剂是酶分离纯化之前的必需步骤。

酶提取时，首先应根据酶的结构和溶解性质，选择合适的溶剂。一般说来，酶蛋白遵循"相似相溶"的原则，即极性物质易溶于极性溶剂中，非极性物质易溶于非极性的有机溶剂中，酸性物质易溶于碱性溶剂中，碱性物质易溶于酸性溶剂中。

一、酶的提取方法

根据酶提取时所用溶剂或溶液的不同，酶的提取方法主要有盐溶液提取、酸溶液提取、碱溶液提取和有机溶剂提取等（表 5-1）。

表 5-1　酶的主要提取方法及提取对象

提取方法	使用的溶剂	提取对象
盐溶液提取	盐溶液（0.02～0.5mol/L）	在低浓度盐溶液中溶解度较大的酶
酸溶液提取	（pH2～6）	在稀酸溶液中溶解度大且稳定性较好的酶

（续表）

提取方法	使用的溶剂	提取对象
碱溶液提取	（pH8~12）	在稀碱溶液中溶解度大且稳定性较好的酶
有机溶剂提取	可与水混溶的有机溶剂	与脂质结合牢固或含有较多非极性基团的酶

（一）盐溶液提取法

蛋白质在低浓度盐溶液中，其溶解度会随着盐浓度的升高（不超过某一界限）而增加，这种现象称盐溶。这是因为蛋白质分子吸附某种盐类离子后，带电表层使蛋白质分子彼此排斥，而蛋白质分子与水分子间的相互作用却加强，因而溶解度提高。利用蛋白质的这种特性，可以用稀盐溶液从原料中提取蛋白类酶，盐浓度范围控制在 0.02~0.5mol/L。例如，酵母醇脱氢酶用 0.5mol/L 的磷酸氢二钠溶液提取，枯草杆菌碱性磷酸酶用 0.1mol/L 氯化镁溶液提取。具体操作中，针对不同种类的目标酶，选择合适的盐溶液及浓度，以实现较好的提取效果。

（二）酸溶液提取法

有些酶在酸性溶液中的溶解度较大，且比较稳定，这类酶宜采用酸溶液提取。pH 控制范围在 2~6，针对酶的性质选择合适的 pH，避免 pH 过低引起酶失活。例如，用 0.12mol/L 硫酸溶液从胰脏中提取胰蛋白酶和胰凝乳蛋白酶。

（三）碱溶液提取法

有些酶在碱性溶液中的溶解度较大，且比较稳定，这类酶适合用碱溶液提取。pH 控制范围在 8~12，同样根据酶的性质选择合适的 pH，避免 pH 过高引起酶失活。同时，向酶溶液中加碱溶液时要缓慢并均匀搅拌，防止溶液局部碱性过高引起酶变性失活。

（四）有机溶剂提取法

一些和脂类结合比较牢固或分子中非极性侧链较多的酶蛋白难溶于水、稀盐、稀酸或稀碱中，用能够与水混溶的有机溶剂提取。如乙醇、丙酮、丁醇等。这些溶剂与水互溶或部分互溶，同时具有亲水性和亲脂性。其中正丁醇对脂蛋白的解离能力较强，提取效果较好。

二、影响酶提取的主要因素

酶主要是蛋白质，影响蛋白质提纯的因素同样会影响酶的提纯，而在酶提取过程中最重要的就是要防止酶的变性失活。影响提取的主要因素是酶在所用溶剂中的溶解度及酶向溶剂中扩散的难易。此外，在提取过程中还要注意以下因素的影响。

（一）温度

为防止酶的变性失活，提取时温度不宜过高，特别是采用有机溶剂提取时，整个提取操作应尽可能在低温下（0℃～10℃）进行。在不影响酶活性的前提下，适当提高提取温度，可加快酶扩散速率，增加溶解度，有利于酶提取。

（二）pH

酶提取液的pH首先应保证使蛋白质稳定，为增加酶溶解度，提取时溶液的pH应远离酶的等电点。例如，碱性蛋白质提取体系的pH选在偏酸一侧，酸性蛋白质选偏碱一侧，以增大蛋白质的溶解度，提高提取效果。但不宜过酸或过碱，也要避免产生局部酸、碱过浓现象，以防止酶变性失活。

（三）搅拌

搅拌能促进酶在提取液中的溶解，一般采用温和搅拌为宜，搅拌速度太快易产生大量泡沫，增大与空气接触面，引起酶蛋白变性失活。

（四）污染

酶液是微生物生长的良好培养基，在提纯过程中应尽可能防止微生物对酶的破坏。由于各种细胞中普遍存在着蛋白水解酶，提取时要防止由其引起的酶水解。多数蛋白水解酶的最适pH在4～7或更高些，低pH可抑制蛋白水解酶原的激活，使其无水解活力。因此，在较低pH条件下低温操作，可降低蛋白质水解酶对酶的破坏程度。此外，重金属能引起酶失活，所以酶提取过程中要防止这些物质的进入。

（五）提取液的体积

提取液的用量增加可提高提取率。但过量的提取液，使酶浓度降低，对进一步分离纯化不利。故提取液用量一般为含酶原料体积的3～5倍，少量多次，以得到较好的提取效果。

添加方式：少量多次

（六）其他

对于巯基基团是活性维持所必需的酶，在提取这类蛋白质时要避免引入金属离子和氧化剂。例如，可往提取液中添加金属螯合剂（如EDTA）去除金属离子，加入还原剂（如抗坏血酸）可去除氧化剂。由于某些酶蛋白含有一些非共价键结合的配基，提取时需要防止配基的丢失。

第三节　酶的分离纯化

酶的分离纯化包括两方面工作：①浓缩，即提高目标酶的浓度；②除杂，将酶提取液中的杂蛋白以及其他大分子物质除去。由于酶种类繁多，且不同的使用目的对酶的纯度要求也不相同，根据实际需求选择合适的纯化方法。酶分离纯化方法一般是依据酶分子的大小、形状、电荷性质、溶解度、亲和专一性等性质而确定。表 5-2 常用的酶提取方法。如果对酶的纯度要求较高，则需要将多种方法联合使用。

表 5-2 常用的酶提取方法

依据性质	方法
溶解度	盐析、等电点沉淀、有机溶剂沉淀、萃取
电荷极性	电泳、离子交换层析、等电聚焦、色谱聚焦
分子大小	离心、透析、凝胶过滤、超滤
亲和专一性	亲和层析、共价亲和层析、免疫吸附层析、染料配体亲和层析

评价一种分离纯化方法优劣指标主要有 3 个：①总活力的回收率，指纯化后样品的总酶活占纯化前样品总酶活的百分比。回收率越高，说明纯化过程对酶活影响越小，酶活损失就越少。②比活力提高的倍数：比活力，指在特定条件下，1mg 酶蛋白所具有的酶活力单位数，反映酶催化性能的一个重要参数。比活力提高的倍数，指纯化后样品与纯化前样品的比活力的比值，较大的提高倍数说明纯化后酶的比活力有了显著提高，即表明纯化方法的有效性。③重现性，它要求操作材料有较高的稳定性，且操作条件要易于控制。是衡量纯化方法是否可行的必要条件。

在确定初始分离纯化方法后，为了确定每个纯化步骤的效率，需要建立快捷、有效的检测方法，如酶活力的测定、蛋白质纯度的检测和杂质分析等方法。

一、离心分离

离心（centrifugation）分离是借助于离心机旋转所产生的离心力，将不同大小、不同密度的物质分离的技术。在离心分离时，要根据待分离物质以及杂质的颗粒大小、密度和特性的不同，选择适当的离心机类型、离心方法和离心条件。

（一）离心机的种类

离心机的种类繁多，按照用途可分为制备、分析和分析-制备两用离心机；按照结构特点可分为斜角式、平抛式、管式、蝶式、螺旋式、转鼓式；按速度和离心力可分为低速（常速）、高速和超速 3 种。

常速离心机的最大转速 8000r/min，相对离心力（RCF）10^4 g 以下，用于细胞、菌体和培养基残渣等固形物的分离。也用于酶的结晶等较大颗粒的分离。

高速离心机的转速为（1～2.5）×10^4 r/min，相对离心力 $1×10^4$～$1×$ 10^5 g，用于细胞碎片和细胞器等分离。为防止高速离心过程中温度升高而造成酶的变性失活，有些高速离心机带有冷冻装置，称为高速冷冻离心机。

超速离心机的转速（2.5～12）×10^4 r/min，相对离心力 $5×10^5$ g，用于DNA、RNA、蛋白质、细胞器的病毒的分离纯化，检测纯度、沉降系数和相对分子量测定等。

（二）离心分离方法

一般情况下，对于颗粒大小和密度相差较大的物质，只要在常速和高速条件下，选择合适的离心速度和时间，就能达到很好的分离效果。如果样品中存在两种以上大小和密度不同的颗粒，则需要采用差速离心法。在超速离心中，离心方法有差速离心、密度梯度离心和等密度梯度离心。

差速离心指低速与高速离心交替进行，使两种以上沉降系数不同的颗粒先后沉淀，实现分批分离的方法。操作时，取均匀的悬浮液离心，控制离心力大小及时间，使最大颗粒先沉降，转移上清液到新离心管，加大离心力并确定时间，分离较小颗粒。可逐级进行，最终实现大小不同的颗粒分离。差速离心方法简单，但分辨率不高，不能分离沉淀系数在同一个数量级内的不同种类的粒子，因而常用于其他分离手段之前的粗制品提取。

密度梯度离心指将样品在密度梯度介质中进行离心，从而使沉降系数很接近的颗粒分离开来的一种区带离心方法。密度梯度系统是在溶剂中加入一定的梯度介质（用梯度混合器控制）制成。梯度介质要有足够大的溶解度，以形成所需的密度，且不与分离组分反应，不引起分离组分的凝集和变性失活。目前常用的梯度溶液是蔗糖溶液，梯度范围是：蔗糖溶液 5%～60%，密度 1.02～1.30g/cm3。

使用蔗糖密度梯度离心时，常用梯度混合器制备密度梯度，即按浓度从大到小的顺序，依次将不同浓度的蔗糖溶液逐层加入离心管中，形成一个浓度梯度。将样品小心铺放在浓度溶液的表面。离心后，不同密度的颗粒进入到相应的浓度层，在离心管中形成界限分明的不连续区带。区带的位置和宽度会随离心时间的不同而改变。

等密度梯度离心又称沉降平衡离心，基于密度梯度离心的原理，根据颗粒密度的不同而进行分离的一种区带分离方法。离心前，样品与浓度梯度介质均匀混合。离心过程中，在离心介质的不同密度梯度范围内，不同密度的物质颗粒或向下沉降，或向上漂浮，当达到与其密度相同的介质层时就不再移动，形成区带。

等密度梯度离心与密度梯度离心区别在于，密度梯度离心中欲分离的物质并未真正达到其密度位置，而等密度梯度离心则要求欲分离物质处于密度梯度的等密度点上，所以等密度梯度离心时要求样品密度必须小于介质的最大密度。该法常用的梯度介质是氯化铯（CsCl），且使用 CsCl 密度梯度离心法可以计算样品的密度。

二、沉淀分离

沉淀（precipitation）分离是通过改变某些条件或添加某种试剂，使酶的溶解度降低，从溶液中沉淀析出，与其他溶质分离的技术。沉淀分离成本低、设备简单、收率高，可广泛应用于实验室和工业规模蛋白质的浓缩、纯化等，但由于分辨率不高，一般适用于初级分离。

蛋白质是两性电解质，其稳定性与所带电荷有关。在水溶液中，蛋白质表面由分布不均匀的荷电区、亲水区和疏水区组成。其中，多肽链的疏水性氨基酸残基有内部折叠的趋势，使亲水性残基分布在蛋白质三维结构的表面。但是，仍有一些疏水性氨基酸残基暴露在外表面，形成疏水区。蛋白质在水溶液呈现胶体性质，在蛋白质分子周围存在与蛋白质分子结合紧密或疏松的水化层。蛋白质周围水化层是蛋白质形成稳定的胶体溶液、防止蛋白质凝聚沉淀的屏障之一。而蛋白质分子间的静电排斥作用则是蛋白质沉淀的另一屏障。然而这两方面屏障都与溶液性质（如电解质的种类、浓度、pH 等）密切相关，通过使用不同试剂或改变其他因素使蛋白质沉淀。

（一）盐析沉淀法

向酶蛋白溶液中加入中性盐，当盐浓度达到一定界限时，酶蛋白的溶解度会随着盐浓度的继续升高而下降并析出沉淀，称盐析。采用中性盐使酶蛋白析出沉淀的方法称为盐析沉淀法。其原理是中性盐的亲水性大于酶蛋白分子的亲水性，加入大量中性盐后，夺走酶蛋白分子表面的水分子，破坏了水化层，暴露出疏水区域，同时又中和了酶蛋白分子电荷，破坏了亲水胶体，酶蛋白分子即聚集在一起形成沉淀。

盐析与盐溶的区别，盐溶（salt-in）现象指低盐浓度下，增加蛋白质分子间静电斥力，蛋白质溶解度增大。盐析（salt-out）现象指高盐浓度下，中和电荷、破坏水化膜，蛋白质溶解度随之下降。

对于特定的蛋白质，影响其盐析沉淀的主要因素有无机盐的种类、浓度、温度和 pH 等。在选择盐析方法进行酶的沉淀分离时，要结合酶的自身特点和无机盐的性质选择合适的盐析剂，并控制好其他操作条件，以获得较好的分离效果。

盐析用盐的选择，在相同离子强度下，盐的种类对蛋白质溶解度的影响有一定差异。一般的规律为，半径小的高价离子的盐析作用较强，半径大的低价离子作用较弱。盐析中常用的盐有硫酸铵、硫酸钠、磷酸钾、磷酸钠等。

（二）等电点沉淀法

蛋白质分子的带电荷状况与溶液的 pH 有关，改变 pH 可使其处于正负电荷数相等（净电荷为零）的兼性离子状态，此时的 pH 即为蛋白质的等电点（pI）。蛋白质分子在其等电点时溶解度最低，且不同的蛋白质具有不同的等电点，利用这一性质对蛋白质进行分离纯化的方法称等电点沉淀法。

等电点沉淀操作条件：在低离子强度下，调节 pH 到等电点，使蛋白质分子所带的净电荷为零，相邻的分子间由于没有静电斥力而趋于聚集沉淀。多数蛋白质的等电点在偏酸性范围内，在进行沉淀时，通过加入无机酸（如磷酸、盐酸）调节 pH。添加无机酸时，要边缓慢加入边搅拌，避免局部过酸引起变性失活。此外，调节 pH 时，应尽量选用具有相同离子的酸或缓冲液。

等电点沉淀的优点是操作简便，无需后续除盐操作，但要注意防止溶液的 pH 过低，该法适用于疏水性较强的酶蛋白质。另外，酶蛋白在其等电点时，其分子表面仍然存在水化层，仍具有一定的溶解度，为提高沉淀效果，等电点法可与盐析沉淀或有机溶剂沉淀联合使用。

（三）有机溶剂沉淀法

某些与水混溶的有机溶剂（如乙醇、丙酮）可使蛋白质在水中的溶解度大大降低，利用蛋白质的这一特点，使用有机溶剂进行蛋白质分离纯化的方法称有机溶剂沉淀法。与等电点沉淀相同，有机溶剂沉淀法也是利用分子间的相互作用。一般来说，蛋白质的相对分子质量越大，有机溶剂沉淀越容易，使用的有机溶剂量也越少。

有机溶剂引起蛋白质沉淀作用是多种效应的结果，其中主要是降低水溶液的介电常数（dielectric constant）。水是高介电常数物质（20℃，80），有机溶剂是低介电常数物质（20℃，乙醇 24、丙酮 21.4），因此，有机溶剂加入会降低水的介电常数。由库仑定律可知，带电离子基因之间的作用力随介电常数的减小而增大，因此带电溶质便互相吸引聚集而沉淀。不同浓度的有机溶剂可使不同的溶质沉淀，利用这一点可进行蛋白质的分步沉淀，从而达到分享纯化目的。

有机溶剂沉淀法优点：①有机溶剂密度较低，与沉淀物密度差较大，易于分离；②沉淀产品不需脱盐处理；③溶剂易蒸发除去。

有机溶剂沉淀法不足点是有机溶剂易引起蛋白质变性，且易燃、易爆，故操作一般应在低温下操作。酶蛋白沉淀后，要立即用水或缓冲液溶解，以降低有机溶剂浓度，避免酶变性失活。

有机溶剂沉淀会受到蛋白质浓度、离子强度、温度和 pH 等的影响，要想获得好的沉淀分享效果，除了选择合适的有机溶剂外，还要注意调节酶蛋白的浓度、离子强度、温度和 pH 等条件。例如，由盐析法获得的酶蛋白，再使用有机溶剂沉淀法进一步的分离纯化时，要先进行去离子操作（如透析）。

（四）选择性变性沉淀法

选择一定的条件使溶液中存在的杂蛋白变性沉淀而目标蛋白不受影响的方法称选择性变性沉淀法。若目标酶比较稳定，能忍受极端环境条件（应预先了解目标酶和杂蛋白质的理化性质），利用极端条件使杂蛋白变性，通过离心去除，从而使目标酶蛋白得以纯化。

选择性变性有三种方式：热变性、pH 变性、有机溶剂变性。加热几乎可使所有的蛋白质变性并凝固，少量盐类可促进蛋白质加热凝固。当蛋白质处于等电点时，加热凝固最迅速和彻底。加热变性之所以能引起蛋白质凝固沉淀，可能是由于热变性破坏了蛋白质的天然结构，使疏水基团暴露于外，因而破坏了水化层。同时由于蛋白质处于等电点也破坏了带电状态。三种方式对 pH 的依赖性很强；而用有机溶剂变性蛋白质时要注意控制温度、pH 和离子强度。提取胰蛋白酶时，因其稳定性高，可用 2.5% 三氯乙酸处理，使杂蛋白变性沉淀。

（五）其他沉淀方法

某些非离子有机聚合物和聚电解质在一定条件下能与蛋白质直接或间接地形成络合物或复合物，使蛋白质沉淀析出，然后再用适当的方法将需要的酶溶解出来，去除杂蛋白和沉淀剂，使酶分离纯化。

非离子型聚合物的作用原理尚不清楚，可能与有机溶剂相似。聚乙二醇（PEG）的相对分子质量应大于 4000，常用的是 PEG6000 和 PEG20000。一般情况下，若沉淀低分子质量的蛋白质，需使用大量 PEG；对高分子质量的蛋白质，PEG 加入量较小。PEG 一般使用浓度是 20%，浓度再高，会增大黏度，增加沉淀后的回收难度。PEG 对后继纯化步骤影响很小，可不必去除。

聚电解质对蛋白质的沉淀作用原理与絮凝作用类似，是在蛋白质分子间起架桥作用。同时电解质还具有盐析和降低水化程度的作用。利用聚电解质的沉淀方法主要用于酶和食品工业用蛋白质的回收。常用聚电解质有离子型的多糖化合物、阳离子聚合物和阴离子聚合物。

另外，还可用亲和沉淀法来纯化酶蛋白。

三、过滤与膜分离

过滤（filtration）是指利用过滤介质将不同大小、不同性状和不同特性的物质进行分离的技术。常用的过滤介质（filter medium）有滤纸、多孔陶瓷、滤布、纤维及各种高分子滤膜等（共性为多孔物质）。其中使用一定孔径的滤膜的过滤称为膜分离技术。

膜分离是利用具有一定选择透过特性的薄层物质（即分离膜），使溶液中一种或几种物质透过，而其他物质不能透过，从而达到物质分离纯化目的的技术。

因为在膜的两侧存在的能量差（浓度、压力、电位或温度）作为推动力，依靠膜的选择性（孔径大小），将液体中的组分进行分离。其作用原理是利用溶液中溶质分子的性质、大小、形状等的差异，对于各种薄膜表现出不同的透过性，达到分离纯化的目的。选择合适的薄膜对膜分离至关重要。

膜分离的优点：①操作在常温下进行；②是物理过程，不需加入化学试剂；③不发生相变化（因而能耗较低）；④在很多情况下选择性较高；⑤浓缩和纯化可在一个步骤内完成；⑥设备易放大，可以分批或连续操作。因而在生物产品的处理中占有重要地位。

膜分离常用的薄膜主要是由丙烯腈、醋酸纤维素、硝酸纤维素、赛璐玢及尼龙等高分子聚合物制成的高分子膜，也可用动物膜和羊皮纸等材料。

根据过滤介质截留的物质颗粒大小的不同及透过膜的原理和推动力的不同，用于酶蛋白分离的过滤方法主要有粗滤、微滤（microfiltration，MF）、超滤（ultrafiltration，UF）、透析（dialysis，DS）。表 5-3 列举了各自的特性及应用范围。

表 5-3　过滤的分类及特性

类别	截留颗粒大小	截留的主要物质	过滤介质	传质推动力	应用举例
粗滤	>2μm	酵母、霉菌、动植物细胞、固形物	滤纸、滤布、纤维、多孔陶瓷	压差	发酵残渣去除、菌体回收
微滤	0.2~2μm	细胞、灰尘	微滤膜	压差（0.05~0.5MPa）	菌体、细胞和病毒分离
超滤	0.002~0.2μm	病毒、生物大分子	超滤膜	压差（0.01~0.6MPa）	蛋白质、多肽、多糖的回收和浓缩
透析	>1000	大于1000的溶质	半透膜	浓度差	脱盐、除变性剂

（一）粗滤

借助于过滤介质截留悬浮液中大于 2μm 的大颗粒，使固液分离的技术称为粗滤。通常所说的过滤即指粗滤。粗滤主要用于分离酵母、霉菌、动植物细胞、培养液残渣和其他大颗粒物质。

粗滤所使用的过滤介质主要有滤纸、滤布、纤维和多孔陶瓷等，实际使用时，要选择那些孔径大小适宜，孔的数量较多且分布均匀，具有一定机械强度，化学稳定性好的过滤介质。为加快过滤速度，提高分离效果，往往需要添加助滤剂，常用的助滤剂有硅藻土、活性炭等。

根据过滤对产生推动力的条件不同，粗滤可分为常压过滤、加压过滤和减压过滤。

常压过滤是以液位差产生的重力为推动力。过滤装置一般竖直安装，悬浮液置于过滤介质上方，由于存在液位差，在重力作用下，滤出液穿过过滤介质，大颗粒物质被截留在介质上表面。最常见的是滤纸或滤布过滤。常压过滤设备简单，操作简便。但过滤速度较慢，分离效果较差，一般仅限于实验室应用，难以大规模连续使用。

加压过滤以压力泵或压缩空气为推动力，在悬浮液液面增加压力，迫使滤液穿过过滤介质，以实现固液分离。为加快过滤速度和提高分离效果，可采用添加助滤剂以降低悬浮液黏度，或适当提高温度等措施。加压过滤设备比较简单，过滤速度较快，过滤效果较好，在生产中广泛使用。

减压过滤又称真空过滤或抽滤，指通过在过滤介质的下文抽真空的方法，增加过滤介质上下方之间的压差，推动液体穿过过滤介质，而把大颗粒截留在过滤介质上方。常见的设备有实验室使用的抽滤瓶和生产上使用的各种真空抽滤机。减压过滤需要配备抽真空系统，而且压力差最高不超过 0.1MPa，故多用于黏性不大的物料分离。

（二）微滤和超滤

微滤和超滤属于加压膜分离，即在薄膜两边的液体静压差的推动作用下，小于滤膜孔径的颗粒穿过膜孔，而大于滤膜孔径的颗粒被截留，从而实现物质选择性分离。微滤膜和超滤膜都有明显的孔道结构，主要用于截留高分子溶质或菌体。

微滤一般用于悬浮液（颗粒直径为 $0.2\sim2\mu m$）的过滤，广泛应用于菌体细胞的分离和浓缩。微滤过程中，膜两侧的渗透压可以忽略不计，由于膜孔径较大，操作压力就不用很高，一般为 $0.05\sim0.5MPa$。微滤的过滤介质有微滤有机膜和微孔陶瓷膜等。

微滤常应用于：①除去水/溶液中的细菌和其他微粒；②除去组织液、抗生素、血清、血浆蛋白质等多种溶液中的菌体；③除去饮料、酒类、酱油、醋等食品中的悬浊物、微生物和异味杂质。

超滤的孔径较小，截留的颗粒直径范围是 $2nm\sim0.2\mu m$，主要用于分离或浓缩直径 $1\sim50nm$ 的生物分子（如蛋白质、病毒等）。超滤过程中，膜两侧的渗透压差比较小，所以操作压力比反渗透操作低，一般为 $0.1\sim0.5MPa$。

可以说，超滤是根据高分子溶质之间或高分子与小分子溶质之间相对分子质量的差别进行分离的方法。

超滤膜应满足以下要求：有较大的透过速率和较高的选择性；有一定的机械强度，耐热、耐化学试剂及不易被细菌侵袭；耐高温灭菌；廉价等。对膜材料的要求是具有良好的成膜性、热稳定性、化学稳定性、耐酸碱性、微生物侵蚀性和抗氧化性，且具有良好的亲水性等。常用的膜材料有丙烯腈、醋酸纤维素、硝酸纤维素、赛璐玢及尼龙等。

目前，工业上常用的超滤膜器械主要有以下 5 类：板框式、圆管式、螺旋卷式、中空纤维式、毛细管式。其中，中空纤维式使用最为广泛，而在黏度较高的溶液分离、浓缩过程中，则板框式或圆管式更为适用。

超滤具有以下优点：超滤过程中无相变化，可在常温和低压下操作，条件温和，对酶蛋白活性影响较小；设备简单，成本低，能耗少；工艺流程简单，易于操作和管理，适于大量样品的处理。但是超滤只能达到粗分的要求，分辨北较低，只能将分子质量相差 10 倍以上的蛋白质分离开来。

超滤从 70 年代起步，90 年代获得广泛应用，现常用于蛋白、酶、DNA 的浓缩、脱盐/纯化、梯度分离（相差 10 倍）、清洗细胞、纯化病毒、除病毒、热源等。

（三）透析

利用选择透过性膜将待分离液与纯水或缓冲液隔开，待分离液中的高分子溶质由于不能透过该膜而被截留于膜内，可透析的小分子经扩散作用不断透过膜而相互渗透，这种现象即称为透析。

透析膜一般是孔径 5~10nm 的亲水膜，如纤维素膜、聚丙烯腈膜和聚酰胺膜等。在生物分离方面，透析主要用于除盐。由于透析是以浓度差为传质推动力，膜的透过通量很小。

透析法常用于除去蛋白或核酸样品中的盐、变性剂、还原剂之类的小分子杂质，有时也用于置换样品缓冲液。由于透析过程以浓差为传质推动力，膜的透过量很小，不适于大规模生物分离过程、但在实验室中应用较多。透析法在临床上常用于肾衰竭患者的血液透析。

四、萃取分离

萃取（extraction）分离是一种利用样品中各组分在两相中溶解度或分配比的不同来达到分离和纯化目的的技术。

根据两相的状态，萃取可分为液液萃取、液固萃取、液气萃取和超临界流体萃取等。其中，液液萃取包括有机溶剂萃取、双水相萃取、反胶束萃取、预分散萃取等，分离过程中涉及的两相一般为互不相溶或部分相溶的两种液相。

（一）双水相萃取

绝大多数天然或合成的亲水性聚合物水溶液与第二种亲水性聚合物水溶液或特定的低分子物质水溶液混合并达到一定浓度时，由于空间障碍作用，无法相互渗透，不能形成均一相，就会产生互不相容的两相，这种现象称聚合物的不相容性。双水相指在两种或两种以上物质的水溶液在一定浓度下混合，形成的具有清晰界面而平衡共存的两个液相。双水相萃取就是利用样品中各组分在这两种互不相溶的双水相液层中分配系数的不同实现分离目标组分的一种技术。

双水相萃取具有以下优点：①操作条件温和，提取物不会失活或变性；②能直接提取细胞内酶或从发酵液中提取所需的蛋白质；③无有机溶剂残留问题；④双水相组分分相时间短。不足点是：①成本较高，选择性不高；②分离后产物的浓度低或含高分子聚合物或盐类，需浓缩或纯化。

制备双水相体系时，首先根据待分离组分的性质选择合适的溶质，再配制一定浓度的溶液，按特定比例将两种溶液充分混合，静止一段时间即可形成双水相。常用的双水相体系见表 5-4。

表 5-4 常用的双水相体系

高聚物 A	高聚物 B 或低分子物质
聚丙烯乙二醇	甲氧基聚乙二醇、葡萄糖、磷酸钾、硫酸葡聚糖钠盐
聚乙二醇	聚乙烯醇、聚蔗糖、葡聚糖、磷酸钾、硫酸镁、硫酸铵、硫酸钠、甲酸钠、酒石酸钾钠
聚丙二醇	甲基聚丙二醇、聚乙二醇、聚乙烯醇、聚乙烯吡咯烷酮、羟丙基葡聚糖、葡聚糖
甲基纤维素	葡聚糖、羧甲基葡聚糖、羧甲基葡聚糖钠盐
甲氧基聚乙二醇	磷酸钾
乙基羟乙基纤维素	葡聚糖
羟丙基葡聚糖	葡聚糖
聚蔗糖	葡聚糖
聚吡咯烷酮	甲基纤维素

1. 萃取原理

双水相萃取与有机溶剂萃取的原理相似，都是依据样品中目标组分在两相间的分配系数不同进行选择性分离，但两者萃取体系的性质不同。当样品加入双水相体系后，由于表面性质、电荷作用和各种作用力（如疏水键、氢键和离子键等）的存在和环境条件的影响，各组分在两相中的浓度不同。由于分配系数（K）等于系统平衡时两相中目标组分的浓度比。因此，在双水相萃取体系中可利用各组分 K 值的不同对物质进行分离。

2. 影响因素

影响被分离组分在双水相体系中分配的主要因素有：

① 双水相体系的组成成分和两相溶液的比例。不同物质在同一双水相体系中，或同一物质在不同双水相体系中的分配系数差别很大。例如，用聚乙二醇 PEG/（NH$_4$）$_2$SO$_4$ 体系分离脂肪酶时，PEG 质量分数为 0.1，（NH$_4$）$_2$SO$_4$ 质量分数为 0.21 组成的体系，K 为 1.7，而当 PEG 质量分数为 0.12，（NH4）2SO4 质量分数为 0.129 时，K 为 0.85。

② 高分子聚合物的相对分子质量、浓度和极性。同一聚合物的疏水性随分子质量的加大而增大，在两相中的分配系数也随之变化。例如，用 PEG/（NH$_4$）$_2$SO$_4$ 体系分离蛋白质时，当 PEG 的相对分子质量较小时，蛋白质富集在上层；较大时，富集在下层。

③ 电解质、温度和 pH。电解质加入双水相体系中，由于阴阳离子在两相中的分配差异，形成穿过相界面的电位，从而影响带电大分子物质在两相中的分配。温度主要对分配系数产物影响。pH 则通过改变物质的电荷，从而影响在两相间的分配。

④ 酶的分子质量、电荷极性以及外加电场等。双水相萃取已经用于多种生物酶的分离，如利用 PEG/磷酸盐双水相体系提取发酵液中的碱性木聚糖酶，利用 PEG/羟丙基淀粉体系从黄豆中分离磷酸甘油酸激酶和磷酸甘油醛脱氢酶，利用 PEG/K3PO4 双水相体系萃取纯化葡萄糖淀粉酶，利用 PEG/Dextran 双水相体系分离过氧化氢酶等。此外，α－淀粉酶、胆固醇氧化酶、脂肪酶、纤维素酶、L－天冬酰胺酶等在双水相体系中也得到较好的分离。

（二）反胶束萃取

反胶束也称反胶团，是表面活性剂在非极性有机溶剂中形成的极性头向内且非极性尾朝外的，含有水分子内核的，纳米级透明的且热力学稳定的聚集体。此聚集体内部环境接近细胞内环境，不仅能溶解亲水性分子（如氨基酸、多肽和蛋白质），而且能保持它们的活性。反胶束萃取就是利用反胶束将酶或其他蛋白质从混合样品中萃取出来的一种分离技术。它具有成本低、萃取效率高、条件温和、不会引起生物活性物质变性、适用范围广等特点。

1. 反胶束萃取的原理

反胶束萃取技术（Reversed micellar extraction）是利用表面活性剂在有机溶剂中自发形成一种纳米级的反胶束相来萃取水溶液中的大分子蛋白质。该技术主要适合于蛋白质的提取和分离。

当蛋白质样品与反胶束混合时，由于反胶束溶液表面和蛋白质表面的相互作用，在两相界面形成了包含蛋白质的反胶束团，此时蛋白质以最大限度扩散进入反胶束中，从而实现蛋白质的正萃取（图5-1、图5-2）。然后，含有蛋白质的反胶束与另一水相接触，通过改变水相条件（如pH、离子强度等），可以调节蛋白质反萃回水相，从而实现正萃取或反萃取过程，回收目的蛋白质。

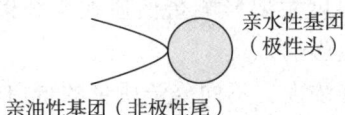

图5-2 表面活性剂的分子结构

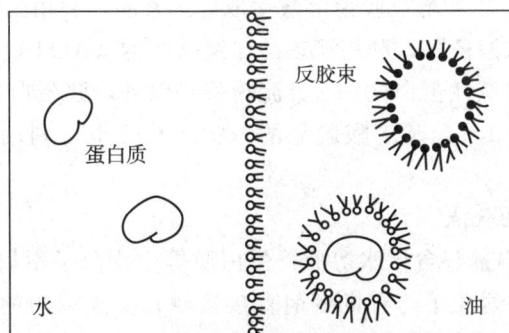

图5-3 反萃取胶束蛋白质原理示意图

2. 操作过程

（1）正萃取酶蛋白。对于水溶性酶蛋白，将含有酶蛋白的水溶液与含表面活性剂的有机相缓慢搅拌混匀，部分酶蛋白从水相萃取到有机相中，直至到平衡状态。对于水不溶性酶蛋白，将酶蛋白样品与含水的反相微胶束有机溶剂一起搅拌混匀，形成含蛋白质的反胶束。

（2）反萃取蛋白质。通过改变水相条件，将蛋白质从反胶束转移到第二水相中，将蛋白质从有机相中分离出来。

3. 影响因素

（1）水相pH。水相pH决定了蛋白质分子表面可电离基团的离子化程度。当蛋白质的静电荷与反胶束内表面活性剂所带的电荷性质相反时，由于静电引力，蛋白质溶于反胶束中。对于阴离子表面活性剂，当水相pH低于蛋白质pI时，蛋白质带正电荷，由于静电引力，蛋白质进入反胶束中而被萃取；反之，溶入反胶束的蛋白质被反向萃取出来。对于阳离子表面活性剂，情况则相反。水相pH是影响反胶束萃取蛋白质的最重要因素。

（2）离子强度。离子强度决定带电荷表面所赋予的静电屏蔽程度。它可以减弱蛋白质和反胶束间的静电作用和影响反胶束颗粒的大小。

（3）表面活性剂和助表面活性剂。表面活性剂的种类决定能否形成反胶束，以及反胶束直径的大小，从而决定能否有效萃取蛋白质。在表面活性剂中添加另一种离子型或非离子型的助表面活性剂，可改变反胶束的含水率，增大萃取条件的操作范围。

（4）温度和相比。温度主要影响蛋白质在反胶束中的溶解度，相比对蛋白质的萃取率和活性产生影响。

（5）蛋白质的种类和浓度。不同分子质量的蛋白质与反胶束的相对大小，蛋白质的浓度都会影响萃取效率。

反胶束萃取已经用于多种酶蛋白的分离，如利用十六烷基三甲基溴化铵（CTAB）、异辛烷/正辛醇反胶束溶液萃取纤维素酶，利用二烷基磷酸盐/异辛烷反胶束溶液萃取溶菌酶，利用琥珀酸二酯磺酸钠（AOT）/异辛烷反胶束溶液提取发酵液中的碱性蛋白酶和 α-淀粉酶。以外，胰蛋白酶、碱性蛋白酶、异柠檬酸脱氢酶、β-羟基丁酸脱氢酶、脂肪酶等也可利用反胶束萃取进行分离。

3. 反胶束法的优点

① 在反胶束内部包含了水溶液，蛋白质等生物分子萃取后进入反胶团内部的"水池"中，避免了与有机溶剂直接接触，反胶束内的微环境与生物膜内相似，故能很好保持其生物活性，解决了蛋白质在有机溶剂中容易变性失活和难溶于有机溶剂的问题，为蛋白质的提取和分离开辟了一条新的途径。

② 成本低，有机溶剂可反复使用；容易放大和实现连续操作。

③ 反胶束萃取是一条具有工业发展前景的蛋白质分离技术。

五、层析分离

层析（色谱 chromatography）分离是基于混合样品中各组分的物理化学性质差异，使各组分与两相（固定相和流动相）的作用力或溶解度不同，先后被洗脱出来，得到分离的一种技术。按照不同的分离依据，一般可将层析分为以下几类（表 5-5）：

表 5-5 层析分离方法

层析方法	分离依据	层析方法	分离依据
凝胶层析	相对分子质量与形状	亲和层析	亲和力
吸附层析	吸附力	层析聚焦	等电点
分配层析	分配系数	疏水层析	疏水作用
离子交换层析	离子交换		

色层分离法是一组相关分离方法的总称，它的机理是多种多样的，但不管哪种方法都必须包括两个相。一相是固定相，通常为表面积很大的或多孔性固体；另一相是流动相，是液体或气体。当流动相流过固定相时，由于物质在两相间的分配情况不同，经过多次差别分配而达到分离，或者说，易分配于固定相的物质移动速度慢，易分配于流动相中的物质移动速度快，因而得到逐步分离。

（一）亲和层析

亲和层析是利用生物大分子与配体之间所具有的特异的、可逆的亲和力，进行分离纯化的一种技术。它具有容量大、效率高、选择性高、对目标产物的生物活性有一定保护作用等优点，广泛应用于酶等生物大分子的分离纯化。亲和层析中作为固定相的是配体（又称配基），它必须与不溶于水的载体（又称基体或担体）相偶联，共同填充在层析柱中。配体一般为小分子物质，如金属离子等无机辅助离子或有机辅助离子。载体多为高分子物质，如葡聚糖凝胶、琼脂糖凝胶、聚丙烯酰胺和纤维素。

（1）基质（载体、基体或担体）是指能通过小分子物质（手臂）连接用来固定配基，起支持作用的亲水性多孔载体（例如琼脂糖）。基质具有以下特点：①较好的亲水性，尽可能少产生非特异性吸附；②要具有可以活化的大量化学基团用于连接配基；③机械强度要好；④稳定性也要好；⑤颗粒大小及孔径要均匀。

（2）基质及其活化方法。基质上的化学基团是不活泼的，需要进行活化才可以与配基直接偶联。活化有溴化氰法、环氧氯丙烷活化、对甲苯磺酰氯活化、硅化法、双功能试剂法和手臂等方法。

由于生物大分子之间存在广泛的相互作用，如酶与底物、酶与竞争性抑制剂、抗原与抗体、激素与受体，多糖与蛋白复合体，糖蛋白与凝集素，生物素—生物素结合蛋白，互补的 DNA 片段与 RNA 片段等。而且，这些相互作用也是特异的和可逆的。所以，亲和层析在酶等生物大分子以及某些含量少又不稳定的生物活性物质的分离纯化中有重要的应用。

1. 层析原理

当含有不同蛋白质的混合样品随流动相通过已经共价偶联在载体表面上的配体（固定相）时，各组分蛋白质在固定相间发生扩散，并与配体不断发生碰撞。由于配体和蛋白质组分空间结构的不同，在固定的层析系统中，只有与配体的空间构象互补，或可以发生可逆共价结合，疏水结合反应或螯合作用等的目标蛋白质组分，才能与配体发生可逆的特异性结合而被截留在固定相上，其他非特异蛋白质则随流动相流出层析柱。然后通过加入过量游离的可溶性配体或加入能改变配体与目标蛋白质特异结合力的物质，将目标蛋

白质从固定相上洗脱下来。分步收集洗脱液，在线监测或离线检测，进行定性和定量分析。（图5-4）

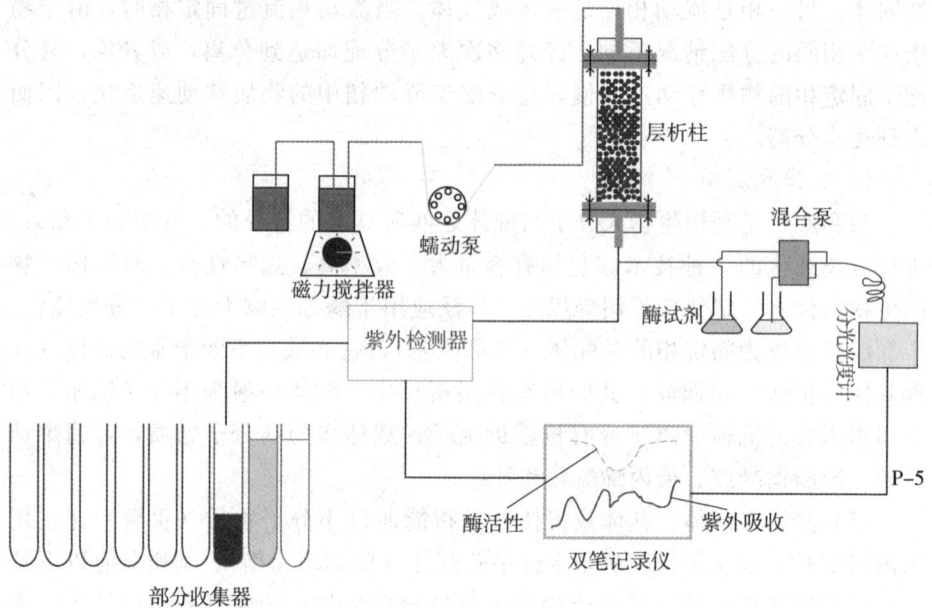

图5-4 层析分离过程示意图

亲和层析中，待分离组分与配体间的相互作用有静电作用、疏水作用、金属配位作用、氢键作用、弱共价键作用或结构互补效应等作用。

2. **亲和层析方法**

根据配体与待分离组作用体系的不同，亲和层析可以分为共价亲和层析、免疫亲和层析、金属离子层析、染料亲和层析、凝集素亲和层析、核酸亲和层析、串联亲和层析等。

（1）共价亲和层析。共价亲和层析是利用生物大分子中特定的功能基团与层析剂上的配体能可逆共价结合的性质进行分离纯化的一种技术。例如，利用巯基（—SH）和二硫键（—S—S—）间的可逆共价转换来分离酶分子，洗脱液有巯基乙醇、谷胱甘肽、二硫苏糖醇等。

（2）免疫亲和层析。免疫亲和层析是以抗原或抗体中的一方为配体，依据免疫反应，亲和吸附分离为另一方的一种技术。主要应用于抗原和抗体的分离。

（3）金属离子亲和层析（固定化金属离子亲和层析、金属螯合亲和层析）。是利用蛋白质表面一些氨基酸（如组氨酸、色氨酸、半胱氨酸等）能和金属离子发生特殊的相互作用，形成络合物实现对蛋白质分离。它具有介质制备简单方便，成本低，容量大，选择性及通用性较好，载体易于再生等优点。

（4）染料亲和层析：染料亲和层析是利用某些结构类似于蛋白质辅酶（如 NAD＋、NADP＋、ATP）的有机染料（如蒽醌化合物、偶氮化合物）来实现多种分离纯化的一种技术。

（5）凝集素亲和层析：凝集素是一类能与蛋白质的寡糖部分特异结合的糖蛋白。凝集素亲和层析是一种利用不同凝集素能够特异地结合某种寡糖或糖肽而实现分离的技术。它可应用于分离糖基化的蛋白（如膜蛋白）。

（6）核酸亲和层析：核酸亲和层析是利用互补核酸链间以及核酸和蛋白质间相互作用来实现多聚核苷酸及其结合蛋白质分离的技术。

（7）串联亲和层析。串联亲和层析是利用蛋白质融合表达标签和蛋白质相互作用，经两步连续的亲和层析纯化获得接近天然状态的特定蛋白质复合物的一种技术。它还是一种研究蛋白质相互作用的一种技术，与质谱技术相结合，在蛋白质组学研究中有重要作用。

3. 层析装置与操作

（1）柱层析分离法的有关装置。有泵、混合器、层析柱、检测器、记录仪和分部收集器等装置。

（2）柱操作主要环节为

① 装柱：要求均匀，无气泡。过程包括调糊（50％，缓冲液和介质），一次连续加入悬胶液，打开出口阀，层析剂沉降，排除空气，检查均匀度。②平衡：缓冲液，pH，盐浓度。③上样：主要注意蛋白浓度、pH、盐浓度和缓冲液，包括样品处理，控制流速（根据样品浓度与吸附速度而定）和上样量（一般为80％吸附容量）。④洗涤（去除残留在介质中的杂质）：注意 pH、盐浓度、洗涤剂、缓冲液和淋洗体积，主要防止产物丢失又要除去杂质。⑤洗脱：洗脱条件与吸附相反。洗脱方法按操作方式可分为恒定洗脱、分步洗脱和梯度洗脱，按按洗脱机理分为专一性洗脱和非专一性洗脱。洗脱体积一般为5倍床体积。⑥清洗：可用弱酸、弱碱或蛋白质变性剂（如尿素，盐酸胍，硫氰酸盐）。⑦分部收集。⑧洗脱峰检测、合并收集。⑨层析介质的再生：与平衡条件相同

（二）凝胶层析

凝胶层析（gel chromatography），又称凝胶过滤层析、凝胶渗透层析、分子筛层析、分子排阻层析等。它以多孔凝胶为固定相，含有样品的流动相在流经其中时，各组分因相对分子质量和形状的不同而受到不同程度的滞留，先后被洗脱出来得到分离。

凝胶层析固定相的种类很多，常用的有葡聚糖、琼脂糖和聚丙烯酰胺等，它们内部都有微细的多孔网状结构，其孔径大小决定能分享组分的相对分子

质量范围。葡聚糖特点是化学稳定性好（如碱性条件下很稳定，能耐120℃的高温），应用范围广。琼脂糖特点是内部孔径较大，工作范围大于葡聚糖和聚丙烯酰胺凝胶，适于分离质量较大的蛋白质和分离纯化多糖。聚丙烯酰胺的特点是凝胶惰性好，适用于 pH2～11，适合各种蛋白质、酶和核酸等分离纯化。

凝胶层析优点是操作简单、样品回收率高、不需再生可反复使用，不影响样品生物活性。广泛应用于分离生物大分子物质、测定蛋白质分子量和样品浓缩等。

1. 层析原理

凝胶层析的固定相一般是多孔的惰性珠状凝胶颗粒，内部具有立体网状结构。当含不同相对分子量和形状组分的样品随流动相进入凝胶层析柱后，各组分就会在凝胶颗粒内的微孔和颗粒间隙进行不同程度扩散，扩散程度与组分分子的大小和形状相关。比微孔孔径大的分子不能扩散到微孔内部，完全被排阻在孔外，随流动相从凝胶间隙直接向下流动，流程短，阻力小，所以流出速度快，首先流出凝胶柱；而较小的分子则完全扩散进入凝胶颗粒微孔内部，所经流程长，阻力大，流出速度慢，最后流出；大小介于二者之间的组分分子则在微孔内和微孔间隙间部分扩散，它流出顺序介于上述二者之间，并按分子大小先后流出凝胶层析柱。至此，样品中各组分分子按分子大小范围被先后分离出来。（图 5-5）

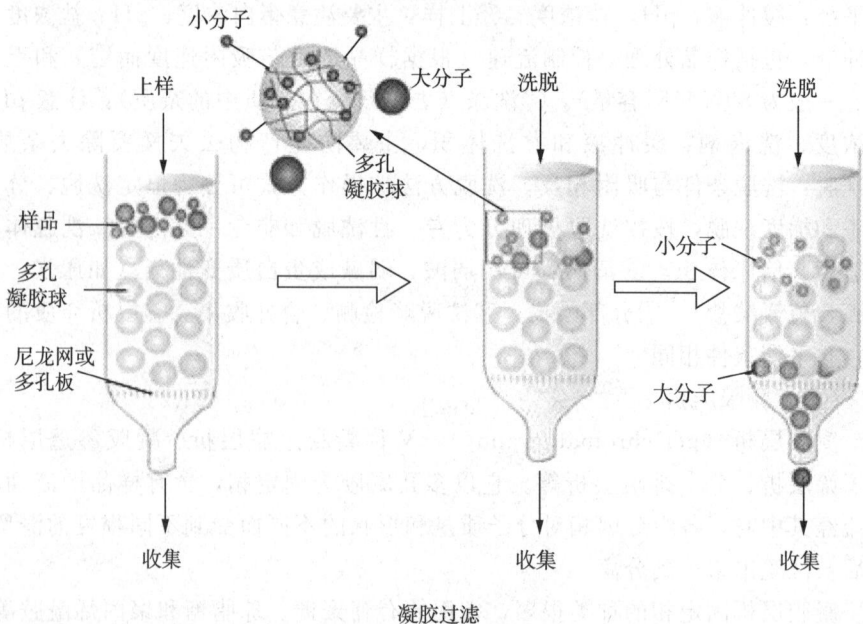

凝胶过滤

图 5-5 凝胶层析原理示意图

2. 操作过程

凝胶层析操作过程一般分为三个步骤：装柱、上样和洗脱。

（1）装柱。选择合适内径和长度的层析柱，在其底部放置一层玻璃纤维或棉花，垂直固定在稳定的支架上。首先向柱内加满洗脱剂，检查是否漏水；再一边搅拌一边缓慢连续地加入浓稠的凝胶悬浮液，待其自然沉降，直至所需高度，并用洗脱液浸没凝胶颗粒。凝胶要分布均匀，且无气泡和裂纹。

（2）上样。上柱时，加样要快速、均匀、适量。加样量根据具体的实验要求而定，过多，会造成层析柱过载，使洗脱峰重叠，影响分离效果；过少，洗脱液中组分浓度较低，实验效率低。一般为凝胶床体积的10％左右，最大不超过30％。样品中的不溶物必须在上样前去掉，以免污染凝胶柱。

（3）洗脱。洗脱液应与凝胶溶胀和装柱平衡所用的液体一致。洗脱速度要恒定而且合适，常有恒流泵驱动的恒流洗脱和恒压重力洗脱两种。洗脱液体积一般为凝胶床体积的120％。洗脱流出液要分步收集，离线检测或在线检测。

（三）、吸附层析

吸附层析（adsorption chromatography）：主要依据待分离样品中各组分与吸附剂之间的吸附力差异而实现分离的一种技术。它具有吸附剂种类多，可再生，设备简单，成本低等优点，应用广泛。

吸附剂主要有无机吸附剂和有机吸附剂两种，常用的有硅胶、硅藻土、活性炭、羟基磷灰石、氧化铝、磷酸钙、碳酸盐、陶土、葡聚糖、琼脂糖、聚丙烯酰胺、纤维素、键合了亲和基团的吸附剂等。选择洗脱剂时，一般根据极性相似原则。

常用的洗脱剂按极性逐渐增大有：石油醚、环己烷、四氯化碳、三氯甲烷、甲苯、苯、二氯甲烷、乙醚、氯仿、丙酮、正丙醇、乙醇、甲醇、水、吡啶、乙酸等。

1. 层析原理

吸附层析主要利用吸附剂内部和表面分子受到的作用力不同，实现对溶液中溶质（被吸附物）的吸附。这种吸附作用主要依靠范德华力，是可逆的，通过改变洗脱剂条件可实现吸附与解吸附之间的转变。

洗脱过程就是吸附、解吸附、再吸附、再解吸附不断循环的动态平衡过程。因各组分与吸附剂的作用力强弱不同，被反复吸附和解吸附时间长短不同，向下移动的距离也不同。最终不同物质在层析柱内形成各自的区带，并得到浓缩。分步收集流出的洗脱液，离线检测或在线监测，定性或定量分析。

2. 洗脱方法

溶质被吸附剂吸附后，需要用适当的洗脱剂将其洗脱出来以实现分离纯化。常用的洗脱方法有溶剂洗脱法、置换洗脱法和前缘洗脱法。

（1）溶剂洗脱法：用一种或多种混合洗脱剂将吸附的溶质洗脱出来的方法。它的洗脱曲线见图5-6。最先流出的是溶剂，接着是吸附力最弱的组分，之后各组分按吸附力由弱到强先后洗脱出来。吸附力差别较大的相邻组分的洗脱峰的分离度较好，吸附力差别较小的相邻组分的洗脱峰则可能出现重叠，分离效果较差，可尝试改变洗脱溶剂种类或采用梯度洗脱方法加以解决。

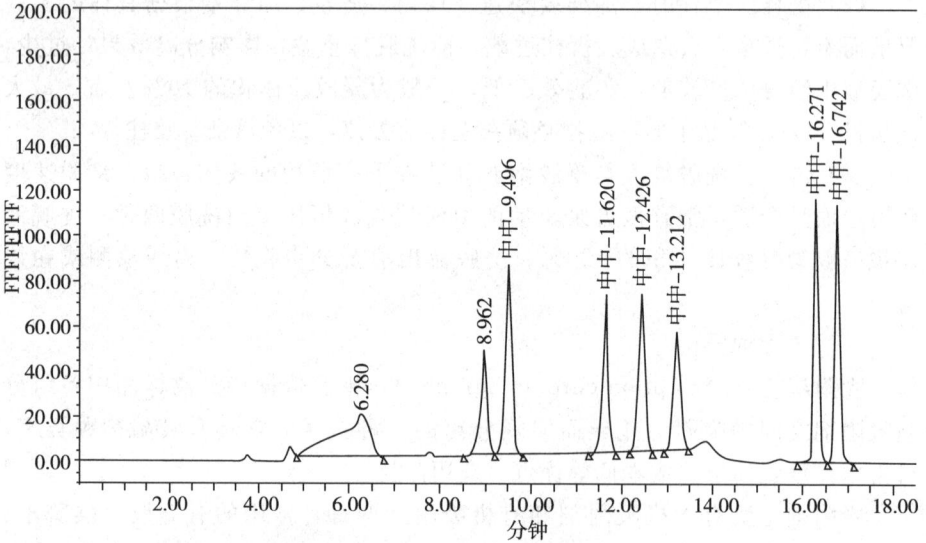

图5-6　溶剂洗脱法洗脱曲线图

（2）置换洗脱法：用含有另一种吸附能力更强的组分的洗脱液来置换层析柱上已经吸附的溶质的方法。它的洗脱曲线见图5-7。洗脱时，洗脱剂中含有的溶质逐渐取代了原来被吸附组分的位点，使被吸附组分不断下移，最终按吸附能力由弱到强顺序被洗脱出来，最后流出的是洗脱剂中的溶质。此方法可使各组分得到分离，但相邻组分间出现混杂，分离效果较差。

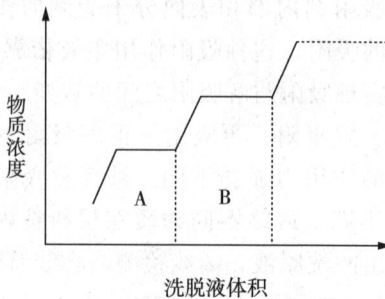

图5-7　置换洗脱法洗脱曲线

（3）前缘洗脱法：用含各组分的样品溶液本身作为洗脱液，通过使层析柱中吸附达到饱和后，按吸附能力由弱到强将各组分洗脱出来的方法。洗脱时，最先洗脱出来的是纯溶剂，吸附剂达到饱和后，吸附力最弱的组分开始流出，其浓度比混合溶液中的浓度要高，接着以两种组分、三种组分的顺序流出。由于后面洗脱出来的洗脱液中还含有前面洗脱出的组分，实际上只有洗脱曲线最前缘的第一种吸附力最弱的组分达到纯化。因此，该方法的分离效果较前两种都差。

（四）分配层析

分配层析（partition chromatography）是利用样品中的组分在两相间的分配系数不同而实现分离的一种技术。这里的分配系数是指溶质在互不相溶的固定相和流动相中溶解达到平衡后，固定相中溶质的浓度与流动相中溶质的浓度比值。它与溶质和溶剂的性质相关，受温度、压力等条件影响。但层析条件一旦确定下来，每种组分在特定固定相和流动相中的分配系数也同时确定下来。

各种组分正是由于在同一层析系统中分配系数的不同，导致在层析过程中迁移速度的不同，从而得到分离。根据层析支持物的不同，采用两种分配层析：纸层析和薄层层析，可用于微量分析或样品制备，但对酶等生物大分子的分离效果不理想。

（五）离子交换层析

1. 层析原理

离子交换层析是利用吸附在离子交换剂上的可解离基团（活性基团）与流动相中各种离子化物质发生不同程度的可逆性的离子交换反应，使不同离子型化合物得到分离的一种技术。离子交换剂是一种不溶于酸、碱和有机溶剂的固态高分子化合物，它由两部分组成，一部分是固定的高分子聚合物，构成离子交换剂的惰性骨架；另一部分是与惰性骨架结合，可发生离子交换的活性基团。高分子惰性骨架和带有相反电荷的活性基团共处于离子交换树脂中。

离子交换剂骨架的材料有琼脂糖、葡聚糖、纤维素、苯乙烯树脂、酚醛树脂等。离子交换剂按活性基团的性质可分为阳离子交换剂和阴离子交换剂两种。阳离子交换剂活性基团常为酸性基团，如强酸性的硫酸基（$-OSO_3H$）和磺酸基 [$-(CH_2)NSO_3H$]，中等酸性的磷酸基 [$-OPO_3H_2$]，弱酸性的羧酸基 [$-(CH_2)nCOOH$] 和酚羟基（$-C_6H_5OH$）。它们在一定条件下，能解离出氢离子（H^+），与流动相中含阳离子（X^+）的组分发生离子交换。

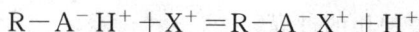

$$R-A^-H^+ + X^+ = R-A^-X^+ + H^+$$

阴离子交换剂活性基团常为碱性基团，如弱碱性的伯胺基（$-NH2$）、仲胺基（$-NHCH3$）、叔胺基 $[-N(CH3)2]$、季铵基 $[-N+(CH3)3]$ 等。它们在一定条件下，能解离出氢氧根离子（$-OH-$），可与流动相中含阴离子（$Y-$）的组分发生离子交换。

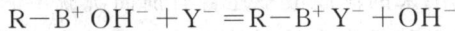

$$R-B^+OH^- + Y^- = R-B^+Y^- + OH^-$$

在阴阳离子交换达到平衡时，组分离子在离子交换剂上的浓度（mol/g）与在溶液中的浓度（mol/mL）的比值称为平衡常数 K。它与组分离子和活性基团的离子价数和原子序数成正比，与离子表面水化膜半径成反比。K 值大小是衡量活性基团与组分离子间作用力大小的参数，决定组分离子在离子交换柱内的保留时间。样品中各组分离子由于 K 值差异而得到分离了。

2. 离子交换剂的选择和处理

通常分离带正电荷组分时，选用阳离子交换剂；反之，选用阴离子交换剂。同时，要考虑组分和离子交换剂的物理化学性质和相互作用力大小，组分的浓度和分子质量，以及环境 pH 对离子交换过程的影响等。一般静电荷高、质量大、浓度高的组分的离子交换能力要强。在选择离子交换剂时，组分分子质量小的，通常可采用高度交联的离子交换树脂（孔径小）进行分离；组分分子质量大的，可采用低交联度的离子交换树脂（孔径大）、离子交换纤维素、离子交换凝胶进行分离。

3. 操作过程

（1）装柱。主要有干法装柱和湿法装柱。前者是先向层析柱中加入干燥的离子交换剂，再加入适当的溶液进行处理，后者是将预先处理好的离子交换剂与溶液混合悬浮后，一起加入层析柱中。将柱过程要缓慢、连续，防止柱子中出现气泡和裂缝。

（2）上样。先将离子交换剂进行转型处理，再加入待分离样品，选择合适的平衡缓冲液进行平衡，使待分离样品与离子交换剂有较稳定的结合。一般上样量为柱床体积的 $1\% \sim 5\%$。

（3）洗脱和收集。上样后，选择适当的洗脱液和洗脱速度将离子交换剂上的组分按结合力大小逐步洗脱，分步收集下来，在线监测或离线检测，进行定性或定量分析。对于组分复杂的样品可采用梯度洗脱的方法，即程序性改变洗脱液的离子强度或 pH，以改变各组分与离子交换剂的结合力大小，提高分辨率。对于分离酶等生物大分子，改变 pH 会影响其活性，所以，通常采用改变离子强度的梯度洗脱方法进行洗脱。

（4）再生。再生是指对使用过的离子交换剂再次进行转型处理，使其恢复原来性状，以便重复使用的过程。

（六）层析聚焦

层析聚焦是一种利用酶等两性电解质聚焦在具有连续 pH 梯度的离子交换层析柱中与其 pI 相当的 pH 位置上以实现分离的技术。它将酶的等电点特性与离子交换层析的特性结合在一起，适于蛋白质等两性电解质的分离纯化。

层析聚焦过程与两种物质紧密相关：多缓冲离子交换剂和多缓冲溶液。其中，多缓冲离子交换剂自身含有带电基团，具有缓冲作用，它经过一定 pH 范围的多缓冲溶液的梯度淋洗后能在层析柱中形成连续的 pH 梯度。多缓冲离子交换剂和多缓冲溶液的选择主要依据欲分离组分的等电点。

层析聚焦的操作过程如下：

（1）形成 pH 梯度。根据待分离组分的等电点，选择合适的多缓冲离子交换剂和多缓冲溶液。然后，将多缓冲离子交换剂装入层析柱中，用多缓冲溶液在其工作的 pH 范围内按 pH 从高到低的顺序进行淋洗。在层析柱内形成一定范围的连续 pH 梯度。

（2）上样聚焦。将酶等两性电解质溶液加到层样柱中，让其自然流下。最终，样品中各组分停留聚焦在层析柱中与其 pI 相当的 pH 位置上。

（3）洗脱。根据待分离组分的 pI，调整多缓冲溶液的 pH，以改变层析柱中的 pH 梯度，使与待分离组分 pI 相当的 pH 位置逐渐下移。待分离组分不断发生洗脱－吸附－再洗脱过程，直至流出层析柱。

（4）再生。洗脱完成后，多缓冲离子交换剂需进行再生处理，以备重复使用，再生过程同步骤 1。

（七）疏水层析

疏水层析，又称疏水作用层析，是疏水的配体通过疏水作用与样品蛋白疏水基团可逆结合来实现分离的一种技术。疏水层析一般在高浓度盐溶液中进行吸附，低盐浓度条件下完成洗脱。蛋白质中含有多种疏水性氨基酸，且疏水层析采用水盐系统，避免了使用有机溶剂，有利于维持蛋白质的活性。因此，该技术在应用于蛋白质的分离纯化时具有优势。而且，疏水层析技术已经用于分离多种酶蛋白，如猪胰激肽释放酶、植物乳酸杆菌乳酸脱氢酸、腈水合酶、重组 α－半乳糖苷酶、纤溶酶、人尿激肽原酶、内切聚半乳糖醛酸酶等。

（八）高效液相色谱

高效液相色谱是在经典液相色谱法的基础上发展而成的分离分析技术，是一种更优化的液相色谱技术。该法引入气相色谱的理论和实验方法，采用了高效固定相、高压输送流动相和在线检测技术，具有分离效率高、分析速度快、应用范围广和自动化等特点。

与传统的液相色谱相比，高效液相色谱具有诸多优势。①色谱柱柱效高、寿命长，可以重复使用；②分离效率高，分析速度快；③可以自动进样和进行在线分析，自动化程度高；④样品用量少，从几微升到几十微升。但高效液相色谱由于使用多种溶剂作为流动相，因此，运行成本高，易引起环境污染；不适于分离难液化的气体样品和部分受压易分解、变性的生物活性物质。高效液相色谱主要用于分析低相对分子质量、低沸点样品，高沸点有机物，离子型化合物，热不稳定、具有生物活性的生物样品，可对全部有机化合物中的80％进行组分分离和分析，应用非常广泛。

　　高效液相色谱按使用的固定相和流动相相对极性大小的不同，可分为正向色谱和反向色谱。前者，流动相的极性比固定相的极性小，如吸附色谱，后者则相反。按分离机理高效液相色谱可分为分配色谱、吸附色谱、离子交换色谱、凝胶色谱和亲和色谱等。

　　高效液相色谱仪主要由五部分组成：高压输液系统、进样系统、分离系统、检测系统和数据处理系统。此外，根据不同需要，还可配有梯度洗脱、自动进样、自动收集等装置。高效液相色谱的工作流程是：高压输液泵将储液器的溶剂经进样器送入色谱柱中，然后从检测器中流出；当待分离组分从进样器进入时，流进进样器的流动相将其带入色谱柱中进行分离，根据不同的分离机理，各组分按一定顺序先后进入检测器，记录仪记录不同组分的信号，产生液相色谱图（图5-8）。

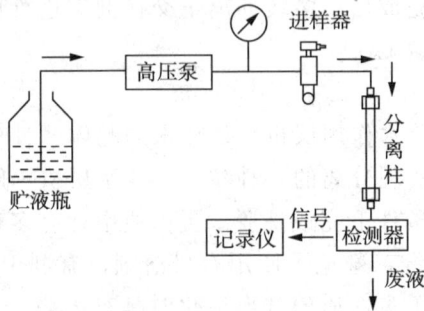

图5-8　高效液相色谱结构示意图

1. 高压输液系统

　　高效液相色谱仪的高压输液系统主要包括储液罐、高压输液泵、梯度淋洗装置等。储液罐用以供给合乎要求的流动相。流动相使用前需脱气，可采用低压脱气法、吹氦气脱气法或超声波脱气法等。高压输液泵按性能可分为恒流泵和恒压泵。色谱分析中，柱系统的阻力总是变化，故恒流泵比恒压泵显得更优越，其中以往复柱塞式泵应用最为广泛。梯度淋洗是两种或两种以上的不同极性的溶剂，在分离过程中按一定程序连续的改变流动相的组成和极性，来改变待分离样品的选择因子和保留时间，使柱系统具有最好的选择性和最大的柱容量。

2. 进样系统

进样系统包括进样和取样两个功能，一般要求重复性好、死体积小、保证中心进样。常有手动进样和自动进样两种方式。手动进样使用的是 1～100ul 的注射器完成进样，能获得较高的柱效，且价格便宜。自动进样使用自动进样器完成进样，重复性好，适用于批量样品的分析。

3. 分离系统

分离系统主要包括色谱柱和柱温装置等，色谱柱是高效液相色谱仪器的核心部件，色谱柱内填充的物质可以是硅胶、氧化铝、烷基键合硅胶等。根据待分离样品的性质和组成，选用不同的分离色谱柱。色谱柱一般采用优质不锈钢管制作，干法或湿法装填。

4. 检测系统

高效液相色谱检测器具有灵敏度高、死体积小、线性范围宽，对样品无破坏性，对温度变化和流速波动不敏感等特点。常用的检测器有紫外吸收检测器（UVD）、荧光检测器（FD）、示差折光检测器（RID）、电化学检测器、二极管陈列检测器（DAD）等。紫外吸收检测器主要用于检测在紫外区有吸收的化合物；荧光检测器主要用于检测被激发光激发后可以产生荧光的物质，灵敏度很高；示差折光检测器主要根据不同物质溶液折射率的不同，实现对其样品浓度的检测，是一种通用型检测器；二极管阵列检测器，又称光电二极管阵列检测器，是一种紫外可见检测器，可得到任意波长的色谱图和任意时间的光谱图，相当于与紫外联用，具有色谱峰纯度鉴定、光谱图检索等功能，可提供组分的定性信息。

5. 数据处理系统

高效液相色谱的数据处理使用计算机和色谱工作站来进行，该系统可完成仪器方法的建立、样品序列的设置、数据的采集、贮存显示、打印和处理等操作，使分析结果的获取更加快速、准确。

六、电泳分离

电泳（electrophoresis）分离是一种利用不同物质带电性质、带电量、颗粒大小和形状的不同，在电场中向与其自身所带电荷相反的电板方向移动以实现分离过程的技术。它主要用于蛋白质的纯度鉴定、分离纯化、分子质量测定、等电点测定，核酸分析和蛋白质组学研究等。

待分离组分的移动方向由它所带的电荷性质决定，移动速度主要取决于它所带的静电荷，同时受到缓冲液 pH 和离子强度、电场强度、分子大小和形状、电渗和支持介质的孔径等因素影响。

电泳分离技术按照支持介质种类可分为纸电泳、薄层电泳、薄膜电泳、凝胶电泳、等电聚焦电泳、毛细管电泳等。

（一）纸电泳

纸电泳是一种以层析滤纸为电泳支持介质的电泳技术。

（二）薄层电泳

薄层电泳是以淀粉、纤维素、琼脂或硅胶等为支持介质，将支持介质精制后，与一定 pH 和离子强度的电泳缓冲液混匀，均匀的在玻璃板、塑料板等上涂一薄层，再进行电泳分离的一种技术。

（三）薄膜电泳

薄膜电泳一般是以醋酸纤维素等高分子物质制成的薄膜为电泳介质进行分离的一种技术。它具有简便、快速、区带清晰、灵敏度高、易于定量和便于保存等优点，但分辨率不及凝胶电泳和薄层电泳。薄膜电泳广泛用于各种酶的定性定量分离，如乳酸脱氢酶（LDH）同工酶、淀粉酶同工酶等。

（四）凝胶电泳

凝胶电泳是以聚丙烯酰胺凝胶、琼脂糖凝胶、淀粉凝胶等具有网状结构的多孔凝胶作为电泳介质的一种电泳技术。由于凝胶具有三维网状结构，能起分子筛效应，所以，凝胶电泳兼有电泳和分子筛的双重功能，用它作为电泳支持介质时能达到很好的分离效果，分辨率很高，是目前分离蛋白质的常用方法。凝胶电泳按照支持介质又可分为聚丙烯酰胺凝胶电泳、琼脂糖凝胶电泳和淀粉凝胶电泳等。

（五）等电聚焦电泳

等电聚焦电泳是一种利用蛋白质或其他两性电解质物质具有不同的等电点，在一个稳定、连续、线性的 pH 梯度聚焦于与其 pI 相当的 pH 位置上以实现分离的技术。它具有分辨率高，能区分 pI 差 0.01~0.02 的生物大分子，浓缩效果好，重复性好，检测限低，但在等电点时溶解度较低或可能变性的蛋白质组分不适用等特点。它在酶的等电点测定和分离中有广泛的应用。

（六）双向电泳

双向电泳是将等点聚焦和聚丙烯酰胺凝胶电泳技术联合使用的一种分离鉴定技术。与质谱技术相结合，它是蛋白质组学研究中的核心技术之一，分辨率和灵敏度都很高，是目前常用的唯一一种能连续在一块胶上分离数千种蛋白质的方法。双向电泳的第一向是等点聚焦（IEF），各蛋白质组分在具有连续 pH 梯度的电泳介质中分离，最后聚焦在与其 pI 相当的 pH 位置；第二向是 SDS-PAGE，即将等点聚焦的产物再沿垂直方向进行 SDS-PAGE 电泳，各蛋白质组分再按分子质量的大小进行分离（图 5-9）。双向电泳后的凝胶经染色后，蛋白图谱呈现二维分布图，水平方向反映出蛋白在 pI 上的差异，垂直方向反映出它们在分子质量上差别。

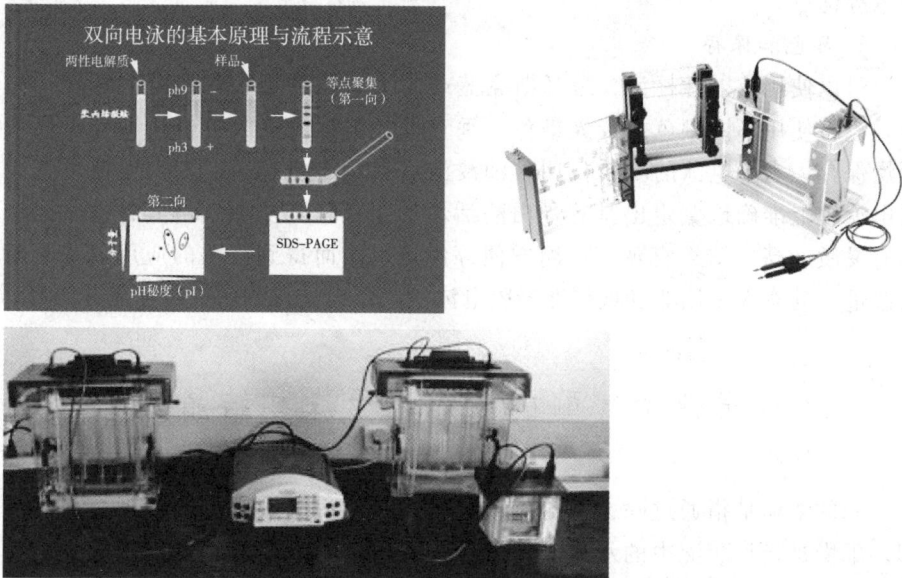

图 5 - 9　双向电泳原理示意图

双向电泳过程一般包括样品制备、等电聚焦、平衡、SDS－PAGE、显色和保存。

1. 样品制备

样品的预处理是双向电泳的关键。必须去除样品中盐离子、色素、酚类和核酸物质，以防对等电聚焦电泳产生干扰，影响分离效果。可以通过在样品中添加鱼精蛋白将核酸析出或用 DNA 酶/RNA 酶降解，添加苯甲基磺酰氟（PMSF）、4－（2－氨乙基）苯磺酰氟（AEBSF）、EDTA/EGTA、TLCK/TPCK 等蛋白酶抑制剂以防蛋白质水解。

2. 等电聚焦

使用固相 pH 梯度胶条或者预制的线性 pH 或非线性 pH 胶条完成蛋白质的第一向电泳，以提高重复性，有利于蛋白质组分析。

3. 胶条平衡

进行第二向是 SDS－PAGE 前，先将等电聚焦后的胶条在 SDS 平衡液（含一定浓度尿素、SDS、甘油、DTT 等）中处理半小时，以充分打开蛋白质结构中二硫键，并使分离的蛋白质亚基与 SDS 结合。

4. SDS－PAGE

SDS－PAGE 有水平和垂直两种方式。垂直电泳可以同时电泳两块以上较厚的胶，工作效率高，上样量大，可以进行差异分析和有足够的蛋白质进行分析。而水平电泳则具有分辨率高、灵敏度高、电泳速度快，可使用半干技术等优点。

5. 显色和保存

可以使用放射性标记、考马斯亮蓝或高灵敏度的银染等传统方法进行显色，也可使用不同颜色的荧光染色。垂直平板电泳的凝胶需使用凝胶干燥仪干燥保存，水平电泳的凝胶只用甘油浸泡后自然干燥即可。双向电泳可直接在电泳胶上准确地鉴定出具有蛋白酶活性的蛋白带，从而了解其特性。此法具有灵敏度高、结果直观、检测方便等优点，因而得到广泛的应用，并不断被改进。现有人采用非变性梯度凝胶电泳法，蛋白质检测的灵敏度显著提高。

第四节 酶的浓缩、干燥和结晶

酶的浓缩是指通过除去部分水或其他溶剂，使酶液中的酶浓度提高的过程。干燥是指将酶液中的水或其他溶剂去除一部分，以获得含水量较少的粉末状或颗粒状等固态酶的过程。结晶是指酶以晶体的形态从酶溶液中析出的过程。

一、酶的浓缩

一般酶提取液中的酶浓度很低，需要进一步浓缩才能进行提纯，浓缩有两方面作用：一是提高酶液中的酶浓度，减少盐析剂、酸、碱溶液和有机溶剂等提取剂的用量；二是减少提取后产生的废液量。常用的浓缩方法有蒸发浓缩、超滤浓缩、吸水剂、反复冻融浓缩、离心分离、膜分离、沉淀分离等。

（一）蒸发浓缩

由于酶液在高温下不稳定，所以酶液的蒸发浓缩用真空浓缩，即在密闭的容器中用抽气减压装置维持一定的真空度，使酶液在600℃以下的温度沸腾蒸发。其原理是通过降低液面压力使水的沸点降低，减压的真空度越高，液体沸点降得越低，蒸发速率就越快。

实验室使用的是旋转减压蒸发仪，操作时，一边加热，一边抽真空，使溶液在较低温度下沸腾蒸发，达到浓缩目的。工业上使用较多的是薄膜蒸发浓缩，在高度真空条件下，使酶液变为极薄的液膜，蒸发面积增大，与大面积热空气接触，水分瞬时蒸发而达到蒸发的目的，由于蒸发时溶剂成分带走大量热量，酶受到的热作用并不强，酶较少失活，可连续操作。

除了温度、真空度外，影响酶液浓缩的因素还有溶剂特性、蒸发面积等。在不影响酶活性的前提下，可适当提高温度、降低压力、增加蒸发面积，以

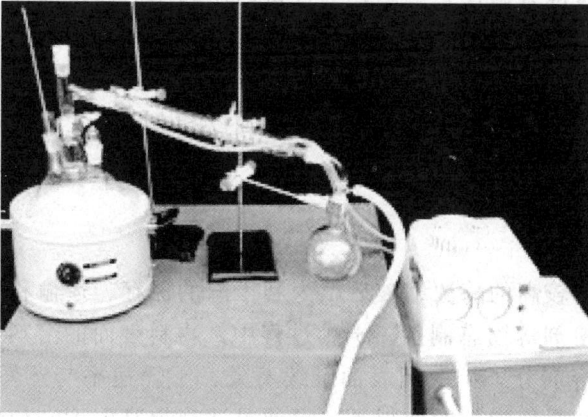

图 5-10　减压蒸发浓缩的简易装置

提高蒸发速度。

（二）超滤浓缩

超滤（ultrafiltration）浓缩指以压力差为动力，将待浓缩酶溶液通过超滤膜，由于酶分子较大被滞留，水分子和其他小分子选择性透过超滤膜，达到酶液浓缩目的。超滤浓缩有很多优点，如没有热破坏、没有相变化、保持原来的离子强度和 pH 值；设备简单、操作方便、能耗小；可防止杂菌污染；如果膜选择适当，还可同时进行粗分。超滤浓缩不仅用于少量样品的处理，也可应用于工业上大批量样品的浓缩。

（三）吸水剂

1. 胶过滤浓缩

指向待浓缩的酶液中加入干燥的葡聚糖凝胶 Sephadex G－25 或 G－50 等具有较强吸水特性的胶体物质，随着凝胶吸水膨胀，小分子物质进入凝胶内部空隙，酶分子因较大而被排阻在胶粒外面，再经过滤或离心将胶体去除，分出浓缩的酶液。

2. 聚乙二醇浓缩

聚乙二醇（polyethylene glycol），简称 PEG。利用 PEG 的吸水特性，将 PEG 涂于装有酶溶液的透析袋上，置于 4℃ 下，干 PEG 粉末吸收水和盐类，酶溶液即被浓缩。一般用分子量大的 PEG，如 PEG 6，000 和 PEG 20，000，以防止 PEG 进入蛋白质溶液。

上述两法成本高，只适于实验室少量样品。

（四）反复冻融浓缩

反复冻融浓缩是利用酶溶液相对于纯水溶点较高，冰点较低的现象使酶分子与小分子物质分离从而得到浓缩。该法有两种实现方式：一是将酶液冻成冰块，然后缓慢升温使之溶解，不含蛋白质和酶的冰块漂浮于液面，而酶等溶解并集中于下层溶液，移去冰块或上层溶液，即可得到酶的浓缩液；二是让酶溶液缓慢冷却，在该过程中将形成的冰块都除去，从而得到酶的浓缩液。反复冻融法的缺点是冻融会引起离子强度和 pH 的变化，可能会导致酶的变性，且需要大功率的制冷设备。

二、酶的干燥

当获得纯度较高的酶浓缩液后，为利于酶的保存、运输和使用，可通过干燥获得酶的粉剂等固态制剂。干燥过程中，物料表面的溶剂首先蒸发，随后物料内部的溶剂分子扩散到表面继续蒸发。干燥速率与蒸发面积成正比。另外在不影响物料稳定性的前提下，可通过适当提高温度、加快空气流通等方式来提高干燥速率。但干燥速度不宜过快，以避免因物料表面水分迅速蒸发而粘结成壳，妨碍内部溶剂分子向表面扩散，干燥效果受到影响。

常用的干燥方法有真空干燥、喷雾干燥、冷冻干燥、气流干燥和吸附干燥等。

（一）真空干燥

真空干燥是在连有真空泵的密闭干燥容器中，通过边抽真空边加热，使酶液在较低的温度条件下蒸发干燥的过程。在真空泵前需安置水蒸气凝结收集器，避免水蒸气进入真空泵。对酶液进行真空干燥时，温度一般要控制在 60℃ 以下。

（二）喷雾干燥

喷雾干燥是通过喷雾装置将酶液喷成直径仅为几十微米的雾滴，使其分散到通有热气流的特定容器中，水分被热空气带走而干燥的酶制剂则会降落至容器底部。喷雾干燥快速，对酶活性的影响较小，不过要控制好气流进口的温度，以免高温引起酶变性失活。

（三）冷冻干燥

冷冻干燥指在连有真空泵的密闭容器中，通过降温先使酶液冻结成固态，然后在低温条件下抽真空，使冰直接升华，将其中固态水分直接升华为气态而除去。冷冻干燥得到的酶制剂质量较高，酶活力损失较少，但成本很高。该法适用于对热敏感而价值较高的酶类的干燥。

（四）气流干燥

气流干燥是在常压下，让热气流直接与固体或半固体的物料接触，使物料表面的水分蒸发并被热气流带走，从而得到干燥制品的过程。该法设备简单，且操作方便，不过干燥时间较长，酶活力损失较大。在进行干燥时，要控制好气流温度、速度和流向，并经常翻动物料，使其干燥均匀。

（五）吸附干燥

吸附干燥是在密闭容器中放入各种干燥剂来吸收酶液中的水分，使酶得到干燥。常用的干燥剂有硅胶、无水硫酸钙、无水氯化钙、氧化钙和各种铝硅酸盐的结晶。

三、酶的结晶

结晶（Crystallization）是指物质以晶体的状态从蒸汽或溶液中析出的过程。晶体内部有规律的结构决定了晶体的形成必须是相同的原子、离子或分子，形成的晶体可呈片状、针形、棒状。由于不同分子间形成结晶的条件各不相同，而且酶变性后不能形成结晶，因而，结晶既是酶是否纯净的标志，又是一种酶和杂蛋白质分离的方法。结晶过程主要是通过缓慢地改变母液中酶蛋白溶解度，使酶略处于过饱和状态，再配合适当结晶条件，从而得到酶的晶体。

（一）结晶的条件

1. 酶的纯度

在结晶之前要保证酶液达到一定的纯度，因如果纯度太低，晶核会很快被杂质包围掩盖，无法形成结晶。酶的纯度越高，就越容易结晶，通常酶的纯度在50%以上，才会进行结晶。酶的结晶并非达到绝对纯化，而是达到相对的纯度，要获得更纯的酶一般要多次重结晶。

2. 酶的浓度（恰到好处）

浓度越高越易结晶，因为高浓度的蛋白质分子扩散速度慢，相互碰撞聚合的概率也大，要获得良好的结晶一般将溶液浓度控制在饱和区以上。一般以1%～5%为宜，最低不能小于0.2%。但如果浓度过饱和，会形成大量微晶，难以形成较大的晶体。

3. 结晶温度：低温有利晶体析出，且有利于保护酶活

4. 溶液pH：远离酶的等电点不利于晶体的形成。

（二）结晶的方法

1. 盐析结晶法

在适宜的pH和温度条件下，将中性盐加入到接近饱和的酶液中，使溶液达到稍微过饱和状态，并逐渐析出晶体的过程，称为盐析结晶法。使用盐析使酶液结晶时，一般是向酶液中缓慢加入饱和盐溶液，使酶液呈现浑浊状态，并在低温（0～10℃）条件下放置一段时间，待其慢慢析出结晶。盐析时要使酶液pH接近酶的等电点。

常用的中性盐有氯化钠、氯化钾、氯化铵、硫酸铵、硫酸钠、硫酸镁、柠檬酸钠、乙酸钠和乙酸铵等。

2. 有机溶剂结晶法

在冰浴条件下，向接近饱和的酶液中缓慢滴加某种有机溶剂，并缓慢搅拌。当酶液微呈现混浊时，在冰箱放置1～2h，离心除去沉淀，再将上清液放入冰箱，待其缓慢析出结晶。有机溶剂结晶具有含盐少，结晶时间短等优点，不过要注意低温操作，避免酶蛋白因温度过高而变性失活。

常用的有机溶剂有乙醇、丙酮、丁醇、甲醇、乙腈和二甲基亚砜等。

3. 等电点结晶法

酶蛋白在其等电点时溶解度最小，可通过改变酶溶液的pH，使酶液接近或达到其等电点，酶液即缓慢达到过饱和而析出晶体。调节pH时，搅动一定要均匀缓慢，若不均匀，会出现局部过酸或过碱现象，致使酶变性而无法得到结晶；若搅速过快，则酶液会沉淀而非结晶。

4. 透析平衡结晶法

将初步纯化的浓缩酶液装在透析袋中，对一定的盐溶液或有机溶剂进行透析平衡，经过一段时间，酶液渐渐达到饱和状态而析出结晶。

5. 微量蒸发扩散法

将一定纯度的酶溶液装入透析袋，用聚乙二醇吸水浓缩至酶蛋白含量为1mg/mL左右，然后加入饱和硫酸铵溶液至10%饱和度，再分装到比色瓷板的小孔内，连同饱和硫酸铵溶液放入密闭的干燥器内，4℃条件下结晶。

影响酶蛋白结晶的因素众多，具体可分为物理因素、化学因素和生物化学因素。物理因素包括：达到平衡的方法、温度、重力、压力、介质的电解质性质和黏度、均相或非均相成核等；化学因素包括：pH、沉淀剂类型和浓度、离子种类和强度、过饱和度、氧化/还原环境、酶浓度、交联体、去垢剂和杂质的存在等；生物化学因素包括：酶纯度、抑制剂、酶蛋白的聚集状态、蛋白质自身的对称性、稳定性和等电点等。具体操作时，要根据酶蛋白的特点选择合适的结晶方法。

思考题

5-1 名词解释：酶的分离工程、凝聚、絮凝、细胞机械破碎法、细胞物理破碎法、细胞化学破碎法、酶促细胞破碎法、内源酶、酶的提取、离心、沉淀、密度梯度离心、等密度梯度离心、差速离心、盐溶、盐析、选择性变性沉淀法、过滤、粗滤、减压过滤、透析、双水相、萃取、反胶束、亲和层析、共价亲和层析、凝胶层析、吸附层析、分配层析、离子交换层析、层析聚焦、疏水层析、电泳分离了、冷冻干燥、结晶。

5-2 简述发酵液预处理有哪些作用。

5-3 简述影响酶提取主要有哪些因素。

5-4 评价一种酶分离纯化方法的优劣主要有哪些指标?

5-5 简述等电点沉淀蛋白质的操作方法。

5-6 简述有机溶液沉淀蛋白质的原理和优点。

5-7 简述使用膜分离蛋白质有哪些优点。

5-8 使用超滤方法分离纯化蛋白质有哪些优点。

5-9 简述双水相萃取的原理及影响因素。

5-10 双水相萃取蛋白质有哪些优点?

5-11 简述反胶束萃取的原理和操作过程。

5-12 反胶束萃取蛋白质有哪些优点?

5-13 简述亲和层析的原理。

5-14 简述亲和层析的主要操作过程。

5-15 简述凝胶层析的原理和操作过程。

5-16 简述吸附层析的原理。

5-17 简要说明高效液相色谱的主要组成部分及功能。

第六章　固定化酶与固定化细胞

[内容提要]　①固定化生物催化剂的概念以及吸附法、包埋法、共价结合法、无载体固定化酶的基本技术和原理；②细胞固定化的基本技术和原理；③简要介绍固定化酶基本性质的影响及辅因子的固定化方法和辅酶的再生体系。

游离酶的缺点：①受外界影响大，稳定性较差：在高温、强酸、强碱和重金属离子等外界因素影响下，容易变性失活；②回收再利用难，使用成本高：游离酶在反应过程中是一次性随底物加入，反应结束后，即使酶依然存在相当的活力，也很难回收再利用，使酶在实际生产中的使用量增大，极大增加了酶的使用成本；③酶本身稳定性低：对于很多存在自水解作用的蛋白酶（胰蛋白酶、木瓜蛋白酶）来说，在游离体系中由于自水解作用的存在，使酶本身的稳定性显著降低；④酶与产物混合在一起，分离纯化困难：酶与产物处于同一体系中，催化结束后酶与产物混合在一起，给下游产物的分离纯化带来一定的困难。

用物理或化学手段定位在限定的空间区域，并使其保持催化活性，可重复利用的酶，称固定化酶（1971年在美国召开的第一届国际酶工程会议）。

将具有一定生理功能的生物细胞（如微生物细胞、植物细胞或动物细胞等），用一定的方法将其固定，作为固体生物催化剂而加以利用的一门技术，称固定化细胞。固定化细胞的优点：①省去对酶的提取过程，使酶的损失和生产成本降到最低程度；②用完整的细胞作为生物催化剂，以充分有效地利用生物细胞内的特定酶或多酶系统。

固定化细胞广泛应用于工业、医学、制药、化学分析、环境保护、能源开发等多个领域。

第一节　酶的固定化

通过化学或物理的手段将酶或游离细胞定位于限定的空间区域内，使其保持活性并可反复利用，称酶的固定化。

酶的种类繁多，不同的酶性质、应用目的和催化环境等可能有很大的差异，因此决定了酶固定化方法的多样性，但都需符合以下几点基本要求：①不破坏酶活性中心的构象：酶固定化应尽可能地保持酶的催化活性和专一性。这就要求酶的固定化不能破坏酶活性中心的构象，尽量防止活性部位的氨基酸残基受到影响；②载体要求：固定化的载体应与酶结合较为牢固，使固定化酶可回收及多次反复使用；载体不能与底物、产物等发生化学反应；载体必须有一定的机械强度，防止固定化酶在连续的自动化生产中因机械搅拌而破碎；③位阻应该较小：酶固定化后产生的位阻应该较小，尽可能不妨碍酶与底物的接近，以提高产品的产量；④成本低：酶固定化的成本要尽可能的低，利于工业化生产。

一、酶的固定化方法

酶的固定化方法一般可分为吸附法、包埋法、共价偶联法、交联法、无载体固定化及多种固定化途径的联用等（图 6-1）。根据固定化过程是否有载体的参与又可分为有载体固定化和无载体固定化两大类。

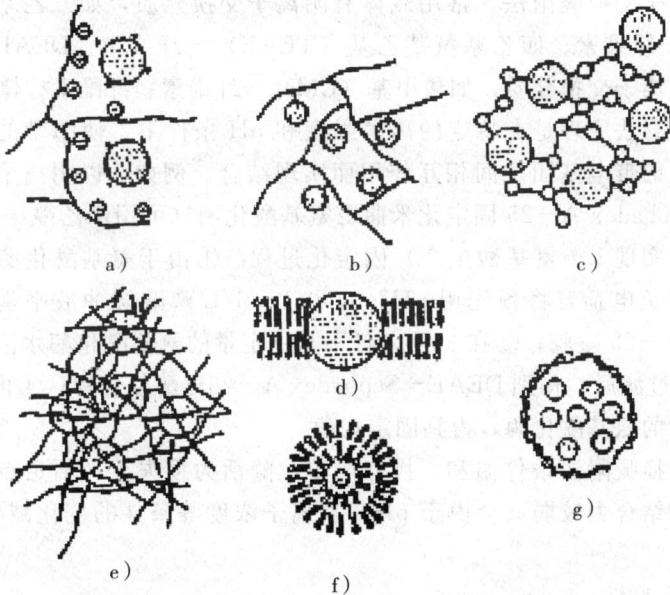

图 6-1 酶固定化方法示意图

a) 离子结合；b) 共价结合；c) 交换；d) 聚合物包埋；e) 疏水作用；f) 脂质体包埋

（一）吸附法

吸附法是通过氢键、疏水作用、离子键等物理作用，将酶固定于水不溶载体表面的固定化方法。根据吸附作用力的差异可分为物理吸附法和离子交换吸附法。

1. 物理吸附法

物理吸附法中酶与载体之间的亲和力主要是范德华力、氢键、疏水作用。常用的载体可分为有机载体和无机载体两大类。

（1）有机载体：包括纤维素、骨胶原、火棉胶及面筋、淀粉等。例，用纤维素作为吸附剂，用膨润的玻璃纸或胶棉吸附木瓜蛋白酶、碱性磷酸酶、6－磷酸葡萄糖脱氢酶。

（2）无机载体：包括氧化铅、硅藻土、高岭土、微孔玻璃、二氧化钛等。例，用微玻璃纸为载体吸附固定化米曲霉和枯草杆菌的 α－淀粉酶以及黑曲霉的糖化酶，用高浓度的底物进行连续反应，半衰期分别为 14 天、35 天、60 天。

物理吸附法的优点：①制备固定化酶操作简单；②载体回收方便。不足点：无机载体的吸附容量较低，而且酶容易在使用中出现脱落。

2. 离子交换吸附法

通过离子效应，将酶分子固定到含有离子交换基团的固相载体上的固定化方法称离子交换吸附法。常用载体有阴离子交换介质，如二乙基氨基乙基（DEAE）－纤维素、四乙基氨基乙基（TEAE）－纤维素、DEAE－葡聚糖凝胶等。阳离子交换介质，如羧甲基（CM）－纤维素、纤维素柠檬酸盐等。

离子结合法原理是在特定的离子强度和 pH 条件下，使酶带的净电荷可以与载体上的带电基团之间相互作用而实现结合。例如，以阴离子交换介质 DEAE－Sephadex A－25 固定化米曲霉氨基酰化酶（可用于乙酰－DL－氨基酸的拆分，实现 L－氨基酸生产）固定化过程。①由于氨基酰化酶在 pH7.0 的条件下带负电荷，将预先用 pH7.0、0.1mol/L 磷酸缓冲液平衡 DEAE－Sephadex A－25 凝胶；②在 35℃条件下与一定量的氨基酰化酶水溶液一起搅拌 10h；③过滤后，得到 DEAE－Sephadex A－25－酶复合物；④再用缓冲液洗去未结合的氨基酰化酶，得到固定化酶。

离子交换吸附法条件温和，操作简单，酶活力损失少。不足点是离子交换载体对酶结合力较弱（会由于 pH、盐离子浓度等条件的变化减弱），易解吸附。

（二）包埋法

包埋法是将酶分子截留在具有特定网状结构载体中的一种固定化方法。因不需要酶蛋白的氨基酸残基参与载体的结合，反应条件温和，很少改变酶结构，酶活力回收率较高。

常用的包埋法载体材料有天然高分子多糖（如海藻酸钠、卡拉胶、明胶、琼脂糖）、聚乙烯醇（PVA）、聚丙烯酰胺凝胶、光交联树脂、聚酰胺等。包埋法类型有凝胶包埋法、纤维包埋法、辐射包埋法、半透膜包埋法。

1. 凝胶包埋法

凝胶包埋法是将酶分子包埋在交联的水不溶凝胶格子中的包埋方法。常用的凝胶有天然高分子凝胶（琼脂凝胶、海藻酸钙凝胶、角菜胶、明胶）、聚丙烯酰胺、聚乙烯醇和光交联树脂。

（1）聚丙烯酰胺凝胶包埋法。制作方法是将一定比例的丙烯酰胺单体和 N，N′－亚甲基双丙烯酰胺溶于水，将一定量的酶液加入上述混合液中，搅拌均匀，加入四甲基乙二胺（TEMED）和过硫酸铵或过硫酸钾，混匀后室温下静置 30min，使凝胶聚合完全，将凝胶切成小块，用生理盐水洗去游离酶即可得到固定化酶。也可以在聚合反应开始时，立即转入到疏水性有机溶液中，分散成含酶的珠状凝胶。聚丙烯酰胺包埋法的优点是制备相对比较简单，酶的活力回收率较高。缺点是酶容易漏失，低分子质量蛋白质表现更为严重（但可以通过增加凝胶的浓度，缩小凝胶内部的孔径得到克服）。游离的丙烯酰胺单体具神经毒性，制备时注意安全。

（2）海藻酸钙包埋法。海藻酸钠是从海藻中提取获得的海藻酸盐，为 D－甘露糖醛酸和古洛糖醛酸的线性共聚物，多价阳离子（如 Ca^{2+}、Al^{3+}）可诱导其形成凝胶（图 6-2）。方法是在海藻酸钠溶液中加入酶液，混合均匀，再加入一定浓度的钙盐溶液后即形成凝胶。

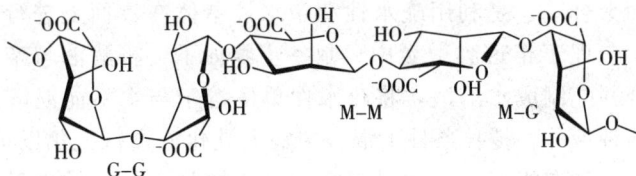

图 6-2　海藻胶的结构

海藻酸钙包埋法的优点是具有固化、成型方便。缺点是当存在高浓度的 Mg^{2+}、磷酸盐以及其他单价金属离子时，形成的海藻酸钙凝胶的结构会受到破坏；由于海藻酸钙凝胶网络的孔隙尺寸太大，酶可能会从孔隙中泄露出来，因而不适合于大多数酶的固定化。

（3）琼脂凝胶包埋法。利用熔化的琼脂在温度低于 50℃ 凝固的特性来包埋酶。操作方法是将琼脂在高温下溶于缓冲液，冷却至 50℃ 后与一定量的酶混合，然后冷却凝固或滴入非水相溶液中，从而制成固定化酶。其特点是包埋活性较高，制作较容易。缺点是底物和产物的扩散受到限制，琼脂凝胶的机械强度较差，且受温度影响较大。

2. 纤维包埋法

纤维包埋法适用于大规模生产。制备时，先把酶溶液在高聚物（如醋酸纤维素、聚乙烯等）的有机溶剂（二氯甲烷）溶液中进行乳化，然后通过多孔喷丝将上述乳化液挤压进入凝结液中，即形成丝状的纤维包埋体，酶即被包埋在纤维束内。该方法对酶有较高的吸附包埋，底物通过纤维的孔隙与酶接触，生成的产物扩散出纤维丝。

3. 半透膜包埋法

半透膜包埋法是将酶包埋于具有半透性聚合物膜内的固定化方法。半透膜的孔径小于酶分子的直径，可以防止酶与膜外环境直接接触，增加酶的稳定性。同时，小分子底物能通过与酶作用，产物经扩散而输出。由于膜孔径的限制，半透膜包埋法只适用于底物和产物都是小分子物质的酶的固定化。

半透膜包埋法制成的固定化酶小球，称微胶囊，直径只有 $1 \sim 100 \mu m$，表面积与体积之比极大，底物和产物可很快达到扩散平衡。微胶囊的制备方法有以下几种。

（1）界面沉淀法。是利用某些高聚物在水相和有机相的界面上溶解度极低而形成膜，从而将酶包埋的方法。将酶液在与水不互溶的有机相中乳化，在脂溶性的表面活性剂存在下，乳化形成油包水的微滴。再将溶于有机溶剂的高聚物在搅拌下加入乳化液中，然后加入另一种不能溶解高聚物的有机溶剂，使高聚物在油－水界面上沉淀形成膜，最后移于水相，从而制成固定化酶。高聚物有硝酸纤维素、聚苯乙烯和聚甲基丙烯酸甲酯等。

（2）界面聚合法。是利用疏水性和亲水性单体在界面上进行聚合，形成半透膜，使酶包埋于半透膜微囊中。制备步骤如下：将酶液与亲水单体（如乙二醇）混合并配制成水溶液，将疏水性单体溶于与水不能混溶的有机溶剂中，将上述两种液体在搅拌条件下混合，加入乳化液进行乳化以形成小液滴，乳化液中的水相和有机相之间的界面上疏水单体与亲水单体之间聚合形成半透膜，再加入非离子型表面活性剂 tween20 进行破乳，除去有机溶剂和未聚合的单体，即可实现酶的微胶囊包埋。

（3）液体干燥法。它是将一种聚合物（如乙基纤维素）溶于与水不混溶的有机溶剂（如苯、环己烷或氯仿等）中，加入酶液，加入乳化剂使之乳化，再把它分散于含有保护性胶质（如明胶、聚丙烯醇和表面活性剂）的水溶液中进行第二次乳化。在不断搅拌下，低温真空除去有机溶剂，即可实现酶的包埋。

（4）脂质体包埋法。脂质体是由人工制备的定向排列的磷脂双分子构成的封闭囊状结构，广泛用作药物的缓释包囊载体。制备方法如下：将磷脂和胆固醇等类脂溶于有机溶剂，然后置于烧瓶中，30℃恒温水浴真空旋转蒸发除去有机溶剂，旋转使其在器壁形成一层均匀的薄膜。将酶溶于磷酸盐缓冲溶液中，加入到上述的烧瓶中，再加入玻璃球以帮助分散，旋转蒸发直到器壁上的膜完全溶脱而形成均匀的乳白色分散液为止。

包埋法操作简单，由于酶分子只被包埋，未受到化学修饰，不与酶精氨酸残基反应，很少改变酶的高级结构，可以制得较高活力的固定化酶。适用于大多数酶、粗酶制剂，甚至完整的微生物细胞。但是，由于只有小分子底物和产物可以通过凝胶网格，因此包埋法不适合于作用大分子底物或生成大分子产物的酶的固定化。

（三）共价偶联法（covalent binding or covalent coupling）

酶分子与载体之间以共价键作用而实现酶的固定化方法称共价偶联法。是通过酶分子表面的功能基团（活性非必需侧链基团）和载体的功能基团发生化学反应形成共价键的一种固定化方法。

共价偶联法中酶与载体的结合牢固，一般不会因为底物浓度过高或离子强度过高而发生脱落。但反应条件苛刻，操作复杂，且由于反应比较剧烈，酶易发生高级结构的变化使酶失活，酶活力回收率较低，有时会使酶的底物专一性发生改变。同时，制备步骤也比较繁琐。

共价偶联法需要酶分子和载体分子提供活性基团参与共价键的形成，因此酶分子的反应基团和载体的选择对于固定化方法的选择有决定性作用。

载体选择要考虑固定化酶的特点，还要考虑载体的颗粒大小、表面积、亲水性和化学组成等因素。对载体有以下基本要求。

（1）尽量选择亲水性强的载体，如纤维素、几丁质、壳聚糖、葡聚糖、琼脂糖和聚丙烯酰胺凝胶等。亲水载体在蛋白质结合量和固定化酶活力及稳定性上都优于疏水载体。

（2）载体结构疏松，表面积大，有一定的机械强度。

（3）载体必须有在温和条件下与酶共价结合的功能基团。

（4）载体没有或很少有非专一性吸附。

（5）载体容易获得，并能反复使用。

偶联法的反应条件较为剧烈，一般首先将载体的功能基团进行活化，然后再加入酶进行偶联。在方法选择上应遵守两个基本原则，一是共价结合反应不能造成酶活性的大量损失；二是所用试剂不能影响酶的活性中心；另外应尽可能考虑偶联试剂获得的难易程度、价格以及毒性等因素。

（四）交联法（crosslinking）

借助双功能或多功能试剂在酶分子间、酶分子与惰性蛋白间或酶分子与载体间进行交联反应，形成网络结构的酶固定化方法称交联法。该方法交联反应比较剧烈，酶蛋白中的功能基团（如氨基、酚基、巯基和咪唑基等）可能参与反应，所以酶的活性中心构象可能会发生改变，使酶的活性降低甚至出现失活，制备的固定化酶颗粒较小，给使用带来不便。

常用的双功能试剂有戊二醛、己二胺、顺丁烯二酸酐、双偶氮苯等，其中之一应用最广的是戊二醛。

根据有无载体参与，可分为交联酶法和共交联法。

1. 交联酶法

借助双功能试剂使可溶性酶分子之间发生交联反应，制成网状结构的固定化酶的方法称交联酶法。没有载体参与。此法虽有操作简单的优点，但由于固定化过程条件控制相对比较困难，固定化重现性较差，制备的固定化酶活力回收率相对较低，形成的固定化酶的机械强度不足，在搅拌条件下很容易出现破碎。

制备过程是在一定条件下，加入一定量的双功能试剂于酶溶液中，即生成不溶性固定化酶。固定化与酶的种类、交联剂的浓度、溶液 pH 和离子强度、温度等密切相关。

2. 共交联法

共交联法是指酶分子在双功能试剂或多功能试剂的作用下，与一些惰性蛋白间或水不溶的载体间发生交联。可以降低单纯酶分子间交联反应所引起的活性丧失。常用的惰性蛋白有牛血清白蛋白、卵清蛋白、明胶、胶原及血红蛋白等。例如，利用卵清蛋白固定化木瓜蛋白酶，其操作过程如下：取一定量的蛋清，按一定的比例加入蒸馏水，搅拌均匀后在沸水水浴搅拌加热使其变性成胶状，冻干研细即可作为载体；每克载体按 12mg 的酶量加入木瓜蛋白酶，随后加入适量的 0.05mol/L pH6.0 的磷酸缓冲液及 5% 的戊二醛溶液，用漩涡混合器迅速混匀，37℃水浴保温交联 20h，过滤，将固定后的酶用 0.05mol/L pH6.0 的磷酸缓冲液洗涤干净，真空干燥即可得到固定化木瓜蛋白酶。

共交联法中水不溶载体的选择与共价偶联法基本相同，活化方法也基本相同，酶与水不溶载体之间的连接都是借助双功能试剂来完成，如戊二醛的两个醛基均可与酶或蛋白质的游离氨基反应，形成希夫碱，而使酶蛋白交联。只是在固定化操作步骤上与共价偶联法存在一定的差异，共价偶联法一般是将载体首先活化，然后除去游离的多功能试剂后再加入酶与载体共价偶连，而共交联法一般将酶和载体以及交联剂同时加入到同一反应体系中实现共价偶连。

二、固定化酶的评价

（一）固定化酶的活力测定

固定化酶的活力即是固定化酶催化某一特定化学反应的能力，其大小可用在一定条件下它所催化的某一反应的初速度表示。固定化酶的单位可定为每毫克干重固定化酶每分钟转化底物（或生产产物）的量，表示为 $\mu mol/$ (min·mg)。如果是酶膜、酶管、酶板，则以单位面积的反应初速度来表示，即 $\mu mol/$ (min·cm^2)。和游离酶相仿，可以根据酶蛋白的含量计算固定化酶的比活力。

以测定过程分类，分为间歇测定和连续测定两种。

（1）间歇测定。在搅拌或震荡反应中，在与溶液酶同样测定条件下进行，然后间隔一定时间取样，过滤后按常规方法测定产物生成量或底物的消耗量。

（2）连续测定。固定化酶装入具有恒温水夹套的柱中，以不同流速流过底物，测定酶柱流出液的产物生成量或底物的消耗量。根据流速和反应速度之间的关系，算出酶活力（酶的形状可能影响反应速度）。

（二）固定化酶的比活

游离酶的比活力可以用每毫克酶蛋白所具有的酶活力单位数表示。在固定化酶中，一般采用每克干固定化酶所具有的酶活力单位数表示。在测定固定化酶的比活力时，可先用湿固定化酶测定其酶活力，再在一定的条件下干燥，测定固定化酶的干重，然后计算出固定化酶的比活力。

对于酶膜、酶管、酶板等固定化酶，其比活力则以用单位面积的酶活力单位表示：比活力＝酶活力单位/cm^2。

（三）酶的固定化效率与酶的活力回收率

酶在固定化时，并非所有的酶都成为固定化酶，总有一部分酶没有与载体结合在一起，此外还存在固定化所造成的酶活力的损失，所以需要测定酶结合效率和酶活力回收率，以确定固定化的效果。

酶的固定化率是指酶与载体结合的百分率。酶结合效率的计算一般由用于固定化的总酶活力减去未结合的酶活力所得到的差值，再除以用于固定化的总酶活力而得到。

酶结合效率＝（加入的总酶活力－未结合的酶活力）/加入的总酶活力×100%

未结合的酶活力，包括固定化后滤出固定化酶后的滤液以及洗涤固定化酶的洗涤液中所含的酶活力的总和。

酶活力回收率是指固定化酶的总活力与用于固定化的总酶活力的百分率。

酶活力回收率＝固定化酶的总活力/用于固定化的总酶活力×100%

当固定化方法对酶活力没有明显影响时，酶结合效率与酶活力回收率的数值相近。然而，固定化载体和固定化方法往往对酶活力有一定的影响，两者的数值有较大的差别。

（四）相对酶活力

具有相同酶蛋白量的固定化酶活力与游离酶活力的比值称相对酶活力。相对酶活力与载体结构、固定化酶颗粒大小、低物相对分子质量的大小等有密切关系。相对酶活力的高低表明了固定化酶应用价值的大小，相对酶活力太低的固定化酶一般没有使用价值。

（五）固定化酶的半衰期

固定化酶的半衰期是指在连续测定条件下，固定化酶的活力下降为最初活力一半所经历的连续工作时间，以 $t_{1/2}$ 表示。固定化酶的操作稳定性是影响实用的关键因素，半衰期是衡量稳定性的指标。

三、固定化酶的性质和影响因素

固定化本身是对酶分子的一种修饰。酶被固定化后，酶本身的结构必然受到干扰，同时酶固定化后，活性中心所处的微环境也会发生变化，由此必然带来酶的性质发生变化。如固定化对反应体系造成以下效应。

（1）构象效应。酶在固定化过程中，由于酶与载体相互作用使酶的活性中心或变构中心的构象发生变化，从而导致酶与底物结合能力或酶催化底物转化的能力降低，导致酶活性下降。这种效应称构象效应，一般很难进行定量描述和预测。

（2）屏蔽效应。酶经固定化后，载体会成为底物或其他效应物结合到活性中心或变构中心的空间障碍，降低了

（3）微扰效应。由于载体固有的性质使紧邻固定化酶的区域发生微环境的变化，使酶的催化能力及酶对效应物做出调节反应的能力发生改变。这种效应称微扰效应。微扰效应与载体的亲水性以及电荷性质密切相关。

（4）分配效应。由于载体的亲水或者疏水特性以及带电特征使底物、产物或其他效应物在固定化酶所处微环境和宏观体系间发生不等分配，改变了酶反应系统的组成平衡，从而影响了反应速度。分配效应因载体的种类、底物、产物的性质以及反应离子强度的不同而有所差异。一般分配效应具有以下规律：当载体与底物带有相同电荷时，底物在酶的微环境中的分配相对减少，与之相反，当载体与底物带的电荷相反时，有利于底物在酶所处微环境中的分配，底物分配浓度增加；对于疏水性较强的载体，如果底物为极性物质时，则在酶催化的微环境中分配相对减少，反之在酶所处的微环境中分配增加。

（5）扩散限制效应。扩散限制效应是指底物、产物和其他效应物在酶的微环境区与宏观体系之间迁移和运转速度受限制的一种效应，它的直接结果也是使上述物质在这些区域分布不均。扩散限制与底物、产物和其他效应物的分子质量大小、载体的结构以及酶反应的性质有关。

酶固定化后酶活性中心的微环境发生变化主要包括以下两个方面，一是固定化的酶分子周围的溶液环境的变化，如载体引起的 pH 或离子强度的变化；二是固定化酶分子周围出现分子扩散效应的变化。这两个变化造成底物和产物在酶微环境的分配和扩散与游离酶体系完成不同，从而造成固定化酶性质上的变化。

（一）固定化后酶活力的变化

一般来说，固定化酶的活力比游离酶低。可能的原因是：

（1）酶分子在固定化过程中，由于构象效应造成活性中心或调节中心空间构象发生变化或由于屏蔽效应造成酶活性中心无法结合底物。

（2）有部分活性中心的氨基酸残基参与了与载体的结合，致使部分酶完全丧失活性。

（3）酶活性中心未参与反应，但与载体结合后使酶与底物的结合和产物的扩散存在位阻效应。

不过也有个别情况，酶在固定化后反而比游离酶活力提高，原因可能是偶联过程中酶得到化学修饰，或是酶对抑制剂的结合能力降低，或酶分子的抑制因子被去除；也可能是由于载体的作用，使底物分子在酶分子周围出现富集，造成酶活力提高。

对于固定化对酶活力的降低，可采取一些措施加以降低。如为防止在固定化过程中出现活性中心构象的改变或活性中心的氨基酸残基参与固定化反应，可通过固定化过程中加入饱和的底物、产物或竞争性抑制剂（底物类似物）。为降低固定化对底物的位阻效应，可在固定化载体和酶之间通过加入连接臂的方法加以消除或降低。

（二）对酶稳定性的影响

在大多数情况下酶经过固定化后其稳定性都有所增加，表现在固定化酶的热稳定性、pH 稳定性、对变性剂的耐受力、酶制剂的贮存稳定性、操作稳定性上。

固定化酶稳定性提高的原因可能有以下几点：

（1）固定化酶分子与载体多点连接，使酶分子的结构刚性增加，可防止酶分子伸展变性。

（2）抑制酶的自身降解。当酶与载体结合后，由于酶失去了分子间相互作用的机会，有效抑制降解。对于一些酶的交联酶晶体或者交联酶聚集体，其微孔结构可以使蛋白酶很难进入到分子内部进行切割。

（3）固定化部分阻挡了外界不利因素对酶的侵袭。

（三）固定化酶最适温度的变化

酶反应的最适温度是酶热稳定性与反应速度的综合结果。由于固定化后，酶的热稳定性提高，所以最适温度一般也随之提高。如用壳聚糖交联法制备的固定胰蛋白酶最适温度为 80℃，比固定化前提高了 30℃；用重氮法制备的固定化胰蛋白酶和胰凝乳蛋白酶，其作用的最适温度比游离酶高 5～10℃。

（四）固定化酶最适 pH 的变化

酶固定化后，最适 pH 和酶活力－pH 曲线常发生偏移。主要原因由于载体电荷性质的影响造成酶催化的微环境发生变化。一般说来，用带负电荷载体（阴离子聚合物）制备的固定化酶，其最适 pH 较游离酶高，这是因多聚阴离子载体会吸引溶液中阳离子，使其附着于载体表面（包括 H^+），结果使固定化酶扩散层 H^+ 浓度比周围的外部溶液高（即偏酸），这样外部溶液中的 pH 必须向碱性方向偏移，才能抵消微环境作用，使其表现出酶的最大活力。反之，使用带正电荷的载体其最适 pH 向酸性方向偏移。

另外，产物物质对固定化酶的最适 pH 也有明显的影响。一般说来，催化反应的产物为酸性时，固定化酶的最适 pH 要比游离酶的最适 pH 高一些；产物为碱性时，固定化酶的最适 pH 要比游离酶的最适 pH 低一些；产物为中性时，最适 pH 一般不改变。这是由于固定化载体成为扩散障碍，使反应产物向外扩散受到一定的限制所造成的。当反应产物为酸性时，由于扩散受到限制而积累在固定化酶所处的催化区域内，使此区域内的 pH 降低，必须提高周围反应液的 pH，才能达到酶所要求的最适 pH。为此，固定化酶的最适 pH 要比游离酶要高一些。反之，产物为碱性时，由于它的积累使固定化酶催化区域的 pH 升高，故使固定化酶的最适 pH 比游离酶要低一些。

（五）固定化酶底物特异性的变化

固定化酶底物特异性与底物分子质量的大小有一定关系。对于那些作用于底分子底物的酶，固定化前后的底物特异性没有明显变化（如氨基酰化酶、葡萄糖氧化酶、葡萄糖异构酶等）。而对于那些既可作用于大分子底物，又可作用于小分子底物的酶，固定化酶的底物特异性往往会发生变化。例如，胰蛋白酶既可作用于大分子的蛋白质，又可作用于小分子的二肽或多肽，固定在羧甲基纤维素上的胰蛋白酶，对二肽或多肽的作用保持不变，而对酪蛋白的作用仅为游离酶的 3% 左右。

固定化酶底物特异性的改变，是由于载体的空间位阻作用引起的。酶固定在载体上以后，使大分子底物难于接近酶分子而使催化速度大大降低，而分子质量较小的底物受空间位阻作用的影响较小或不受影响，故与游子酶的作用没有显著不同。

第二节 细胞的固定化

固定化细胞技术，是利用物理或化学手段将具有一定生理功能的生物细胞（如微生物细胞、植物细胞或动物细胞等），限制或定位在特定的空间区域，作为可重复使用的生物催化剂而加以利用的一门技术。

固定化细胞的催化反应可分 3 类：①利用细胞的单一酶完成催化反应；

②利用细胞的多个酶来完成催化反应；③利用细胞一套完整的代谢途径来生产特定的代谢产物。

固定化细胞的优点如下：

(1) 使用固定化细胞省去了酶的分离过程，可降低生产成本；

(2) 固定化细胞为多酶系统，无需辅因子再生；

(3) 固定化细胞对不利环境的耐受性增加，细胞可重复使用，简化了细胞培养过程；

(4) 增加了酶的稳定。

固定化细胞不足之处：

(1) 以固定化细胞作为催化剂使用时，细胞膜、细胞壁会阻碍底物渗透和扩散，底物和产物必须可以穿过细胞壁和细胞膜；

(2) 细胞内往往存在多种酶，很可能催化形成大量的副产物，降低产品的纯度或者对下游工艺增加难度；

(3) 维持固定化细胞持续的催化活性远比单纯酶要复杂，有些细胞在条件不适宜的情况下很容易发生自溶，影响产品的稳定性。

根据固定化细胞的生理状态不同，可分为两类：一类是固定化死细胞，包括固定化完整的死细胞、细胞碎片或细胞器，主要适用于一种酶催化的反应。例如，将培养好的含葡萄糖异构酶的链霉菌细胞在 $60℃\sim65℃$ 的温度下处理 15min，葡萄糖异构酶全部固定在菌体内。另一类是固定化活细胞，适用于多酶反应体系，特别是需要辅酶再生的反应体系。

根据固定化过程是否有惰性载体的参与可将固定化分为有载体固定化和无载体固定化两种，有载体固定化根据固定化的方式可分为吸附法、共价交联法和包埋法等，无载体固定化目前有自絮凝法、物理处理法和共价交联法。

一、吸附法

吸附法是指利用各种固体吸附剂，将细胞吸附在其表面而使细胞固定化的方法。用于细胞固定化的吸附剂可分为天然载体和人工合成载体两种，天然载体主要有纤维素、葡聚糖、琼脂糖、明胶、硅藻土、多孔陶瓷、多孔玻璃等；人工合成载体主要有多孔塑料、金属丝网、微载体、中空纤维和合成怕离子交换介质等。

载体对细胞的吸附，主要是细胞表面与载体材料表面间非共价键相互作用的结果。细胞表面的特征会影响到吸附载体的选择和细胞的吸附性能，如酵母菌细胞带负电荷，因此在固定化过程中应选择带正电荷的载体。

吸附法是制备固定化动物细胞的主要方法。动物细胞大多数具有附着特性，能够很好地附着在容器壁、微载体和中空纤维等载体上。其中微载体已有商业产品出售。

吸取法制备制备固定化植物细胞，是将植物细胞吸附在泡沫塑料的大孔隙或裂缝之中，也可将植物细胞吸附在中空纤维的外壁。用中空纤维制备固定化动植物细胞有利于细胞的生长和代谢，具有较好的应用前景。但成本较高而且难于大规模生产应用。

吸附法的优点是过程比较温和，操作也简便易行，对细胞的生长、繁殖和新陈代谢没有明显影响。但吸附力较弱，吸附不牢固，细胞容易脱落，脱落的细胞及破裂溶解的细胞将是产品的重要污染源。

二、共价交联法

共价交联法是利用双功能或多功能交联剂，使水不溶的载体和细胞之间交联起来，成为固定化细胞。也可以在没有水不溶载体的情况下，实现细胞之间的共价交联。常用的最有效的交联剂是戊二醛，优点是：可减少细胞的泄漏，固定化细胞稳定性化。但由于这种方法引入化学试剂，反应比较剧烈，对细胞的损伤比较大，甚至可引起一些细胞的死亡。

三、包埋法

将细胞包埋在多孔载体内部而制成固定化细胞的方法称包埋法。可分为凝胶包埋法和半透膜包埋法，凝胶包埋法是指以各种多孔凝胶为载体，将细胞包埋在凝胶的微孔内而使细胞固定化的方法。细胞经包埋后，细胞依然可在凝胶中进行生长、繁殖和新陈代谢。

常用的包埋载体有天然高分子多糖（如海藻酸钠、卡拉胶、明胶、琼脂糖）、聚乙烯醇（PVA）、聚丙烯酰胺凝胶、光交联树脂、聚酰胺等。

例如：葡萄糖异构酶（白色链霉菌），是一种胞内酶。在 $50-80℃$ 加热 10 分钟，使菌体自溶作用的酶失活，而葡萄糖异构酶仍然保持活性，长期使用酶活力不减少。实验：2.4％左右的卡拉胶→70℃溶解→→再冷却到 42℃→加 10％左右的细菌菌体（预热到 42℃）→迅速混合均匀→4℃冰箱放置大约 30min→取出后切成 $3×3mm$ 的小颗粒

四、无载体固定化

无需惰性载体介入即可完成的固定化技术。通常有两种形式，一种形式是直接利用胞内酶而选择适当的物理或化学因素处理细胞，使酶固定在细胞内。也可用双功能或多功能试剂，使细胞之间相互连接成网状结构形成水不溶的细胞聚集体而实现固定化，因为通过共价键实现细胞之间的交联，因此该方法又称共价交联法。由于该法对细胞有很强的毒性，因而应用受到一定

的限制。还可采用一些相对温和的方法实现对细胞的固定化，如葡萄糖异构酶是一种胞内酶，将细胞加热到 60℃，作用 10min，使其他酶失活，则该酶被固定在细胞内，通过凝集干燥即成固定化细胞。又如，含 α—半乳糖苷酶的真菌细胞经干燥后依然可保持该酶的活性，可应用于蔗糖的精制。

另一种形式是依赖细胞自身的相互作用或絮凝作用及自聚集倾向制备固定化细胞。其过程温和，在微生物细胞培养和动物细胞固定化上有着重要的应用价值。细胞自絮凝的固定化方法操作简单，额外的消耗少，自絮凝细胞颗粒内部结构呈松散型，传质阻力很小，而且其颗粒内部表面会不断自我更新，颗粒整体活性高。例大连理工大学开发的万吨级无载体固定化酵母细胞乙醇连续发酵新技术，就是依托酵母细胞自絮凝实现无载体固定化细胞技术。

动物的贴壁依赖性生长细胞在悬浮培养中具有相互聚集、形成细胞团的倾向，是动物细胞无载体固定化培养的依据，并发展成为降低动物细胞培养生产成本的一种新技术。

五、原生质体的固定化方法

一般采用网格包埋法（即凝胶包埋法）。常用凝胶：琼脂凝胶，海藻酸钙凝胶，角叉菜胶和光交联树脂。操作过程中一般要加渗透压稳定剂，以防止原生质体破裂。

思考题

6-1　名词解释：酶的固定化、共交联法、共价偶联法、固定化酶的活力。

6-2　游离酶在实际使用时有哪些不足？

6-3　比较使用游离酶、固定化酶和固定化细胞作为催化剂的优缺点。

6-4　简述常见的酶的固定化方法、固定化的基本原理以及各自的优缺点。

6-5　如何评价固定化酶的固定化效果。

6-6　酶的固定化需符合哪些基本要求？

6-7　利用共价偶联法固定酶时对载体有何要求？

6-8　固定化酶与游离酶相比对反应体系会造成哪些不同效应。

6-9　比较有载体固定化和无载体固定化生物催化剂各自的优势。

6-10　设计啤酒生产中常用的木瓜蛋白酶的固定化方法。

第七章 非水相酶催化

[内容提要] 本章简要介绍非水酶学的催化介质的类型和有机介质中的酶促反应的特点；对酶在有机溶剂反应体系中催化反应的影响因素及其表现出的新特性进行较为详细的简述。

第一节 非水相酶学概述

水是酶促反应最常用的反应介质。但对于大多数有机化合物来说，水并不是一种适宜的溶剂，因为许多有机化合物（底物）在水介质中难溶或不溶。另外，由于水的存在，往往有利于如水解、消旋化、聚合和分解等副反应的发生。因此人们开始探索酶在非水介质中是否能保证催化作用这一问题。

1984 年，克利巴诺夫（Klibanov）等人在有机介质中进行了酶催化反应的研究，他们成功地利用酶有机介质中的催化作用，获得酯类、肽类、手性醇等多种有机化合物，明确指出酶可以在水与有机溶剂的互溶体系中进行催化反应。

一、酶催化反应的介质

酶在非水相中的催化主要包括以下几种类型。

（一）有机介质中的酶催化

有机介质中的酶催化是指酶在含有一定量水的有机溶剂中进行的催化反应。适用于底物、产物两者或其中之一为疏水性物质的酶催化作用。酶在有机介质中由于能够基本保持其完整的结构和活性中心的空间构象，所以能够发挥其催化功能。

（二）气相介质中的酶催化

酶在气相介质中进行的催化反应。适用于底物是气体或者能够转化为气体的物质的酶催化反应。由于气体介质的密度低，扩散容易，因此酶在气相中的催化作用与在水溶液中的催化作用有明显的不同特点。

（三）超临界介质中的酶催化

酶在超临界流体中进行的催化反应。超临界流体是指温度和压力超过某物质超临界点的流体。超临界流体除具有传统液体溶剂的所有优点外，还具有气体的高扩散系数、低黏度和低表面张力。超临界流体作为酶的反应介质，能够改变酶的底物专一性、区域选择性和对映体选择性，能增强酶的稳定性，还可克服有机介质酶促反应中产物残留有机溶剂的缺陷。

（四）离子液介质中的酶催化

酶在离子液中进行的催化作用。离子液（ionic liquids）是由有机阳离子与有机（无机）阴离子构成的在室温条件下呈液态的低熔点盐类，低毒性、不氧化、挥发性低、稳定性好。

酶在离子液中的催化作用具有良好的稳定性和区域选择性、立体选择性、键选择性等显著特点。

（五）无溶剂或少溶剂反应系统

反应系统不用溶剂或用少量的溶剂。

二、非水介质酶催化反应的优点

（1）易于酶回收再利用。在非水系统内，绝大多数有机化合物溶解度高，尤其是能提高非极性底物的溶解度，而酶不溶于有机介质，因此易于酶回收再利用。

（2）非水介质的参与可以改变反应平衡，能催化在水中不能进行的反应。例如，脂肪酶在水中只能催化油脂的水解反应（把甘油三酯水解为甘油和脂肪酸），水本身是酶促反应的底物，高浓度的水促使水解反应的进行；与之相反，在有机溶剂中由于可逆反应平衡点的移动，有利于合成反应的进行，如脂肪酶在有机溶剂中可催化酯化、转酯化以及氨解等多种反应。

（3）能抑制依赖于水的某些不利反应和副产物。由于有机溶剂的存在，水量减少，降低了许多需要水参与的副反应，如酸酐的水解、氰醇的消旋化和酰基转移等。

（4）有利于分离纯化产物。从有机溶剂中分离纯化产物比从水中容易，从低沸点的溶剂中可更容易地分离纯化产物。

（5）可提高酶的热稳定性，可减少反应过程中微生物的污染。

（6）可控制底物的特异性、区域选择性和立体选择性。

第二节　有机介质中的酶促反应

一、酶促反应的有机介质体系

（一）单相共溶剂体系（水/水溶性有机溶剂）

有机溶剂与水形成均匀的单相溶液体系。酶、底物和产物都是以溶解状态存在于均一体系中。不存在传质阻碍，但由于极性大的有机溶剂对一般酶的催化活性影响较大，所以能在该反应体系的进行催化反应的酶较少。对于特定的酶来说，特定有机溶剂的含量有特定的上限值，当该体系中有机溶剂的比例超过限值后，溶剂将会夺去酶分子表面的催化反应所必需的水，使酶失活。因此该体系只适合于少数稳定性很高、有极少量的水就能保持催化活性的酶，如枯草杆菌蛋白酶和某些脂肪酶等。

（二）两相体系（水/水不溶性有机溶剂）

由含有溶解酶的水相和一个非极性的有机溶剂相所组成的两相体系。

这种体系是由水和疏水性较强的有机溶剂组成的两相或多相反应体系。游离酶、亲水性底物或产物溶解于水相，疏水性底物或产物溶解于有机溶剂相。催化反应通常在两相的界面进行。一般适用于底物和产物两者或其中一种是属于疏水化合物的催化反应。常见的体系有水与烷烃、醚和氯代烷烃组成的两相体系。

如果采用固定化酶，则以悬浮形式存在两相的界面。

（三）微水介质体系

通常所说的有机介质反应体系主要是指微水介质体系。微水介质体系（microaqueous media）是由有机溶剂和微量的水组成的反应体系，是在有机介质酶催化中广泛应用的一种反应体系。

微量的水主要是酶分子的结合水，它对维持酶分子的空间构象和催化活性至关重要。另外有一部分水分配在有机溶剂中。酶的状态可以是结晶态、冻干状态、沉淀状态，或吸附在固体载体表面。

（四）（正）胶束体系

胶束又称为正胶束或正胶团，是在大量水溶液中含有少量与水不相混溶的有机溶剂，加入表面活性剂后形成的水包油的微小液滴。表面活性剂的极性端朝外，非极性端朝内，有机溶剂包在液滴内部。

反应时，酶在胶束外面的水溶液中，疏水性的底物或产物在胶束内部。反应在胶束的两相界面中进行。

（五）反胶束体系

含有表面活性剂与少量水的有机溶剂系统。表面活性剂的疏水尾部向外，与非极性的有机溶剂接触，极性头部向内，形成一个极性核，围成一个反胶束。反胶束内可溶解少量水而形成微型水囊，酶分子位于反胶束内。

反应时，酶分子在反胶束内部的水溶液中，疏水性底物或产物在反胶束外部，催化反应在两相的界面中进行。

二、有机介质中酶促反应的条件及控制

酶在有机介质中可以催化多种反应，主要包括：合成反应、转移反应、醇解反应、氨解反应、异构反应、氧化还原反应、裂合反应等。

酶在有机介质中的各种催化反应受到各种因素的影响：酶的种类和浓度、底物的种类和浓度、有机溶剂的种类，水含量、温度、pH 和离子强度等。

（一）水含量

有机介质中的水含量与酶的空间构象、酶的催化活性、酶催化反应的反应平衡等都有直接的关系。

水在酶的催化反应中发挥双重作用。一方面水可以作为溶剂，保持底物或产物的溶解与扩散，它们与酶分子结合比较松散，称大量水或溶剂水；另一方面水分子通过氢键、疏水作用、范德华力等作用来维持酶分子催化活力所需要的构象。这些对于维持酶活性所必需的最低水量称结合水或必需水（essential water），酶分子需要一层水化层，以维持其完整的空间构象。必需水与酶分子的结构和性质有密切关系，不同的酶，所要求的必需水的量差别很大。

绝对无水的条件下，酶没有催化活性。以溶菌酶为例，所需必需水量为：与酶分子表面带电基团结合达到 $0 \sim 0.07 g/g$（水/酶）；与表面的极性基团结合（$0.07 \sim 0.25 g/g$）；凝聚到表面相互作用较弱的部位（$0.25 \sim 0.38 g/g$）；酶分子表面完全水化，被一层水分子覆盖（$0.38 g/g$）。

必需水对酶活的影响：必需水维持酶的催化活性，无水条件下，酶分子表面的带电基团和极性基团会因相互作用而形成"锁定"的失活构象，即有机溶剂的低介电常数往往会导致蛋白质带电基团之间更强的静电作用，使酶的"刚性"更强。含水量过低时，酶构象过于"刚性"而影响或失去催化活性。含水量过高，酶结构的柔韧性过大，会引起酶结构改变而失活。酶活最大时——蛋白质结构的动力学刚性和热力学稳定性（柔性）之间达到最佳平衡点。

最佳含水量：通常在有机溶剂中对于酶的催化活性存在一最佳含水量。含水量低于最佳值时，酶的构象过于"刚性"而无法表现催化活力；含水量高于最佳值时酶的结构"柔性"较大，酶的构象趋于向疏水环境中热力学稳定的状态变化，导致酶结构改变和失活。只有在最佳含水量时蛋白质结构的动力学刚性和热力学稳定性之间达到最佳平衡点，酶才表现出最大活力。

（二）有机溶剂对有机介质中酶催化的影响：

有机溶剂可通过三个方面影响酶促反应。首先有机溶剂与酶分子直接发生作用，通过抗干扰氢键和疏水键等改变酶的构象，从而导致酶的活性受到抑制或使失活；其次有机溶剂直接与酶分子周围的水相互作用，造成酶分子必需水的变化和重新分布；再者是有机溶剂影响到底物和产物的分配与扩散，影响反应的进行。

1. 有机溶剂对酶结构与功能的影响

有些酶在有机溶剂的作用下，其空间结构会受到某些破坏（夺水或直接改变酶分子表面结构），从而使酶的催化活性受到影响甚至引起酶的变性失活，酶分子的表面结构也会发生变化。

2. 有机溶剂对酶催化作用的影响

可通过两个方面产生影响，一方面增大酶反应的活化能来降低酶反应速度（刚性增强）；另一方面降低中心内部极性并加强底物与酶的静电斥力，降低底物的结合能力，使酶活性下降。

3. 有机溶剂对酶活性中心结合位点的影响

当酶悬浮于有机溶剂中，有一部分溶剂能渗入到酶分子的活性中心，与底物竞争活性中心的结合位点，降低底物结合能力，从而影响酶的催化活性。

4. 有机溶剂对底物和产物分配的影响

首先如果有机溶剂与水之间的极性不同，在反应过程中会影响底物和产物的分配，从而影响酶的催化反应。其次有机溶剂能改变酶分子必需水层中底物和产物的浓度。

5. 有机溶剂的选择

有机溶剂选择要适当，其主要是通过对体系中水、酶及底物和产物的作用直接和间接地影响到酶活性。酶在低极性溶剂中具有较高的活性和稳定性。有机溶剂极性的强弱可以用疏水参数 $\lg P$ 表示。P 是指溶剂在正辛烷与水两相中的分配系数。疏水参数越大，表明其疏水性越强；反之疏水参数越小，则极性越强。

极性过强（$\lg P < 2$）的溶剂，会夺取较多的酶分子表面结合水，影响酶分子的结构，并使疏水性底物的溶解度降低，从而降低酶反应速度，在一般情况下不选用；极性过弱（$\lg P \geqslant 5$）的溶剂，虽然对酶分子必需水的夺取较少，疏水性底物在有机溶剂中的溶解度也较高，但是底物难于进入酶分子的必须水层，催化反应速度也不高。通常选用 $2 \leqslant \lg P \leqslant 5$ 的溶剂作为催化反应

介质。水溶性有机溶剂有：甲醇、乙醇、丙醇、正丁醇、甘油、丙酮、乙晴等。水不溶性的有：石油醚、已烷、庚烷、苯、甲苯、四氯化碳、氯仿、乙醚等。

（三）有机介质中底物的种类和浓度

由于酶在有机介质中的底物专一性与在水溶液中的专一性有些差别，所以要根据酶在所使用的有机介质中的专一性选择适宜的底物。一般说来，在底物浓度较低的情况下，酶催化反应速度随底物浓度的升高而增大。当底物达到一定浓度以所，再增加底物浓度，反应速度的增大幅度逐渐减少，最后趋于平衡，逐步接近最大反应速度。

（四）有机介质中温度的影响

在微水有机介质中，由于水含量低，酶的热稳定性增强，所以其最适温度高于在水溶液中催化的最适温度。要注意的是酶与其他非酶催化剂一样，温度升高时，其立体选择性降低。

三、pH 记忆和分子印记

在有机溶剂的环境中，不会发生质子化及脱质子化的现象。酶在水相的 pH 值可在有机相中保持（"分子记忆"效应，是因为酶在低水环境具有高度的构象刚性）。如在有机介质中，从含有竞争性抑制剂的水溶液中冻干制备的枯草蛋白酶在除去抵制剂后，其催化活性比从不含抑制剂的酶溶液中制备的酶的活性高 100 倍，说明由竞争抑制剂导致的酶构象变化在除去抑制剂后在低水条件下仍能保持。这种酶分子记忆原来的水相中的一些特性的现象称为分子印记，其同样是有机溶剂中酶分子结构刚性的一种表现。也就是说，酶在有机介质中催化的最适 pH 值通常与在水溶液中催化的最适 pH 值相同或者接近；酶分子从缓冲溶液转到有机介质后，酶分子保留了原有的 pH 印记。所以可以通过调节缓冲溶液 pH 对有机介质中酶催化的 pH 值进行调节控制。

四、离子强度

在有机介质中，酶的催化活性与酶在缓冲溶液中的离子强度和 pH 值有密切关系。盐的加入增加了离子强度，盐的刚性结构和高度极性的表面帮助酶维持其天然结构不受破坏，因此可以通过在缓冲液中添加盐类来提高酶的活性。所以可通过调节缓冲溶液离子强度的方法对有机介质中酶催化的离子强度进行调节控制。

五、酶在有机介质中的催化特性

酶在有机介质中起催化作用时，由于有机溶剂的极性与水有很大差别，对酶的表面结构、活性中心的结合部位和底物性质都会产生一定的影响，从而显示出与水相介质中不同的催化特性。

1. 底物专一性

在有机介质中，由于酶分子活性中心的结合部位与底物之间的结合状态发生某些变化，致使酶的底物特异性会发生改变。有机介质使某些酶的专一性发生变化，是酶活性中心构象刚性增强的结果。酶促反应底物专一性的本质是由于酶能够利用它与底物结合能和酶与水分子之间的结合能的差值。

从酶和底物间或键间的自由能的利用来分析：在水溶液中，酶活性中心的极性基团和极性强的底物分子之间形成强的氢键，需要更多的能量来破坏它们之间的氢键，以利于酶—底物络合物的形成，导致相应反应速度降低（即酶与底物复合物的结合能高，故在水溶液中倾向于选择极性低的底物）；而在有机相中，因其不能形成氢键，酶对底物的选择性朝相反的方向进行（倾向于选择极性强的底物）。

酶和底物之间的结合能是酶催化反应的主要推动力，底物必须从反应介质中解析出来与酶活性中心结合。很多酶的活性中心都是疏水性的，它们与疏水底物反应最有利，因为疏水性底物更容易从水中解析到达疏水性活性中心。然而以有机溶剂替代水后，疏水性底物与有机溶剂间的相互作用增强，底物从溶剂到达活性中心就比在水中困难，从而减慢了酶催化反应的速度。而亲水性底物在疏水性较强的溶剂中则容易进入酶的活性中心，从而加快酶催化反应速度。

2. 立体选择性

酶的对映体选择性（enantioselectivity）又称为立体选择性或立体异构专一性，是酶在对称的外消旋化合物中识别一种异构体的能力大小的指标。酶的立体选择性随溶剂疏水性增加而降低。

酶在有机介质中催化，与在水溶液中催化比较，由于介质的特性发生改变，而引起酶的对映体选择性也发生改变。有机溶剂中酶的对映选择性降低。原因之一：是由于在水和有机溶剂中，底物的两种对映体将水从酶分子的疏水性结合位点上置换出来的能力有所不同。原因之二：在疏水性差的溶剂里，疏水性的基团进入酶的疏水袋中比暴露在溶剂中热力学平衡更为有利，因此，酶分子中的亲核基团易于进攻位置合适的底物分子的羟基，这样得到某个构型的产物。而在疏水性强的溶剂中，疏水性的基团更倾向于暴露在溶剂中，而不易进入酶的疏水袋，从而失去了酶对底物的立体选择性。

3. 区域选择性：

在酶促反应中，底物某一位置上的基团被选择性地转化而另一位置上的相同基团没有被转化，这种现象称为酶的区域选择性。

酶的区域选择性随溶剂的改变而发生了变化。（溶剂的疏水性改变，引起区域基团与酶活性中心的改变类似于立体选择性。）

4. 键选择性

酶在有机介质中进行催化的另一个显著特点是具有化学键选择性。键选择性与酶的来源和有机介质的种类有关。（与氢键参数有关，易于形成氢键的基团，不易进行反应；不易形成氢键的基团易于反应。）

5. 热稳定性

许多酶在有机介质中的热稳定性比在水溶液中的热稳定性更好。酶在有机介质中的热稳定性还与介质中的水含量有关。通常情况下，随着介质中水含量的增加，其热稳定性降低。在有机介质中，酶的热稳定性之所以增强，可能是由于有机介质中缺少引起酶分子变性失活的水分子所致。

表 7-1　某些酶在有机介质与水溶液中的热稳定性

酶	介质条件	热稳定性
猪胰脂肪酶	三丁酸甘油酯 水，pH7.0	T1/2<26h T1/2<2min
酵母脂肪酶	三丁酸甘油酯/庚醇 水，pH7.0	T1/2=1.5h T1/2<2min
脂蛋白脂肪酶	甲苯，90℃，400h	活力剩余40%
胰凝乳蛋白酶	正辛烷，100℃ 水，pH8.0，55℃	T1/2=80min T1/2=15min
枯草杆菌蛋白酶	正辛烷，110℃	T1/2=80min
核糖核酸酶	壬烷，110℃，6h 水，pH8.0，90℃	活力剩余95% T1/2<10min
酸性磷酸酶	正十六烷，80℃ 水，70℃	T1/2=8min T1/2=1min
腺苷三磷酸酶 （F1-ATPase）	甲苯，70℃ 水，60℃	T1/2>24h T1/2<10min
限制性核酸内切酶 （Hind Ⅲ）	正庚烷，55℃，30d	活力不降低
β-葡萄糖苷酶	2-丙醇，50℃，30h	活力剩余80%
溶菌酶	环己烷，110℃ 水	T1/2=140min T1/2=10min

六、酶非水相催化的应用

酶非水相催化的主要应用于以下方面，手性药物的拆分、生物能源、手性高分子聚合物的制备、酚树脂的合成、导电有机聚合物的合成、食品添加剂的生产、甾体转化等领域。

表 7-2　酶非水相催化部分应用情况

酶	催化反应	应用
脂肪酶	肽合成	青霉素 G 前体肽合成
	酯合成	醇与有机酸合成酯类
	转酯	各种酯类生产
	聚合	二酯的选择性聚合
	酰基化	甘醇的酰基化
蛋白酶	肽合成	合成多肽
	酰基化	糖类酰基化
羟基化酶	氧化	甾体转化
过氧化物酶	聚合	酚类、胺类化合物的聚合
多酚氧化酶	氧化	芳香化合物的羟基化
胆固醇氧化酶	氧化	胆固醇测定
醇脱氢酶	酯化	有机硅醇的酯化

七、手性药物的拆分

手性化合物是指化学组成相同，而其立体结构互为对映体的两种异构体化合物。

1. 手性药物两种对映体的药效差异

① 一种有显著疗效，另一种有疗效弱或无效；② 一种有显著疗效，另一种有毒副作用；③ 两种对映体的药效相反；④ 两种对映体具有各自不同的药效；⑤ 两种消旋体的作用具有互补性。

表 7 - 3　手性药物两种对映体的药理作用

药物名称	有效对映体的作用	另一种对映体的作用
普萘洛尔（Propranolol）	S 构型，治疗心脏病，β－受体阻断剂	R 构型，钠通道阻滞剂
萘普生（Neproxen）	S 构型，消炎、解热、镇痛	R 构型，疗效很弱
青霉素胺（Penicillamine）	S 构型，抗关节炎	R 构型，突变剂
羟基苯哌嗪（Dropropizine）	S 构型，镇咳	R 构型，有神经毒性
反应停（Thalidomide）	S 构型，镇静剂	R 构型，致畸胎
酮洛芬（Ketoprofen）	S 构型，消炎	R 构型，防治牙周病
喘速宁（Trtoquinol）	S 构型，扩张支气管	R 构型，抑制血小板凝集
乙胺丁醇（Ethambutol）	S，S 构型，抗结核病	R，R 构型，致失明
萘必洛尔（Kebivolol）	右旋体，治疗高血压，β－受体阻断剂	左旋体，舒张血管

　　1992 年，美国 FDA 明确要求对于具有手性特性的化学药物，都必需说明其两个对映体在体内的不同生理活性、药理作用以及药物代谢动力学情况。许多国家和地区也都制定了有关手性药物的政策和法规。这大大推动了手性药物拆分的研究和生产应用。目前提出注册申请和正在开发的手性药物中，单一对映体药物占绝大多数。

　　2. 手性药物的拆分

　　在手性药物的合成与生产中，除通过不对称合成的方法得到光学纯的手性化合物外，一般情况下得到的是由等量的对映异构体分子组成的外消旋体。

　　拆分（resolution）是将外消旋物的两个对映异构体分开，以得到光学活性产物的方法，这也是制备光学纯对映异构体的重要途径。

　　3. 手性药物的拆分方法

　　可分为非生物法和生物法，非生物法主要有机械分离法、形成和分离对映体异构法、色谱分离法、动力学拆分等。

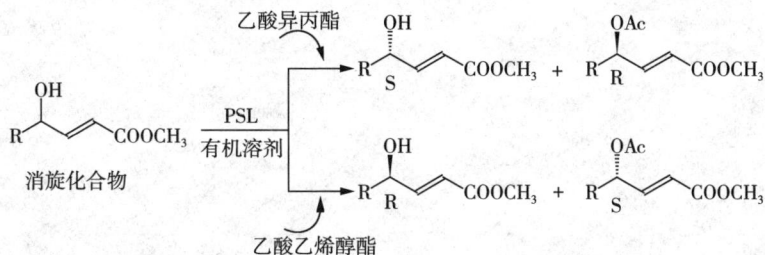

图 7 - 1　脂肪酶－消旋化合物选择性酯化

　　生物拆分法的实质即两个对映体竞争酶的同一个活性中心位置，两者的反应速率不同，产生选择性，从而使对映体分开。如脂肪酶－消旋化合物的拆分，有机介质中用脂肪酶（PSL）催化酯化用于 γ—羟基—α，β—不饱和酯的拆分。可以避免副反应的发生。

思考题

7-1　名词解释：离子液、微水介质体系、胶束、反胶束。

7-2　有机介质中酶的催化有何优点。

7-3　有哪几种有机介质反应体系？

7-4　酶在有机介质中有何催化特点？

7-5　简述有机溶剂对有机介质中酶催化的影响。

7-6　简述非水价质中酶催化反应的优点。

7-7　什么是酶的分子印记？

7-8　说明如何对酶在有机溶剂中的催化活性进行调节和控制。

第八章　酶传感器

[内容提要]　本章主要介绍不同类型的生物传感器，重点介绍酶传感器的结构与原理，简要介绍生物传感器的应用。

第一节　生物传感器

传感器可分为物理传感器、化学传感器和生物传感器。生物传感器是对生物物质敏感并将其浓度转换为电信号进行检测的仪器。是由固定化的生物敏感材料作识别元件（包括酶、抗体、抗原、微生物、细胞、组织、核酸等生物活性物质）与适当的理化换能器（如氧电极、光敏管、场效应管、压电晶体等等）及信号放大装置构成的分析工具或系统。生物传感器具有接受器与转换器的功能。

1967 年 S. J. 乌普迪克等制出了第一个生物传感器葡萄糖传感器。将葡萄糖氧化酶包含在聚丙烯酰胺胶体中加以固化，再将此胶体膜固定在隔膜氧电极的尖端上，便制成了葡萄糖传感器。当改用其他的酶或微生物等固化膜，便可制得检测其对应物的其他传感器。固定感受膜的方法有直接化学结合法；高分子载体法；高分子膜结合法。现已发展了第二代生物传感器（微生物、免疫、酶免疫和细胞器传感器），研制和开发第三代生物传感器，将系统生物技术和电子技术结合起来的场效应生物传感器，90 年代开启了微流控技术，生物传感器的微流控芯片集成为药物筛选与基因诊断等提供了新的技术前景。由于酶膜、线粒体电子传递系统粒子膜、微生物膜、抗原膜、抗体膜对生物物质的分子结构具有选择性识别功能，只对特定反应起催化活化作用，因此生物传感器具有非常高的选择性。缺点是生物固化膜不稳定。生物传感器涉及的是生物物质，主要用于临床诊断检查、治疗时实施监控、发酵工业、食品工业、环境和机器人等方面。

生物传感器是用生物活性材料（酶、蛋白质、DNA、抗体、抗原、生物膜等）与物理化学换能器有机结合的一门交叉学科，是发展生物技术必不可少的一种先进的检测方法与监控方法，也是物质分子水平的快速、微量分析方法。在未来 21 世纪知识经济发展中，生物传感器技术必将是介于信息和生物技术之间的新增长点，在国民经济中的临床诊断、工业控制、食品和药物分析（包括生物药物研究开发）、环境保护以及生物技术、生物芯片等研究中有着广泛的应用前景。

传感器是一种可以获取并处理信息的特殊装置，如人体的感觉器官就是一套完美的传感系统通过眼、耳、皮肤来感知外界的光、声、温度、压力等物理信息，通过鼻、舌感知气味和味道这样的化学刺激。

而生物传感器是一类特殊的传感器，它以生物活性单元（如酶、抗体、核酸、细胞等）作为生物敏感单元，对目标测物具有高度选择性的检测器。生物传感器是一门由生物、化学、物理、医学、电子技术等多种学科互相渗透成长起来的高新技术。因其具有选择性好、灵敏度高、分析速度快、成本低、在复杂的体系中进行在线连续监测，特别是它的高度自动化、微型化与集成化的特点，使其在近几十年获得蓬勃而迅速的发展。在国民经济的各个部门如食品、制药、化工、临床检验、生物医学、环境监测等方面有广泛的应用前景。特别是分子生物学与微电子学、光电子学、微细加工技术及纳米技术等新学科、新技术结合，正改变着传统医学、环境科学动植物学的面貌。生物传感器的研究开发，已成为世界科技发展的新热点，形成 21 世纪新兴的高技术产业的重要组成部分，具有重要的战略意义。

一、定义与分类

用固定化生物成分或生物体作为敏感元件的传感器称为生物传感器。生物传感器并不专指用于生物技术领域的传感器，它的应用领域还包括环境监测、医疗卫生和食品检验等。生物传感器主要有下面三种分类命名方式：

（1）根据生物传感器中分子识别元件即敏感元件可分为五类：酶传感器，微生物传感器，细胞传感器，组织传感器和免疫传感器。显而易见，所应用的敏感材料依次为酶、微生物个体、细胞器、动植物组织、抗原和抗体。

（2）根据生物传感器的换能器即信号转换器分类有：生物电极传感器，半导体生物传感器，光生物传感器，热生物传感器，压电晶体生物传感器等，换能器依次为电化学电极、半导体、光电转换器、热敏电阻、压电晶体等。

（3）以被测目标与分子识别元件的相互作用方式进行分类：一类是被没物与分子识别元件上敏感物质具有生物亲合，即两者间能特异地结合，同时引起敏感材料的生物分子结构或固定介质发生物理变化，如电荷、厚度、温度、光学性质（颜色或荧光）等的变化，这类传感器称为亲和型生物传感器。另一类是底物（被测物）与分子识别元件上的敏感物质相互作用并生成产物，信号转换器将底物的消耗或产物的增加转变为输出信号，这类传感器称代谢型或催化型生物传感器。

三种分类方法之间实际互相交叉使用。

二、结构和原理

生物传感器由分子识别部分（敏感元件）和转换部分（换能器）构成，以分子识别部分去识别被测目标，结构是可以引起某种物理变化或化学变化的主要功能元件。分子识别部分是生物传感器选择性测定的基础。生物体中能够选择性地分辩特定物质的物质有酶、抗体、组织、细胞等。这些分子识别功能物质通过识别过程可与被测目标结合成复合物，如抗体和抗原的结合，酶与基质的结合。在设计生物传感器时，选择适合于测定对象的识别功能物质，是极为重要的前提。要考虑到所产生的复合物的特性。根据分子识别功能物质制备的敏感元件所引起的化学变化或物理变化，去选择换能器，是研制高质量生物传感器的另一重要环节。敏感元件中光、热、化学物质的生成或消耗等会产生相应的变化量。根据这些变化量，可以选择适当的换能器。

根据被测物与分子识别元件的相互作用后所产生的信息不同，生物传感器的工作原理有以下几种：

（1）将化学变化转换为电信号。酶能催化底物反应，从而使特定物质的量发生变化，利用能将这种变化转换为电信号的装置与固定化酶组合，就可构成酶传感器。常用的这类信号转换装置有氢离子电极、氧电极、过氧化氢电极、氨所敏电极、二氧化碳气敏电极、其他离子选择性电极、离子敏场效应晶体管等。

（2）将热变化转换为电信号。固定化的生物活性材料与相应的被测物作用时常伴有热的变化，将这种热变化借助热敏电阻转换为阻值的变化，然后经放大器的电桥输入到记录仪中。

（3）将光效应转换为电信号。有些酶（如过氧化氢酶），能催化过氧化氢—鲁米诺体系发光。把过氧化氢酶膜固定在光纤或光敏二极管的前端，再和光电流测定装置相连，即可测定过氧化氢的含量。许多酶促反应伴随有过氧化氢的产生，如葡萄糖氧化酶在催化葡萄糖氧化时产生过氧化氢，如果把葡萄糖氧化酶和过氧化氢酶一起做成复合酶膜，则可用上述方法测定葡萄糖含量。

（4）直接产生电信号。这种方式可使酶促反应伴随的电子转移直接通过电子传递作用在电极表面上发生。

三、应用领域

生物传感器在食品分析中的应用包括食品成分、食品添加剂、有害毒物及食品鲜度等的测定分析。

(1) 食品成分分析：在食品工业中，葡萄糖的含量是衡量水果成熟度和贮藏寿命的一个重要指标。已开发的酶电极型生物传感器可用来分析白酒、苹果汁、果酱和蜂蜜中的葡萄糖。其他糖类，如果糖，啤酒、麦芽汁中的麦芽糖，也有成熟的测定传感器。Niculescu 等人研制出一种安培生物传感器，可用于检测饮料中的乙醇含量。这种生物传感器是将一种配蛋白醇脱氢酶埋在聚乙烯中，酶和聚合物的比例不同可以影响该生物传感器的性能。在目前进行的实验中，该生物传感器对乙醇的测量极限为 1nM。

(2) 食品添加剂的分析：亚硫酸盐通常用作食品工业的漂白剂和防腐剂，采用亚硫酸盐氧化酶为敏感材料制成的电流型二氧化硫酶电极可用于测定食品中的亚硫酸盐含量，测定的线性范围为 0～6 的四次方 mol/L。此外，也有用生物传感器测定色素和乳化剂的报道。

(3) 农药残留量分析：近年来，人们对食品中的农药残留问题越来越重视，各国政府也不断加强对食品中的农药残留的检测工作。Yamazaki 等人发明了一种使用人造酶测定有机磷杀虫剂的电流式生物传感器，利用有机磷杀虫剂水解酶，对硝基酚和二乙基酚的测定极限为 10 的负七次方 mol，在 40℃下测定只要 4min。Albareda 等用戊二醛交联法将乙酰胆碱醋酶固定在铜丝碳糊电极表面，制成一种可检测浓度为 10^{-10} mol/L 的对氧磷和 10^{-11} mol/L 的克百威的生物传感器，可用于直接检测自来水和果汁样品中两种农药的残留。

(4) 微生物和毒素的检验：食品中病原性微生物的存在会给消费者的健康带来极大的危害，食品中毒素不仅种类很多而且毒性大，大多有致癌、致畸、致突变作用，因此，加强对食品中的病原性微生物及毒素的检测至关重要。食用牛肉很容易被大肠杆菌 0157. H7. 所感染，因此，需要快速灵敏的方法检测和防御大肠杆菌 0157. H7 一类的细菌。Kramerr 等人研究的光纤生物传感器可以在几 min 内检测出食物中的病原体（如大肠杆菌 0157. H7.），而传统的方法则需要几 d。这种生物传感器从检测出病原体到从样品中重新获得病原体并使它在培养基上独立生长总共只需 1d 时间，而传统方法需要 4d。

(5) 食品鲜度的检测：食品工业中对食品鲜度尤其是鱼类、肉类的鲜度检测是评价食品质量的一个主要指标。Volpe 等人以黄嘌呤氧化酶为生物敏感材料，结合过氧化氢电极，通过测定鱼降解过程中产生的一磷酸肌苷（IMP）肌苷（IIXR）和次黄嘌呤（HX）的浓度，从而评价鱼的鲜度，其线性范围为 $5 \times 10^{-10} - 2 \times 10^{-4}$ mol/L。

近年来，环境污染问题日益严重，人们迫切希望拥有一种能对污染物进行连续、快速、在线监测的仪器，生物传感器满足了人们的要求。目前，已有相当部分的生物传感器应用于环境监测中。

（1）水环境监测：生化需氧量（BOD）是一种广泛采用的表征有机污染程度的综合性指标。在水体监测和污水处理厂的运行控制中，生化需氧量也是最常用、最重要的指标之一。常规的 BOD 测定需要 5d 的培养期，而且操作复杂，重复性差，耗时耗力，干扰性大，不适合现场监测。SiyaWakin 等人利用一种毛孢子菌（Trichosporoncutaneum）和芽孢杆菌（Bacilluslicheniformis）制作一种微生物 BOD 传感器。该 BOD 生物传感器能同时精确测量葡萄糖和谷氨酸的浓度。测量范围为 $0.5\sim40mg/L$，灵敏度为 $5.84nA/mgL$。该生物传感器稳定性好，在 58 次实验中，标准偏差仅为 0.0362。所需反应时间为 5—10min。NO_3 离子是主要的水污染物之一，如果添加到食品中，对人体的健康极其有害。Zatsll 等人提出了一种整体化酶功能场效应管装置检测 NO 离子的方法。该装置对 NO 离子的检测极限为 $7\times10^{-5}mol$，响应时间不到 50s，系统操作时间约为 85s。

（2）大气环境监测：二氧化硫（SO_2）是酸雨酸雾形成的主要原因，传统的检测方法很复杂。Martyr 等人将亚细胞类脂类（含亚硫酸盐氧化酶的肝微粒体）固定在醋酸纤维膜上，和氧电极制成安培型生物传感器，对 SO_2 形成的酸雨酸雾样品溶液进行检测，10min 可以得到稳定的测试结果。NO_x 不仅是造成酸雨酸雾的原因之一，同时也是光化学烟雾的罪魁祸首。Charles 等人用多孔渗透膜、固定生物传感器。化硝化细菌和氧电极组成的微生物传感器来测定样品中亚硝酸盐含量，从而推知空气中 NO_x 的浓度。其检测极限为 $0.01\times10^{-6}mol/L$。

在各种生物传感器中，微生物传感器具有成本低、设备简单、不受发酵液混浊程度的限制、可能消除发酵过程中干扰物质的干扰等特点。因此，在发酵工业中广泛地采用微生物传感器作为一种有效的测量工具。

（1）原材料及代谢产物的测定：微生物传感器可用于测量发酵工业中的原材料（如糖蜜、乙酸等）和代谢产物（如头孢霉素、谷氨酸、甲酸、醇类、乳酸等）。测量的装置基本上都是由适合的微生物电极与氧电极组成，原理是利用微生物的同化作用耗氧，通过测量氧电极电流的变化量来测量氧气的减少量，从而达到测量底物浓度的目的。2002 年，Tkac 等人将一种以铁氰化物为媒介的葡萄糖氧化酶细胞生物传感器用于测量发酵工业中的乙醇含量，13s 内可以完成测量，测量灵敏度为 $3nmol \cdot L^{-1}$。该微生物传感器的检测极限为 $0.85nmol \cdot L^{-1}$，测量范围为 $2-270nmol \cdot L^{-1}$，稳定性能很好。在连续 8.5h 的检测中，灵敏度没有任何降低。

（2）微生物细胞数目的测定：发酵液中细胞数的测定是重要的。细胞数（菌体浓度）即单位发酵液中的细胞数量。一般情况下，需取一定的发酵液样品，采用显微计数方法测定，这种测定方法耗时较多，不适于连续测定。在发酵控制方面迫切需要直接测定细胞数目的简单而连续的方法。人们发现：在阳极（Pt）表面上，菌体可以直接被氧化并产生电流。这种电化学系统可以应用于细胞目的侧定。侧定结果与常规的细胞计数法测定的数值相近。利用这种电化学微生物细胞数传感器可以实现菌体浓度连续、在线的测定。

医学领域的生物传感器发挥着越来越大的作用。生物传感技术不仅为基础医学研究及临床诊断提供了一种快速简便的新型方法，而且因为其专一、灵敏、响应快等特点，在军事医学方面，也具有广的应用前景。

（1）临床医学：在临床医学中，酶电极是最早研制且应用最多的一种传感器，目前，已成功地应用于血糖、乳酸、维生素 C、尿酸、尿素、谷氨酸、转氨酶等物质的检测。其原理是：用固定化技术将酶装在生物敏感膜上，检测样品中若含有相应的酶底物，则可反应产生可接受的信息物质，指示电极发生响应可转换成电信号的变化，根据这一变化，就可测定某种物质的有无和多少。利用具有不同生物特性的微生物代替酶，可制成微生物传感器，在临床中应用的微生物传感器有葡萄糖、乙醇、胆固醇等传感器。若选择适宜的含某种酶较多的组织，来代替相应的酶制成的传感器称为生物电极传感器。如用猪肾、兔肝、牛肝、甜菜、南瓜和黄瓜叶制成的传感器，可分别用于检测谷酰胺、鸟嘌呤、过氧化氢、酪氨酸、维生素 C 和胱氨酸等。

DNA 传感器是目前生物传感器中报道最多的一种，用于临床疾病诊断是 DNA 传感器的最大优势，它可以帮助医生从 DNA，RNA、蛋白质及其相互作用层次上了解疾病的发生、发展过程，有助于对疾病的及时诊断和治疗。此外，进行药物检测也是 DNA 传感器的一大亮点。Brabec 等人利用 DNA 传感器研究了常用铂类抗癌药物的作用机理并测定了血液中该类药物的浓度。

（2）军事医学：军事医学中，对生物毒素的及时快速检测是防御生物武器的有效措施。生物传感器已应用于监测多种细菌、病毒及其毒素，如炭疽芽孢杆菌、鼠疫耶尔森菌、埃博拉出血热病毒、肉毒杆菌类毒素等。

2000 年，美军报道已研制出可检测葡萄球菌肠毒素 B，蓖麻素、土拉弗氏菌和肉毒杆菌等 4 种生物战剂的免疫传感器。检测时间为 3～10min，灵敏度分别为 10，50mg/L，5×10 的 5 次方和 5×10 的 4 次方 cfu/ml。Song 等人制成了检测霍乱病毒的生物传感器。该生物传感器能在 30min 内检测出低于 1×10 的负 5 次方 mol/L 的霍乱毒素，而且有较高的敏感性和选择性，操作简单。该方法能够用于具有多个信号识别位点的蛋白质毒素和病原体的检测。

此外，在法医学中，生物传感器可用作 DNA 鉴定和亲子认证等。

四、生物传感器特点

（1）成本低，在连续使用时，每例测定仅需要几分钱人民币。

（2）专一性强，只对特定的底物起反应，而且不受颜色、浊度的影响。

（3）分析速度快，可以在一分钟得到结果。

（4）准确度高，一般相对误差可以达到1%。

（5）操作系统比较简单，容易实现自动分析。

（6）采用固定化生物活性物质作催化剂，价值昂贵的试剂可以重复多次使用，克服了过去酶法分析试剂费用高和化学分析烦琐复杂的缺点。

（7）有的生物传感器能够可靠地指示微生物培养系统内的供氧状况和副产物的产生。在产控制中能得到许多复杂的物理化学传感器综合作用才能获得的信息。同时它们还指明了增加产物得率的方向。

五、生物传感器前景与展望

近年来，随着生物科学、信息科学和材料科学发展成果的推动，生物传感器技术飞速发展。但是，芯片生物传感器的广泛应用仍面临着一些困难，今后一段时间里，生物传感器的研究工作将主要围绕选择活性强、选择性高的生物传感元件；提高信号检测器的使用寿命；提高信号转换器的使用寿命；生物响应的稳定性和生物传感器的微型化、便携式等问题。可以预见，未来的生物传感器将具有以下特点。

功能多样化：未来的生物传感器将进一步涉及医疗保健、疾病诊断、食品检测、环境监测、发酵工业的各个领域。目前，生物传感器研究中的重要内容之一就是研究能代替生物视觉、嗅觉、味觉、听觉和触觉等感觉器官的生物传感器，这就是仿生传感器，也称为以生物系统为模型的生物传感器。

微型化：随着微加工技术和纳米技术的进步，生物传感器将不断的微型化，各种便携式生物传感器的出现使人们在家中进行疾病诊断，在市场上直接检测食品成为可能。

智能化集成化：未来的生物传感器必定与计算机紧密结合，自动采集数据、处理数据，更科学、更准确地提供结果，实现采样、进样、结果一条龙，形成检测的自动化系统。同时，芯片技术将愈加进入传感器，实现检测系统的集成化、一体化。

低成本高灵敏度高稳定性高寿命：生物传感器技术的不断进步，必然要求不断降低产品成本，提高灵敏度、稳定性和寿命。这些特性的改善也会加速生物传感器市场化，商品化的进程。在不久的将来，生物传感器会给人们的生活带来巨大的变化，它具有广阔的应用前景，必将在市场上大放异彩。

第二节　酶生物传感器

一、酶传感器发展历史

酶传感器是生物传感器中最早被研究和应用的一类，由固定化的生物活性酶和信号转换器两部分组成。自 1962 年 Clark 等人提出把酶与电极结合来测定酶底物的设想后，1967 年 Updike 和 Hicks 研制出世界上第一支葡萄糖氧化酶电极，用于定量检测血清中葡萄糖含量此后，酶生物传感器引起了各领域科学家的高度重视和广泛研究，得到了迅速发展。

第一代酶生物传感器：是以氧为中继体的电催化。缺点是：（1）响应信号与氧分压或溶解氧关系较大，溶解氧的变化可能引起电极响应的波动；（2）由于氧的糟解度有限，当溶解氧贫乏时，难以对高含量底物进行测定；（3）当由酶促反应产生的过氧化氢以足够高的浓度存在时，可能会使很多酶去活化；（4）需采用较正的电位，抗坏血酸和尿酸等电活性物质也会披氧化，产生干扰信号。

第二代酶生物传感器：为了改进第一代酶生物传感器的缺点，现在普遍采用的是第二代酶生物传感器，即介体型酶生物传盛器。第二代生物传感器采用了含有电子媒介体的化学修饰层此化学修饰层不仅能促进电子传递过程，使得响应的线性范围拓宽，电极的工作电位降低，同时，噪声、背景电流及干扰信号均小，且由于排除了过氧化氢，使得酶生物传感器的工作寿命延长电子媒介体在近十年以来得到迅速发展，使用的媒介体种类也越不越多。

第三代酶生物传感器：是酶与电极间进行直接电子传递，是生物传感器构造中的理想手段。这种传感器与氧或其他电子受体无关，无需媒介体，即所谓无媒介体传感器，但由于酶分子的电话性中心深埋在分子的内部，且在电极表面吸附后易发生变形，使得酶与电极间难以进行直接电子转移，因此采用这种方法制作生物传感器有一定难度。到目前为止，只发现辣根过氧化物酶、葡萄糖氧化酶、醋氨酸酶、细胞色素 C、过氧化物酶、超氧化物歧化酶、黄嘿岭氧化酶、微过氧化物酶等少数物质能在合适的电板上进行直接电催化。

二、酶传感器结构与原理

酶是能够催化体内特定生物化学反应的多肽类蛋白。它们能加速某个生化物质（即底物）的反应速率但在反应过程中不被消耗。如图 8-1 所示，是酶的催化工作原理。酶在与底物反应的过程中，形成酶底物分子复合物，在适当的条件下，形成所需要的产物分子并最终释放酶。

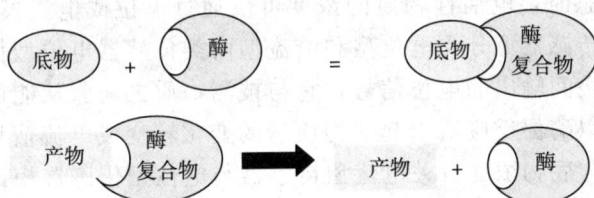

图 8-1　酶的工作原理

与化学催化剂相比，酶具有更高的底物专一性。主要的原因是底物分子与活性位点结合时受到分子大小、立体结构、极性、功能基因及相关对键能等因素的限制。基于酶的传感器，其敏感性主要由酶－底物复合物产生过程及接着的转化过程所限制的最大亲和力所决定。此外，在纯化并整合入生物传感器中之后，给予适当的 PH、温度及其他的环境条件，能最大限度地减少酶活性的降低。

酶在反应中具有极高的特异性，如图 8-2 所示。这个高度选择性的反应是酶传感器的基础。酶生物传感器的机理包括：（a）将带检测物转化为可被传感器检测到的产物；（b）检测可作为酶抑制器或激活剂的物质；（c）评价修饰后的酶与待检测物反应的特性。酶促反应的相关参数则可以采用米－曼式分析进行。

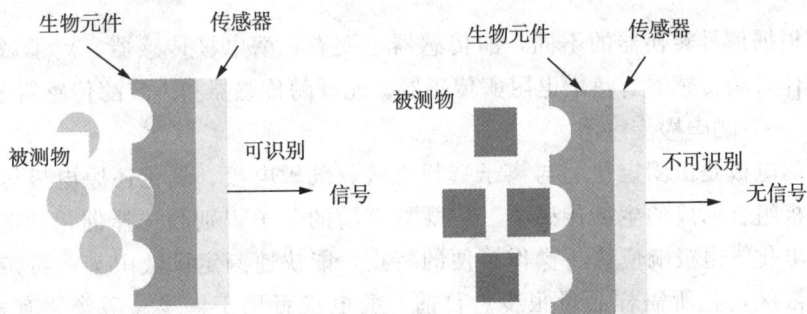

图 8-2　酶的特异性是酶传感器的基础

酶生物传感器的基本结构单元是由物质识别元件（固定化酶膜）和信号转换器（基体电极）组成当酶膜上发生酶促反应时，产生的电活性物质由基体电极对其响应基体电极的作用是使化学信号转变为电信号，从而加以检测，基体电极可采用碳质电极（石墨电板、玻碳电极、碳硼电极）、R 电极及相应的修饰电极。

酶生物传感器的工作原理：当酶电极漫入被测榕液，待测底物进入酶层的内部并参与反应，大部分酶反应都会产生或消耗一种可植电极测定的物质，当反应达到稳态时，电话性物质的浓度可以通过电位或电流模式进行测定。因此，酶生物传感器可分为电位型和电流型两类传感器电位型传感器是指酶电极与参比电极间输出的电位信号，它与被测物质之间服从能斯特关系而电流型传感器是以酶促反应所引起的物质量的变化转变成电流信号输出，输出电流大小直接与底物浓度有关电流型传感器与电位型传感器相比较具有更简单、直观的效果。

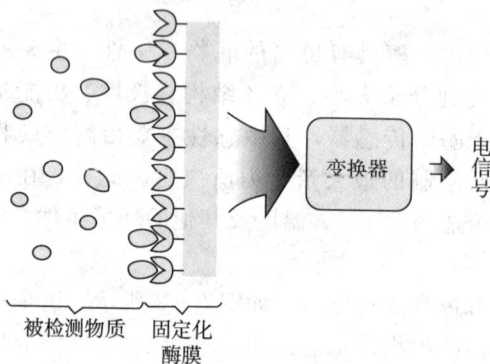

图 8-3　酶生物传感器工作原理示意图

三、酶传感器类型

根据信号转换器的不同，酶传感器主要有：酶电极传感器、离子敏场效应晶体管酶传感器、热敏电阻酶传感器、光纤酶传感器和声波酶传感器等。

（一）酶电极传感器

酶电极是由固定化酶与离子选择电极、气敏电极、氧化还原电极等电化学电极组合而成的生物传感器。它既具有酶的分子识别和选择催化功能，又具有电化学电极响应快、操作简便的特点，能快速测定试液中某一特定化合物的浓度，且所需样品量很少。目前，酶电极可用于糖类、醇类、有机酸、氨基酸、核苷酸、激素等成分的测定。依据输出信号的不同，酶电极主要分为电位型和电流型（也称安培型）两种。

1. 电位型酶电极

电位型酶电极是指将酶促反应所引起的物质量的变化转化为电位信号输出，从而测定物质浓度的一种酶电极传感器。电位输出信号的强弱与酶催化反应底物（被测物）浓度的对数呈线性关系。所使用的信号转换器（也称基础电极）有离子选择性电极、氧化还原电极等。

（1）离子选择性电极：离子选择性电极是对某一特定的离子（阴离子或阳离子）具有选择性响应的电极。离子选择性电极通常由电极管、内参比电极、内参比溶液和离子敏感膜四部分组成。

离子选择性电极对离子的选择性响应基于离子敏感膜的选择性离子交换作用。离子选择性电极的电位响应主要来自于界面上离子交换所导致的界面电荷分布和膜电位的改变。离子选择性电极在测量时，将离子选择性电极与参比电极（外参比电极）组成一个原电池，在零电流条件下测量原电池的电动势（电位），该电动势与溶液中相应离子的活度（浓度）具有定量关系。因此测定原电池的电动势，即电极电位，即可测定出溶液中相应离子的浓度。

（2）氧化还原电极：氧化还原电极是一个惰性金属电极，它的电极电位取决于它所在溶液中氧化还原电对的种类及氧化态物质和还原态物质的活度（浓度）比。测定时，将氧化还原电极与参比电极（外参比电极）一同浸入含氧化还原电对的溶液中组成一个原电池，在零电流条件下测量原电池的电动势（电位）。

2. 电流型酶电极

电流型酶电极是指通过检测酶促反应底物或产物在电极上发生氧化或还原电解反应所产生的电流信号，从而检测物质浓度的一种分析检测装置。在一定条件下，测得的电流信号与被测物浓度呈线性关系。电流型酶电极也是由固定化酶膜和基础电极组合而成的。电流型酶电极一般可采用氧电极、过氧化氢电极、石墨、铂、钯和金等基础电极。

氧电极是一种测定溶液中氧浓度的电流型电极。许多酶（如各种氧化酶和加氧酶）在催化底物进行反应时需要溶液中的氧，反应中所消耗的氧量可用氧电极来测定。反应中所消耗的氧量与酶作用底物的浓度呈正相关，测定反应中所消耗的氧量即可测定出溶液中底物的量。因此将氧电极同各种氧化酶或加氧酶结合构成酶电极，即可用来测定相应酶的底物量。

（二）离子敏场效应晶体管酶传感器

离子敏场效应晶体管酶传感器是一种将固定化酶与离子敏场效应晶体管结合而构成的酶传感器，即以固定化的酶膜作为分子识别元件，以离子敏场效应晶体管作为信号转换元件所构成的一种分析检测装置。

离子敏场效应晶体管（ISFET）是半导体微电子学与离子选择性电极核技术相结合所构成的一种传感装置。

离子敏场效应晶体管酶传感器就是将酶膜固定在离子敏场效应晶体管栅极的离子敏感膜上，测量时，由于酶的催化作用，使待测物质反应生成相应的产物。当反应中的底物或产物含有离子敏场效应晶体管能够响应的离子时，则可利用离子敏场效应晶体管检测底物离子或产物离子的变化量，从而可检测出溶液中待测物的含量。

例如，利用 ISFET 和葡萄糖氧化酶可构成葡萄糖酶传感器，利用葡萄糖在葡萄糖氧化酶作用下生成葡萄糖酸时 pH 发生变化，再利用对 H^+ 敏感的离子敏场效应晶体管检测 H^+ 浓度，即可测定出溶液中葡萄糖含量。利用半导体集成电路技术，可实现传感器的超小型化，实现体内埋藏医疗用传感器实时监测患者病情变化。

（三）热敏电阻酶传感器

热敏电阻酶传感器是由固定化酶和热敏电阻组合而成的一种酶传感器。具有稳定性好、灵敏度高、响应快、价格低等优点。

热敏电阻是指随温度变化其电阻值有极大变化的特殊电阻器，是由铁、镍、锰、钴、钛等金属氧化物构成的半导体，其外形随使用的感温材料和作用原理以及用途的不同而不同，有球型、片型、棒型、厚膜型等。其基本结构一般包含 5 部分：感温材料、电极及导线、支持用的基件部分、封装构件、加热用电热器。在酶催化底物反应过程中，都会伴随着放热或吸热的热量变化，从而引起热敏电阻阻值的变化，这是热敏电阻酶传感器测量的基础。酶催化反应过程中热量变化的强弱与底物浓度具有相关性，因而热敏电阻阻值的变化大小与底物浓度具有一定的定量关系。只要测定热敏电阻阻值的变化即可测定底物的浓度。

（四）光纤酶传感器

光纤酶传感器是以酶作为分子识别物，与光纤结合所构成的一种酶传感器。其基本原理就是将酶催化反应过程中的物质变化量转换为光学变化量进行输出，从而达到对被测物的含量进行检测的目的。

光纤酶传感器的核心部件是光纤探头，主要由生物敏感膜——酶膜和光纤组成。酶膜可随着在光纤的端面，也可附着在光纤的表面上。测定时将光纤探头插入待测溶液中，由于酶催化反应产生底物或产物的含量变化，引起膜层光学特性的改变，当一定波长的入射光通过光纤传至探头膜层时，就会产生各种光学信息，如紫外光、可见光及红外光的吸收和反射，荧光、磷光、化学发光和生物发光、拉曼散射等信号输出，这些光学信号输出与酶作用底物之间具有一定的定量关系，通过光学监测器检测这些光学信息即可检测出待测物的量。

光纤生物传感器（包括光纤酶传感器在内）的测量系统主要由光源、单色器、光纤管、光电倍增管及检测数值显示仪或记录仪组成。

（五）声波酶传感器

声波酶传感器是以酶作为分子识别元件，以压电晶振作为换能器（信号转换元件）所构成的一种酶传感器。

晶体受外界机械力的作用,在其表面产生电荷的现象称为压电效应。相反,晶体受到电场作用时,可发生正比于电场强度的机械变形,此现象称为逆压电现象,也称电致伸缩效应。正压电效应、逆压电效应的压电系数相等。具有压电效应的晶体材料称为压电晶体。

压电晶振是由一定切型的压电晶体装上激励电极所构成的一种传感元件。在交变电场激励下,压电晶体通过逆压电效应产生机械振动。当交变电场频率等于压电晶体固有振动频率时,压电晶体产生机械共振。共振时其机械共振波(或称声波)能量最高,其频谱图上表现为振幅最大。在介质内部传播的声波,称为体声波。在介质表面传播的声波,称表面声波。

压电晶振,也称压电声波传感器,其传感机制可分为质量响应型声波传感和非质量响应型声波传感两大类。其中,基于电导响应的非质量型声波传感器可用于酶分析。

非质量型声波传感过程中,压电晶振感应的不是晶体表面质量的变化,而是通过电导电极响应溶液中介电性质和电导的变化。电极电导的变化引起压电晶振共振频率的改变,电极电导的变化则是因为溶液中介电物质浓度的改变所导致。因此,压电晶振共振频率的改变与溶液中介电物质浓度的改变具有一定的相关性。这是非质量响应型声波传感器分析检测的基础。对于大多数的酶催化反应,伴随着产物的生成,溶液电导会发生显著改变。脲酶专一性催化脲生成 NH_4^+ 和 HCO_3^- 导致溶液电导增加。

四、酶生物传感器应用

（一）在医学检测方面的应用

(1) 葡萄糖传感器和血糖测定仪。血液中葡萄糖浓度的测定是诊断和治疗糖尿病及其他多种代谢失调疾病的一个重要检测项目。以往都用比色法测定,但该操作复杂,干扰较严重。而现多用传感器法,其优点是将酶反应的特异性和电化学检测技术的灵敏性结合起来,可简便、迅速地得到可靠结果。葡萄糖传感器有多种类型,其差异主要表现在酶的固定化方法不同、固定酶的基质膜不同、酶的用量不同、测定仪的测定方式不同等。传感器所用的酶一般都是葡萄糖氧化酶（GOD）,输出信号主要是电流。

目前,血糖测定仪产品较多,但有的适用于全血,有的则仅适用于血浆或血清。如福建电子技术研究所生产的 Glu-1 型葡萄糖分析仪适用于测定血清样品,样品量 $10\mu l$,测定范围 $0-55mmol/L$,寿命 1500 次。

Cass 等采用媒介体吸附的方法,制备了二茂铁修饰的葡萄糖氧化酶电极。章咏华等采用玻碳电极为基体,以热处理方法制备四苯基钴卟啉化学修饰电极作为换能器,用戊二醛与葡萄糖氧化酶交联,制成一种酶电极,其寿命几乎不受测量次数的影响，抗干扰能力强，线性响应范围为（$9 \times 10^{-5} \sim 12 \times 10^{-3}$）M。Gorton 等报道通过采用含二茂铁的硅烷聚合物可解决媒介体的稳定性问题。

（2）酶生物传感器用于检测黄曲霉毒素 B。刘大岭、沈奕、张静以及姚冬生以开管的多壁纳米碳管固定化黄曲霉毒素氧化还原酶制作传感电极检测黄曲霉毒素 B。其线性范围达到 $0.16uM \sim 32uM$ 特异性的黄曲霉毒素 B。抗体与黄曲霉毒素氧化还原酶通过多壁纳米碳管共固定化制作修饰电极。传感器的检测限提高到 16nM，灵敏度提高了 l0 倍。用这种方法制作黄曲霉毒素酶生物传感器，使黄曲霉毒素酶生物传感器向实用化迈进了一步。

（3）尿酸传感器和测定仪。测定尿酸对血液病的诊断和治疗很有意义，尿酸的正常值为 $140 \sim 420\mu mol/L$，在尿酸氧化酶的作用下，尿酸可被 O_2 分子氧化分解为尿囊素、CO_2 和 H_2O_2。测定尿酸的生物传感器是基于反应中消耗的 O_2，或生成的 H_2O_2。如 UA300A 型尿酸测定仪配有尿酸氧化酶和 H_2O_2 电极组成的传感器，可用于测定全血中的尿酸。

（4）测定甘油三酯和磷脂的测定仪。血清甘油三酯的测定是诊断和分析高血脂症的重要指标。血清甘油三酯的正常值为 $0.35 \sim 1.7mmol/L$。测定甘油三酯的原理是：首先用脂肪酶将甘油三酯分解为甘油和脂肪酸，然后再把甘油转化为易于测定的物质。在 ICA－LG400 型脂质测定仪上，甘油三酯的测定是用甘油激酶和磷酸甘油氧化酶的双酶膜固定在氧电极上，通过测定氧的消耗速度来完成。

血浆中磷脂的正常浓度为 $2.5 \sim 3.0mmol/L$，其中主要成分是磷脂酰胆碱。测定时先用可溶性的磷酸酶 D 与血清样品预温育，然后再用 ICA－LG400 型脂质测定仪上的氧化酶（胆碱氧化酶）电极测定游离的胆碱，就可救出血中的磷脂量。

（5）测定游离胆固醇和总胆固醇的测定仪。胆固醇在血浆中的含量与心血管疾病有关，中年人血浆胆固醇的正常值为 $3.1 \sim 6.7mmol/L$，其中 70% 被脂肪酸酯化成为胆固醇酯。测定时将胆固醇氧化酶固定在胶原膜或尼龙网上，用 ICA－LG400 型脂质测定仪测定游离胆固醇，再将血清在含有曲通 100 或脱氧胆酸的溶液中用胆固醇酯酶温育，同样再用 ICA－LG400 型脂质测定仪测定总胆固醇。

（6）药物传感器。药物传感器是指以生物材料样品（血、尿等）中的药物为测量对象的生物传感器。在用药物治疗时，给药的方法决定于用药量和药效之间的关系。近年来，为了解药物在血中的浓度、掌握药物在血液中的动态、优化投药量，测定治疗过程中药物的浓度显得越来越重要。目前药物传感器大多为实验室的研究成果，商品化的还比较少，而且，一般限于离休生物材料中药物浓度的测定，实现在体连续测定还有一定困难。

（二）在疾病治疗方面的应用

（1）酶生物传感器用于治疗家族性帕金森氏症和查明致病机理。德意志研究联合会分子生理学研究中心科学家报告说，他们利用细胞内折叠酶生物传感器查明 DJ－1 蛋白存在于健康细胞的细胞质溶质中，并以同型二聚体的形式存在。当 DJ－1 基因发生最常见的"L166P"点突变时，DJ－1 蛋白的亚细胞分布不仅会改变，其同型二聚体化能力和"伴娘蛋白"功能也会被削弱，由此会产生错误折叠的蛋白，并最终导致神经细胞坏死。与此同时，德国科学家还意外发现一种名为"BAG1"的蛋白可以与 DJ－1 蛋白结合，并能在后者变异的情况下恢复其同型二聚体化能力和"伴娘蛋白"功能，从而能避免细胞坏死。这为将来科学家找到治疗 DJ－1 基因变异引起的帕金森氏症的办法提供了一种可能性。

（2）酶生物传感器用于在生物医药治疗疾病中，用于生化反应的监视，可以迅速地获取各种数据，有效地加强生物工程产品的质量管理。酶生物传感器已在癌症药物的研制方面发挥了重要的作用，如将癌症患者的癌细胞取出培养，然后利用酶生物传感器准确地测试癌细胞对各种治癌药物的反应，经过这种试验就可以快速地筛选出一种最有效的治癌药物。

（三）在疾病分析方面的应用

（1）酶生物传感器用于免疫分析，1959 年 Yalow 等利用有放射性的标记抗原，用 B 或 Y 计数器来测量参加免疫反应的酶生物传感器及酶联荧光免疫技术的研究量来间接分析待测物，发展了一种灵敏度极高的放射性免疫分析法（RIA），但该方法不仅仪器药品价格昂贵，而且造成了放射性污染，对分析人员身体健康有潜在危害。1971 年瑞典学者 Engvall 和 Perlmann 发展了酶联免疫吸附技术，其基本原理与 RIA 相同。先将已知的抗体或抗原结合在某种固相载体上，并保持其免疫活性。

（2）酶生物传感器用于血浆中乳酸含量升高引起的病状分析。Hart 等通过电化学沉积的方法将铂均匀的覆盖在丝网印刷碳电极表面，然后将乳酸氧化酶、碳粉及羟乙基纤维素混合，印刷在铂的表面，最后覆盖 Nafion 和乙酸纤维素膜，制得的酶电极可对 $0\sim2mM$ 的乳酸进行检测。Doorothea 等发展了用于实时乳酸检测的电流型乳酸传感器，利用薄膜技术在二氧化硅基底上制作工作电极，用聚亚胺酯将乳酸氧化酶固定在工作电极上，该传感器的线性范围 $0.5\sim20mM$，测量时间小于 $2min$。

五、酶生物传感器的展望

有人把 21 世纪称为生命科学的世纪，也有人把 21 世纪称为信息科学的世纪。生物传感器正是在生命科学和信息科学之间发展起来的一个交叉学科。酶生物传感器是极具有发展潜力的学科领域，随着酶生物传感器在食品、医药、环境等领域应用范围的扩大，对其提出了更高的要求。

酶生物传感器的研制过程有诸多难点，其一是如何高效地筛分出高活性的酶；其二为了使传感器具有令人满意的灵敏度，关键是保证有足够量高活性酶尽可能牢固地固定在半导体片上；同时，为了缩短传感器的响应时间及延长寿命，在工艺上将基膜做得尽可能的薄。其三个难点就是如何改进传感器对应用条件的适应性与稳定性。

微型化：在医疗检测方面，迫切需要微型化的酶生物传感器，因为它能对体液中的微量样品进行分析，并可封入探针刺入人体内进行检测，为医生的诊断提供依据。纳米技术、微电子技术的交叉发展使酶生物传感器的微型化成为可能。纳米颗粒的传感器灵敏度和使用寿命都有了明显的提高。

多功能化：目前，大多数酶生物传感器只能测定一个参数，使推广应用受到了局限，因此不更换酶膜能同时测定几种物质或组合测定同一样品液，或用复合酶膜制成多功能酶生物传感器已势在必行。

市场化：目前，酶生物传感器的研究试验已较为广泛，但大多数仍处于实验室研究开发阶段，达到实用化阶段的产品还较少，因此研制具有市场潜力的酶生物传感器一直是科学家努力的方向。

思考题

8-1　名词解释：离子选择性电极、氧化还原电极、离子敏场效应晶体管酶传感器、热敏电阻、光纤酶传感器、压电效应、压电晶振。

8-2　简述传感器、生物传感器和酶传感器的基本概念。

8-3　酶传感器有哪些类型？

8-4　简述各种酶传感器的基本检测原理。

8-5　简述酶传感器有哪些重要应用。

8-6　电流型酶电极与电位型酶电极有哪些不同？

8-7　简述生物传感器有哪些特点。

8-8　简述生物传感器的结构和原理。

8-9　简述酶传感器的结构和原理。

8-10　简述各种酶传感器的基本检测原理。

第九章 酶抑制剂

[**内容提要**]　本章简要介绍酶的抑制剂、抑制作用、类型及其特点，重点阐述酶抑制剂的设计方法和筛选方法，并阐述酶抑制剂在医学和其他领域中的应用。

第一节　酶的抑制剂

酶抑制剂的研发始于 20 世纪 60 年代初，至今已设计出许多重要价值的酶抑制剂，广泛应用在临床疾病治疗、新型农药设计、蛋白质及多肽类药物研制、新药的筛选与开发、抗病虫植物新品种培育、肥料及饲料添加剂等方面。

一、酶抑制剂

由于酶分子上的某些必需基团化学性质的改变，而引起酶活力下降或丧失，但不使酶蛋白变性的现象称酶的抑制作用。

酶的抑制程度是指酶受到抑制后活力降低的程度，它是研究酶抑制作用的一个重要指标，一般可用相对活力分数、相对活力百分数、抑制分数来表示，但目前多采用抑制率达到 50％时的抑制剂浓度（IC_{20}）作为抑制剂抑制能力强弱的对比指标。

相对活力分数＝加入抑制剂后的反应速率/不加抑制剂时的反应速率

相对活力百分数＝加入抑制剂后的反应速率/不加抑制剂时的反应速率 ×100％

抑制分数＝1－加入抑制剂后的反应速率/不加抑制剂时的反应速率

酶作为生物催化剂的重要特征之一是酶活力受调节控制，凡是能作用于酶并可引起酶催化反应速度降低的物质称为酶的抑制剂，如药物、抗生素、毒物、抗代谢物等。抑制剂之所以能抑制酶促反应，主要是由于它们能使酶的必需基团或活性部位的性质和结构发生改变，从而导致酶活性降低或丧失。

二、酶抑制剂的分类

酶抑制剂的分类方法很多，根据抑制剂的化学性质可分为无机化合物和有机化合物两大类；根据酶所催化反应的类型可分为氧化还原型抑制剂、转移酶抑制剂、水解酶抑制剂、裂解酶抑制剂、异构酶抑制剂和合成酶抑制剂六大类；根据抑制剂与酶作用的特点可分为不可逆抑制剂和可逆抑制剂两大类；按照酶抑制剂对疾病治疗作用可分为可降血压、降血脂、抗血栓、抗肿瘤、抗炎症等多类。

三、酶的抑制作用的特点

（一）不可逆抑制剂

抑制剂与酶分子上的某些基团以共价键的方式结合，引起酶活力降低或丧失。这种酶活力降低或丧失不能通过物理的方法如透析、超滤等除去抑制而恢复，称为不可逆抑制剂。不可逆抑制作用的特点是随时间的延长会逐渐地增加抑制，最后达到完成抑制。抑制剂的效应以速度常数表示，而不是以平衡常数表示，它决定于给定时间内某一浓度抑制剂所抑制的酶活性的分数。

按照不可逆抑制作用的不同选择性，可将不可逆抑制剂分为非专一性不可逆抑制剂和专一性不可逆抑制剂两大类。前者作用于酶的一类或几类基团（包括必需基团），作用后能引起酶的失活，这类抑制剂主要为以下几类：有机磷酸化合物（如丙氟磷、敌敌畏、敌百虫、对硫磷等）、有机汞及有机砷化合物（如对氯汞苯甲酸、路易斯毒气等）、重金属盐（如含 Ag^+、Cu^{2+}、Hg^+、Pb^{2+}、Fe^{3+} 的重金属盐）、烷化剂（如碘碘乙酸、2，4－二硝基氟苯等）、酰化剂（如酸酐、磺酰氯等）、氰化物、硫化物等。后者专一地作用于某种酶活性部位的必需基团、氨基酸侧链或酶的辅基而导致酶的失活，如二异丙基氟磷酸能专一性作用于丝氨酸的羟基，是胆碱酯酶的不可逆抑制剂。

（二）可逆抑制剂

抑制剂与酶分子上的某些基团以非共价键的方式结合，引起酶活力降低或丧失。这种酶活力降低或丧失能通过物理的方法如透析、超滤等除去抑制而恢复，称为可逆抑制剂。根据抑制剂与底物的关系，可分为：竞争性抑制剂、非竞争性抑制剂、反竞争性抑制剂及混合型抑制剂等四种。

（1）竞争性抑制剂。竞争性抑制是指抑制剂和底物竞争酶的结合部位，从而影响了底物与酶的正常结合。这类抑制剂的作用强弱取决于抑制剂与底物浓度的比例，可通过增加底物浓度而加以解除。例如，丙二酸与琥珀酸脱氢酶底物琥珀酸是结构类似物，可与琥珀酸竞争结合琥珀酸脱氢酶的活性中心，进而抑制琥珀酸脱氢酶。除以因素外，还有些因素可以造成两者和酶的结合互相排斥的原因。如，两者的结合位置虽然不同，但有部分重叠或由于空间障碍使得抑制剂和底物不能同时结合到酶分子上。还有些抑制剂（效应剂或调节剂）虽然和酶结合的位置不是底物结合的位置，可是由于抑制剂的结合引起了酶构象的变化，干扰了底物和酶的结合。竞争性抑制剂往往是底物的衍生物或非代谢性类似物、反应的产物，也可能是该酶的另外一种底物。

（2）非竞争性抑制剂。非竞争性抑制剂是指底物和抑制剂同时和酶结合，两者没有竞争作用。这类抑制剂通常与酶活性部位以外的基团相结合，其作用强弱主要取决于抑制剂的绝对浓度，因而不能通过增加底物浓度而解除。也就是说，酶与底物、抑制剂可逆地独立地结合成无活性的三元复合物。如氯磺隆和苯磺隆是玉米乙酰乳酸合成酶的非竞争性抑制剂。

（3）反竞争性抑制剂。该抑制剂不能和游离酶结合，只和酶－底物复合物结合成无活性的三元复合物。这种情况在简单的反应系统中不常见，但在多元反应系统中是常见的反应机制。如，氰化物或肼对于芳香硫酸酯酶的抑制作用。

（4）混合型抑制剂。在非竞争性抑制剂的作用中，底物和抵制剂同酶的结合严格地说互不影响，但实际中有很多抑制剂与酶结合后会部分影响酶与底物的结合，其效果介于竞争性抑制和非竞争性抑制之间，称为混合型抑制。

第二节 酶抑制剂的应用

目前已设计开发许多有重要应用价值的酶抑制剂，并在人类疾病的治疗、蛋白质及多肽类药物口服制剂的研制、新药的筛选与开发、抗病虫植物新品种的培育、肥料及饲料的添加剂、食品的加工生产等有广泛应用。

一、在医学领域中的应用

生物体内的新陈代谢是完整统一的体系，涉及众多复杂而有规律的酶促反应，酶是细胞代谢最关键的调节元件，而每一种酶都有一些特定的抑制剂。酶抑制剂在医学领域中有以下应用。

（一）在疾病治疗方面的应用

许多研究和实践证明，酶抑制剂可使体内代谢途径受到阻断，导致代谢中间产物含量的变化，可达到减缓一些病态发生的目的。如，胆固醇合成途径关键性调控酶——β－羟基－β－甲基戊二酰辅酶受到抑制后即可降低血液中的胆固醇浓度，从而减缓高胆固醇症的发生。所以酶抑制剂可作为治疗疾病的药物。目前，如阿糖胞苷、γ－乙烯代氨基丁酸、巯基丙脯酸、氧青霉烷类、别黄嘌呤醇、氧肟酸类化合物、乙酰水杨酸等多种酶抑制剂已作为药物应用于疾病治疗。

（二）在蛋白质及多肽类药物口服制剂研制中的应用

随着基因工程技术的迅速发展，利用生物技术生产的蛋白质和多肽类药物不断涌现，但此类药物口服时因胃肠道蛋白酶的作用而造成生物利用度极低且半衰期较短，对慢性疾病的治疗必须长期频繁注射，给患者带来不便。为此，克服胃肠道蛋白酶的作用是解决蛋白质和多肽类药物口服给药的关键。目前，有关蛋白质和多肽类药物非注射途径给药的研究取得了一定进展，并已开发出许多蛋白酶抑制剂。例如，非氨基酸类蛋白酶抑制剂（如甘氨胆酸钠盐、卡莫司他甲磺酸盐等）具有低毒性，可提高胰岛素在胃肠道中的吸收及生物利用度；氨基酸及其衍生物类蛋白酶抑制剂（如硼酸亮氨酸、硼酸丙氨酸、硼酸缬氨酸、N-乙酰半胱氨酸等）是氨肽酶的可逆强抑制剂，已进入临床实验；多肽类蛋白酶抑制剂（如卵类黏蛋白及鸡卵白抑制剂、植物性胰蛋白酶抑制剂、人造胰蛋白酶抑制剂、抑肽酶等）具有毒性低、抑制活性高、可提高药物的生物利用度等优点，已被广泛作蛋白质和多肽类口服药物的助剂；修饰化肽类蛋白酶抑制剂（如次磷酸盐化的二肽抑制剂、嘌呤霉素、胃抑素、亮肽素、抑糜蛋白酶类、类胰蛋白酶抑制剂）对胃肠道中的蛋白酶（如胰蛋白酶、胰凝乳蛋白酶等）具有较强的抑制效应，其中次磷酸盐化的二肽抑制剂是一种过渡态抑制剂，对氨肽酶具有较强的抑制作用，目前已用作亮氨酸脑菲肽鼻腔给药的稳定剂。

（三）在新药筛选与开发中的应用

传统上人们多以某些化合物对某种疾病有一定治疗作用作为药物设计的依据，大量合成其类似物，从中进行筛选，存在筛选及测试所需的工作量大、效率低等缺点；而当今可根据药物在生物体内可能的作用目标（如酶、受体等）来设计药物，这就是所谓的酶标药物设计。目前，利用酶标药物设计方法已成为新药设计最有效的方法之一，并已成功应用于酶抑制剂药物的开发，成功事例有：常用降血压药物的血管紧张肽转移酶抑制剂，治疗 HIV 病毒感染药的 HIV 蛋白酶抑制剂，以及抗菌药物的新型青霉素酰胺酶抑制剂等。

近几年发展起来的计算机模拟技术是另一种寻找酶标药物的有效方法，其主要原理是充分利用所获得许多底物和抑制剂与酶相互作用的结构信息，并对这些信息进行计算机模拟和定量分析，通过利用计算机分子设计软件设计靶酶的抑制剂，以达到新药筛选与开发的目的。

（四）部分药物作为酶抑制剂事例

1. 青霉素

许多药物的作用机理，在于抑制酶的催化作用，从而干扰生命活动。这种药物的结构，可能与酶反应的底物的结构相似。青霉素和头孢菌素的抑制细菌作用，是由于干扰细菌合成细胞壁。细菌依赖着细胞壁保护其细胞，细胞壁由一些多糖链和多肽链交织而成。在交织构成过程中，一条包括由 D－丙氨酰－D－丙氨酸二肽的链加到一条有几个甘氨酸组成的肽链上，这加成反应由转肽酶与羧肽酶所催化。青霉素和头孢菌素的构象和 D－丙氨酰－D－丙氨酸的构象十分相像，因之青霉素正好适应 D－丙氨酰－D－丙氨酸在酶上的作用部位。而药物与酶分子作用部位的结合，意味着占有这部位而排斥了丙氨酸二肽的结合，这样就干扰了肽链的交织，从而阻止了细胞壁的构成，于是危及细菌的生长。这种作用称为代谢拮抗（Biologicalantagonism），丙氨酸肽 链 是 代 谢 物，青 霉 素 是 拮 抗 物。拮 抗 物 （Antaganist） 与 代 谢 物（Metabilite）间存在一定构象关系。青霉素和头孢菌素的半合成类似物中，也存在类似构效关系，只有构象与前述青霉或 D－丙氨酰－D－丙氨酸相似的，才有抑菌作用。

　　2. 血管紧张素转化酶抑制剂

　　肾脏分泌有一种酶称肾素（Rennin），又称肾高血压蛋白酶，产生后分泌至血循环中，使血浆中一种球蛋白分解，产生血管紧张素（angiotensin），这种蛋白称血管紧张素原（angiotensinogen）来自肝脏。裂去羧端的肽段后，生成 10 个氨基酸组成的血管紧张素Ⅰ，后者又经在肺脏产生的血管紧张素转化酶（angiotensinconvertingenzyme）的催化作用，再裂去羧端的两个氨基酸，成为八肽的血管紧张素Ⅱ。肾素，血管紧张素，醛固酮合成一个系统，对维持生命活动起重要作用。醛固酮调节电解质的平衡与血压的上下，由血管紧张素Ⅱ诱导分泌。血管紧张素Ⅱ又通过收缩小动脉以升高血压，从而起到调节血压的作用。当体内钠离子浓度下降时，肾素与血管紧张素水平就升高；当钠离子过量时其水平又降低。肾素，血管紧张素系统保证体内一定的钠离子浓度。如果体内调节失灵，产生过量血管紧张素与醛固酮时，又可导致高血压。

　　血管紧张素Ⅱ是强效的升高血压物。血管紧张素Ⅰ本身没有升高血压作用。如果抑制血管紧张素转化酶从而限制血管紧张素Ⅱ的产生，自应有降低血压作用。1965 年，Ferrira 等发现拉丁美洲所产毒蛇毒汁中提取的物质可阻止狗产生实验性肾型高血压，其有效成分是一组由 9－13 个氨基酸组成的多肽物质，对血压的效应正是由于抑制了血管紧张素转化酶。这组多肽相互间有着结构上的相似性，其中替普罗肽（teprotide，SQ20881）的氨基酸顺序为：

NH$_2$－焦谷－色－脯－精－脯－谷胺－异亮－脯－脯－COOH

它对好几种动物模型都有降压作用。

当时血管紧张素转化酶的结构尚未阐明，但知其为一种羧肽酶，与胰羧肽酶相似，1973 年早就发现 D－苄基丁二酸是羧肽酶的竞争性抑制剂。血管紧张素转化酶是二肽羧肽酶，其催化作用水解裂去 2 个氨基酸。酶上的阳离子部位与酶中心的锌离子间距离比羧肽酶 A 的相应距离多一个氨基酸残基。鉴于脯氨酸对替普罗肽所起的作用，便合成了 2－D－甲基丁二酰脯氨酸（SQ13，297）与 2－D－甲基戊二酰脯氨酸，实验结果抑制血管紧张素转化酶作用远比 D－苄基丁二酸强。在其分子中，羧基是与酶系统的锌离子作用的基团，将其换为氨基、酰氨基、胍基等，作用并不增强，但如换为巯基，可生成难以解离的硫醇锌盐，与酶的结合更为牢固，抑制作用更强，称卡托普利（Captopril，SQ14，225），又称巯甲丙脯酸。卡托普利分子中的巯基，易与体内一些蛋白作用，从而产生皮疹等副作用。因而在卡托普利的基础上又开发了伊那普利（enalapril），赖诺普利（lisinopril）等新的血管紧张素转化酶抑制剂，作为心血管系统药物。

二、在农业及畜牧业领域中的应用

（一）在农业生产中的应用

1. 脲酶抑制剂可作为肥料添加剂

脲酶抑制剂可控制脲酶活性，提高尿素利用率。尿素是农业生物生产中的主要氮肥，但施入土壤后的分解吸收受土壤条件影响较大，一般利用率仅有 30%～40%；而肥料中添加脲酶抑制剂可防止尿素分解损失，延长肥效期，提高氮肥使用效果，脲酶抑制剂约能使尿素利用率提高 10%～20%，使肥效期延长 30～50 天。脲酶抑制剂可应用于棉花、甘蔗、蔬菜和水稻等农作物。

2. 植物蛋白酶抑制剂的抗病抗虫作用

蛋白酶抑制剂是一种抑制蛋白酶活性的蛋白质，对许多昆虫的生长发育有明显的抑制作用。一些存在于植物体内的专一性蛋白酶抑制剂与植物的抗病虫能力密切相关。为些，人们已尝试利用一些植物蛋白酶抑制剂基因对有价值的农作物和林木的抗病虫能力进行分子遗传改良，并取得进展。已从大豆、豇豆、水稻、南瓜、玉米、芥菜、马铃薯、番茄、杨树等多种植物中克隆得到不同蛋白酶抑制剂基因（如胰蛋白酶抑制剂基因、丝氨酸蛋白酶抑制剂基因、巯基蛋白酶抑制剂基因等）并成功导入到烟草、拟南芥、马铃薯、甘薯、花椰菜、白菜、油菜、番茄、太阳花、水稻、棉花、苹果等不同植物中，其中大部分均获得对昆虫具有明显抗性的转基因植物。另外，植物凝集素是一类糖结合蛋白，实际上是一种 α－淀粉酶抑制剂，目前已克隆得到菜豆凝集素基因、雪花凝集素基因、豌豆凝集素基因、麦胚凝集素基因、半夏凝集素基因，有些基因已成功导入到烟草、番茄、马铃薯等植物中。

3. 酶抑制剂可作为新型农药

传统农药（如有机磷、氨基甲酸酯类、除虫菊酯类杀虫剂等）对农业生产发挥了重要作用，但对环境也造成严重的污染，而且长期使用还会产生抗药性。因此，基于酶的抑制作用机制开发新型高效低毒绿色农药已日益受到人们的关注。目前已开发出的酶抑制剂类新型农药有：天冬酰胺合成酶抑制剂类除草剂（环庚草醚）、原卟啉氧化酶抑制剂类除草剂（如 N－苯基酞酰亚胺类、嘧啶类、吡唑类、二苯醚类、恶二唑酮类、噻二唑类、芳基三唑酮类等）、乙酰胆碱酯酶抑制剂类杀虫剂（三氯甲基酮）以及海藻糖水解酶抑制剂类杀虫杀菌剂（如有效霉素），广泛应用于农业生产中。

（二）在畜牧业生产中的应用

尿素是反刍动物能够利用的最廉价的氮源，但尿素降解率过高，易引起氨中毒。大量实验表明，在反刍动物饲料中添加脲酶抑制剂，不仅可提高饲料利用率和瘤胃内粗饲料的消化速度，节约蛋白质饲料以及降低成本，而且还可避免氨中毒或氨应激，促进动物生理平衡的保持和健康生长，进而提高动物的肉、乳产量；同时添加脲酶抑制剂可减少粪尿中氨的含量，减轻对环境造成污染。目前，脲酶抑制剂作为一类特殊的饲料添加剂已在畜牧业中广泛应用。

有研究表明，肉仔鸡肠道内的细菌脲酶能水解非蛋白氮而导致肠道氨浓度的提高，进而加快黏膜的更新速度和增大耗氧量，最终发生腹水症而死亡；而饲喂脲酶抑制剂可降低同肉鸡腹水症的发病率和死亡率。

（三）在食品加工生产中的应用

酶抑制剂不仅可作为一种手段，用于控制害虫、治疗疾病以及作为肥料和饲料的添加剂，而且可以利用酶抑制剂抑制食品加工生产中不受欢迎的酶催化反应，以达到去除某些影响食品的营养和品质的物质。

1. 在果蔬制品加工生产中的应用

由于多酚氧化酶的存在，常导致果蔬制品褐变现象的发生，严重影响果蔬制品的营养品质和外观品质。因此，如何有效抑制酶褐变已成为果蔬制品加工生产中必须解决的问题。研究表明，半胱氨酸、抗坏血酸、柠檬酸等可食性抑制剂能有效抑制酶褐变现象的发生，目前已应用于一些果蔬汁（如香蕉汁、苹果汁等）的加工生产，加苹果汁中加入1%抗坏血酸能防止褐变。

另外，有些果蔬汁（如柑橘汁、胡萝卜汁）的色泽和风味主要依赖于汁中的浑浊成分，即悬浮于果汁中的各种不溶的微小粒子（主要由果胶、蛋白质、脂肪等构成）；而新鲜的果汁中往往含有果胶酯酶，可使果胶转化成低甲氧基果胶和果胶酸，与果汁中的高价阳离子作用而生成不溶性的果胶酸盐，进而导致浑浊粒子沉降。因此，要生产稳定的浑浊果蔬汁，就必须在加工生产中对果胶酯酶活性进行控制。

2. 在水产品加工生产中的应用

由于组织蛋白酶的存在而引起的鱼、贝、甲壳类等水产品死后发生的肌肉软化以及甲壳类黑点的形成，已是海产品贮藏加工过程中的严重问题。许多研究发现，在鱼糜制品中加入蛋白酶抑制剂可有效防止肌蛋白的内源蛋白酶所引起的胶凝能力下降的问题，近年来，从马铃薯、牛血浆及鸡蛋白清中制得的蛋白酶抑制剂已开始被应用到鱼糜制品的加工生产中。

3. 在纯生啤酒的酿造中的应用

纯生啤酒因未经巴氏灭菌而残留一些酶类，其中具有活性的蛋白酶 A 及非活性的蛋白酶 A 前体的存在会直接或间接地破坏纯生啤酒的泡沫蛋白，进而使纯生啤酒的泡沫稳定性下降。在纯生啤酒中添加适量的蛋白酶 A 抑制剂可明显提高纯生啤酒的泡沫稳定性。

思考题

9-1　名词解释：酶的抑制作用、酶的抑制剂、非专一性不可逆抑制剂、竞争性抑制剂、非竞争性抑制剂。

9-2　何谓酶抑制剂和抑制作用？

9-3　酶抑制剂有哪些类型？

9-4　酶抑制剂有哪些特点？

9-5　简述酶抑制剂在医学领域中有何应用？

9-6　简述酶抑制剂在农业及畜牧业领域中有何应用？

第十章 蛋白质工程新技术

[**内容提要**] 本章简要介绍几种常见的核酸提取、检测和保存方法，介绍了聚合酶链式反应和蛋白质分子印迹技术，重点介绍了蛋白质芯片技术、酵母双杂技术和噬菌体展示技术。

第一节 核酸的提取与检测

一、核酸的提取与纯化

无论是研究核酸的结构还是功能，都需要对核酸进行提取与纯化，制备合乎要求的样品。制取核酸样品的根本要求是保持核酸的完整性，即保持天然状态。细胞内的核酸酶活力很高，在制取过程中必须防止核酸酶对核酸的降解。另外，还要防止化学因素（酸、碱等）和物理因素（高温、机械剪切等）引起核酸变性或破坏。制备 RNA 要特别注意防止核糖核酸酶的作用，因为 RNase 分布很广，活力很高；而对 DNA 更重要的是防止张力剪切作用，因为 DNA 分子特别长，容易断裂。提取纯化核酸总的来说分为三大步骤：细胞破碎、除去与核酸结合的蛋白质及多糖等杂质、除去其他杂质核酸，获得均一的样品。基本原理和方法如下：

（一）化学试剂提取法

随着实验技术的不断进步，对于不同生物核酸的提取相应出现了不同的提取方法，如碱裂法、煮沸法、有机溶剂抽提法、去污剂法等，其中以去污剂法中的 CTAB 法和 SDS 法比较常用。下面是这两种方法的提取原理。

（1）CTAB 法：CTAB（十六烷基三乙基溴化铵）是一种去污剂，可溶解细胞膜，它能与核酸形成复合物，在高盐溶液（0.7mol/LNaCl）中是可溶的；当降低溶液盐浓度到一定程度（0.3mol/LNaCl）时从溶液中沉淀，通过离心就可将 CTAB 与核酸的复合物同蛋白质、多糖物质分开；然后将 CTAB 与核酸的复合物沉淀溶解于高盐溶液，再加入乙醇使核酸沉淀，CTAB 溶于乙醇。CTAB 法的最大优点是能很好地去除糖类杂质，对于含糖较高的材料最为适宜。另一特点是在提取前期能同时得到高质量的 DNA 及 RNA。可以根据需要分别进行纯化，如只需要 DNA，则可用 RNase（核糖核酸酶）水解掉 RNA。

（2）SDS 法：其原理是利用高浓度的 SDS（十二烷基硫酸钠）在较高温度（55℃～65℃）条件下裂解细胞，使染色体离析、蛋白质变性，释放出核酸，然后采用提高盐浓度及降低温度的做法使蛋白质及多糖沉淀（通常是加入 5mol/L 的乙酸钾于冰上保温，在低温条件下乙酸钾与蛋白质及多糖结合成不溶物）。离心除去沉淀后，对上清液中的核酸进行反复抽提去除蛋白质，用乙醇沉淀水相中的核酸。SDS 法操作简单、温和，也可提取到高分子的 DNA 和 RNA，但所得产物含糖类杂质较多。

（二）离心分离法

核酸由 4 种不同的核苷酸组成，它们之间在化学性质上差异不大。因此，根据核酸长度大小的不同进行分离纯化已经成为最常用的方法，如超速离心和凝胶电泳，其中以前者更为常用。

超速离心是常用的分离大分子的手段，可以分为两类：①根据样品的质量来进行分离，称为速度区带离心。样品铺在介质的顶部，在离心过程中以不同的速度往下沉降。沉降的速度与样品的质量、密度、离心力的大小、介质的密度以及样品与介质的摩擦力大小有关。离心完成时，不同的样品在离心管中位于不同的区带上。②根据样品的密度大小不同而进行分离，称为密度梯度离心。密度梯度可以在开始前做好，也可在离心时依靠离心力自己形成密度梯度。后者就是平衡密度梯度离心技术。当样品在具有密度梯度的介质中离心时，样品往上或往下移动，质量和密度大的颗粒比质量和密度小的颗粒沉降得快，当介质的密度与样品的密度相等时，样品停止移动，停留在该介质密度的位置上。

（三）微生物 DNA 的提取

微生物是一大类群，包括真菌、细菌、病毒等，下面简略介绍质粒 DNA 的提取：质粒是细菌染色体外的小型环状双链 DNA 分子。常用的质粒 DNA 分离方法有 3 种：碱裂解法、煮沸法和去污剂裂解法，前两种方法比较剧烈，第三种方法比较温和，一般用来分离大质粒。质粒的提取方法虽多，但不外乎以下 3 个主要步骤：细菌的培养、细菌的收集和裂解、质粒 DNA 的分离和纯化。

（四）植物细胞核 DNA 的提取

植物细胞中 DNA 主要存在于细胞核内，称核 DNA 或染色体 DNA，也有人称之为基因组 DNA。植物核 DNA 提取主要用于基因组分析、目的基因扩增及分离、基因文库构建、Southern 杂交等。核 DNA 分子呈不对称的线状结构，一条染色体为一个 DNA 分子。高等植物核 DNA 分子较大，大约为 10bp，线状 DNA 分子长而极细，使其对机械力十分敏感。所以，分离纯化过程中，DNA 分子很容易发生断裂。对于基因组文库的构建及 Southern 杂交，应尽量使用片段较长的 DNA 分子。

真核细胞破碎有各种手段。物理方式包括超声波法、匀浆法等，这些物理方法容易导致 DNA 链的断裂。为了尽可能地获得大分子的 DNA，一般采用去污剂温和处理法，对于细胞破碎较困难的植物材料，可以辅加蛋白酶 K，在酶的存在下共同破碎细胞。

植物核 DNA 的提取与纯化所用材料主要是新鲜叶片、愈伤组织、原生质体等。

（五）RNA 的提取

RNA 的种类较多，主要由以下几类分子组成：rRNA（占总量的 80%～85%）、tRNA（转移 RNA）和核内小分子 RNA（占 10%～15%）、mRNA（信使 RNA，占 1%～5%）。从细胞中分离的 RNA 纯度与完整性对于许多分子生物学实验至关重要，如 Northern 印迹及杂交分析。mRNA、cDNA（complementaryRNA，互补 DNA）文库构建、体外翻译及 mRNA 差异显示技术分离基因等实验的成败，在很大程度上取决于 RNA 的质量。RNA 分离的关键因素是尽量减少 RNA 酶（RNase）的污染，因此在 RNA 制备过程中，必须注意控制 RNA 酶的活性。由于 RNA 很容易被 RNA 酶降解，加上 RNA 酶活性顽固而且广泛存在，因此在提取过程中要严格防止 RNA 酶的污染，并设法抑制其活性。提取 RNA 的方法很多，但一般都包括 4 个步骤：①破碎细胞（尤其是植物细胞有较厚的细胞壁保护，研磨不彻底，RNA 提取就无法取得好的结果）；②使核蛋白复合体充分变性，即使核蛋白迅速与核酸分离；③抑制内源 RNase 以及容器污染的外源 RNase 的活性；④将 RNA 与 DNA、蛋白质和多糖分开。

二、核酸的检测与保存

核酸是分子生物学研究的主要实验材料，在进行分子生物学研究中，须对提取出的核酸经常进行检测，并妥善保存，才能保证研究工作的顺利进行。

（一）核酸的检测

（1）紫外光谱分析法：紫外光谱分析法是基于分子内电子跃迁产生的吸收光谱进行分析的一种光学分析方法，紫外光区的波长范围为 10～400nm，其中又分远紫外区（10～200nm）和近紫外区（200～400nm）。远紫外区又称真紫外区，由于空气中的氧、二氧化碳和水都吸收紫外光，因此要研究物质分子对远紫外光的吸收必须在真空条件下进行，因此，实验中难以使用。所以，通常所说的紫外光谱法是指近紫外光谱。

（2）荧光分析法：物质的分子吸收光能后发射出波长在紫外、可见（红外）区的荧光光谱，根据其光谱的特征及强度对物质进行定性和定量分析，这种分析方法就是分子荧光分析法。

（二）核酸的保存

1. 影响核酸保存的关键因素

影响核酸保存的因素很多，但其中关键的因素是保存液的酸碱度和保存温度。

（1）保存液的酸碱度：由于水稀释电解质可以断裂核酸的氢键，破坏其双螺旋结构，使核酸变性。因此，保存核酸时必须注意水的影响，防止稀释变性。核酸溶液的保存也受 pH 的影响，过酸过碱均会导致碱基上形成氢键基团的解离，使氢键的稳定性下降以至断裂。

（2）保存温度：温度是影响核酸稳定性的重要因素。温度升高会增加核酸的分子内能，对核酸结构稳定性的维持不利，所以，核酸一般都是低温保存。

2. 核酸制品的保存方法

一般保存可用浓盐液、NaCl－柠檬酸缓冲液或 0.1mol/L 醋酸缓冲液。并且 DNA 的液态保存需用一定的盐浓度。对 DNA 来说，在 pH4～11 的范围分子的碱基较稳定，超出此范围 DNA 易变性或降解，低温、稀碱下保存DNA 及低温下保存 RNA 均较稳定。

固态核酸通常在 0℃ 以下低温干燥保存即可。小分子核酸保存温度还可更低一些，如固态 tRNA 可在 －10℃ 以下保存。液态核酸室温下容易变性，短期最好低温（4℃）保存。也有报道牛肝 RNA 溶于 50mmol/LNaCl 后－35℃低温冰冻保存，2 个月内不变性或降解，但应避免重复冻融。

三、核酸的凝胶电泳

自从琼脂糖和聚丙烯酰胺凝胶被引入核酸研究以来，按分子质量大小分离 DNA 的凝胶电泳技术，已经发展成为一种分析鉴定重组 DNA 分子及蛋白质与核酸相互作用的重要实验手段。核酸凝胶电泳也是现在许多分子生物学通用的研究方法，例如 DNA 分析、DNA 核苷酸序列分析、限制性核酸内切酶酶切分析以及限制性核酸内切酶酶切作图等的技术基础。因此受到了有关科学工作者的高度重视。

带电物质在电场中向相反电极移动的现象称为电泳。各种生物大分子在一定 pH 条件下，可以解离成带电荷的离子，在电场作用下会向相反的电极移动。凝胶电泳技术分离核酸的基本原理是，在生理条件下，核酸分子的糖—磷酸骨架中的磷酸基团呈离子化状态。所以 DNA 和 RNA 的多核苷酸链呈现出多聚阴离子的特性。当核酸分子被放在电场当中时，它们就会向正极方向迁移。在一定的电场强度下，核酸分子的这种迁移速度取决于核酸分子本身的大小和构型。分子质量较小的核酸分子比分子质量较大的核酸分子具有较紧密的构型，所以其电泳速度比同等分子质量的松散型的核酸分子或线形核酸分子要快些。这就是应用凝胶电泳技术分离核酸片段的基本原理。下面介绍琼脂糖凝胶电泳：

琼脂糖是一种从红色海藻产物琼脂中提取而来的线性多糖聚合物。当琼脂糖加热到沸点后冷却凝固便会形成良好的电泳介质，其密度由琼脂糖的浓度决定。实验室中通用的有两种不同类型的琼脂糖凝胶，一种是常熔点的，另一种是低熔点的，后者的价格比较昂贵，它们都是琼脂的衍生物，具有很高的聚合强度和很低的电内渗，因此都是良好的电泳介质。

琼脂糖凝胶电泳是以琼脂糖为支持物，在适当条件下对带电生物大分子进行电泳的技术，主要用于 DNA 分子的分离、纯化和鉴定。DNA 分子在其等电点的 pH 溶液中带负电荷，在电场中向正极移动，由于 DNA 分子的分子质量差别，电泳后不同大小的 DNA 分子呈现迁移位置的差异，把已知分子质量的标准 DNA 与待测 DNA 同时电泳，比较两者在凝胶板上所呈现的区带，就可以鉴定出待测 DNA 的大小。琼脂糖凝胶电泳广泛应用于核酸研究中，适用于分辨差异大于 0.2kb 的 DNA。

经化学修饰的低熔点（LMP）的琼脂糖是一种熔点为 62℃～65℃ 的琼脂衍生物，它一旦熔解，便可在 37℃ 持续保持液体状态达数小时，而在 25℃ 下也可持续保持液体状态约 10min，其在结构上比较脆弱，因此在较低的温度下便会熔化，可用于 DNA 片段的制备电泳。低熔点琼脂糖能不经电洗脱或破碎凝胶即可用来回收 DNA 分子。具体操作是将凝胶在 65℃ 下加热数分钟，然后向液态琼脂糖溶液中加入过量的酚液抽提 DNA，这样在离心所得的上清液中便含有除去了琼脂糖的 DNA 分子（水相含 DNA，酚相含琼脂）。另外，一旦低熔点琼脂糖熔化，并保持在 37℃ 以下，就可以直接进行一定的酶催化反应。

用琼脂糖凝胶电泳分析核酸的影响因素：凝胶浓度、DNA 分子的大小与构象、电泳缓冲液、指示剂、染色等。

四、核酸的分子杂交

分子杂交（简称杂交，hybridization）是核酸研究中一项最基本的实验技术。其基本原理就是应用核酸分子的变性和复性的性质，使来源不同的 DNA

（或 RNA）片段，按碱基互补关系形成杂交双链分子（heteroduplex）。杂交双链可以在 DNA 与 DNA 链之间，也可在 RNA 与 DNA 链之间形成。杂交的本质就是在一定条件下使互补核酸链实现复性，再通过变性（加热或碱处理）使双螺旋解开成为单链，因此，变性技术也是核酸杂交的一个环节。

若杂交的目的是识别靶 DNA 中的特异核苷酸序列，这需要牵涉到另一项核酸操作的基本技术—探针（probe）的制备。探针是指带有某些标记物（如放射性同位素[32]P、荧光物质异硫氰酸荧光素等）的特异性核酸序列片段。若我们设法使一个核酸序列带上[32]P，那么它与靶序列互补形成的杂交双链，就会带有放射性。以适当方法接受来自杂交链的放射信号，即可对靶序列 DNA的存在及其分子大小加以鉴别。在现代分子生物学实验中，探针的制备和使用是与分子杂交相辅相成的技术手段。核酸分子杂交作为一项基本技术，已应用于核酸结构与功能研究的各个方面。在医学上，目前已用于多种遗传性疾病的基因诊断（gene diagnosis），恶性肿瘤的基因分析，传染病病原体的检测等领域中，其成果大大促进了现代医学的进步和发展。

第二节　聚合酶链式反应

聚合酶链式反应（polymerase chain reaction，PCR）由 Mullis（1983）首创，它是一种快速体外 DNA 扩增技术。本技术已广泛应用于生命科学、医学研究、遗传工程、农业科学、疾病诊断、法医学及考古学等各个领域。通常的 DNA 扩增是在细胞内进行，需要的时间较长。而 PCR 法能快速扩增，30～45 个循环，只需几个小时。PCR 体外扩增技术简便易行、成本低廉，理论上讲可以扩增任何核酸片段，是 DNA 分析技术的一项重大突破。1989 年《Science》杂志由 Guyer 著文誉名 1989 年为《分子年》，列 PCR 为十余项重大科学发明之首。

一、聚合酶链式反应扩增原理

DNA 双螺旋结构的生物功能主要在于复制和转录。加热或变性作用可以使 DNA 双螺旋的氢键断裂，双链解离，形成单链 DNA，这称为 DNA 变性（denature）。解除变性条件之后，变性的单链可以重新结合起来，形成双链，此过程称为 DNA 复性（renature），也叫退火（annealing）。变性和复性在一定条件下是完全可逆的。DNA 双链解离一半时的温度叫作解链温度（melting temperature，Tm）。不同的 DNA 解链温度不同，一般认为，DNA 解链温度随 G—C 含量增加而升高，G—C 含量每增加 1%，解链温度提高 0.4℃。Tm

范围常在 85℃～95℃ 之间。基因组 DNA 中 G－C 含 40％ 时，Tm 为 87℃，而含量达 60％ 时，则 Tm 为 95℃。因此，PCR 变性温度在 90℃～95℃ 之间选择，加热时间为 1～2min。

聚合酶链式反应（PCR）扩增是一种特定区段的 DNA 复制，这仍然遵循 DNA 生物合成的基本规律，其复制方式是以半保留形式进行的。PCR 法 DNA 扩增，必须有 DNA 模板（template）、DNA 聚合酶（DNApolymerase）、DNA 引物（primer）、四种 dNTP 和 Mg^{2+}。要扩增模板 DNA 中的 A～B 区间的 DNA 片段，首先要设计两条寡核苷酸引物，而 PCR 扩增 DNA 的特异性和长度就由人工合成的这两条引物所决定。引物 1 和引物 2 这段 DNA 的序列是已知的，这是 PCR 扩增的必要条件，而它们之间的序列未必清楚。引物 1 和引物 2 序列的长度一般为 15～30 个核苷酸，可以用 DNA 合成仪合成。PCR 扩增系统中模板 DNA 经过高温变性后，解链为两条单链。然后，系统温度降低到退火温度（38℃～65℃），引物与其互补的模板 DNA 结合，形成局部双链，这是 DNA 复制的固定起点，即延伸的固定起点。

PCR 扩增过程中，DNA 链的延伸是有方向性的。目前使用的 DNA 聚合酶，合成 DNA 的方向都是从 5′端到 3′端。当 PCR 扩增系统温度升至 60℃～72℃ 时，已经与引物退火的固定延伸起点开始，在聚合酶的作用下会迅速地以旧链为模板，在引物的 3′端连续掺入四种 dNTP，合成新的 DNA 互补链，完成第一轮高温变性、低温退火和中温延伸三个阶段的循环过程。理论上讲，反复进行变性、退火和延伸循环过程，每循环一次，模板 DNA 的拷贝数增加一倍，循环 n 次可得到 2n 个分子。

二、聚合酶链式反应体系

聚合酶链式反应操作程序见相关实验手册。

通常进行聚合酶链式反应，主要考虑反应体系、反应参数和 DNA 变性时间与终延伸时间三个方面内容。

（一）反应体系

聚合酶链式反应体系的总体积依实验要求而定。例如，在 50μL 聚合酶链式反应（PCR）体系中，加入下列试剂：20pmol 上游引物和 20pmol 下游引物、20mmol/LTris－HCl（pH8.3，20℃）、1.5mmol/L$MgCl_2$、25mmol/LKCl、0.05％ 去污剂 Tween20、100μg/mL 明胶或无核酸酶的牛血清蛋白、50μgmol/LdNTP、2UTaqDNA 聚合酶、100～200ngDNA 模板，将试剂混匀。

（二）反应参数

聚合酶链式反应（PCR）参数包括循环中三阶段的温度及持续时间控制，

以及循环的次数，这在一定程度上影响着聚合酶链式反应的成功与否。通常PCR 反应所采取的反应参数为：

变性温度 95℃60s；

退火温度 38～65℃60s；

延伸温度 72℃1～2min；

循环次数 30～35 次；

复性温度决定于所用引物的长短与碱基组成，一般需要通过实验来确定。

（三）DNA 变性时间与终延伸时间

为了使模板 DNA 双链充分打开，开始时模板 DNA 变性时间要适当延长，一般设预变性（prealenature）94℃，3～5min。一般在扩增反应完成后，PCR 产物中可能含有长短不一的 DNA 分子，都需要一步长时间的延伸反应，称为终延伸（postextention），时间要保持在 10min 左右，以获得尽可能完整的产物，这对以后进行克隆或测序反应尤为重要。反应终止后，可以放到 4℃中保存，以备电泳检测。

第三节　蛋白质芯片技术

一、生物芯片概述

生物芯片（biochip）是近几年生命科学研究领域中崭露头角的一项新技术，它是指在固相基质上集成酶、抗体、抗原细胞等，利用受体与连接物间的反应（包括核酸杂交反应、抗体亲和识别反应等），作为受体的生物信息，包括寡核苷酸、蛋白质来进行生物学的检测。它将生命科学研究中所涉及计算机技术、分子生物学技术、半导体技术、共聚焦激光扫描技术、化学荧光标记等技术运动其中，使样品制备、化学反应和分析检测等连续化、集成化、微型化、自动化，能够在同一时间内分析大量的样品。通过综合运用微电子技术、微机械技术、生物芯片上可以集成成千上万个密集排列的分子探针。根据固定的生物分子及材料不同可分为基因芯片、蛋白芯片。

随着蛋白质组学概念的提出及其研究的进行，人们需要一种新的技术来进行大规模的蛋白质分析，蛋白质芯片技术于是应运而生。蛋白质芯片是一种新型的生物芯片，是由固定于不同种类支持介质上的抗原或抗体微阵列组成，阵列中固定分子的位置及组成是已知的，用标记（荧光物质。酶或化学发光物质等标记）的抗体或抗原与芯片上的探针进行反应，然后通过特定的扫描装置进行检测，结果由计算机分析处理。

二、蛋白质芯片的原理

蛋白质芯片是将各种蛋白质有序地固定于滴定板、滤膜、载玻片等各种载体上成为检测用的芯片，然后用标记了特定荧光抗体的蛋白质或其他成分与芯片作用，经漂洗将未能与芯片上蛋白质互补结合的成分洗去，再利用荧光扫描仪或激光共聚焦扫描等技术，测定芯片上各点的荧光强度，通过荧光强度分析蛋白质与蛋白质之间相互作用的关系，从而达到测定各种蛋白质功能的目的。为了实现这个目的，首先必须通过一定的方法将蛋白质固定于合适的载体上，同时能够维持蛋白质的天然构象，也就是必须防止其变性以维持其原有特定的生物学活性。另外，由于生物细胞中蛋白质的多样性和功能的复杂性，开发和建立具有多样品并有处理能力。能够进行快速分析的高通量蛋白芯片技术将有利于简化和加快蛋白质功能研究的进展。

三、蛋白质芯片的分类

（1）根据用途的不同蛋白质芯片可大概分为：①蛋白质功能芯片。将天然蛋白质。酶或酶底物点加在载体上制成芯片，可用来进行蛋白—蛋白，蛋白—多肽，蛋白—小分子，蛋白—DNA、RNA 结合。蛋白—酶等反应的研究。②蛋白质检测芯片。将具有高度亲和特异性的探针分子（如单克隆抗体。小片段抗体。受体等）固定在载体上，用以识别复杂生物样品。另外，根据检测方法不同蛋白质检测芯片又可进一步分为正相蛋白质检测芯片和反相蛋白质检测芯片。

（2）根据芯片表面化学成分的不同，蛋白质芯片分为：①化学表面芯片：又可分为疏水。亲水、弱阳离子交换、强阴离子交换、特异结合等，用于检测未知蛋白，并获取指纹图谱。②生物表面芯片：分为抗体—抗原、受体—配体和 DNA—蛋白质芯片等。

（3）根据载体的不同，蛋白质芯片分为普通玻璃载体芯片、多孔凝胶覆盖芯片及微孔芯片。近年还发展起来许多借助 DNA 芯片技术的蛋白质芯片技术，如通过特异性 DNA 结构域在 DNA 芯片表面制成的蛋白质芯片，通过mRNA－蛋白质共价交连融合技术制成的蛋白质芯片，自组装蛋白质芯片。

四、蛋白质芯片的特点

蛋白质芯片技术的优点主要有：①快速、定量分析大量蛋白质，蛋白质芯片上可以实现成千上万个蛋白质样品的高通量平行分析；②使用简单，结果正确率较高，只需少量标品即可进行分析和检测，检测水平已达 ng 级；③采用光敏染料标记，灵敏度高，准确性好；④所需试剂少，可直接应用血清样本，便于诊断，实用性强；⑤在基因组和蛋白质组水平将 DNA 序列信息与蛋白质产物直接联系起来。其不足在于稳定性较差及操作复杂等。

生物芯片与传统分析相比较，特点是可以大量同时平行分析样品，可进行大规模的高效筛选，而且生物芯片小，样品和试剂的用量小。与酵母双杂交系统相比，酵母双杂交系统只能进行成对的蛋白质而不是整个蛋白质组的互相分析，而蛋白质芯片则是全局性分析，是进行信号传导等分析的有力工具。此外，与质谱相连的蛋白质可提供高效、灵敏的分析方法。目前，蛋白质芯片主要有蛋白质芯片、抗体芯片和组织芯片等。

五、蛋白质芯片研究进展

1. 蛋白质探针的制备

（1）蛋白质抗原的获得。对于检测抗体的蛋白芯片，固定到芯片上的是相应的抗原。抗原的获得方法较多，一种是直接从天然组织中分离纯化蛋白分子，目前运用更多的是利用分子克隆技术在原核及真核表达系统中进行表达。常用的表达系统有：以大肠杆菌为主的原核表达系统、杆状病毒表达系统及酵母表达系统。体外表达的方法相对于天然样品中产量更高，纯化更为容易。近年来体外蛋白表达技术的发展具有两个特征：高通量化和无细胞化。

（2）蛋白质抗体的获得。检测抗原的蛋白芯片也被称为抗体芯片，通常是以单克隆抗体、抗体 Fab 片段。重组 ScFv（单链可变区片段）、抗体 MIMIC（类似物）、单链核苷酸性质的 Aptamer（核酸适体）等中的一种乃至多种作为捕获分子。研究认为，噬菌体展示 Fab 抗体在特异性方面不如单克隆抗体，但仍不失为单克隆抗体的重要替代，与此相似的是利用 mRNA 展示技术高通量地筛选目的抗体类似物。非蛋白本质的 Aptamer 被不少学者认为是另一具有重要应用价值的蛋白捕获配体。尽管已筛选到多种 Aptamer 类型，如金属原子，染料分子，激素（如 P 物质），T4 聚合酶分子等，但是应用到蛋白质芯片尚有距离。当前，捕获分子的制备仍是制约蛋白芯片发展的瓶颈。

2. 蛋白质芯片载体的类型及选择

常用的基片类型主要是二维基片和较新的多维基片。前者是基于传统的载玻片进行适当的化学修饰，通过静电力吸附或共价键结合的方式结合蛋白分子，常见的抗体抗原均可以被结合上去，缺点是结合效率参差不齐。近来，基于增高结合表面积的三维芯片或四维芯片成为科学家关注的焦点。如以 HydroGehm 代表的 Gel 表面，FASm 为代表的硝酸纤维修饰的载体。这些新型介质的使用不仅大大提高了蛋白的固定效率还减少了常规化学修饰的玻璃载体对于蛋白质的功能损害。

无论是玻璃载体还是其他类型的载体均需要适当地化学修饰后才可以用

于固定目的蛋白。常见的修饰类型有：多聚赖氨酸修饰基片，硅烷化（Silanized）基片（氨基修饰或醛基修饰表面），环氧基修饰（Epoxy silane）基片，葡萄球菌 A，链球菌蛋白 P，以及精氨酸－标签（Arg－tag）、六聚组氨标签（6×His）、抗亲和素抗体等修饰的基片。其中，多聚赖氨酸修饰基片是利用修饰基团和捕获分子间形成静电吸附达到固定目的；醛基修饰的基片是通过载体表面的醛基和捕获分子的一级胺间形成 Schiff 键得以结合的。此外，还有使用综合修饰的方法，如 PLL－g－PEG（聚合赖氨酸－聚乙二醇）－Biotin（生物素）－Streptavidin（链霉亲和素、抗生蛋白链菌素）修饰的表面，可用于固定带有生物素标记的目的蛋白（抗体或抗原），研究发现其非特异结合性是常规载体的百分之一。

3. 点样方式的选择

（1）固定方式的类型。蛋白质芯片的点样方式均是采用合成后转移到载体上的方式。蛋白质芯片的点样类型和核酸芯片的点样类型基本一致，大致分为接触式（contact）和非接触式（non－contact）。前者包括用实心针或裂口针或针环结构等设备接触式点样，后者如近距电喷印技术（Proximal ESD）。非接触式的喷墨打印光导平板点样（Photo—lithographicprint），微接触式印章点样（Microcontact Printing），远距电喷样技术（Distal ESD）。串行式的点样依靠表面张力或毛细吸附将样品转移到针头或针孔内，在动力控制系统控制下，于修饰处理后的基片上的特定位置接触性点击。一般而言，这种方式点的大小比喷点较大，目前常规点样机器人的样点最小体积在 200pL（皮升）左右，最大的点样速度在单针 180 个点/min。

（2）蛋白活性的保持。现有的各种点样方式均面临的重大挑战之一就是如何最大限度地保持捕获分子的活性。研究表明在体外通过共价的方式将内源蛋白固定在玻璃为基底的载体仍可以保持不同程度的活性。不同类型的蛋白质保持活性的环境条件均有差异，抗体球蛋白等细胞外泌蛋白一般较细胞内源性蛋白稳定。一般认为在低于 20％相对湿度的低温环境下及完全水化的溶液环境中热力学性能最为稳定。有研究者则认为 65％～75％的相对湿度和室温条件下，一般的蛋白在数小时内活性将会锐减。将点好样的芯片保存于真空（及惰性气体环境）和保持干燥对于蛋白的活性保存极为必要。此外，点样缓冲系统的化学成分，如金属离子类型（如，Mg^{2+}）对蛋白活性的保持也有影响。另外，载体和蛋白间的结合方式也是活性的重要影响因素，靠静电及共价结合的方式容易使天然蛋白失去反应活性。一般认为，在捕获分子的非活性中心添加能和载体表面亲和结合的亲和标签能最大限度地避免捕获分子的降解。

4. 反应条件的优化

反应条件的优化就是最大限度地降低背景，保证捕获分子和目的蛋白的特异反应有最佳进行环境。点好的芯片在投入使用前必须最大可能地除去一切非特异结合因素，载体表面的修饰方式的选择决定了一张片子的背景值。可通过给待固定的捕获分子添加一段可以高结合低解离系数的亲和臂从而降低背景噪值。

5. 信号检测方式

（1）检测方式的发展。目前主流蛋白质芯片的信号检测方式主要还是嫁接了核酸芯片的荧光检测体系。将蛋白样品或二级抗体标记上合适的荧光物质，通过共聚焦荧光扫描仪或 CCD 荧光成像仪在特定的波长下激发荧光，获得反应结合的信号。除了此类荧光标记检测外，另一类更引人瞩目的就是非荧光标记检测技术。后者的代表诸如重力悬臂（stress cantilever）技术、表面核磁共振技术。此外又如基于声学及光学原理的声波模板（Acoustic Plate Mode）、椭圆光学检测。他们的共同的特点是：高灵敏度，满足了微量蛋白的检测需要，但缺点是过高的灵敏度往往使得垃圾信号和有效信号的区分变得困难。

（2）检测方式的选择及数据处理。在常规实验室的研发中，目前常用的还是原理简单的荧光标记检测系统，主要原因是可以继承现成的基因芯片信号检测系统。一般将荧光标记分为直接式和间接式。前者常用于生物个体的蛋白表达比较分析中，例如将处理前后的细胞组织总蛋白提取后直接标记上两种不同的荧光分子，通过荧光的叠加可以揭示某些在处理前后发生变化的蛋白种类。间接标记的方式主要是通过荧光素去标记二抗。常用的荧光素有 Alexa488、Cy3、Cy5 等。与此同时，化学发光技术也被认为是可以使用到芯片上的比较简单和实用的检测技术之一，但是一般认为该手段只适应于一些靶点密度不高，灵敏度要求不高的低通量芯片。在数据处理方面，目前蛋白质芯片的数据处理主要集中在如何根据荧光强度对蛋白浓度的定量上。由于生物样品中各种可能的目的分子的含量存在巨大的差异以及蛋白间作用动力学的多样性和复杂性，如何区分假阳性信号和阳性弱信号有待解决。

第四节　酵母双杂交技术

酵母双杂交技术是一种有效的真核活细胞内研究方法，以其简便、灵敏、高效以及能反映不同蛋白质之间在活细胞内的相互作用等特点在基因功能的研究中得到广泛的应用。作为一个完整的实验系统，它自建立以来经过不断改进与完善，进一步提高了实验结果的可靠性与精确度。

一、原理

酵母双杂交由 Fields 在 1989 年提出。他的产生是基于对真核细胞转录因子特别是酵母转录因子 GAL4 性质的研究，其双杂交系统可用于酵母的细胞内检测蛋白间相互作用的遗传系统，图 10-1 显示了酵母双杂交系统原理。

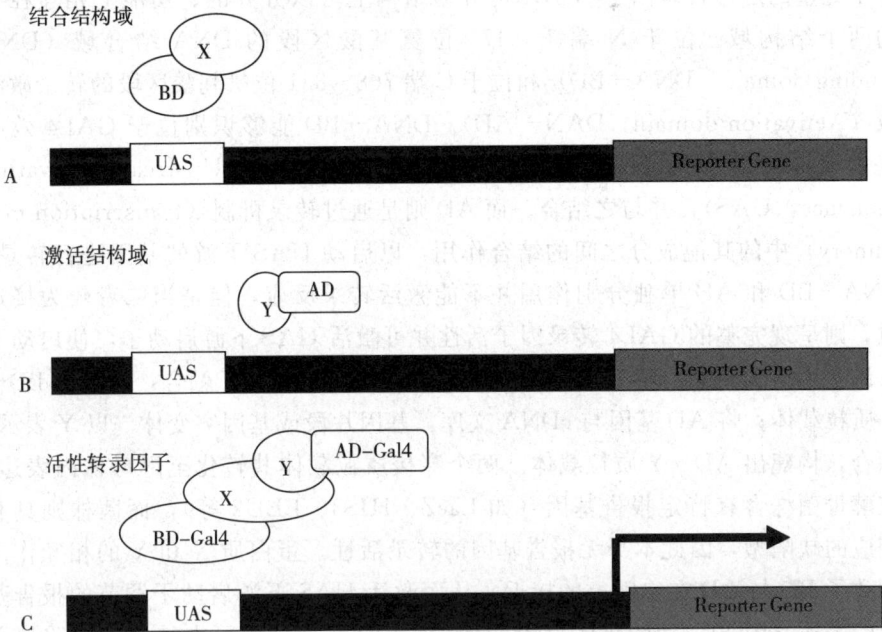

图 10-1 酵母双杂交系统原理示意图

注：A. 结合结构域与 X 蛋白形成融合蛋白，DNA 结合结构域能与上游激活序列（Upstream activating sequence，UAS）结合，不能激活报告基因的转录；B. 激活结构域与 Y 蛋白形成融合蛋白，但在缺少 DNA 结合结构域时也不能激活报告基因转录；C. X 蛋白和 Y 蛋白之间的相互作用导致 DNA 结合结构域与激活结构域的重组而形成有功能的转录因子

很多真核生物的位点特异转录激活因子通常具有两个可分割开的结构域，即 DNA 特异结合域（DNA - binding domain，BD）和转录激活域（transcriptional activation domain，AD）组成，这两个结构域各具功能，互不影响。但一个完整的激活特定基因表达的激活因子必须同时含有这两个结构域，否则无法完成激活功能。不同来源激活因子的 BD 区与 AD 结合后则特异地激活被 BD 结合的基因表达，基于这个原理，可将两个待测蛋白分别与这两个结构域建成融合蛋白，并共同表达于同一个酵母细胞内。如果两个待测蛋白间能发生相互作用，就会通过待测蛋白的桥梁作用使 AD 与 BD 形成一个

完整的转录激活因子并激活相应的报告基因表达。通过对报告基因表型的测定可以很容易地知道待测蛋白分子间是否发生了相互作用。

转录因子通过 BD 和 AD 分别与 DNA 上特异的序列结合，从而启动相应基因的转录反应。酵母双杂交系统就是根据这一理论提出的。

酵母双杂合系统最初是在人们对酵母转录因子 GAL4 的认识基础上的。一个完整的酵母转录因子 GAL4 可分为结构上可以分开的、功能上相互独立的两个结构域：位于 N 端 1~174 位氨基酸区段的 DNA 结合域（DNA binding domain，DNA-BD）和位于 C 端 768~881 位氨基酸区段的转录激活域（Activation domain，DAN-AD）。DNA-BD 能够识别位于 GAL4 效应基因（GAL4-responsive gene）的上游激活序列（Upstream activating sequence，UAS），并与之结合。而 AD 则是通过转录机制（transcription machinery）中的其他成分之间的结合作用，以启动 UAS 下游的基因进行转录。DNA-BD 和 AD 单独分别作用并不能激活转录反应，但是当二者较为接近时，则呈现完整的 GAL4 转录因子活性并可激活 UAS 下游启动子，使启动子下游基因得到转录。将 DNA-BD 与已知的诱饵蛋白质 X 融合，构建出 BD-X 质粒载体；将 AD 基因与 cDNA 文库，基因片段或基因突变体（以 Y 表示）融合，构建出 AD-Y 质粒载体。两个穿梭质粒载体共转化至酵母体内表达。该酵母菌株含有特定报告基因（如 LacZ、HIS3、LEU2 等），而菌株则具有相应的缺陷型，因此本身无报告基因的转录活性。蛋白质 X 和 Y 的相互作用导致了 BD 与 AD 在空间上的接近，从而激活 UAS 下游启动子调节的报告基因的表达（图1），使转化体由于 HIS3 或 LEU2 表达而可在特定的缺陷培养基上生长，同时因 LacZ 表达而在 X-Gal 存在下显蓝色。通过筛选阳性菌落即可检测已知蛋白间的相互作用、蛋白质二聚体的形成、确定蛋白质相互作用的结构域或重要活性位点，以及从 cDNA 文库中筛选与已知蛋白质 X 相互作用的未知蛋白质 Y 的编码序列等。

二、酵母双杂交的组成

酵母双杂交系统由三部分组成：①BD 融合的蛋白表达载体，被其表达的蛋白称为诱饵蛋白（bait）；②AD 融合的蛋白表达载体，被其表达的蛋白称为靶蛋白（prey）；③有一个或多个报告基因的宿主菌株。常用的报告基因有His3（组氨酸缺陷型基因），Ura3（乳清酸核苷-5-磷酸脱羧酶基因），LacZ（大肠杆菌乳糖操纵子上编码 β-半乳糖苷酶基因）和 ADE2（编码新生隐球菌磷酸核糖胺咪唑羧化酶基因）等。而菌株则具有相应的缺陷型。双杂交质粒上分别带有不同的抗性基因和营养标记基因。这些有利于实验后期杂交质粒的鉴定与分离。根据目前通用的系统中 BD 来源的不同主要分为 Gal-

4 系统和 LexA 系统。后者因其 BD 来源于原核生物，在真核生物内缺少同源性，因此可以减少假阳性的出现。

　　酵母双杂交系统首先构建两种反式作用因子：将蛋白质 X 与报告基因转化因子的特异 BD（如 Gal4－BD、LexA－BD）融合，成为诱饵蛋白；蛋白质 Y 与牧民的 AD 融合为靶蛋白。当编码两种结构域的基因在酵母细胞核内同时表达时，蛋白 X 与 Y 之间若存在非共价作用，就会使 AD 和 BD 两种结构域的上游活化序列相互接近，进而激活转录过程，使报告基因得到表达。

　　酵母双杂交系统具有许多优点：（1）易于转化、便于回收扩增质粒。（2）具有可直接进行选择的标记基因和特征性报道基因。（3）酵母的内源性蛋白不易同来源于哺乳动物的蛋白结合。一般编码一个蛋白的基因融合到明确的转录调控因子的 DNA－结合结构域（如 GAL4－BD，LexA－BD）；另一个基因融合到转录激活结构域（如 GAL4－AD，VP16）。激活结构域融合基因转入表达结合结构域融合基因的酵母细胞系中，蛋白间的作用使得转录因子重建导致相邻的报道基因表达（如 lacZ），从而可分析蛋白间的结合作用。

　　酵母双杂交系统能在体内测定蛋白质的结合作用，具有高度敏感性。主要是由于：①采用高拷贝和强启动子的表达载体使杂合蛋白过量表达。②信号测定是在自然平衡浓度条件下进行，而如免疫共沉淀等物理方法为达到此条件需进行多次洗涤，降低了信号强度。③杂交蛋白间稳定度可被激活结构域和结合结构域结合形成转录起始复合物而增强，后者又与启动子 DNA 结合，此三元复合体使其中各组分的结合趋于稳定。④通过 mRNA 产生多种稳定的酶使信号放大。同时，酵母表型，X－Gal 及 HIS3 蛋白表达等检测方法均很敏感。

三、应用

　　研究蛋白质－蛋白质相互作用的方法有 Western bloting、免疫沉淀法、噬菌体展示技术和酵母双杂交系统等，目前，酵母双杂交系统及其衍生方法已成为研究蛋白质相互作用的首选方法，而且利用它已揭示了大量未知蛋白质的相互作用。酵母双杂交技术主要应用在以下几个方面：①鉴定两种已知蛋白之间有无相互作用；②鉴定已明确有相互作用蛋白质发生作用所必需的结构域及特定氨基酸的改变对相互作用的影响；③寻找与某一特定蛋白质有相互作用的蛋白质；④蛋白质相互作用图谱的绘制。

　　酵母双杂交技术应用上的优势：①酵母双杂交技术研究蛋白质－蛋白质相互作用的整个过程只对核酸进行操作，充分利用了成熟的核酸技术和酵母这一快速方便的操作体系，使得实验简单易行。现已发展出酵母双杂交体系的商品试剂盒和相应的 cDNA 库；②可以直接从基因文库中寻找编码相互作用蛋白的 DNA 序列，而不需要分离纯化蛋白；③可以研究蛋白之间的弱相互作用。在细胞内，弱相互作用与强相互作用一样起着重要作用。免疫沉淀法、噬菌体展示技术要求蛋白—蛋白相互作用强度足够大，而不能检测蛋白之间的弱相互作用。酵母双杂交体系中蛋白—蛋白相互作用发生在酵母细胞这一自然状态下，使得该方法的灵敏度很高；④检测在活细胞内进行，可以在一定程度上代表细胞内的真实情况。

酵母双杂交体系的局限性：

（1）报告基因的转录发生在细胞核内：首先，报告基因的转录发生在细胞核内，这要求两种杂交体蛋白都必须能进入核中，因此一些不容易进入核的蛋白就不适合用该体系进行研究。为了拓展其应用范围，近来发展的一些载体在融合蛋白中加入了蛋白质核定位序列（nuclear localization sequence, NLS），部分解决了这个问题。已成功地在该体系中研究过的蛋白除了许多核蛋白（如转录因子）外，还包括许多细胞质、细胞膜以及线粒体蛋白。但对于发生在细胞质中或者细胞膜上的蛋白质相互作用是检测不到的。

（2）有一些蛋白不适于用该体系：如需要翻译后修饰（磷酸化或糖基化）才能起相互作用的蛋白不能直接用该体系进行研究。因为在酵母中不一定会产生与高等动植物细胞内一样的翻译后修饰。另外有一些蛋白与 DNA 结合结构域融合后，在没有转录激活杂交体蛋白存在的情况下也能激活报告基因的转录。这些蛋白往往本身含有转录激活结构域或类似的结构域。这样的蛋白需要经过改造，去掉它们的转录激活能力后才能用该体系研究。有些蛋白杂交体对酵母细胞的正常功能有影响，有的甚至是致死性的，这样的蛋白也无法在该体系中研究。

（3）假阳性：一个值得注意的问题是筛库过程中出现的假阳性问题。虽然现有的体系都用两个报告基因进行双重筛选，但假阳性问题仍然存在。一种假阳性是由于转录激活杂交体中的库蛋白本身是参与转录的蛋白，即使在 DNA 结构域杂交体不存在的情况下，转录激活杂交体自身就能激活报告基因的转录，表现为阳性。因此在筛选出阳性克隆后，需要用回收的转录激活域杂交体质粒单独转化酵母，以判定克隆是否为假阳性克隆。

另一类假阳性是在 DNA 结合域杂交体存在下表现为阳性，但对 DNA 结合域杂交体没有特异性，不相关的 DNA 结合域杂交体与其共转化酵母时也表现为阳性。在筛选出阳性克隆后，应将转录激活域杂交体同一些不相关的 DNA 结合域杂交体一起转化酵母，以排除这类假阳性克隆。Harper 等利用酵母交配发展一种快速检测这类假阳性的方法。其过程是：让阳性克隆在一定的选择培养基上生长使其失去 DNA 结合域杂交体质粒，只剩下转录结合域杂交体质粒，然后与不同性别的含有与该蛋白无关的 DNA 结合域杂交体的酵母交配，从形成的二倍体酵母是否表现为阳性判定原来的克隆是否为假阳性克隆。而不需要提取回收阳性克隆的转录激活杂交体质粒，再与无关的 DNA 结合域杂交体共转化酵母细胞这样一个烦琐的过程。

（4）假阴性：所谓假阴性，即两个蛋白本应发生相互作用，但报告基因不表达或表达程度甚低以至于检测不出来。造成假阴性的原因主要有几方面。①是融合蛋白的表达对细胞有毒性。这时应选择敏感性低的菌株或拷贝数低的载体；②是蛋白间的相互作用较弱，应选择高敏感的菌株或多拷贝载体；③Gal4 和 LexA 系统要求被测蛋白定位于细胞核，然而有些蛋白却定位于细胞核以外的地方，这样系统就检测不到；④Gal4 和 LexA 系统依赖转录激活报告基因而检测蛋白相互作用，如果蛋白是抑制基因表达的，报告基因就不能被激活转录，双杂交系统就检测不到该蛋白相互作用了。

第五节 噬菌体展示技术

运用 DNA 重组技术在噬菌体、细菌、真菌、病毒等微生物表面呈现外源蛋白或多肽，已在微生物学、分子生物学、疫苗学和生物技术等方面得到广泛应用。

表面展示技术是利用基因工程手段将外源基因或一组一定长度的随机寡核苷酸片段克隆到特定的表达载体中，使其表达产物与外源蛋白或噬菌体外壳蛋白以融合蛋白的形式呈现在细胞表面或噬菌体表面。表面展示技术是诸多基础研究与实际应用的重要工具，它可用于蛋白质相互作用的研究、受体与配体结合结构域的识别和鉴定等。在实际应用中可用于肽库与酶库的高通量筛选、药物筛选，制备全细胞吸附剂、重组生化催化剂、细菌疫苗、生物传感器等。它是生物科学基础研究、医药技术与产品开发、环境监测与治理等众多领域的有效手段之一。

1985 年，SmithGP 第一次将外源基因插入丝状噬菌体 f1 的基因Ⅲ，使目的基因编码的多肽以融合蛋白的形式展示在噬菌体表面，从而创建了噬菌体展示技术。该技术的主要特点是将特定分子的基因型和表型统一在同一病毒颗粒内，即在噬菌体表面展示特定蛋白质，而在噬菌体核心 DNA 中则含有该蛋白的结构基因。另外，这项技术把基因表达产物与亲和筛选结合起来，可以利用适当的靶蛋白将目的蛋白或多肽挑选出来。近年来，随着噬菌体展示技术的日益完善，该技术在众多基础和应用研究领域产生的影响已日渐明显。

一、噬菌体展示技术的原理

噬菌体展示技术（phage display techniques，PDT）是将多肽或蛋白质的编码基因或目的基因片段克隆插入噬菌体外壳蛋白结构基因的适当位置，在阅读框正确且不影响其他外壳蛋白正常功能的情况下，使外源多肽或蛋白与外壳蛋白融合表达，融合蛋白随子代噬菌体的重新组装而展示在噬菌体表面。被展示的多肽或蛋白可以保持相对独立的空间结构和生物活性，以利于靶分子的识别和结合。肽库与固相上的靶蛋白分子经过一定时间孵育后，洗去未结合的游离噬菌体，然后以竞争受体或酸洗脱下与靶分子结合吸附的噬菌体，洗脱的噬菌体感染宿主细胞后经繁殖扩增，进行下一轮洗脱，经过 3 轮～5 轮的"吸附－洗涤－洗脱－扩增"后，与靶分子特异结合的噬菌体得到高度富集。所得的噬菌体制剂可用来做进一步富集有期望结合特异味性的目标噬菌体。

二、噬菌体展示系统

1. 单链丝状噬菌体展示系统

（1）PⅢ展示系统。丝状噬菌体是单链 DNA 病毒，PⅢ是病毒的次要外壳蛋白，位于病毒颗粒的尾端（见图 10－2 噬菌体展示系统示意图），是噬菌体感染大肠埃希菌所必需的。每个病毒颗粒都有 3 个～5 个拷贝 PⅢ蛋白，其在结构上可分为 N1、N2 和 CT3 个功能区域，这 3 个功能区域由两段富含甘氨酸的连接肽 G1 和 G2 连接。其中，N1 和 N2 与噬菌体吸附大肠埃希菌菌毛及穿透细胞膜有关，而 CT 构成噬菌体外壳蛋白结构的一部分，并将整个 PⅢ蛋白的 C 端结构域锚定于噬菌体的一端。PⅢ有 2 个位点可供外源序列插入，当外源的多肽或蛋白质融合于 PⅢ蛋白的信号肽（SgⅢ）和 N1 之间时，该系统保留了完整的 PⅢ蛋白，噬菌体仍有感染性；但若外源多肽或蛋白直接与 PⅢ蛋白的 CT 结构域相连，则噬菌体丧失感染性，这时重组噬菌体的感染性由辅助噬菌体表达的完整 PⅢ蛋白来提供。PⅢ蛋白很容易被蛋白水解酶水解，所以有辅助噬菌体超感染时，可以使每个噬菌体平均展示不到一个融合蛋白，即所谓"单价"噬菌体。

（2）PⅧ及其他展示系统。PⅧ是丝状噬菌体的主要外壳蛋白，位于噬菌体外侧，C 端与 DNA 结合，N 端伸出噬菌体外，每个病毒颗粒有 2700 个左右 PⅧ拷贝。PⅧ的 N 端附近可融合五肽，但不能融合更长的肽链，因为较大的多肽或蛋白会造成空间障碍，影响噬菌体装配，使其失去感染力。但有辅助噬菌体参与时，可提供野生型 PⅧ蛋白，降低价数，此时可融合多肽甚至抗体片段。此外，尚有丝状噬菌体 PⅥ展示系统的研究报道。PⅥ蛋白的 C 端暴露于噬菌体表面，可以作为外源蛋白的融合位点，可以用于研究外源蛋白 C 端结构区域功能。该系统主要用于 cDNA 表面展示文库的构建，并取得了不错的筛选效果。

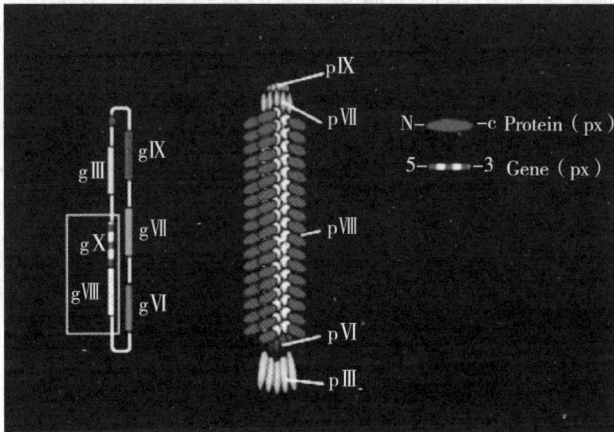

图 10 - 2 噬菌体展示系统示意图

2. λ噬菌体展示系统

（1）PV 展示系统。λ噬菌体的 PV 蛋白构成了它的尾部管状部分，该管状结构由 32 个盘状结构组成，每个盘又由 6 个 PV 亚基组成。PV 有两个折叠区域，C 端的折叠结构域（非功能区）可供外源序列插入或替换。目前，用 PV 系统已成功展示了有活性的大分子蛋白 β-半乳糖苷酶（465ku）和植物外源凝血素 BPA（120ku）等。λ噬菌体的装配在细胞内进行，故可以展示难以分泌的肽或蛋白质。该系统展示的外源蛋白质的拷贝数为平均 1 个分子/噬菌体，这表明外源蛋白质或多肽可能干扰了 λ噬菌体的尾部装配。

（2）D 蛋白展示系统。D 蛋白的分子质量为 11ku，参与野生型 λ噬菌体头部的装配。低温电镜分析表明，D 蛋白以三聚体的形式突出在壳粒表面。当突变型噬菌体基因组小于野生型基因组的 82% 时，可以在缺少 D 蛋白的情况下完成组装，故 D 蛋白可作为外源序列融合的载体，而且展示的外源多肽在空间上是可以接近的。病毒颗粒的组装可以在体内也可以在体外，体外组装即是将 D 融合蛋白结合到 λD-噬菌体表面，而体内组装是将含 D 融合基因的质粒转化入 λD-溶源的大肠埃希菌菌种中，从而补偿溶源菌所缺的 D 蛋白，通过热诱导而组装。该系统有一个很好的特点，噬菌体上融合蛋白和 D 蛋白的比例可以由宿主的抑制 tRNA 活性加以控制，这对于展示那些可以对噬菌体装配造成损害的蛋白质时特别有用。

3. T₄噬菌体展示系统

T₄噬菌体展示系统是 20 世纪 90 年代中期建立起来的一种新的展示系统。它的显著特点是能够将两种性质完全不同的外源多肽或蛋白质，分别与 T₄衣壳表面上的外壳蛋白 SOC（9ku）和 HOC（40ku）融合而直接展示于 T₄噬菌体的表面，因此它表达的蛋白不需要复杂的蛋白纯化，避免了因纯化而引起的蛋白质变性和丢失。T_4噬菌体是在宿主细胞内装配，不需通过分泌途径，因而可展示各种大小的多肽或蛋白质，很少受到限制。令人值得关注的是，SOC与HOC蛋白的存在与否，并不影响T_4的生存和繁殖。SOC和HOC在噬菌体组装时可优于DNA的包装而装配于衣壳的表面，事实上，在DNA包装被抑制时，T_4是双股DNA噬菌体中唯一能够在体内产生空衣壳的噬菌体（SOC和HOC也同时组装）。因此，在用重组T_4做疫苗时，它能在空衣壳表面展示目的抗原，这种缺乏DNA的空衣壳苗，在生物安全性方面具有十分光明的前景。

三、噬菌体展示技术的局限性

（1）在噬菌体展示过程中必须经过细菌转化、噬菌体包装，有的展示系统还要经过跨膜分泌过程，这就大大限制了所建库的容量和分子多样性。目前，常用的噬菌体展示文库中含有不同序列分子的数量一般限制在10^9。

（2）不是所有的序列都能在噬菌体中获得很好地表达，因为有些蛋白质功能的实现需要折叠、转运、膜插入和络合，导致在体内筛选时需外加选择压力。例如，在噬菌体展示文库试验中，由于部分未折叠的蛋白在细菌中很容易被降解，因此，必须小心控制条件，以保证在噬菌体表面展示的文库没有降解。另外，鼠源抗体在噬菌体中表达差，也是体内选择压力的一个例子。真核细胞蛋白在细菌中表达差是因为它们的蛋白质合成与折叠机制不同的缘故。

（3）噬菌体展示文库一旦建成，很难再进行有效的体外突变和重组，进而限制了文库中分子遗传的多样性。

（4）由于噬菌体展示系统依赖于细胞内基因的表达，所以，一些对细胞有毒性的分子如生物毒素分子，很难得到有效表达和展示。

噬菌体展示技术经过近20年的发展和完善，已成为生命科学领域的一项重要技术，广泛应用于抗原抗体库的建立、药物设计、疫苗研究、病原检测、基因治疗、抗原表位研究及细胞信号转导研究等。噬菌体展示系统模拟了自然免疫系统，使我们有可能模拟体内抗体生成过程，构建高亲和力抗体库。由于噬菌体展示技术实现了基因型和表型的有效转换，使研究者在基因分子克隆基础上实现了蛋白质构象体外控制，从而为获取具有良好生物学活性的表达产物提供了强有力手段。另外，噬菌体展示技术已成为不经过免疫获取特异性人源抗体的新途径，为获取对人类和动物疾病有诊断和治疗价值的单克隆抗体提供了重要手段。

四、噬菌体展示肽库的筛选方法

1985 年，SmithGP 利用基因工程手段将一段外源肽序列展示在丝状噬菌体的表面。1988 年他们又将合成的随机序列的寡核苷酸片段克隆到丝状噬菌体，表达后每个噬菌体粒子的表面展示一种肽段，所有这些展示不同肽段的噬菌体构成了噬菌体展示肽库。1990 年，他们通过亲合筛选，得到了与特定蛋白结合的结合肽，并由于噬菌体表达的肽与编码基因直接相关，扩增和分离目的克隆后，很容易得到其 DNA 序列。这样就建立了噬菌体表面展示的随机肽库技术，这项技术一经产生就显示其无与伦比的生命力，被广泛用于生命科学的各个领域，并带来广泛而深远的影响。传统的药物筛选大多数是从自然界的动、植物及微生物中分离天然的具有特定药理作用的化学物质，然后直接应用或再以此作为药物化学的先导化合物，再进一步设计、加工、合成，筛选有效的功能药物。此方法具有一定的盲目性，筛选周期长。而采用分子进化工程技术则会大大加速这一过程。根据所需要的药物特性，选用适当的方法构建含有大量异质性分子的组合库，用靶分子进行筛选，先筛选药物先导化合物，然后进一步优化设计，最终确定候选的药物结构。近年来，引入组合策略和模拟进化思想，建立了一种从噬菌体随机肽库中筛选药物先导化合物的新方法，即用库容量极大的随机肽库去快速筛选具有较高特异性和亲和力的理想目的肽。通过此种方法可以快速筛选生物活性肽、蛋白质、受体及其他化合物等新型药物或先导化合物。这一方法具有传统的药物筛选无法比拟的优越性，将药物开发带入了一个崭新的时代。

1. 噬菌体展示系统的建立

早在 1986 年 Geysen 就认为含有关键残基的短肽能够模拟蛋白质上的决定族。在多数情况下，几个关键残基与它的结合分子所形成的非共价键构成了全部结合的主要部分，即蛋白质之间的相互作用或识别是通过局部残基肽段间的相互作用来实现的。1982 年，Dulbecco 提出将病原体的免疫原与 λ 噬菌体和其他病毒的衣壳蛋白融合，便可产生能够用作疫苗的表面展示外来多肽的病毒颗粒。1985 年，Smith 描述了外源肽段在丝状噬菌体 fd 表面的展示结果。1988 年，他们建立了新的表达载体——可选择抗体的丝状噬菌体 fd 载体，能将外源短肽表达并伸展到噬菌体表面，用亲和筛选可选到表达特异肽的噬菌体，通过测定噬菌体序列，就可以知道所表达肽段的氨基酸序列。这为噬菌体展示肽库的建立提供了技术保障。

2. 噬菌体展示系统的类别

噬菌体展示系统因载体和宿主细胞不同分别有：丝状噬菌体展示系统（包括 p、p 和噬菌体粒展示系统）、λ 噬菌体展示系统及 T$_4$ 噬菌体展示系统。

(1) 丝状噬菌体展示系统：丝状噬菌体展示系统是外源基因与 g3p 或 g8p 基因融合，并将它以外壳蛋白表面多肽的形式展示出来。它是最早被用来展示外源肽或蛋白质的系统，也是目前应用最广、发展最完善的噬菌体展示系统。丝状噬菌体是单链 DNA 病毒，其通过与细菌纤毛的相互作用感染宿主细胞，然后将病毒 DNA 注入细菌的胞质，利用细菌胞质内的酶转变成复制的双链 DNA，并通过滚动复制产生子一代 DNA 分子。噬菌体展示技术正是利用丝状噬菌体 DNA 的结构和复制特点，把丝状噬菌体 M13 或 fd 作为良好的基因工程的载体。因它的 DNA 复制与装配不受 DNA 分子的限制，因此可以将外源 DNA 插入到其一些非必须区，仅导致噬菌体颗粒的加长，而不影响其感染宿主及装配，这样即可得到一些插入外源 DNA 的基因重组体。噬菌体还可把插入的 DNA 片段以融合蛋白的形式表达在衣壳蛋白上。

(2) λ 噬菌体展示系统：是将外源肽或蛋白质与 λ 噬菌体的主要尾部蛋白 PV 或 λ 噬菌体头部组装的必需蛋白——D 蛋白融合而被展示。

(3) T_4 噬菌体展示系统：T_4 噬菌体展示系统是将外源肽和蛋白质与 T_4 噬菌体的小衣壳蛋白 SOC 的 C 端融合而被展示，也有将外源蛋白与 T_4 噬菌体的次要纤维蛋白（Fibritin）的 C 末端融合而被展示。由于 T_4 噬菌体是在寄主细胞内组装而不必通过分泌途径，因此它可展示的肽/蛋白质范围较广，尤其适合于展示那些不能被 E. coli 分泌的复杂蛋白质。

3. 噬菌体展示肽库的筛选方法

(1) 生物淘金法：是目前常用的、最早由 Smith 等设计的一种筛选方法。将靶分子包被在固相介质上，加入噬菌体肽库与之吸附，洗去非亲和性或低亲和性的噬菌体，回收高亲和性的噬菌体，经过几轮"淘选"，可富集到特异性的噬菌体多肽。用于噬菌体肽库筛选的目标蛋白可以直接吸附于酶标板，也可固定在生物小磁珠上，或者把经生物素化靶分子固定在包被链霉亲和素的 ELISA 小孔或生物磁珠上（利用链霉亲和素与生物素的高亲和力）。而对于无法提纯或靶分子（如抗原）性质不确定的情况，如癌细胞的表面受体，需建立相应的筛选系统如双层膜筛选系统：第一种膜为亲水性膜，第二种膜为疏水性膜，膜表面包被目标蛋白，细胞先在第一种膜上培养，然后移至第二层膜，分泌的可溶性蛋白可透过第一层膜，与第二层膜上的目标蛋白结合，再用已知配体筛选。

(2) 选择感染性噬菌体（SIP）：用特定的多肽或蛋白替代 P 蛋白使噬菌体丧失感染能力，再通过这些多肽或蛋白与其配基的结合恢复感染能力。此方法将蛋白质配基间的相互作用与噬菌体的感染扩增直接联系，能使特异性筛选和噬菌体扩增同时进行。筛选蛋白或配基无须表达和纯化，只需 DNA 存在，少量的功能产物表达即可筛选，但缺点是筛选效率受到 SIP 文库的有效库容的限制。

（3）延迟感染性筛选：利用细菌表面展示系统中细菌外膜蛋白 A（Lpp－Ompa）的多用性特点，将目标蛋白的编码序列融合到杂交的外膜蛋白 A 来展示。当噬菌体被捕获或淘洗后，细菌被转入 37℃ 培养，噬菌体因 F 纤毛得到表达而重新具有感染能力，成为被选克隆。此法筛选的进程与常规先选择再感染的过程相反，即被选择的细菌才可被捕获的噬菌体感染，所以又称"反向筛选"。其优点是：筛选所需目标蛋白的浓度很低，比常规方法低 10^3，适合于大文库中有效筛选稀有克隆。

4. 噬菌体肽库的构建和多肽的进化

由于电转化效率的限制，在随机氨基酸数目大于 7 时，构建的文库很难容纳所有可能的多肽。因此，从噬菌体展示文库中筛选到的随机多肽还需要进一步的改造，以提高其结合力或专一性。这一步可以通过以下方法实现：（1）定点突变：Sharon 等采用体外定点突变的方法对低亲和力抗体 Vh 中的一些氨基酸逐个突变，发现三个不同位置的三种氨基酸具有较高亲和力，将这三种氨基酸组合在一起，结果使抗体亲和力提高了 200 倍。（2）致突变株进行体内突变：大肠杆菌 MutD5 株 DNA 聚合酶全酶中 ε 亚基基因 MutD 一旦发生突变，就丧失了校正功能，在复制时体内基因突变率明显增加。该菌株的 Lac 基因易发生单个突变，其自然突变率比野生型株高 100 倍。该株的高突变率可用于抗体 V 区的基因突变，以改善噬菌体的亲和力。（3）错误倾向的 PCR：Winter 等利用错误倾向 PCR 方法引入突变使亲和力提高。

在抗体库中还可以采用以下方法：（1）CDR（complementarity－determining region，CDR 免疫球蛋白分子的互补决定区）的突变（walking mutagenesis）：随机合成的 CDR 区作为引物，通过 PCR，特定位点上可发生变化，从而可建立次级突变库。（2）链更替（chain shuffling）：将得到的低亲和力噬菌体肽或抗体的一条链（如轻链）与另一条链（如重链）的全部组合得到次级库，选择亲和力改善的克隆，再次重链固定，与轻链全部组合建库，筛选高亲和力的克隆。目前可供筛选的噬菌体肽库以线性肽库为主，构象具可变性，在一定程度上，虽可以增加筛选到与特定靶分子特异性结合的配体的可能性，但同时也因结合时的损失较大，难以筛选到高亲和力的结合配体。针对这一现象，目前采取的策略有：（1）通过对展示肽库的限制来获得高亲和力的克隆，如：将线性肽两端引入半胱氨酸形成环肽，将肽链折叠时取向固定。（2）预先设计分子构架，构建构象性肽库。这是一种基于骨架蛋白基础上的噬菌体肽库技术。以结构稳定的小分子 α－螺旋和 β－片层构成的分子支架为基础，改造分子表面连接 α－螺旋和 β－片层的转角、环形区或一些无规则的肽段。改造的方法可以是其中某些肽段随机化，也可以将其他蛋白和多肽中的活性有关序列插入其间。目前最常见的是以天然抗体为结构骨架建立的噬菌体抗体库，主要是β-片层结构。抗体分子经长期进化所产生的基因结构重排，可使抗体库获得的多样性达 10^7 以上，也可以通过人工设计改造建立人工抗体库。

5. 噬菌体展示技术的应用

噬菌体展示肽库技术作为研究生物分子间相互作用快捷而有效的工具，广泛适用于抗原抗体系统、细胞因子与受体的作用及酶学等领域，筛选的靶物质包括抗体、酶、受体及其他功能蛋白，或者细胞、血清乃至整个动物。

(1) 以单克隆抗体模拟抗原表位：以纯化的单抗为靶分子筛选抗原模拟表位是噬菌体展示技术应用最广泛的方面。目前，利用肽库已成功地筛选多种病毒的抗原表位，如 HCV 核心抗原表位、HIVgp120 蛋白的表位。用抗单纯疱疹病毒型 (HSV-1) 的 mAb 筛选 12 肽库，得到 HSV-1 糖蛋白 gC 的模拟肽。

(2) 模拟细胞因子受体等其他分子的表位：采用其他纯化蛋白、细胞因子或膜蛋白等也能筛选到与之结合的噬菌体展示肽。如用可溶性 TNF 受体蛋白 (sTNFRI) 可以筛选模拟 TM-TNF-α 核心表位。以蛋白为靶分子，还可以筛选到一些非肽类模拟表位，如糖或生物素。糖是一类复杂的大分子物质，参与体内多种生理功能，如介导细胞黏附、迁移，识别病原微生物，诱导细胞分化等。可由于糖类纯化与合成困难，作为疫苗难以在实践中广泛采用。用多肽可从结构和免疫原性上模拟糖类，那就可以利用多肽免疫原性强的特点制备模拟肿瘤细胞表面特异性糖链的多肽疫苗。Kieber-Emmons 等发现 MCP 的构象与乳腺癌相关的糖链亚单位的构象相似，于是合成了含 YYPY 和 YYRYD 结构模体的多肽。他们将合成肽与蛋白体形成复合物免疫小鼠，得到的抗血清可以与乳腺癌特异的糖链反应。FACS 分析表明，该血清可以与表达高水平乳糖系列结构的人乳腺细胞系 SKBR3 细胞特异结合，而与正常细胞结合力很低，且该血清可以介导对 SKBR3 补体依赖的细胞毒作用。猪心移植到人是解决心脏移植中供体器官短缺的有效措施，但猪心血管内皮细胞表面抗原半乳糖-α1，3-半乳糖 (Gal-α1，3-Gal) 与人体内天然抗体结合所引起的超急性排斥是阻碍其付诸临床的首要障碍。Kooyman 等以能与猪心血管表面抗原表位半乳糖-α1，3-半乳糖特异性结合的 IB4 为靶分子，从 6 肽库中筛选到能与之结合的小肽 SSLRGF，这种结合能被半乳糖-α1，3-半乳糖竞争性阻断，且此小肽加入含猪红细胞的人血清中，能抑制人类天然抗体介导的猪红细胞的凝集反应。

（3）分析蛋白质－蛋白质相互作用的界面关键点图谱：噬菌体肽库在研究分析蛋白质与蛋白质相互作用的关键点的作用中有广泛应用。Deleo 等应用噬菌体随机肽库研究 NADPH 氧化酶的装配。NADPH 氧化酶是一种多聚蛋白，由黄素细胞色素 b 形成，位于质膜上，由 p47－phox 和 p22－phox 两个亚单位组成，还有一个亚单位 p47－phox 正常情况下位于胞质溶胶，随细胞活化才运动到膜上。用 p47－phox 亚单位筛选噬菌体肽库，根据氨基酸序列筛选出肽可以分为四组，将这些肽的共同序列与 gp－90－phox 和 p22－phox 相比较，发现有同源区域，这样便可分析相互作用位点图谱。与同源区域一致的合成肽段，能够抑制 NADPH 氧化酶复合物的体外装配。

（4）寻找大型功能蛋白的小分子模拟肽：Wrighton 等从噬菌体表位随机肽库中筛选出能模拟红细胞生成素（EPO）的活性环肽，展示了多肽库在这一领域的应用前景。他们先在 p 展示的八肽库中筛选出可溶性重组红细胞生成素胞外区（EPOR－ECD）的结合肽。然而，自由可溶性的环肽对 EPOR 的亲和力很低。为了找到高亲和力的肽，他们设计了第二个库。在得到的库中引入突变，两边加 3 个随机残基以使表位延长至 14 个氨基酸，将该突变肽与 p 蛋白融合，用 EPOR－ECD 继续筛选，结果筛出的肽对 EPO 的亲和力提高 10～50 倍。而且体内外试验表明，此小肽能诱导受体二聚合，引导信号传导，促进生长与分化，刺激体内网织红细胞计数增多。这一工作为噬菌体展示肽库的应用开辟了新天地，确认噬菌体展示肽库不仅能筛选生物活性肽，而且还能设计大型蛋白质的小分子模拟物，这为寻找新药物开辟了道路。

（5）筛选细胞和组织的特异性肽：利用完整细胞，也能从肽库中筛选到细胞表面受体的结合肽。Pasqualini 和 Ru－oslahti 首次将要筛选的随机肽库注射入小鼠静脉，筛选到特异性结合脑和肾的靶向肽，这为临床上进行组织或细胞特异性给药提供了极有价值的信息。Rasmussen 等用噬菌体肽库筛选出人的直肠癌 WiDr 细胞系的特异性噬菌体肽，序列为 HEWSYLAPYPWF，它与 WiDr 细胞的亲和力比与人的五种其他肿瘤细胞高 1000 倍，且不依赖噬菌体外壳蛋白。分离出的小肽可以生物标记直肠癌细胞，有利于设计基因载体用于癌症的早期诊断和治疗。李赏等通过肝癌细胞系 SMMC77721 免疫小鼠，构建了肝癌细胞系 SMMC77721 的单克隆抗体库，筛选到与另一肝癌细胞系 HepG2 特异性结合的单链抗体，此抗体对于肝癌的早期诊断和治疗具有重要意义。

表面展示技术发展迅速，除噬菌体展示技术外，近年来类似的手段如细菌表面展示技术、核糖体展示技术和 mRNA 展示技术也得到了快速发展。

第六节　蛋白质分子印迹技术

人们研究分子印迹聚合物，（也叫分子烙印聚合物，molecularly imprinted polymers，MIPs）的历史由来已久，可以追溯到 20 个世纪。1940 年，Pauling 就提出以抗原为模板来合成抗体的设想，这是对分子印迹技术（即分子烙印技术，molecule imprinting technology，MIT）的最初描述。目前主要从事，研究工作的国家有瑞典、日本、德国、美国、英国、中国等十多个国家。国内主要研究单位有大连化物所、南开大学、兰州化物所、上海大学、军事科学院毒物所、湖南大学、东南大学、防化研究院等。之所以发展如此迅速，主要是因为它有三大特点：即预定性、识别性和实用性。由于 MIPs 具有抗恶劣环境的能力，表现出高度的稳定性和长的使用寿命等优点，因此，它在许多领域，如色谱中对映体和异构体的分离、固相萃取、化学仿生传感器、模拟酶催化、临床药物分析、膜分离技术等领域展现了良好的应用前景。

自然界中，分子识别在酶－底物、抗原－抗体以及配体－受体之间的选择性方面起着非常重要的作用，这种高选择性来源于与底物相匹配的结合部位的存在。为获得这样的结合部位，人们应用环状小分子或冠状化合物（如冠醚、环糊精、杯芳烃等）来模拟生物体系。那么，这样的类似于抗体或酶的结合部位能否在聚合物中产生呢？这就是分子印迹技术要回答的问题。如果以一种分子充当模板，其周围用聚合物交联，当模板分子除去后，此聚合物就留下了与此分子相匹配的空穴。这种聚合物就像"锁"一样对钥匙具有选择识别作用，这种技术称为分子印迹技术。

一、分子印迹技术的基本概念和原理

在生物体内，分子复合物的形成通常需要借助非共价键（氢键，范德华力，离子键等）相互作用。虽然单个非共价键比单个共价键键能低，但多重非共价键的耦合和多个作用位点的协同则会形成很强的相互作用，从而使复合物具有很高的稳定性。当模板分子与聚合物单体接触时会尽可能地同单体形成多重作用点，如果通过聚合，把这些多重作用点固定或"冻结"下来，当模板分子除去后，聚合物中就形成了与模板分子在空间和结合位点上相匹配的具有多重作用点的空穴，这样的空穴对模板分子具有选择性。也有人将共价作用与非共价作用相结合，应用于制备 MIPs。

分子印迹技术是通过以下方法实现的。

（1）在适当的介质中，具有适当功能基的功能单体通过与模板分子间的相互作用聚集在模板分子周围，形成单体－模板分子复合物。

（2）加入交联剂（Cross linker），通过引发剂引发进行光或热聚合，使功能单体与过量的交联剂在致孔剂的存在下形成聚合物，从而使功能单体上的功能基在特定的空间取向上固定下来。

（3）通过一定的物理或化学方法把模板分子脱除。这样就在聚合物中留下一个与模板分子在空间结构上完全匹配，并含有与模板分子特异性结合的功能基的三维空穴。这个三维空穴可以选择性地重新与模板结合，即对模板分子具有专一性识别作用。

分子印迹的 3 个过程可用图 10-3 来描述。

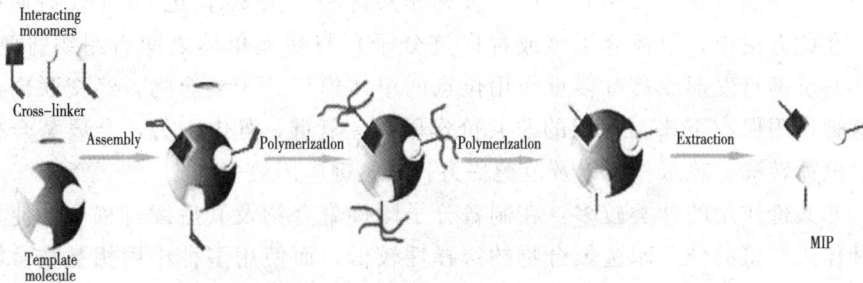

图 10-3　模板分子、功能单体、交联剂、聚合反应

这个三维空穴的空间结构和功能单体的种类是由模板分子的结构和性质决定的。由于用不同的模板分子制备的分子印迹聚合物具有不同的结构和性质，所以一种印迹聚合物只能与一种分子结合，类似于"锁"和"钥匙"，也就是说印迹聚合物对该分子具有选择性结合作用。

二、分子印迹技术的分类

按照单体与模板分子结合方式的不同，分子印迹技术可分为预组织法和自组装两种基本方法。

1. 预组织法

预组织法（preorganization）又称共价法，由德国的 Wulff 及其同事在 20 世纪 70 年代初创立。在此方法中，模板分子（印迹分子）首先通过可逆共价键与单体结合形成单体模板分子复合物，然后交联聚合，聚合后再通过化学途经将共价键断裂而去除印迹分子。

共价键作用的优点是聚合中能获得在空间精确固定排列的结合基团的聚合物，对印迹分子有高度的选择性。从理论上讲，聚合物与印迹分子之间结合位点越多，其内部结合基团的方向和空穴结构定位更精确，聚合物呈现的选择性越高。若印迹分子能以高百分比除去，则是一类很好的功能材料。对用于催化剂的聚合物来说，其内部结合基团的方向和空穴中起催化作用的活性基团极为重要，此情况下共价键结合作用较为有利。

预组织法中所使用的功能单体有：含有乙烯基的硼酸、醛、胺、酚、醇等，与印迹分子形成共价键的化合物主要有硼酸酯、亚胺、希夫碱、缩醛酮。由于硼酸酯键可逆性好，易于形成和断裂，所以最常用的是硼酸酯类化合物。

由于共价键作用一般较强，在印迹分子自组装或识别过程中结合和解离速度慢，难以达到热力学平衡，不适于快速识别，而且识别能力与生物识别差别甚远，因此这种方法发展缓慢。

2. 自组装法

自组装法（self-assembling）又称非共价法，在 20 世纪 80 年代后期创立。在此方法中，模板分子（或称印迹分子）与功能单体之间自组织排列，以非共价键自发形成具有多重作用位点的单体模板分子复合物，经交联聚合后这种作用保存下来。常用的非共价作用有：氢键，静电引力，金属螯合作用、电荷转移、疏水作用以及范德华力、以氢键应用最多。

非共价作用的种类较多，在制备分子印迹聚合物及其后续过程中，使用一种作用制得的分子印迹聚合物的选择性较低，而使用多种作用相互结合制得的分子聚合物则具有较高的选择性和分离能力。

自组装法中所使用的功能单体有：丙烯酸、甲基丙烯酸、三氟甲基丙烯酸、亚甲基丁二酸、4-乙烯基苯甲酸、苯乙酸、2-丙烯酰胺-2-甲基-1-丙磺酸、N-丙烯酰基丙。

三、分子印迹聚合物研究现状

分子印迹应用于色谱分离、抗体和受体模拟物、固相萃取、生物传感器等领域分子印迹技术于近十年内得到了飞速的发展，已经成为当前研究的热点之一。

1. MIPs 在临床药物分析中的应用

由于许多药物都是具有手性活性的化合物，而 MIPs 正好可以为这些手性药物定做模板。因此，MIPs 目前已广泛应用于临床药物的手性分离和分析。Mosbach 等已用分子印迹聚合物提供的立体专一性进行了血清中药物水平测定，用茶碱或安定作模板分子，甲基丙烯酸作功能单体，在氯仿中聚合得到分子印迹聚合物，可用于放射配基结合测定人体血清的模板药物。用吗啡和内源性的神经肽为模板制备的以甲基丙烯酸为功能单体的印迹聚合物可以模拟生物体内鸦片受体的生物活性，对其聚合物的识别特性能通过放射配基结合分析，结果表明，在水缓冲溶液中也有很高的亲和性和选择性，这是一个突破性的进展。

2.MIPs 在化学模拟酶催化方面的应用

化学模拟酶催化剂与天然的生物酶催化剂相比，具有抗恶劣环境的能力，表现出高度的稳定性和较长的使用寿命，因此分子印迹技术则是设计新型人工模拟酶材料的最有效手段之一，具有广泛的应用前景。

3.膜分离和固相萃取

由于 MIPs 可以选择性地同混合物中的某一个或某一族结构相似的化合物相结合，非常适合用于色谱分析前的样品富集。MIPs 对目标分子的特异性吸附和良好的机械强度使其成为固相萃取固定相的最佳选择之一，因此近年来 MIPs 在膜分离和固相萃取中的应用也与日俱增，1990 年，Piletsky 等采用原位聚合法首次制备了 MIPs 膜，实现了对模板分子腺苷酸的特异识别和分离。

色谱分离：分子印迹色谱分离技术中主要是用分子印迹聚合物作为色谱分离的固定相，以建立固相萃取、高效液相色谱或毛细管电泳分析法进行手性物质的分离，也可以用于样品的预处理。在这些应用中，分子印迹聚合物的作用类似于免疫色谱中的免疫吸附剂。

到目前为止，虽然已有在水相中进行了手性拆分的报道，但也都处于刚刚开始阶段，尚有待进一步研究。将 MIPs 用作毛细管电色谱（CEC）的固定相可以克服 MIPs－HPLC 柱效低的缺点，已成为高效高选择性的分离手段，这也是 MIPs 发展中的重要进展。

四、分子印迹展望

纵观分子印迹聚合物的研究发展和成就，从作为液固相色谱固定相材料，选择性催化剂到人造受体，化学传感器的应用以及分子印迹技术的形成和发展，反映了分子印迹技术是集高分子合成、物化分子设计、分析、分离和测试，生物和医学等众多相关学科的优势，相互渗透而发展起来的边缘新课题。尽管目前分子印迹技术发展的速度比较快，而且也得到比较广泛的应用，但仍然存在许多进一步研究和解决的问题。总之，随着化学、生物学、材料学和分析技术的不断进步，分子印迹技术将会在分离、化学和生物传感及模拟酶催化等许多领域发挥越来越大的作用。

思考题

10-1 名词解释：核酸提取 CTAB 法、核酸提取 SDS 法、紫外光谱分析法、荧光分析法、核酸分子杂交、琼脂糖凝胶电泳、聚合酶链式反应、生物芯片、蛋白质芯片、酵母双杂交技术、DNA 特异结合域、转录激活域、噬菌体展示技术、分子印迹聚合物、分子印迹技术、预组织法、自组装法、表面展示技术。

10-2 和其他蛋白质分析技术相比，蛋白质芯片技术有什么特点？有哪些具体应用？

10-3 如何理解酵母双杂交系统的原理？举例说明其在蛋白质相互作用研究中的应用。

10-4 如何理解蛋白质分析印迹的原理，它在哪些领域有应用潜力？

10-5 简述 RNA 提取的基本步骤。

10-6 简述核酸保存中需注意的因素及保存方法。

10-7 简述用琼脂糖纯化 DNA 分子和制备 DNA 片段的原理。

10-8 简述聚合酶链式反应（PCR）的原理和操作过程。

10-9 简述蛋白质芯片的检测原理。

10-10 酵母双杂交系统具有哪些优点？

10-11 简述噬菌体展示技术的原理，这种展示技术有何局限性？

10-12 简述噬菌体展示技术的具体应用。

10-13 简述分子印迹技术的原理及具体操作过程。

第十一章　基因工程基础

[内容提要]　　本章简要介绍基因工程的基本概念，了解基因工程载体、工具酶、目的基因的酶切与连接、重组 DNA 导入受体细胞与重组体转化子的鉴定、基因文库的构建方法、目的基因的表达与检测、分子克隆的主要策略。

基因工程是按照人们预先设计的蓝图，将一种生物的遗传物质导入另一种生物中去，使其获得新的遗传性状，形成新生物类型的基因操作。

1. 基因工程的基本操作程序

基因工程的整个过程由工程菌（细胞）的设计构建和基因产物的生产两大部分组成。前者在实验室进行，其单元操作过程如下。

（1）切：从供体细胞中分离出基因组 DNA，用限制性核酸内切酶分别将外源 DNA（包括外源基因或目的基因）和载体分子切开；（2）接：用 DNA 连接酶将含有外源基因的 DNA 片段接到载体分子上，形成 DNA 重组分子；（3）转：借助于细胞转化手段将 DNA 重组分子导入受体细胞中；（4）增：短时间培养转化细胞，以扩增 DNA 重组分子或使其整合到受体细胞的基因组中；（5）检：筛选和鉴定转化细胞，获得使个源基因高效稳定表达的基因工程菌或细胞。

2. 基因工程的基本原理

基因工程的主体思想是外源基因的稳定高效表达。为达到此目的，可从以下四个方面考虑：

（1）利用载体 DNA 在受体细胞中独立于染色体 DNA 而自主复制的特性，将外源基因与载体分子重组，通过载体分子的扩增提高外源基因在受体细胞中的剂量，借此提高其宏观表达水平。这里涉及 DNA 分子高拷贝复制以及稳定遗传的分子遗传学原理。

（2）筛选、修饰和重组启动子、增强子、操作子、终止子等基因的转录调控元件，并将这些元件与外源基因精细拼接，通过强化外源基因的转录提高其表达水平。

（3）选择、修饰和重组核糖体结合位点及密码子等 mRNA 的翻译调控元件，强化受体细胞中蛋白质的生物合成过程。上述两点涉及基因表达调控的分子生物学原理。

（4）基因工程菌（细胞）是现代大规模培养的微型生物反应器，在强化并维持其最佳生产效能的基础上，从工程菌（细胞）大规模培养的工程和工艺角度切入，合理控制微型生物反应器的增殖速度和最终数量，也是提高外源基因表达产物产量的主要环节，这里涉及的是生物化学工程学的基本理论体系。

第一节　基因工程工具酶

一、限制性核酸内切酶

（一）限制性核酸内切酶的命名

在 20 世纪 50 年代，人们在研究噬菌体的宿主范围时，发现了这样一种现象：在不同大肠杆菌菌株（例如 K 菌株和 B 菌株）上生长的 λ 噬菌体（分别称为 λ.K 和 λ.B）能高频感染它们各自的大肠杆菌宿主细胞 K 菌株和 B 菌株，但当它们分别与其宿主菌交叉混合培养时，则感染频率普遍下降为原来的数分之一。一旦 λ.K 噬菌体在 B 菌株中感染成功，由 B 菌株繁殖出的噬菌体的后代便能像 λ.B 一样高频感染 B 菌株，但却不再感染它原来的宿主 K 菌株。这种现象称为宿主细胞的限制（restriction）和修饰（modification）作用。

研究发现，限制与修饰系统与三个连锁基因有关。其中，hsdR 编码限制性核酸内切酶，这类酶能识别 DNA 分子上的特定位点并将双链 DNA 切断。hsdM 的编码产物是 DNA 甲基化酶，这类酶使 DNA 分子特定位点上的碱基甲基化，即起修饰 DNA 的作用。

宿主控制的限制与修饰现象广泛存在于原核细菌中，它有两方面的作用，一是保护自身 DNA 不受限制；二是破坏入侵的外源 DNA，使之降解。细菌正是利用限制与修饰系统来区分自身 DNA 与外源 DNA 的。外源 DNA 可以通过多种方式进入某一生物体内，但是它必须被修饰成受体细胞的限制性内切酶无法辨认的结构形式，才能在寄主细胞内得以生存，否则会很快被破坏。因此，在基因工程中，常采用缺少限制作用的菌株作为受体，以保证基因操作的顺利完成。

酶的命名一般是以微生物属名的第一个字母和种名的前两个字母组成，第四个字母表示菌株（品系）。例如，从 Bacillus amyloliquefaciens H 中提取的限制性内切酶称为 BamH，在同一品系细菌中得到的识别不同碱基顺序的几种不同特异性的酶，可以编成不同的号，如 HindII、HindIII，HpaI、HpaII，MboI、MboI 等。

根据酶的功能特性、大小及反应时所需的辅助因子，限制性内切酶可分为两大类，即 I 类酶和 II 酶。最早从大肠杆菌中发现的 EcoK、EcoB 就属于 I 类酶。其分子量较大；反应过程中除需 Mg^{2+} 外，还需要 S－腺苷－L－甲硫氨酸、ATP；在 DNA 分子上没有特异性的酶解片断，这是 I、II 类酶之间最明显的差异。因此，I 类酶作为 DNA 的分析工具价值不大。II 类酶有 EcoRI、BamHI、HindII、HindIII 等。其分子量小于 105 道尔顿；反应只需 Mg^{2+}；最重要的是在所识别的特定碱基顺序上有特异性的切点，因而 DNA 分子经过 II 类酶作用后，可产生特异性的酶解片断，这些片断可用凝胶电泳法进行分离、鉴别。相当一部分酶（如 EcoRI、BamHI、Hind 等）的切口，作用点有 180°旋转对称性，因而可形成黏性末端，但也有一些 II 类酶如 AluI、BsuRI、BalI、HalIII、HPaI、SmaI 等切割 DNA 分子并不产生黏性末端，而只形成平整末端。

（二）限制性核酸内切酶的识别特点

在已发现的限制性内切酶中，近百种酶的识别顺序已被测定。有很多来源不同的酶有相同的碱基识别顺序，这种酶称为"异源同工酶"（isochizomer，同切限制内切酶；同裂酶）。应该注意的是，这些酶虽然有相同的识别顺序，但它们的切点并不完全一样。例如 XmaI 和 SmaI 都识别六核苷酸 CCCGGG，但 XmaI 的切点在 cCCGGG，而 EmaI 的切点则在 CCCGgGG，前者切割 DNA 分子，形成带有 CCGG 黏性末端的 DNA 片段，而后者并不形成黏性末端。当然，也有识别顺序和切点都相同的酶，如 HapII、HpaII、MnoI，都在识别顺序 CCGG 内有一相同的切点，HalIII 和 BsuRI 同样在识别顺序 GGCC 内有一相同的切点。

（三）限制性核酸内切酶的切割方式

以典型的二级限制性核酸内切酶 EcoRI 为例，识别 $5'-GAATTC-3'$ 这一序列（双链中的另外一条链为 $3'-CTTAAG-5'$）将各链上连接 G（鸟嘌呤）和 A（腺嘌呤）之间的磷酸二酯键切断生成两个 DNA 的断片。

由该例子可见，在许多场合，限制性核酸内切酶识别的地方是一个回文序列（palindrome），在这个位置上呈锯齿状，切断后生成断片的末端一个单链部分（叫作附着末端），用同一种限制性核酸内切酶切断的断片的末端是互相吻合的，所以使用连接酶就很容易把这些结合起来。这就是"剪刀与糨糊"这种说法的由来。

（四）影响限制性内切酶的星活性

所谓星活性又称 Star 活性。是指由于反应条件不同而产生的切断与原来认识序列不同的位点的现象，也就是说产生 Star 活性后，不但可以切断特异性的识别位点，还可以切断非特异性的位点。产生 Star 活性的结果是酶切条带增多。所以说 Star 活性与粘端变平端没关系。另外，Star 活性除了与酶本身的性质有关外，与甘油浓度，pH 值及离子浓度有关。一般正规厂家生产的限制酶出厂前都做相关的检测，buffer 体系也都做了相应的考虑。因此正常情况下酶切，可以先不必考虑 Star 活性的问题。一旦出现底物 DNA 不好切断，需要增加酶量或延长反应时间时，如果使用的是易产生 Star 活性的限制酶切，一般优先考虑增加酶量，而不是延长反应时间，换句话说，延长时间比增加酶量更易产生 Star 活性。另外，实际上几乎所有的限制性内切酶都可能产生 Star 活性。

二、DNA 聚合酶

（一）基因工程中常用的 DNA 聚合酶

1. 大肠杆菌 DNA 聚合酶 I

目前，已从大肠杆菌中分离到 3 种不同类型的 DNA 聚合酶，即 DNA 聚合酶 I、DNA 聚合酶 II 和 DNA 聚合酶 III。DNA 聚合酶 I 和 DNA 聚合酶 II 的主要功能是参与 DNA 的修复，而 DNA 聚合酶 III 与 DNA 复制有关。在分子克隆中常用的是 DNA 聚合酶 I。DNA 聚合酶 I 是 Kronberg 等 1956 年发现的第一个 DNA 聚合酶，故也称为 Krorlberg 酶。它由单条多肽链组成，分子质量为 109ku，具有 3 种活性。

（1）$5'\rightarrow3'$ DNA 聚合酶活性。大肠杆菌 DNA 聚合酶 I（DNApolI）能以 DNA 为模板，在四种 dNTP 和 Mg^{2+} 存在下，催化单核苷酸结合到引物分子的 $3'-OH$ 末端，沿 $5'\rightarrow3'$ 方向合成 DNA。这种聚合作用需要带有 $3'-OH$ 末端的引物以及单链或双链 DNA 模板，双链 DNA 只有在其糖—磷酸主链上有一个或数个断裂时，才能作为有效模板。

（2）$5'\rightarrow3'$ 外切酶活性。该酶能从 $5'$ 端降解双链 DNA，使之成为单核苷酸；也可降解 DNA：RNA 杂交体中 RNA 成分，即具 RNA 酶 H 活性。这种水解作用有三个特征：①待切除的核酸分子必须具有 $5'$ 端游离磷酸基团；②核苷酸分子被切除前位于已配对的 DNA 双螺旋区段上；③被切除的核苷酸既可以是脱氧的也可以是非脱氧的。

（3）$3'\rightarrow5'$ 外切酶活性。在一定条件下，该酶还能从 $3'-OH$ 末端降解单链或双链 DNA 分子，降解产物为单核苷酸；当存在 dNTP 时，对于双链 DNA 分子的这种 $3'\rightarrow5'$ 外切酶活性，则被 $5'\rightarrow3'$ DNA 聚合酶活性所抑制。

2. Klenow 片段

大肠杆菌 DNA 聚合酶 I 可被蛋白酶切割成两个片段，一个较小的片段具

有 $5'{\to}3'$ 外切酶活性，位于酶分子的 N 末端；另一个较大的片段具有聚合酶活性和 $3'{\to}5'$ 外切酶活性，称为 Klenow 片段或 Klenow 聚合酶。由于大肠杆菌 DNA 聚合酶的 $5'{\to}3'$ 外切酶活性在使用时常引起一些麻烦，即它可以降解结合在 DNA 模板上的引物的 $5'$ 端，而且可从作为连接底物的 DNA 片段末端除去 $5'$ 磷酸。而 Klenow 片段丧失了全酶的这一活性，但仍保留 $5'{\to}3'$ 聚合酶活性和 $3'{\to}5'$ 外切酶活性。

3. 反转录酶

反转录酶（reversetranscriptase）是分子克隆中最重要的核酸酶之一，全称是依赖于 RNA 的 DNA 聚合酶或称为 RNA 指导的 DNA 聚合酶。已经从许多种 RNA 肿瘤病毒中分离到这种酶，现在常用的两种反转录酶分别来自纯化的鸟类骨髓母细胞瘤病毒（avian myeloblastosis virus，AMV）和 Moloney 鼠白血病病毒（Moloney murinelel _ lkemia virus，Mo−MLV）。AMV 反转录酶是由 α 和 β 两条多肽链组成的二聚体，其分子质量分别为 62ku 和 94ku，反应的最适温度为 $41{\sim}45℃$，最适 pH 为 8.3。不同来源的反转录酶虽然分子质量和亚基不同，但都具有以下催化活性：①$5'{\to}3'$ 聚合酶活性，反转录酶能以 RNA 或 DNA 为模板合成 DNA 分子，但是后者的合成很慢；②RNA 酶 H 活性，能从 $5'$ 或 $3'$ 方向特异地降解 DNA：RNA 杂交分子中的 RNA 链。

反转录酶的最主要用途是以 mRNA 为模板合成其互补 DNA（cDNA），可应用两种引物，一种是寡聚脱氧胸腺嘧啶核苷即 oligo（dT），可特异性互补于 mRNA$3'$ 末端的寡聚腺苷酸 pol（A）；另一种是随机序列的核苷酸寡聚体，由于寡核苷酸序列的多样性，使它们与模板中的不同序列结合，因此在理论上模板的各部分序列都可以得到拷贝。cDNA 合成的主要步骤为：在某种生物的 mRNA 分子中，加入引物使之与 mRNA 退火，并引导反转录酶按照 mRNA 模板合成第一链 cDNA，产物是 mRNA：DNA 杂交分子；然后再以 cDNA 第一链为模板合成双链 cDNA。另外，反转录酶还用于 $3'$ 凹陷末端的标记、杂交探针的制备和 DNA 序列测定。

（二）常用的 DNA 聚合酶的特点

1. 聚合作用

在引物 RNA$'−$OH 末端，以 dNTP 为底物，按模板 DNA 上的指令由 DNApol Ⅰ 逐个将核苷酸加上去，就是 DNApol Ⅰ 的聚合作用。酶的专一性主要表现为新进入的脱氧核苷酸必须与模板 DNA 配对时才有催化作用。dNTP 进入结合位点后，可能使酶的构象发生变化，促进 $3'−$OH 与 $5'−$PO4 结合生成磷酸二酯键。若是错误的核苷酸进入结合位点，则不能与模板配对，无法改变酶的构象而被 $3'−5'$ 外切酶活性位点所识别并切除之。

2. $3'{\to}5'$ 外切酶活性——校对作用

这种酶活性的主要功能是从 $3'{\to}5'$ 方向识别和切除不配对的 DNA 生长链

末端的核苷酸。当反应体系中没有反应底物 dNTP 时，由于没有聚合作用而出现暂时的游离现象，从而被 $3'→5'$ 外切酶活性所降解。如果提高反应体系的温度可以促进这种作用，这表明温度升高使 DNA 生长链 $3'$ 末端与模板发生分离的机会更多，因而降解作用加强。当向反应体系加入 dNTP，而且只加放与模板互补的上述核苷酸才会使这种外切酶活性受到抑制，并继续进行 DNA 的合成。由此推论，$3'→5'$ 外切酶活性的主要功能是校对作用，当加入的核苷酸与模板不互补而游离时则被 $3'→5'$ 外切酶切除，以便重新在这个位置上聚合对应的核苷酸。在某些 T4 噬菌体突变株中 DNA 复制的真实性降低，而易发生突变，从此突变株分离得到的 T4DNA 聚合酶的 $3'→5'$ 外切酶活性很低。相反，另外一些具有抗突变能力的 T4 突变株中的 T4DNA 聚合酶的 $3'→5'$ 外切酶活性比野生型高得多，因此，其 DNA 复制真实性好，变异率低。可见，$3'→5'$ 外切酶活性对 DNA 复制真实性的维持是十分重要的。

3. $5'→3'$ 外切酶活性——切除修复作用

$5'→3'$ 外切酶活性就是从 $5'→3'$ 方向水解 DNA 生长链前方的 DNA 链，主要产生 $5'$-脱氧核苷酸。这种酶活性只对 DNA 上配对部份（双链）磷酸二酯键有切割活力作用，方向是 $5'→3'$。每次能切除 10 个核苷酸，而且 DNA 的聚合作用能刺激 $5'→3'$ 外切酶活力达 10 倍以上。因此，这种酶活性在 DNA 损伤的修复中可能起着重要作用。对冈崎片段 $5'$ 末端 DNA 引物的去除依赖此种外切酶活性。

4. 焦磷酸解作用

DNApol I 的这种活性可以催化 $3'$ 末端焦磷酸解 DNA 分子。这种作用就是无机焦磷酸分解 DNA 生长链，可以认为是 DNA 聚合作用的逆反应，而且这种水解 DNA 链作用需要有模板 DNA 的存在。 （dNMP）n＋XPPi←（dNMP）n－x＋X（dNPPP）→DNA

5. 焦磷酸交换作用

催化 dNTP 末端的 PPi 同无机焦磷酸的交换反应。反应式为 32P32Pi＋dNPPP←dNP32P32P＋PPi→DNA。

最后两种作用，都要求有较高浓度的 PPi，因此，在体内由于没有足够高的 PPi 而无重要意义。

DNApol I 的 DNA 聚合酶活性和 $5'→3'$ 外切酶活性协同作用，可以使 DNA 链上的切口向前推进，即没有新的 DNA 合成，只有核苷酸的交换。这种反应叫缺口平移（Nicktranslation）。当双链 DNA 上某个磷酸二酯键断裂产生切口时，DNApol I 能从切口开始合成新的 NDA 链，同时切除原来的旧链。这样，从切口开始合成了一条与被取代的旧链完全相同的新链。如果新掺入的脱氧核苷酸三磷酸为 $\alpha-^{32}P-dNTP$，则重新合成的新链即为带有同位素标记的 DNA 分子，可以用作探针进行分子杂交实验。尽管 DNApol I 是第一个被鉴定的 DNA 聚合酶，但它不是大肠杆菌中 DNA 复制的主要聚合酶。主要证据如下：①纯化的 DNApol I 催化 dNTP 掺入的速率为 667 碱基/分，而体内 DNA 合成速率要比此高二倍数量级；②大肠杆菌的一个突变株中，此酶的活力正常，但染色体 DNA 复制不正常；③而在另一些突变株中，DNApol I 的活力中只是野生型的 1%，但是 DNA 复制却正常，而且此突变株增加了对紫外线、烷化剂等突变因素的敏感性。这表明该酶与 DNA 复制关系不大，而在 DNA 修复中起着重要的作用。

（三）DNA 聚合酶在基因工程中的用途

在分子克隆中，Klenow 酶的主要用途是：①补平经限制性核酸内切酶消化 DNA 所形成的 3′ 凹陷末端，包括带裂口的双链 DNA 的修复；②对带 3′ 凹陷末端的 DNA 分子进行末端标记；③在 cDNA 克隆中，用于合成 cDNA 第二链；④用于 Sanger 双脱氧末端终止法进行 DNA 的序列分析；⑤在单链模板上延伸寡核苷酸引物，以合成杂交探针和进行体外突变。在使用 Klenow 酶进行 DNA 末端标记时，DNA 片段应具有 3′ 凹陷末端。

三、DNA 连接酶

（一）DNA 连接酶的发现

DNA 重组技术的核心步骤是 DNA 片段之间的体外连接。DNA 连接本质上是一个酶促反应过程，需要 DNA 连接酶的参与。1967 年，世界上有数个实验室几乎同时发现了一种能够催化在两条 DNA 链之间形成磷酸二酯键的酶，即 DNA 连接酶（ligase）。其催化的基本反应是将一条 DNA 链上的 3′ 末端游离羟基（—OH）与另一条 DNA 链上的 5′ 末端磷酸基团共价结合形成 3′，5′—磷酸二酯键，使两个断裂的 DNA 片段连接起来，因此它在 DNA 复制、修复以及体内体外重组过程中起着重要作用。

（二）DNAligase 的特点

DNA 连接酶所连接的是 DNA 分子上相邻核苷酸之间的切口（nick），即双链 DNA 的某一条链上两个相邻核苷酸之间失去一个磷酸二酯键造成的单链断裂，它们分别具有一个 3′—OH 和一个 5′—P 基团；如果是缺少一个或几个核苷酸的裂口（gap）所形成的单链断裂，DNA 连接酶是无法连接的。另外，DNA 连接酶不能连接两条单链 DNA 分子或环化的单链 DNA 分子，被连接的 DNA 链必须是双螺旋 DNA 分子的一部分。

（三）连接反应的机理

由于 T₄ 噬菌体 DNA 连接酶既能连接黏性末端，又能连接平头末端，所以比大肠杆菌 DNA 连接酶应用广泛。首先，我们来了解一下 T₄ 噬菌体 DNA

连接酶的活性单位。T_4 噬菌体 DNA 连接酶的活性单位有多种定义，较通用的是韦氏（Weiss）单位。一个韦氏单位是指在 37℃，20min 内催化：1nmol32P 从焦磷酸根置换到 λ，β－32P－ATP 所需要的酶量。使用不同方法测定 T_4 噬菌体 DNA 连接酶的催化活性，可有不同的酶活性定义。在使用 T_4 噬菌体 DNA 连接酶时，一定要了解厂商所使用的酶活性定义单位。

用于连接的 DNA 末端结构不同，反应条件也有所不同。下面推荐一个较普遍的反应体系：$5\mu L10\times T_4$ 噬菌体 DNA 连接酶缓冲液，1Weiss 单位的 T_4 噬菌体 DNA 连接酶，$0.5\sim1.0$mrnol/LATP，1.0μgDNA（$0.1\sim1.0\mu$mol/L5′末端），反应终体积为 50μL。

根据 DNA 片段的分子大小及末端结构，在 12～30℃下反应 1～16h。对于黏性末端一般在 12～16℃之间进行反应，以保证黏性末端退火及酶活性、反应速率之间的平衡。平头末端连接反应可在室温（＜30℃）进行，并且需用比黏性末端连接大 10～100 倍的酶量。

（四）连接反应的温度

DNA 连接酶广泛存在于各种生物体内，在大肠杆菌及其他细菌中，DNA 连接酶催化的连接反应是利用 NAD＋（烟酰胺腺嘌呤二核苷酸）作能源；在动物细胞及噬菌体中，则是利用 ATP（腺苷三磷酸）作能源。DNA 连接酶催化的连接反应分为三步：①由 ATP（或 NAD＋）提供 AMP，形成酶－AMP 复合物，同时释放出焦磷酸基团（PPi）或烟酰胺单核苷酸（NMN）；②激活的 AMP 结合在 DNA 链 5′端的磷酸基团上，产生含高能磷酸键的焦磷酸酯键；③与相邻 DNA 链 3′端羟基相连，形成磷酸二酯键，并释放出 AMP。

值得注意的是，DNA 连接酶所连接的是 DNA 分子上相邻核苷酸之间的切口（nick），即双链 DNA 的某一条链上两个相邻核苷酸之间失去一个磷酸二酯键造成的单链断裂，它们分别具有一个 3′－OH 和一个 5′－P 基团；如果是缺少一个或几个核苷酸的裂口（gap）所形成的单链断裂，DNA 连接酶是无法连接的。另外，DNA 连接酶不能连接两条单链 DNA 分子或环化的单链 DNA 分子，被连接的 DNA 链必须是双螺旋 DNA 分子的一部分。

（五）影响连接反应的因素

DNA 片段的连接过程与许多因素有关，如 DNA 末端的结构、DNA 片段的浓度和分子质量、不同 DNA 末端的相对浓度、反应温度、离子浓度等。

四、DNA 修饰酶

（一）末端脱氧核苷酸转移酶

末端脱氧核苷酸转移酶（terrrlinaldeoxy nucleotidyl transferase，TdT）简称末端转移酶。目前商品提供的末端转移酶是从小牛胸腺中分离纯化而来的。末端转移酶能在二价阳离子作用下，催化 DNA 的聚合作用，将脱氧核糖核苷酸加到 DNA 分子的 $3'-OH$ 末端。与 DNA 聚合酶不同的是，这种聚合作用不需要模板，反应需要 Mg^{2+}，其合适底物为带有 $3'-OH$ 突出末端的双链 DNA，对于平头末端或带 $3'-OH$ 凹陷末端的双链 DNA 和单链 DNA，末端转移酶催化的聚合作用仍能进行，但需 Co^{2+} 激活，且反应效率低。

在分子克隆中，末端转移酶的主要用途是给载体和外源 DNA 分别加上互补的同聚体尾巴景峨者在体外连接。一般说来，cDNA 的克隆经常选用接同聚体尾巴的方法。当然，随机切割的 DNA 片段的克隆也可采用接尾的方法。它可以克服随机切割的 DNA 片段末端因没有特定限制性核酸内切酶位点而不便于克隆的弊端；同时，转化宿主细胞后所得到的转化子将全部为重组的分子，不可能存在载体自身连接的产物，因为它的尾部带上了相同的核苷酸单链，不会以氢键互补连接。末端转移酶的另一个用途是进行 DNA 的 $3'-OH$ 末端标记，而且作为底物的核苷酸若经过修饰（如 ddNTP），则可以在 $3'$ 末端仅加上一个核苷酸；标记物可以是放射性的。

（二）T_4 多核苷酸激酶

T_4 多核苷酸激酶是一种磷酸化酶，可将 ATP 的 g—磷酸基转移至 DNA 或 RNA 的 $5'$ 末端。在分子克隆应用中呈现两种反应，其一是正反应，指将 ATP 的 g—磷酸基团转移到无磷酸的 DNA $5'$ 端，用于对缺乏 $5'-$ 磷酸的 DNA 进行磷酸化。其二是交换反应，在过量 ATP 存在的情况下，该激酶可将磷酸化的 $5'$ 端磷酸转移给 ADP，然后 DNA 从 ATP 中 g—磷酸而重新磷酸化。在这两个反应中如果使用的 ATP 均为放射性同位素标记 $[\gamma-32p]$ ATP，那么反应的产物都变成末端获得放射性标记的 DNA。

该酶主要用于对缺乏 $5'-$ 磷酸的 DNA 或合成接头进行磷酸化，同时可对末端进行标记。通过交换反应标记 DNA 的 $5'$ 末端，可供 Maxam—Gilbert 法测序、Sl 核酸酶分析以及其他须使用末端标记 DNA 的提供材料。此酶在高浓度 ATP 时发挥最佳活性，NH^{4+} 是其强烈抑制剂。

（三）碱性磷酸酶

碱性磷酸酶（ALP 或 AKP）是广泛分布于人体肝脏、骨骼、肠、肾和胎盘等组织经肝脏向胆外排出的一种酶。这种酶能催化核酸分子脱掉 $5'$ 磷酸基团，从而使 DNA 或 RNA 片段的 $5'-P$ 末端转换成 $5'-OH$ 末端。但它不是单一的酶，而是一组同工酶。目前已发现有 AKP1、AKP2、AKP3、AKP4、AKP5 与 AKP6 六种同工酶。其中第 1、2、6 种均来自肝脏，第 3 种来自骨细胞，第 4 种产生于胎盘及癌细胞，而第 5 种则来自小肠绒毛上皮与成纤维细胞。

碱性磷酸酶主要用于阻塞性黄疸、原发性肝癌、继发性肝癌、胆汁淤积性肝炎等的检查。患这些疾病时，肝细胞过度制造 ALP，经淋巴道和肝窦进入血液，同时由于肝内胆道胆汁排泄障碍，反流入血而引起血清碱性磷酸酶明显升高。但由于骨组织中此酶亦很活跃。因此，孕妇、骨折愈合期、骨软化症。佝偻病、骨细胞癌、骨质疏松、肝脓肿、肝结核、肝硬化、白血病、甲状腺功能亢进时，血清碱性磷酸酶亦可升高，应加以鉴别。

五、核酸外切酶

（一）单链 DNA 外切酶

单链的核酸外切酶包括大肠杆菌核酸外切酶 I（exo I）和核酸外切酶 VII（exo VII）。核酸外切酶 VII（exo VII）能够从 $5'$ -末端或 $3'$ -末端呈单链状态的 DNA 分子上降解 DNA，产生出寡核苷酸短片段，而且是唯一不需要 Mg^{2+} 离子的活性酶，是一种耐受性很强的核酸酶。核酸外切酶 VII（exo VII）可以用来测定基因组 DNA 中一些特殊的间隔序列和编码序列的位置。它只切割末端有单链突出的 DNA 分子。

（二）双链 DNA 外切酶

双链的核酸外切酶包括大肠杆菌核酸外切酶 III（exo III）、λ 噬菌体核酸外切酶（λexo）以及 T7 噬菌体基因 6 核酸外切酶等。大肠杆菌核酸外切酶 III（exo III）具有多种催化功能，可以降解双链 DNA 分子中的许多类型的磷酸二酯键。其中主要的催化活性是催化双链 DNA 按 $3'→5'$ 的方向从 $3'$ -OH 末端释放 $5'$ -单核苷酸。大肠杆菌核酸外切酶 III（exo III）通过其 $3'→5'$ 外切酶活性使双链 DNA 分子产生出单链区，经过这种修饰的 DNA 再配合使用 Klenow 酶，同时加进带放射性同位素的核苷酸，便可以制备特异性的放射性探针。

六、单链核酸内切酶

（一）S1 核酸酶

Bal31 核酸酶是由海生菌（Alteromonasespeliana）提取的。该酶具有高度特异的单链脱氧核糖核酸内切酶活性，也可在缺口或超螺旋卷曲瞬间出现的单链区域降解双链环状 DNA 或在 $3'$ 或 $5'$ 端，渐进地降解双链线性 DNA。Bal31 核酸酶具有核糖核酸酶活性，能降解 rRNA 和 tRNA。该酶反应需要 Ca^{2+} 和 Mg^{2+} 为辅助因子。Ca^{2+} 的特异螯合剂 EDTA 可终止该酶的水解反应。Bal31 核酸酶主要用途：①用于不同长度的删除突变克隆实验及基因结构、机能分析，②绘制 DNA 限性内切图谱，③研究超螺旋 DNA 的二级结构和致畸剂引起的双链 DNA 螺旋结构变化。

S1 核酸酶降解单链 DNA 或 RNA（Vogtetal. 1973），产生带 $5'$ 磷酸的单

链核苷酸或寡核苷酸。双链 DNA、双链 RNA 及 DNA－RNA 杂交体对此酶相对不敏感。然而如果所用 S1 核酸酶的酶量非常大，则双链核酸可被完全消化。中等量的 S1 核酸酶可在切口或小缺口处切割双链核酸（Kroekerand-Kowalski1978）。

用途如下：

（1）分析 DNA－RNA 杂交体的结构（BerkandSharp1977，Favaloroetal. 1980）。

（2）去除 DNA 片段中突出的单链尾以产生平端。

（3）打开双链 cDNA 合成中产生的发夹环。

（二）Bal31 核酸酶

Bal31 核酸酶是从一种霉菌中分离到的。它是一种多功能的核酸酶，既能作用于单链 DNA，具有单链特异的核酸酶活性；又能作用于双链 DNA，具有双链特异的核酸外切酶活性。

Bal31 核酸酶可以将任何一条单链 DNA 或 RNA 降解成 $5'$ 单核苷酸分子（一般情况下，RNA 都是以单链形式存在的）。Bal31 核酸酶的这种单链特异的核酸酶活性也能对双链 DNA 分子起作用，但是要求双链 DNA 分子是环状的，如大多数的质粒 DNA。而且这时 DNA 分子上可以出现瞬时的单链区，或者本来就带有缺口存在单链缺口区，Bal31 核酸酶就作用在这种单链区域，使环状的 DNA 分子打开成线状。如果这时的环状的双链 DNA 出现好几个单链区。还可以将该 DNA 断裂成几段小的线性 DNA 分子。

Bal31 核酸酶还可以作用于线性的双链 DNA 分子，同时从 DNA 的 $3'$ 和 $5'$ 两个末端移去核苷酸。这种双链特异性的核酸外切酶活性的速度可以得到有效的人为控制，因此在实验中可以利用 Bal31 核酸酶对 DNA 分子进行适当程度的降解，得到合适长度的 DNA 分子。

Bal31 核酸酶的这些特性在分子克隆中有着十分重要的价值。Bal31 核酸酶的主要用途包括：①有效地诱发 DNA 发生缺失突变；②定位测定 DNA 片段中限制酶位点的分布；③研究 DNA 分子的高级结构，并改变因诱变剂处理而出现的双链 DNA 的螺旋结构。

七、工具酶实例——酶制剂生产

（一）中国酶制剂产业发展现状和前景

酶制剂产业的完整概念应该包括酶制剂的生产和应用两个方面。酶制剂应用领域的不断开拓和深入成为酶制剂产业持续发展的动力，而现代生物工程技术的发展，尤其是基因工程、蛋白质工程和发酵工程的进步又使酶制剂生产和产品能够不断满足酶制剂应用领域的需要。

酶制剂产业经历了半个多世纪的起步和迅速成长之后，现已形成一个富有活力的高新技术产业，保持持续高速度发展。过去 10 年里，国际酶制剂产业的生产技术发生了根本性的变化，以基因工程和蛋白质工程为代表的分子生物学技术的不断进步和成熟，以及对各个应用行业的引入和实践，把酶制剂产业带入了一个全新的发展时期。伴随着全球经济一体化的经济浪潮，世界生物技术产业也在全球范围内进行着产业结构和产品结构的调整，世界酶制剂产业表现活跃。2001 年世界酶制剂年销售额达 16 亿美元，我国各种工业酶制剂总产量超过 32 万吨，产值 6 亿多元，应用覆盖洗涤剂、纺织、酒精、白酒、啤酒、味精、有机酸、淀粉糖、制药、制革、饲料、造纸、果汁、肉、蛋、豆、奶、面制品加工等诸多工业领域，创造工业附加值数千亿元。

酶制剂是一种生态型高效催化剂，具有高效、安全、生态和环保等特点，能够有效带动相关领域技术水平的提高，对应用产业开发新产品、提高质量、节能降耗、保护环境具有重要意义，产生了巨大的社会效益和经济效益。酶制剂产业已经成为生物技术领域的前卫产业和 21 世纪最有希望的新兴产业之一。

1. 发展现状：产量激增质量优异

据中国发酵工业协会最新统计，我国 2001 年酶制剂生产量为 32 万吨。中国酶制剂产业多年来一直保持较高的发展速度，特别是六五至八五期间，生产量年平均增长分别达到 22％、28％和 21％。目前我国酶制剂生产企业约 100 家，均为中小型企业，现有生产能力 40 多万吨。已实现工业化生产的酶种有 20 多种。产品以糖化酶、α—淀粉酶、蛋白酶等三大类为主，此外还有果胶酶、β—葡聚糖酶、纤维素酶、碱性脂肪酶、木聚糖酶、α—乙酰乳酸脱羧酶、植酸酶等。主要产品的生产水平达到国外 90 年代初国际先进水平。我国酶制剂产品主要应用于酿酒、淀粉糖、洗涤剂、纺织、皮革、饲料等行业，对这些行业改革工艺、提高质量、降低消耗、提高得率、减轻劳动强度、改善环境起到积极作用。

近十年来，我国酶制剂工业直面世界先进水平，在激烈的市场竞争中逐渐成长和壮大，并形成了以下特点：

（1）酶制剂品种和质量达到或接近国际先进水平。随着空气绝对过滤技术、发酵自动化控制技术、超滤膜后处理技术、无菌技术、保存技术等先进生产技术在酶制剂工业中的应用普及，我国酶制剂生产逐渐摒弃传统工艺，产品品种和规格多样化，液体酶、复合酶替代固体酶和单一酶，占据了市场主流。酶制剂产品执行国家行业标准，优质产品在理化指标、卫生指标等方面均采用了联合国粮农组织（FAO），世界卫生组织食品添加剂联合专家委员会（WHOJECFA）和美国食品化学药典（FCC）对食品级酶制剂推荐的规定和标准。目前，我国的商品酶制剂多达十几大类，广泛应用于各种工业加工过程，其中糖化酶、淀粉酶、β—葡聚糖酶等主要产品已批量出口。据海关统计，我国各种酶制剂产品出口量 1999 年为 2219 吨，出口额 1029 万美金；2000 年出口量达 3530 吨，出口额 1760 万美金；2001 年出口量达 4812 吨，出口额 2867 万美金，呈逐年增加趋势。

（2）生产企业逐步向规模化和现代化发展。我国酶制剂生产企业曾多达200 余家，目前具有一定规模的尚有近百家。2001 年 6 月，中国发酵工业协会对全国酶制剂行业各生产企业的企业规模、生产管理、环境保护、质量控制、市场信誉等方面进行了综合考核，评定出 22 家"全国酶制剂行业重点生产企业"。2000 年酶制剂产量占全行业的 86.12%，销售额占 83.60%，有 10家企业通过了 ISO9002 质量管理认证或 ISO9000 质量检验认证，全行业有十多家企业拥有自己的互联网网站。近年来，企业普遍加大了设备和技术改造力度，并开始引入技术创新基地建设和资本运营等保持高科技企业可持续发展的理念，从而使酶制剂行业的企业建设和发展有了明显飞跃。

（3）产品价格极具竞争力近十年来，酶制剂行业依靠技术进步，大幅度降低了生产成本和产品售价，连续多年降价幅度在 20%左右，相当于每年将数亿元利润让利于应用行业。虽然产品价格一路走低对企业稳定发展造成一定影响，但却使国内酶制剂产品和国外产品相比，极具价格优势，同时低价位的高科技产品有力促进了国内酶制剂应用市场的成熟和发展。

（4）行业管理确保企业和行业的健康发展中国发酵工业协会下设酶制剂分会，由会员大会选举产生分会理事会，对全国酶制剂生产企业进行统一行业管理。此外，中国食品科技学会下设酶制剂专业学会，积极参与酶制剂行业的标准制定、产品研制、技术改造、应用领域开发和生产管理。酶制剂分会和学会在促进我国酶制剂行业发展、加强行业自律等方面起到了积极的作用。

（5）酶制剂的应用有力促进了我国现代食品工业的发展。我国酶制剂的主要应用领域是食品工业，全世界食品工业用酶约占总量的 60%，我国更高达 85%以上。酶制剂对我国食品工业的技术进步做出过突出贡献：在啤酒生产中，采用淀粉酶的新型辅料液化工艺以及复合酶制剂的应用对提高我国啤酒的产量和质量有重要意义；在玉米深加工领域，采用耐高温淀粉酶和糖化酶的"淀粉喷射液化"技术以及"双酶法"糖化技术全面带动了我国淀粉糖、味精、柠檬酸等生产工艺的改革。近年来，蛋白酶、果胶酶、纤维素酶等在果酒、果汁、调味品、烘焙、肉制品、中药有效成分提取以及多肽保健品生产中的应用也都取得较大的进展。

2. 发展前景：前途光明道路曲折

目前我国正处在经济高速发展的历史时期，伴随着中国经济的持续增长和中国生物技术产业的发展，不断增强的经济基础必然会对酶制剂的市场需求产生有力的拉动作用，并对酶制剂工业的技术创新创造有利条件。酶制剂的应用领域大都与国计民生息息相关，如食品加工、洗涤剂、纺织、饲料等领域的应用都有着广阔的市场开拓空间。目前，我国的酒类产品，果汁类产品，肉类产品，发酵类产品等在世界上都位居前列，这些传统产业的技术改造都涉及酶的应用。同时酶制剂的消费量与人口数量和生活质量成正比。我国作为世界人口第一大国，目前酶制剂的市场份额仅占世界市场的 5％，可以预计，其发展前景是十分广阔的。国际大型酶制剂生产企业 Novozymes 和美国 Genencor 都已在中国建立了生产基地，其他一些国外中小型企业也尝试在某些领域与国内企业开展合作，这表明中国的酶制剂产业将在世界处于一个重要地位，中国快速增长的应用市场也受到国际酶制剂企业的关注。面对这种情况，如何提高我国酶制剂产品在国际市场的竞争力，是摆在大家面前的一个需要面对的问题。就如何进一步发展我国酶制剂工业，提出如下建议：

（1）加强新技术研发力度，组建具有领先水平的酶制剂产业研发基地，培育行业人才队伍。

中国酶制剂工业的出路在于技术创新，我国必须形成自己强有力的技术创新体系，才有可能取得中国酶制剂工业的长足发展。国家应在我国酶制剂工业发展的重要关头，在酶制剂的立项上给予支持，在酶制剂行业尽快建立起一些具有一定规模和一定研究水平的酶制剂研发基地，并形成科研生产一条龙体系，加快科研成果的产业化。技术创新基地的建设当以企业为主体，在国家政府支持的同时融入包括高校在内的多方力量，以求在高新技术领域实现一些重大突破，使我国在世界酶制剂市场保持一定的竞争优势。

（2）深化企业结构调整，鼓励企业间的重组联合，吸引资本市场的注意，扩大企业经营规模。

调整产业结构是增强我国酶制剂工业整体竞争能力的有效途径。根据国情我国酶制剂产业应走规模。化经营和小而精共同发展之路。一方面通过企业重组，扩大规模，组建年销售额在 2～5 亿元规模的企业集团，形成竞争优势；另一些在企业改制、改造过程中，根据自身优势确立发展方向，使自己的经营向着专、精、特、优的方向发展。

（3）必须尽快改变国内酶制剂产品结构的不合理状况。

加快开发饲料用酶、纺织用酶、果汁用酶、蛋白质水解用酶、低聚糖用酶、焙烤用酶等产品。使这些酶类尽快工业化和在攻克应用技术关基础上大力扩大生产量，提升这些产品的市场份额。对现有淀粉加工用酶、洗涤剂用酶有计划地调低老产品份额前提下，发展这两类酶的新产品、新品种，扩大应用领域。根据上述要求，重点发展的产品（品种）是植酸梅、β－葡聚糖酶、甘露聚糖酶、果胶酶、木聚糖酶、纤维素酶、漆酶、转谷氨酰胺酶、蛋白酶、真菌淀粉酶、普鲁兰酶、碱性脂肪酶及特殊性质 α 一淀粉酶等等。并根据市场需求，大力开发专用酶、复合酶，逐步形成多品种、多用途、比例合理、协调发展的产品格局。

（4）开发国际市场，创品牌产品。

中国酶制剂行业的未来必须将自身置于全球一体化的大环境下谋求发展之路，逐步扩大中国酶制剂的国际市场份额。因此，中国酶制剂产业要进一步加强与国际的交流与合作，了解国际市场；同时，要加强行业自身的团结协作，避免无序竞争，发挥行业整体的力量和产学研联合的力量，同心协力参与世界竞争。

3. 存在问题：研发不足产品单一

中国酶制剂产业发展速度很快，取得了明显的进步，但从世界酶制剂行业来看，我国酶制剂产业总体说来仍处于比较落后的地位。整个行业生产规模小，技术开发力量薄弱，产品单一，结构不合理的问题十分突出。近十年来高新技术在世界酶制剂产业的应用进一步加大了我国酶制剂产业与世界先进水平的差距。当前，中国酶制剂产业发展中存在的主要问题是：

（1）技术研究与开发滞后中国酶制剂工业的发展很大程度上得益于国家对酶制剂科研开发的立项支持和资金投入。长期以来，国家科技部、中国科学院、国家计委等有关部门对酶制剂生产和应用研发的投入累计可达数千万元，对行业的技术进步起到了重要作用。1965 到 1980 年间，我国相继开发了中温淀粉酶、糖化酶、1398 蛋白酶、2709 蛋白酶，六五期间开发了异淀粉酶、七五期间开发了洗涤剂碱性蛋白酶、 β 一淀粉酶、 β 一葡聚糖酶、耐高温 α 一淀粉酶、固定化葡萄糖异构酶、凝乳酶（工程菌）、果胶酶，八五期间开发了高转化率糖化酶、常温和低温的碱性脂肪酶，九五期间开发了木聚糖酶、植酸酶（工程菌）、 α 一乙酰乳酸脱羧酶（工程菌）、酸性纤维素酶，十五期间又准备开发中性纤维素酶、碱性纤维素酶、脂化酶、谷氨酰胺转移酶。

但随着政府机构的改革和企业机制的转变，国家对酶制剂科研的支持力度减弱，国内曾经形成的多个工业酶制剂研发基地都已经不同程度地退出了酶制剂领域，人才真空现象在酶制剂行业尤为明显突出；同时，酶制剂生产企业规模普遍偏小，没有实力投入科研开发、创建企业研发中心。资金、基地和人才三大断层问题造成国内酶制剂产业的研发实力和水平渐趋下降，使得我国在酶制剂新技术的研究和开发方面后劲不足，落后于世界先进水平。

（2）行业和企业的规模小而分散，市场调控能力弱

中国酶制剂产业的规模及在世界市场上所占份额和我国味精、柠檬酸、抗生素等其他发酵产业相比差距较大。企业基本上是单纯生产型，规模普遍

偏小。以销售额计，估计我国 100 家企业生产的酶制剂产品，其市场销售额仅占世界酶制剂销售总额的 5％上下，而世界酶制剂市场营业额的 90％以上，掌握在 20 多家企业手中。企业规模小，产品的市场覆盖率低，导致企业对市场的调控能力普遍较弱，企业相互间无序的价格竞争使整个行业的经济效益连续下滑，使企业在技术创新、新产品开发，生产设备更新、市场开拓等方面力量不足，严重制约了酶制剂产业的可持续发展。

（3）产品结构不合理，技术含量低

从产品结构来看，据不完全统计，在我国 1999 年酶制剂的生产总量中 3 种主要产品——糖化酶、α－淀粉酶、蛋白酶的产量所占比例依次为 62.28％、16.82％和 17.91％，三者加起来占据了酶制剂市场的 97％。国内一半以上的酶制剂厂生产品种单一，有些很重要产品我国尚未投入生产。

此外，应用领域也相对单一、狭窄，淀粉加工用酶占 74.80％，洗涤剂用酶 16.09％，纺织用酶 2.3％，其他行业用酶占 6.81％。世界上酶制剂产品剂型以液体酶和颗粒酶为主，产品的技术含量增加，为适应不同的工业过程，产品中添加不同酶制剂或助剂，将单一酶改良为复合酶，提高酶制剂的性能和应用效率。复合酶成为酶制剂的主流，其附加值也更高。由于复合酶的开发必须要以酶制剂的生产和应用的综合技术实力为背景，而国内酶制剂企业在这一方面尚不具备竞争实力，所以表现在大多数产品仍以单一酶为主，技术含量和附加值较低。

（4）应用的深度和广度不够应用的深度和广度体现在应用技术和应用范围两方面。在国外一些发达国家的酶制剂公司，根据生产的品种相应建立有应用车间，有一批专业人员研究应用技术，根据原料、工艺和装备的情况，通过试验提出相应的应用方法。或将应用单位请来观看应用试验，或到应用厂家现场服务，有一整套应用技术文件。国内在这方面投入不够，生产与应用不稳定。在应用范围方面，主要是酶制剂的品种开发不够，跟不上生产发展的需要，比如，我国还没有真菌淀粉酶、普鲁兰酶、葡萄糖转苷酶，给推广采用酶法糖化生产淀粉糖系列带来困难。

（二）世界酶制剂工业的发展现状

近年来，随着酶工程研究的快速进展，酶工程产业的发展也非常迅速，成为 21 世纪大有发展前途的新兴产业之一。

据报道，全世界已发现的酶有 3000 多种，目前工业上生产的酶有 60 多种，真正达到工业规模的只有 20 多种。剂型和品种有 600 多个。1998 年全世界工业酶制剂销售额为 16 亿美元。预计到 2008 年，销售额将达到 30 亿美元。据 90 年代初统计，世界上酶制剂生产厂商有 70 多家，其中较大的有 25 家。最大的 8 家酶制剂生产厂商是：

（1）NovoNordisk（诺和诺德公司，丹麦）

（2）Gist－Brocades（荷兰）

（3）Cultor（科特公司，芬兰）

（4）GenencorInternational（杰能科公司，美国）

（5）Solvay（苏尔威公司，比利时）

（6）Chr1Hansen（汉森公司，丹麦）

（7）RhonePonlenc（罗兰·普朗克公司，法国）

（8）Quest（荷兰）

随着国际酶制剂市场竞争日趋激烈，国际上一些大型酶制剂生产厂商，为了扩大生存空间和寻求持续发展，不断进行收购、兼并和扩建。1995 年 6 月 Genencor 公司收购了荷兰 GistBrocades 公司的工业酶的研究、开发、生产和市场。1996 年 Genencor 公司又收购了比利时 Solvay 公司全部酶制剂的研究、生产和市场。1996 年 10 月 NovoNordisk 公司收买 ShovaDenbom 公司工业酶制剂的专利，ShovaDenbom 公司退出工业酶制剂市场。1998 年 NovoNordisk 公司在天津的酶制剂工厂第一期工程建成投产。该公司在全世界建成 3 大市场基地，即丹麦、美国和中国。从而可以就近生产、销售，进而能够达到降低成本和扩大市场。目前，NovoNordisk 公司和 Genencor 公司成为世界上最大的酶制剂生产商和供应商。1997 年两公司的销售额达到 11 亿美元，占全世界酶制剂销售额的 70％以上。由于收购、兼并和扩建，使得国际上大的酶制剂公司结构精简，人才集中，技术优化，使新产品的开发周期显著缩短，数量大大增加，应用领域迅速扩大。

表 1 列举出 1991～1998 年全世界工业酶制剂销售额的变化及其在工业领域所占有的比重。由表 1 可见，从 1991 年到 1998 年，酶制剂的年销售额，平均增长率为 12184％，最高为 21174％，最低为 1138％。近年来，增长速度趋缓。据预测，今后 10a 世界上工业用酶的销售额将按 6％～8％的速度增长。而 NovoNordisk 公司将以 10％～15％的速度增长。

目前，世界上工业用酶涉及的应用领域达 10 多个部门，主要工业用酶有 10 多种。表 2 列举了 1996 年世界上工业用酶中不同酶种的销售情况和不同部门的应用情况。该表比较客观、真实地反映出当前世界上工业酶制剂的发展现状。美国是世界上工业用酶最大的市场，欧洲和日本位于第二和第三位。其后是中国、印度和南非。日本 90 年代工业酶制剂的销售额大都在 250～300 亿日元（约为 212～215 亿美元）之间。日本工业酶制剂主要应用于淀粉糖工业、食品工业、洗涤剂工业和纺织工业，4 者相加达到全部工业用酶的 84％。我国酶制剂工业经过近 40a 的努力，形成一定的生产规模。从 90 年代起，通过引进国外先进技术和国际合作，技术水平和设备装备水平有了很大进步，生产能力、产品品种和质量有了很大提高。少数产品已经达到 90 年代初的国际水平。目前，我国酶制剂的生产能力为 40 万～50 万 t。1996 年酶制剂总产量为 24 万 t。在"六五"期间，酶制剂产量增长 1 倍：在"七五"期间，酶制剂产量增长 2145 倍：在"九五"期间，酶制剂产量增长 213 倍。此外，"九五"期间，酶制剂产量年平均增长率为 18.12%。

但是，与国际上发达国家比较，与国际上著名的诺和诺德公司和杰能科公司比较，我国酶制剂工业，无论是在产量和销售额方面，还是在品种、质量和应用方面，都存在很大差距。表 3 列举了 1991—1998 年中国各类酶制剂的产量、总产量和销售情况。从表 3 可以看出，我国工业酶制剂的销售额只占全世界酶制剂销售额的 4%。而淀粉加工工业用酶却占我国整个工业酶制剂的 80% 以上。这就充分说明，我国酶制剂工业潜力很大，但产业结构亟待调整。

表 11-1　1991—1998 年全世界工业酶制剂销售额的变化及其在工业领域所占有的比重

	1991 年	1992 年	1993 年	1994 年	1995 年	1996 年	1997 年	1998 年
总销售额（亿美元）	7.0	8.5	10.2	11.0	11.1	13.0	15.0	16.0
其中：洗涤剂工业所占比重%	41	43	40	39	37	36	38	34
淀粉加工业所占比重%	15	12	12	12	12	12	11	12
纺织工业所点比重%	11	11	13	14	13	11	9	11
其他工业所点比重%	33	34	35	35	39	41	42	43

表 11-2　1996 年世界上工业用酶不同酶种的销售情况和不同部门的应用情况

亿美元

酶　种	洗涤剂	纺织	乳制品	纸浆造纸	淀粉加工	酒精发酵	饲料	焙烤食品	葡萄汁果汁	其他	小计	产品比重%
蛋白酶	0.00	0.10						0.05			3.15	22.66
脂肪酶	1.00		0.10					0.10			1.2	8.63
纤维素酶	0.80	1.50									2.3	16.55
α-淀粉酶	0.10	0.40		0.05	0.30	0.40	0.05	0.50	0.05		1.25	16.18

（续表）

酶　种	洗涤剂	纺织	乳制品	纸浆造纸	淀粉加工	酒精发酵	饲料	焙烤食品	葡萄汁果汁	其他	小计	产品比重%
凝乳酶			1.20								1.20	8.63
溶菌酶			0.10								0.10	0.72
乳糖酶			0.10								0.10	0.72
木聚糖酶				0.05			0.50	0.10			0.65	4.67
糖化酶					0.45	0.40		0.05			0.90	6.47
葡萄糖异构酶					0.15			0.10			0.25	1.79
β—葡聚糖酶						0.10	0.50				0.60	4.31
木瓜蛋白酶						0.10					0.10	0.72
植酸酶							0.30				0.30	2.16
真菌淀粉酶								0.20			0.20	1.44
半纤维素酶								0.10			0.10	0.72
果胶酶									0.30		0.30	2.16
其他酶	0.10				0.10		0.05		0.05	0.30	0.60	7.31
小计	5.00	2.00	1.50	0.10	1.00	1.00	1.40	1.20	0.40	0.30	13.90	
行业比重/%	36.00	14.40	10.80	0.70	7.20	7.20	10.10	8.60	2.90	2.20		100.00

表 11-3　1991—1998 年中国各类酶制剂的产量、总产量和销售情况

	1991 年	1992 年	1993 年	1994 年	1995 年	1996 年	1997 年	1998 年
α—淀粉酶/kt	11.65	13.98	20.00	24.88	30.98	35.00	32.00	38.00
糖化酶/kt	67.82	74.26	74.80	93.44	125.11	160.00	150.00	138.00
蛋白酶/kt	12.83	14.99	15.02	27.43	40.02	45.00	38.00	40.00
其他酶/kt	0.13	0.05	0.26		0.29			5.00
总产量 kt	92.33	100.33	110.10	145.92	196.31	240.00	220.00	221.00
总销售额/百万元	190.18	225.95	250.13	328.93	416.73	521.60	478.01	480.00

诺和诺德 NovoNordisk 全球概述

诺和诺德公司是一家致力于人类健康、以先进的生物技术造福患者、医生和社会的世界领先生物制药公司。诺和诺德公司的历史最早可追溯至 1923

年，80 多年来一直是世界糖尿病研究和药物开发领域的主导。诺和诺德总部位于丹麦首都哥本哈根，现今在全球 79 个国家设有分支机构，6 个国家设有生产厂，截至 2008 年年底员工超过 27，000 名，销售遍及 180 个国家。

诺和诺德公司的历史可追溯到 80 多年前一对丹麦夫妇 AugustKrogh 及妻子 MarieKrogh 的一次美国之旅。是这次旅行，使他们了解到加拿大科学家用从牛胰腺提取出的胰岛素为患者治疗糖尿病的信息，并获得了在丹麦生产胰岛素的特许，也促成了"诺德"和"诺和"两家胰岛素制造企业的诞生。在此后 65 年并驾齐驱、竞争相长的发展过程中，"诺德"和"诺和"公司一直运用国际最前沿的生物研究方法，不断推陈出新，双双成为这一领域的先驱。1989 年，"诺德"和"诺和"两家公司决定合并重组，成立了诺和诺德公司，同心协力开发糖尿病治疗新产品，征战国际市场。2000 年，为了扩大公司在相应专业领域的领先优势，诺和诺德决定再次进行结构调整，形成了今天的诺和诺德公司。

诺和诺德凭借自身的研发实力成为世界糖尿病治疗领域先导，在行业内拥有最为广泛的糖尿病治疗产品，其中包括最先进的胰岛素给药系统产品：人胰岛素、速效胰岛素制剂、长效胰岛素类似物。除此之外，诺和诺德还在止血管理、生长保健激素以及激素替代疗法等医疗领域居世界领先地位。

第二节 基因工程的克隆载体

一、质粒

载体的构建和选择是基因工程的重要环节之一。所谓载体（vector）是指基因工程中携带外源基因进入受体细胞的"运载工具"，它的本质是 DNA 复制子。作为基因工程的载体必须具备以下 3 个基本条件：①能在宿主细胞内进行独立和稳定的自我复制。插入外源基因后仍然有着稳定的复制状态和遗传特性。②具有合适的限制性内切酶位点。在载体上每一种限制性核酸内切酶的酶切位点最好是单一的，这样可以将不同限制性核酸内切酶切割后的外源 DNA 片段准确地插入载体。这些酶切位点不在 DNA 复制必需区，插入外源基因后不影响载体复制。③具有合适的选择标记基因，用来筛选重组体 DNA。最常用的标记基因是抗药性基因，如抗氨苄青霉素、抗四环素、抗氯霉素、抗卡那霉素等抗生素的抗性基因。

如克隆载体（使目的片段能在细菌细胞中复制的载体）的基本条件：①较高的拷贝数；②具有较小的相对分子质量；③带有可供选择的标记；

④具有复制起点；⑤具有若干限制酶单一识别位点。表达载体（使目的基因能在细菌等细胞表达为 RNA 或蛋白质的载体）的基本条件：①能自主复制；②具有方便、灵活的克隆位点和筛选标记；③具有能为大肠杆菌 RNA 聚合酶所识别的强大启动子；④启动子应可受诱导调控；⑤具有强终止子；⑥具有翻译起始信号。

基因工程载体根据来源和性质不同可分为质粒载体、噬菌体载体、黏粒载体、噬菌粒载体、病毒载体、人工染色体等。目前基因工程中研究得最深入、使用得最多的载体是经过改造的质粒载体或噬菌体载体。根据功能和用途不同，基因工程载体又可分为克隆载体、表达载体、测序载体、转化载体、穿梭载体、多功能载体等。根据受体细胞不同，基因工程载体又可分为原核生物载体、真核生物载体、大肠杆菌载体、酵母载体、植物基因工程载体、动物基因工程载体等。原核生物载体（特别是大肠杆菌载体）以及植物基因工程载体已研究得相当深入，已有多种具有优良特性的载体可用于基因工程。动物基因工程载体则很少，有待于进一步发展。

（一）质粒的一般特性

质粒是染色体外能自我复制的小型 DNA 分子。它广泛存在于细菌细胞中，也存在于霉菌、蓝藻、酵母和少数动植物细胞中，甚至线粒体中都发现有质粒的存在。质粒的大小从 1kb 到 200kb 以上不等，不同的质粒差别很大。质粒常携带编码某些酶类的基因，赋予宿主某些生物特性，例如，对抗生素的抗性、产生大肠杆菌素、降解复杂有机化合物、产生限制性内切酶和修饰酶等。这些特性并非宿主细胞生命活动所必需的，但可使宿主细胞具有适应某些特殊环境的能力。

1. 质粒 DNA 的分子特性

虽然已发现线形质粒，但已知的绝大多数质粒都是双链闭合环状 DNA 分子。除了酵母的杀伤质粒（killerplasmid）是一种 RNA 分子外，其他所有已知的所有质粒无一例外的都是 DNA 分子。

质粒 DNA 分子具有 3 种不同的构型：①闭合环状 DNA（closedcircleDNA，ccDNA），其两条多核苷酸链均保持着完整的环状结构。这样的 DNA 通常呈超螺旋构型（supercoil），即 SC 构型。② 开环 DNA（opencircleDNA，ocDNA），其两条多核苷酸链只有一条保持着完整的环状结构，另一条链出现一至数个切口，此即 OC 构型。③线形 DNA（1iherDNA，LDNA），闭合环状 DNA 分子双链断裂成为线形 DNA 分子，此即 L 构型。在体内，质粒 DNA 是以负超螺旋构型存在的。

在琼脂糖凝胶电泳中，不同构型的同一种质粒 DNA，尽管分子质量相同，仍具有不同的电泳迁移率。其中走在最前沿的是 SC－DNA，其后依次是

L－DNA 和 OC－DNA。

2. 质粒的复制类型

虽然质粒 DNA 的复制独立于染色体，但在很大程度上是由染色体复制所需要的一套相同的酶系催化完成的。根据质粒 DNA 复制与宿主之间的关系或质粒在宿主细胞中拷贝数的多少，可将质粒分成两种不同的复制类型：严紧型和松弛型。严紧型质粒的复制受宿主染色体 DNA 复制的严格控制，二者紧密相关，因此，质粒在宿主细胞中拷贝数较少，一般只有 1～3 个拷贝。松弛型质粒的复制受宿主的控制比较松，在宿主细胞中质粒拷贝数较多，一般有 10～200 个拷贝，有时可达 700 个拷贝。因此，通常选用松弛型质粒作为基因工程载体，以期获得高产量的重组质粒。当然，在另一些情况下，大量克隆化基因和基因产物可能又是有害的，此时可使用严紧型质粒来克隆在松弛型质粒上大量表达时可呈现致死效应的功能性基因。目前使用的大多数载体都带有一个来源于 pMBl 质粒的复制子，在正常情况下，其在每个宿主细胞中可维持至少 15 个拷贝。在染色体复制因蛋白质合成受阻（如氯霉素或链霉素等存在时）而终止后，这类松弛型质粒仍可继续依赖宿主提供的半衰期较长的酶（如 DNA 聚合酶 I、DNA 聚合酶 III、依赖于 DNA 的 RNA 聚合酶等）进行复制，使每个宿主细胞中质粒的拷贝数达到几千个。因此，在基因工程中常在培养基中加入氯霉素等来提高质粒 DNA 的产量。

3. 质粒的不亲和性

所谓质粒的不亲和性（有时也称为不相容性），是指在没有选择压力的情况下，两种不同质粒不能够在同一个宿主细胞系中稳定地共存的现象。在细胞的增殖过程中，其中必有一种会被逐渐稀释、排斥掉，这样的两种质粒称为不亲和质粒。但必须指出，质粒的不亲和性是有相当严格的前提条件的。只有在确实证明第二种质粒 B 已经进入含有第一种质粒 A 的宿主细胞，在没有选择压的情况下（如它的 DNA 并不受宿主细胞限制体系的降解作用），这两种质粒却不能长期稳定共存，在这种情况下，才能够说 A 和 B 是不亲和性质粒。

彼此不相容的质粒属于同一个不亲和群（incompatibilitygroup），而彼此能够共存的亲和的质粒则属于不同的不亲和群。根据质粒的不亲和性，可将它们分成许多不亲和群。现在，在大肠杆菌质粒中已经鉴别出 30 个以上的不亲和群；在金黄色葡萄球菌中，已经鉴定出 13 个以上的不亲和群。属于 P、Q 和 W 不亲和群的大肠杆菌质粒，被叫作滥交质粒。因为这类质粒（不亲和群 P 和 W）能够在许多种不同格兰氏阴性细菌中自我转移，并能在这些不同的宿主细胞中稳定地存活下去。这类滥交质粒有将克隆的 DNA 转到广泛的周围环境中的潜在危险性。

　　ColEl 质粒和 pMBl 质粒及其派生质粒都是彼此不相容的，属于同一个不亲和群。另外，一种多拷贝的小型质粒 p15A 同 ColEl 或 pMBl 质粒属于不同的不亲和群。再有，pSCl01、F 和 RP4 质粒，它们归属于不同的不亲和群，所以这些质粒或其派生的质粒载体，彼此能够在同一个细胞中稳定地共存。

　　4. 质粒的转移性

　　质粒的转移性是指质粒从一个细胞转移到另一个细胞的特性。根据质粒是否携带控制细菌配对和质粒接合转移的基因，可将其分为接合型（conjugative）与非接合型（nonconjugative）两种。接合型质粒又叫自我转移质粒，如 F 因子，其分子质量一般都较大，除了携带自主复制所必需的遗传信息之外，还带有一套控制细菌配对和质粒接合转移的基因，因此能从一个细胞自我转移到另一个细胞中，它们多属于严紧型质粒。非接合型质粒又叫不能自我转移质粒，如 ColEl，其分子质量较小，虽然携带自主复制所必需的遗传信息，但不携带控制细菌配对和质粒接合转移的基因，因此，不能从一个细胞自我转移到另一个细胞中。但如果在其宿主细胞中存在一种相容的接合型质粒，那么它也通常会被自我转移的。这种由共存的接合型质粒引发的非接合型质粒的转移，叫作质粒的迁移作用。ColEl 从供体细胞转移到受体细胞的过程，需要质粒自己编码的两种基因参与，一个是位于 ColElDNA 上的特异位点 nic，另一个是编码核酸酶的 mob 基因（mobilizationgene）。大约 1/3 左右的 ColEl 基因组（约 2kb）与该质粒的迁移性有关。非接合型质粒多属于松弛型质粒，但也有例外。

　　从安全角度考虑，基因工程中所用的主要是非接合型质粒。这是因为接合型质粒不仅能够从一个细胞转移到另一细胞，而且还能够转移染色体。如果接合型质粒已经整合到细菌染色体的结构上，就会牵动染色体发生高频率的转移。此外，接合型质粒还能够促使与它共存的非接合型质粒发生迁移。因此，在实验室的研究工作中，如果使用接合型质粒作载体，在理论上存在着发生使 DNA 跨越生物种间遗传屏障的潜在危险性。基因工程中所用的非接合型质粒载体缺乏转移所必需的 mob 基因，因此不能发生自我迁移。

　　（二）组建理想质粒载体必备的条件

　　1. 天然质粒用做载体的局限性

　　所谓天然质粒，一般是指没有经过体外修饰改造的质粒。虽然直接采用天然质粒用做载体简便易行，但天然质粒通常缺乏理想载体所必需的一些条件，限制了它在基因工程中的使用。常见可用于基因工程的天然质粒载体有 pSClOl、ColEl 等。

　　第一个用于基因克隆的天然质粒是 pSC101，其大小为 9.09kb，是一个严紧型质粒，每个宿主细胞中仅有 1～2 个拷贝，具有多个限制性核酸内切酶的单一酶切位点，其中 HindⅢ、BamHI 和 SalI 酶切位点位于四环素抗性基因内部，在这 3 个位点上克隆外源基因，可使 Tetr 基因失活，即产生插入失活效应。EcoRI 酶切位点位于 Tetr 基因外部，在这个位点上克隆外源基因不会产生插入失活效应。

另一个天然质粒载体是 ColEl，它的惟一单酶切位点 EcoRI 位于大肠杆菌素 E1 的编码基因内，插入外源基因后，引起插入失活，不能合成大肠杆菌素 E1，因此，可以根据对大肠杆菌素 El 的免疫性选择重组子。此外，它具有高拷贝数的优点，而且可以通过氯霉素处理得到进一步扩增。但 ColEl 的克隆位点有限，并且大肠杆菌素 El 的免疫筛选，在化学上是相当麻烦的。因此，它在基因克隆的实际应用方面仍受到很大的限制。

2. 理想质粒载体的必备条件

一般来说，一种理想的质粒载体除了有其他类型载体相同的特点外，还应具备以下条件。

（1）具有较小的分子质量和较高的拷贝数，低分子质量的质粒首先易于操作，加入外源 DNA 片段（一般不超过 15kb）之后仍可有效地转化给受体细胞；其次，较高的拷贝数不仅有利于质粒 DNA 的制备，而且还会使细胞中克隆基因的剂量增加，扩增后回收率高；最后，低分子质量的质粒载体，对限制性核酸内切酶具有多重识别位点的概率也就相应降低，易于用酶切图谱来鉴定。

（2）具有若干限制性核酸内切酶的单一酶切位点，以满足基因克隆的需求，单一酶切位点在基因克隆中有双重功能，既能帮助克隆，又有助于人们在完成克隆后把插入的 DNA 片段卸下来，卸下来回收的 DNA 片段可以再克隆到专用的测序载体或高水平表达的表达载体上。而且，插入适当大小的外源 I）NA 片段之后，不影响质粒 I）NA 的复制功能。现在基因工程中所使用的载体一般有一个多克隆位点（multiplecloningsite，MCS）。所谓多克隆位点（或称多接头，或称限制性酶切位点库），是指载体上人工合成的含有紧密排列的多种限制性核酸内切酶的酶切位点的 I）NA 片段。它提供了各种各样可单独或联合使用的克隆靶位点，以便克隆由多种限制性核酸内切酶中任意一种或几种酶切割后产生的 DNA 片段。此外，插入到其中一个限制性核酸内切酶的酶切位点的片段，可在切点侧翼用适当的限制性核酸内切酶切割质粒而取出。因此，将 I）NA 片段插入多克隆位点，相当于在其末端加上了合成接头，这些可用的侧翼切点，大大地简化对外源 I）NA 片段进行限制性核酸内切酶的酶切作图工作。

（3）具有两种以上的选择标记基因这样为宿主细胞提供的选择标记是易于检测的表型性状，而且在有关的限制性核酸内切酶的酶切位点上插入外源

DNA 片段之后所形成的重组质粒，至少仍要保留一个强选择标记。

（4）缺失 mob 基因这样质粒就不会从一个细胞转移到另一个细胞中，减少了基因工程体扩散的危险性。

（5）插入外源基因的重组质粒较易导入宿主细胞并复制和表达。

3. 穿梭质粒载体

所谓穿梭质粒载体（shuttleplasmidvector）是指一类由人工构建的具有两种不同复制起点和选择标记，因而可在两种不同的宿主细胞中存活和复制的质粒载体。由于这类质粒载体可以携带着外源 DNA 序列在不同物种的细胞之间，特别是在原核和真核细胞之间往返穿梭，因此在基因工程研究工作中是十分有用的。常见的穿梭载体有大肠杆菌－土壤农杆菌穿梭质粒载体、大肠杆菌－枯草芽孢杆菌穿梭质粒载体、大肠杆菌－酿酒酵母穿梭质粒载体等。

大多数 M13 噬菌体载体都是成对构建的，例如 M13mp8/M13mp9、M13mpl0/M13mpll、M13mpl8/M13mpl9 等，它们之间区别在于相同的多克隆位点取向相反。因此，应用这种成对的 M13 噬菌体载体进行克隆，外源 DNA 片段能按两种彼此相反的取向插入到载体上。这样，在一种载体的正链上含有外源 DNA 的一条链，在另一种载体的正链上含有外源 DNA 的另一条链。这种特性对于 DNA 序列分析是特别有用的，可以用一个引物（通用引物），从两个相反的方向，同时测定同一个外源 DNA 片段双链的核苷酸顺序，获得彼此重叠又相互印证的 DNA 序列结构资料。此外，还可以制备只与外源 DNA 的任意一条链互补的 DNA 探针。M13 噬菌体载体的另一个重要用途是在寡核苷酸介导的基因定点突变中用来制备含有目的基因的单链 DNA 模板；高质量单链 DNA 模板的制备是寡核苷酸介导基因定点突变的关键。

（三）常用的质粒载体

1. pUC 质粒

pUC 系列质粒载体，包括如下 4 个组成部分：（1）来自 pBR322 质粒的复制起点（ori）；（2）氨苄青霉素抗性基因（Ampr），但它的 DNA 核苷酸序列已经发生了变化，不再含有原来的限制酶切位点；（3）大肠杆菌 β－半乳糖酶基因（1acZ）的启动子及其编码该基因氨基端 α－肽链的基因序列，称为 lacZ'基因；（4）多克隆位点（MCS）区段：位于 lacZ'基因中的靠近 5'－端，内含十几个限制性内切酶位点，使含有不同粘端的目的 DNA 片段可方便地定向插入载体中。但它并不破坏 lacZ'基因的功能。pUC 质粒系列是目前基因工程研究中较通用的克隆载体之一。以下以 pUC18 质粒为例介绍其特点。

（1）具有更小的分子质量和更高的拷贝数

在 pBR322 基础上构建 pUC 质粒载体时，仅保留了其中的氨苄青霉素抗性基因及其复制起点，使分子量相应减小。由于偶然的原因，在操作过程中使 pBR322 质粒的复制起点内部发生了自发的突变，即 rop 基因的缺失。由于该基因编码的 Rop 蛋白是控制质粒复制的特殊因子，它的缺失使得 pUCl8 质粒的拷贝数比带有 pMB1 或 ColEl 复制起点的质粒载体都要高得多，平均每个细胞可达 500～700 个拷贝。

（2）重组子的检测方便

pUCl8 质粒结构中具有 lacZ′ 基因，编码的 α－肽链可参与 α－互补。因此，在应用 pUC8 质粒为载体的重组实验中，可用 X－gal 显色法一步实现对重组子克隆的鉴定。

（3）具有多克隆位点（MCS）区段

pUCl8 质粒载体具有与 M13mp8 噬菌体载体相同的多克隆位点（MCS），可以在这两类载体系列之间来回"穿梭"。因此，克隆在 MCS 当中的外源DNA 片段，可以方便地从 pUCl8 质粒载体转移到 M13mp8 载体上，进行克隆序列的核苷酸测定工作。同时，也正是由于具有 MCS 序列，可以使具两种不同黏性末端的外源基因直接克隆到 pUCl8 质粒载体上。

2. pGEM 系列

pGEM 质粒系列是与 pUC 系列十分类似的小分子载体。总长度为 2743bp，含有一个氨苄青霉素抗性编码基因和一个 lacZ′ 编码基因。在后者还插入了一段含有 EcoR I、Sac I、Kpn I、Ava I、Sma I、BamH I、Xba I、Sal I、Acc I、Hind II、Pst I、Sph I 和 Hind III 等的多克隆位点。此序列结构几乎与 pUCl8 克隆载体的完全一样。pGEM 系列与 pUC 系列之间的主要差别是，它具有两个来自噬菌体的启动子，即 T7 启动子和 SP6 启动子，它们为 RNA 聚合酶的附着提供特异性识别位点。由于这两个启动子分别位于 lacZ′ 基因中多克隆位点区的两侧，若在反应体系中加入纯化的 T7 或 SP6RNA 聚合酶，便可以将已经克隆的外源基因在体外转录出相应的 mRNA。质粒载体 pGEM－3Z 和 pGEM－4Z 在结构上基本相似，两者之间的差别仅仅在于 SP6 和 T7 这两个启动子的位置互换、方向相反而已。

由于 PCR 产物在多数的情况下 3′ 端均有 A 碱基，如果用平整末端载体与其连接效率比较低，用 T－载体克隆是比较好的办法，其中 pGEM－T 或 pUC－T 比较常用。它们的基本骨架与相应的载体系列基本相同，只是在线形化的质粒载体平整末端的 5′ 端有一个突出的碱基－T。利用这个特点，使载体与 PCR 产物之间产生了小的互补粘端，使 PCR 产物的克隆效率大幅度提高。

二、噬菌体载体

（一）λ 噬菌体

λ 噬菌体的基因组长达 50Kb，共 61 个基因，其中 38 个较为重要。其生活史可分为裂解周期和溶原周期。细菌处于溶原化状态时，细胞质中有一些 λCI 基因的产物 CI 蛋白（见第十八章），这是一种阻遏蛋白，可以阻止 λ 左、右两个早期起动子的转录，使之不能产生一些复制及细胞裂解的蛋白。λ 的 DNA 随着宿主的染色体复制而复制。但在 UV 诱导下 Rec 蛋白可降解 CI 蛋白，诱导 90% 的细胞裂解。有时 λ 也可自发地（$10-5$）从宿主的染色体上游离出来，进行复制，最终导致宿主细胞的裂解，此称为治愈（curing）。游离在细胞质中的 λ 可以进行滚环复制，产生多个拷贝，并合成头部和尾部蛋白，包装成完整的 λ 噬菌体，使细胞裂解，释放出 λ 噬菌体再感染新的细胞。因为 λ 噬菌体的 DNA 也有整合在染色体上和游离于细胞质中两种状态，所以也称作附加体。但和 F 因子不同，λ 噬菌体有细胞外形式，而 F 因子无细胞外形式。

在 E.coliK12 中是有原噬菌体的存在。Jacob 和 Wollman（1956 年）发现了合子诱导（zygoticinduction）现象，并利用合子诱导确定了几个 E.coli 染色体上原噬菌体的整合位点。他们发现 Hfr（λ）×F- 所得到的重组子频率要比 Hfr×F-（λ）或 Hfr（λ）×F-（λ）要低得多。这是由于在 Hfr（λ）×F- 的杂交中，原噬菌体进入无阻遏物的受体细胞质中，进行大量复制使受体细胞裂解，因此不易得到重组子，此现象就称为合子诱导。现在我们再回过头来查阅一下传递等级作图，中断杂交实验以及重组作图都是采用 Hfr×F-（λ）就是不致产生合子诱导的缘故。

（二）λ 噬菌体载体

目前，构建基因文库最常用的噬菌体载体是 λ 噬菌体载体。在感染大肠杆菌的过程中，λ 噬菌体颗粒先将其线性 DNA 分子注入宿主细胞，随后在细胞内连接成环形分子，开始复制过程。复制产生的子代噬菌体既可通过细胞溶解的方式释放（即所谓的溶菌感染），也可以部位特异的方式整合于宿主基因组中。

（三）柯斯质粒

真核生物的许多基因含有内含子序列，使得整个基因长达 40kb 以上，远远大于质粒载体和噬菌体载体的装载容量。为了满足克隆和增殖真核基因组 DNA 大片段的需要，科学家们在质粒载体和噬菌体载体的基础上，已经设计出装载容量高达 45kb 的黏粒载体。这类载体不仅能克隆和增殖完整的真核基因，还可克隆和分析组成某一基因家族或基因座的真核 DNA 片段。

实际上，最简单的黏粒就是含有噬菌体 DNA 包装序列（COS 序列）的质粒，其他组成元件包括质粒复制原点、药物抗性基因和多克隆位点。重组的黏粒既可以经过体外包装后，以噬菌体颗粒的形式感染宿主菌，又可用标准的质粒转化方法直接导入到大肠杆菌中进行增殖。

（四）M13 噬菌体载体

单链 DNA 的酶切和连接是比较困难的，因此 M13 噬菌体在用作载体时是利用其双链状态的 RFDNA。RFDNA 很容易从感染细胞中纯化出来，可以像质粒一样进行操作，并可通过转化方法再次导入细胞。

1. 载体的插入位点

在 M13 噬菌体基因组中绝大多数为必需基因，只有两个间隔区可用来插入外源 DNA（基因 Ⅱ/Ⅳ 和基因 Ⅷ/Ⅲ 之间）。基因 Ⅱ 和基因 Ⅳ 之间的 508bp 间隔区是主要的外源片段插入位点。在基因 Ⅷ 和基因 Ⅲ 之间的小间隔区也可用来插入外源片段，但是在操作过程中，需要获得感染细胞的菌落进行影印筛选，比利用可见的噬菌斑方法更慢更麻烦。基因 X 也可用来克隆外源片段。

2. M13 噬菌体载体组成

现在所使用的 M13 噬菌体载体是 Messing 及其同事建立的 mp 系列载体，以基因 Ⅱ 和基因 Ⅳ 之间的区域作为外源 DNA 插入区。

mp 载体系列都是从同一个重组 M13 噬菌体（M13mpl）改造而来的。在M13mpl 载体中，间隔区内的 HaeⅢ 位点插入了一小段大肠杆菌 DNA，引入 α 互补筛选。

3. M13mpl8 和 M13mpl9

M13mpl8 和 M13mpl9 这两个载体含有 13 个不同的酶切位点，可供插入由多种各不相同的限制酶切割而成的 DNA 片段（图 3 - 23）。M13mpl8 和 M13mpl9DNA 的全序列已经测定完成（GenBank 注册号为 M77815 和 L08821），这两种载体只是在 lacZ 区内不对称的多克隆区的方向上有所不同。

三、酵母质粒

（一）酵母 $2\mu m$ 质粒的生物学特性

1. 酵母 2μ 质粒的生物学特性

大多数酵母菌株含有一种称之为 2μ 的质粒。

2. 基本结构

① 它们是封闭环状的双链 DNA 分子，周长约 2μ（6kb 左右），以高拷贝数存在于酵母细胞中，每个单倍体基因组含 $60-100$ 个拷贝，约占酵母细胞总 DNA 的 30%；

② 各含约 600bp 长的一对反向重复序列；

③ 由于反向重复序列之间的相互重组，使 2μ 质粒在细胞内以两种异构体（A 和 B）形式存在；

④ 该质粒只携带与复制和重组有关的 4 个蛋白质基因（REP1，REP2，REP3 和 FLP），不赋予宿主任何遗传表型，属隐蔽性质粒。

A 和 B 是两种构型的 2μ 质粒，图谱的环状部分代表单一顺序，直线部分代表反向重复序列（IR），粗线条表示复制原点，REP1，REP2 和 REP3 分别代表复制酶基因和顺式作用位点，FLP 表示重组酶基因，图谱上标明了根据这个质粒的全核苷酸顺序确定的一套限制性位点的位置。

2μDNA 结构上最显著的特点是存在两个反向重复序列（invertedrepeat，IR），它们被一个较大的单一顺序区（约 2。7kb）和一个较小的单一顺序区（约 2。3kb）隔开。在酵母细胞中，由于这个反向重复序列之间的相互重组，使 2μ 质粒群成为两种构型（A 和 B）的混合物，它们之间的差别仅表现在两个单一顺序区的相对方向不同。

这类质粒至少在细胞周期的某一时期是位于酵母核内。2μDNA 和染色体 DNA 一样与组蛋白一起装配成核小体结构；2μDNA 的复制只发生在细胞周期的 s 期，并且每个分子在一个细胞周期中一般只复制一次；它和核 DNA 的复制都受到同样一些核基因的控制等。尽管 2μ 质粒位于核质中，但游离的 2μDNA 从不整合到染色体中去。

3. 2μ 质粒 DNA 的核苷酸顺序

酿酒酵母（Saccharomycescerevisiae）的 2μ 质粒：全长 6318bp，有 61% 是（A+T），酵母染色体 DNA（64%），但线粒体 DNA（79%）。

2μ 质粒 DNA 含有两个反向重复序列区域（IR1 和 IR2），每个区域长 599bp。

三个很长的空位译读码（openreadingframe，ORF），其中两个（REP2 和 FLP）在较小的单一顺序区，另一个（REP1）在较大的单一顺序区。

2μ 质粒的复制系统：2μ 质粒 DNA 有一个高效的复制原点，它已被定位在这个质粒的一个约 350bp 长的片段（A 型质粒：3650～4000；B 型质粒：650～1000）；

其主要部分是 IR1 的 XbaI 切点一侧富合对称顺序的区域，并且有约 100bp 长的一段原点顺序从 IR1 一直延伸到邻近的单一顺序区

质粒在酵母细胞内稳定地增殖和维持其高拷贝数还需要由质粒本身编码的两个蛋白质 REP1 和 REP2，是反式作用位点。及单一顺序区中 HpaⅠ切点附近的顺式作用位点 REP3。

4. FLP 重组酶和 2μ 质粒的分子内重组

酵母 2μ 质粒 DNA 的反向重复序列（IR）很容易发生重组。这种有效的重组是由 2μ 质粒基因组自身编码的一种 FLP 蛋白质催化的。

2μ 质粒的重组是真核细胞内一类具有位置专一性的重组。

基因 FLP，"结合部位"：一对位于 IR 顺序中的能被 FLP 蛋白质识别的，范围在反向重复序列的 XbaI 切点两侧约 65bp 的一个较小区域。2μ 质粒的

FLP 基因最近已被克隆在酵母和大肠杆菌的表达型质粒载体中。可以直接制备 FLP 蛋白质。这种 FLP 蛋白质可以有效地引起 2μ 质粒 DNA 的重组，因此被称为 FLP 重组酶。结合部位芯子区：一旦核苷酸顺序发生突变（例如 Xba I 位点中的突变），能剧烈损害底物 DNA 的重组。

（二）酵母质粒 DNA 的制备和纯化

一般通过大肠杆菌来制备和纯化酵母质粒 DNA。

1，先提取酵母菌中的质粒 DNA：取 1.5mL 对数生长晚期的培养液，13,000r/min 离心 15s，悬浮于 100ulTE 缓冲液。加 200ul 裂解液（2% TritonX－100；1% pSDS；0.1mol/LNaCI；10mmolTrisHCLpH8；1mmolEDTA），200ul 苯酚/氯仿/异戊醇，300mg 石英砂（0.5－1mm）。振荡 2min，13,000r/min 离心 5min。乙醇沉淀，加 TE 缓冲液。

2，将上述提取获得的酵母质粒 DNA 转化大肠杆菌

（三）酵母质粒载体

以大肠杆菌质粒为基本骨架，具有酵母的 DNA 复制起始区，选择标记，有丝分裂稳定区和外源 DNA 插入位点，酵母质粒载体既可以在大肠杆菌复制与扩增，又可以在酵母系统中复制与扩增，故此类载体又称为穿梭载体（shuttlevector）。

以 pBR322 为基础组建的，用于酵母基因工程的质粒载体有 4 种：

① 整合质粒（yeastintegrationplasmid，YIp）：含有酵母的筛选标记 ura3 基因。但缺乏酵母的复制起始位点，所以，它只有整合到酵母染色体中才能稳定。

② 附加体质粒（yeastepisomalplasmid，YEp）：在 pBR322 中插入酵母筛选标记 ura3 和 2μ 质粒 DNA 片段（复制起始部位和 rep 基因）。因此，这样的质粒以附加体形式在真核细胞中复制，YEp 质粒拷贝数高且较稳定。

③ 复制质粒（yeastreplicatingplasmid，YRp）：含有酵母的筛选标记 ura3 和 DNA 的自主复制序列 ARS（autonomousreplicationsequence），在真核细胞中独立自主的复制，拷贝数高但不稳定。

④ 稳定质粒（yeastcentromericplasmid，YCp）：在复制质粒中再插入酵母着丝粒（centromer）的一个 DNA 片段（CEN），此序列能保证染色体的连接物（attachment）连到有丝分裂的纺锤丝（spindlefibers）上，帮助染色体能等量地分配到子代细胞中。所以，含有 CEN 序列的质粒也将以同样的机制稳定地维持在细胞中，并保证了稳定质粒在子代细胞中的等量分布。

根据复制机制，可将上述酵母质粒载体分为两个基本类型即整合载体和自我复制载体。

整合型酵母载体包含一个酵母 URA3 标志基因和大肠杆菌的复制和报告

基因。

整合载体 YIp（yeastintegratingplasmid）是通过质粒 DNA 与酵母基因组 DNA 之间发生同源重组而整合到基因组 DNA 上的，故遗传稳定性好但转化效率低。

（1）整合型酵母载体

主要是细菌质粒含有一个酵母基因。如 YIp5，是在 pBR322 的基础上插入了一个 URA3 基因，这个基因编码乳清酸核苷－5′－磷酸脱羧酶，是嘧啶合成中的一个酶，可以作为选择标记，选择的方法与 LEU2 标记相同，YIp 不能像质粒一样复制，其复制依赖于整合到酵母的染色体上，整合的机制与 YEp 相同。

（2）自我复制型酵母载体

自我复制型酵母载体因在酵母中有自我复制的能力而得名。属于这类载体的有 YRp，YEp 和 YCp。

YEp 系列含有 2μ 质粒的复制起始部位和 rep 基因片段，和选择基因 LEU2。

该质粒可在酵母中产生特异的重组酶，使 YEp 很快与酵母内源质粒重组。重组一旦发生，YEp 载体则很快复制并扩增。因此 YEp 质粒拷贝数多并且较稳定。YEp13 是一个穿梭质粒，包含 pBR322 的完整序列，因此可以在大肠杆菌也可以在酵母中进行选择。YEp 可以插入酵母的染色体 DNA，附加体意味着 YEp 可以独立的复制也可以整合到酵母的染色体内。

因为在载体中作为选择标记的基因与突变体主染色体 DNA 同源性很高，比如 YEp13 质粒中 LEU2 基因可以与染色体上突变的 LEU2 基因进行重组，将整个质粒插入到酵母染色体内，可以一直保持整合状态，随后的重组事件也可以切下来。

（3）YEp 整合到酵母染色体上

YRp 系列含有一个 ARS 基因片段，由于转化后缺乏有效地分离，故在有丝分裂后质粒在母体细胞分布极多而子代细胞分布较少，在遗传学方面极不稳定。

YCp 系列是在 YRp 质粒上连上一个染色质着丝点（CEN）而形成，表现特性为拷贝数少而且具有遗传稳定性。

（四）酵母人工染色体

以酵母菌为模型进行的研究发现，真核染色体的稳定复制和均衡分离是由相当短的、序列明确的复制原点、端粒和着丝粒控制的，这些序列的成功分离使酵母人工染色体（YAC）载体的构建成为可能。起初，YAC 载体主要用于染色体在细胞内的维持机制的研究，近年来逐步发展成为能克隆大片段

DNA 的载体。

构建 YAC 文库的方法与构建黏粒文库的方法相似，包括两个末端片段（两臂）与插入片段的连接，然后将产生的完整的重组 YAC 导入酵母细胞中。YAC 载体能够容纳长片段的基因组 DNA，因此可以用来克隆完整的动物基因。在人类基因组计划中，YAC 被广泛地用于大规模基因组结构分析。

在正常情况下，面包酵母的选择标记并不像大肠杆菌质粒那样赋予宿主菌对某种毒性物质的抗性，而是使酵母能在缺少特定营养成分的选择培养基上生长。自养型酵母突变株不能合成特定的化合物，例如，1"RPl 突变株不能合成色氨酸，必须在补充色氨酸的培养基上才能生长，而 YAC 上的 TRPl 基因能够弥补这种缺陷，即赋予 TRPl 突变株在无色氨酸的培养基上生长的能力，因此可用不含色氨酸的培养基来选择 YAC 重组子。

四、常用的真核病毒载体

（一）腺病毒载体

腺病毒是无包膜的线性双链 DNA 病毒，在自然界分布广泛，至少存在 100 种以上的血清型。其基因组长约 36kb，两端各有一个反向末端重复区（ITR），ITR 内侧为病毒包装信号。基因组上分布着 4 个早期转录元（E1、E2、E3、E4）承担调节功能，以及一个晚期转录元负责结构蛋白的编码。早期基因 E2 产物是晚期基因表达的反式因子和复制必须因子，早期基因 E1A、E1B 产物还为 E2 等早期基因表达所必须。因此，E1 区的缺失可造成病毒在复制阶段的流产。E3 为复制非必须区，其缺失则可以大大地扩大插入容量。

目前的腺病毒载体大多以 5 型（Ad5）、2 型（Ad2）为基础。典型的腺病毒载体系统如：穿梭质粒 pCA13/腺病毒基因组质粒 pBHG11/包装细胞 293 细胞。pCA13/的 HCMVIE 启动子－多克隆位点－SV40AN（polyA）构成外源基因的表达盒，该表达盒的插入使腺病毒 E1 基因缺失，但是保留其两端侧翼序列（左侧的 1～3bp 的 ITR，右侧从 3.5kb 到末端的维持病毒装配和活力必须的蛋白 IX 的基因），也保留了腺病毒的包装信号 φ（194～358bp）；pBHG11 则保留了腺病毒基因组的绝大部分，但是缺失了包装信号 φ、0.5～3.7 图距（mu）部分的 E1 区、77.5～86.2mu 的 E3 区，293 细胞是整合有 Ad5E1 基因的人胚肾细胞系。pBHG11 因为缺失包装信号及 E1 区而不能复制，pCA13 带有包装信号及 E1 的侧翼序列，但是缺失 E1 区及腺病毒绝大部分基因组，同样不能复制。外源目的基因插入 pCA13 后，与 pBHG11 共转染，进入 293 细胞。pCA13 与 pBHG11 在细胞内发生同源重组，同时，293 细胞提供 E1 蛋白，从而包装产生腺病毒颗粒。该病毒的蛋白质外壳同野生型腺病毒相似，具有同样的感染力进入靶细胞的能力，但是基因组 DNA 的 E1

区被外源目的基因取代，即进入靶细胞后病毒不能复制，但可以表达目的蛋白。

一般将 E1 或 E3 基因缺失的腺病毒载体称为第一代腺病毒载体，此类型载体可引发机体产生较强的炎症反应和免疫反应，表达外源基因时间短。E2A 或 E4 基因缺失的腺病毒载体被称为第二代腺病毒载体，产生的免疫反应较弱其载体容量和安全性方面亦改进许多。第三代腺病毒载体则缺失了全部的（无病毒载体，gutlessvector）或大部分腺病毒基因（微型腺病毒载体，miniAd)，仅可保留 ITR 和包装信号序列。第三代腺病毒载体最大可插入35kb 的基因，病毒蛋白表达引起的细胞免疫反应进一步减少，载体中引入核基质附着区基因可使得外源基因保持长期表达，并增加了载体的稳定性。这一载体系统需要一个腺病毒突变体作为辅助病毒。

腺病毒载体转基因效率高，体外实验通常接近 100％的转导效率；可转导不同类型的人组织细胞，不受靶细胞是否为分裂细胞所限；容易制得高滴度病毒载体，在细胞培养物中重组病毒滴度可达（10E＋11）/ml；进入细胞内并不整合到宿主细胞基因组，仅瞬间表达，安全性高。因而，腺病毒载体在基因治疗临床试验方面有了越来越多的应用，成为继反转录病毒载体之后广泛应用且最具前景的病毒载体。

（二）痘病毒载体

痘病毒科是一大群，专性的病毒，直径 300～400nm，脂质蛋白外壳，包绕着一个复杂的核心结构此结构含有一个线性近 20kb 双链 DNA 分子，编码多个亚单位，DNA 依赖的 RNA 聚合酶，转录因子，帽结构和甲基化酶，多聚 A 聚合酶，都在病毒核心中包装，并转译成 mRNAs。痘病毒在感染细胞的胞质内增殖，这在 DNA 病毒是独有的。痘病毒中研究最多的是痘苗病毒。许多病毒的 DNA 分子具有感染性，将裸露的基因转染进细胞后能够进行复制，而痘病毒借助细胞酶并不能转录病毒基因组，因此，并不能产生病毒蛋白。其 DNA 则不具有传染性。

痘病毒含有能够被真核细胞识别的启动子，这些启动子不但可以引发动物基因工程中常用的一些标记基因的表达，而且还能够引发克隆的外源基因的表达。痘病毒经过改建后，可以发展成为表达外源基因的分子载体。痘病毒早期基因的表达产物中，胸苷激酶是一种易于鉴定的标记，胸苷激酶编码基因是位于痘病毒基因组 DNA 的 HindIII-J 片段上。痘病毒正常功能的表达并不需要这个片段，当其被外源 DNA 取代之后，不会影响病毒基因组的复制。将编码胸苷激酶基因的痘病毒基因组的 HindIIIJ 片段，克隆进质粒载体分子上，并在此非必需区中插入痘病毒启动子，在启动子下游连接欲表达的外源基因。接着对感染痘病毒 1～2h 的细胞，转染上述质粒，使重组质粒中所含的痘病毒非必需区序列，与痘病毒非必需区序列发生同源重组，外源基因在这一过程中重组到痘病毒基因组中，形成重组痘病毒粒子。

1982 年，研究人员将外源基因插入痘苗病毒的 TK 基因中，首次成功地构建了在哺乳动物细胞中表达外源基因的重组痘苗病毒。近 20 多年来，应用重组痘病毒成功地表达了来源于植物，动物，乃至人类的许多种基因。被表达的外源蛋白，在感染细胞中，能忠实地进行修饰，与其他哺乳动物病毒表达载体相比，具有较高的表达效率；通过对动物接种重组痘病毒的方法，能了解外源蛋白对个体的作用以及机体的免疫应答；表达抗原基因的重组痘病毒，可作为基因重组疫苗。痘病毒作为基因重组活疫苗的载体，不需佐剂即可免疫动物，病毒在体内增殖过程中产生的外源蛋白可刺激机体产生免疫应答，不仅诱导机体产生体液免疫，而且诱导很强的细胞免疫痘苗病毒重组体和 NYVAC 痘苗病毒是原型痘病毒，感染多种细胞和实验动物，它是第一个痘病毒科中用于表达研究的病毒。痘苗病毒一狂犬病毒糖蛋白 G 重组体，是早期成功利用痘苗病毒载体的例证。痘苗病毒作为表达载体具有下列几个特征：大分子基因组；重组病毒构建相对简单；细胞型的选择广泛；细胞质内表达，减少了对核加工以及核 RNA 运输的特殊需要；依靠痘病毒基因组启动子，能有效地表达外源基因，并有很高的表达水平。

利用痘苗病毒 Copenhagen 株构建的表达载体，将编码狂犬病毒糖蛋白的 cDNA 插入在此载体胸苷激酶座位中，破坏胸苷激酶座位，利用生物化学方法选择重组体。将此重组体作为活疫苗免疫动物，已获得了很好的效果。另外有报道，痘苗病毒重组体指导氯霉素乙酰转移酶基因的表达。NYVAC 是痘苗病毒 Copenhagen 株致弱基础上发展的载体，从痘病毒基因组中精确地删除了与病毒毒力相关的基因，以及其他的与宿主复制竞争的，无用基因。NYVAC 载体高度致弱的同时，保留了诱导保护性，在外源抗原免疫应答方式上，类似于亲代株胸苷激酶突变体。NYVAC 载体作为重组疫苗传递体系，已经在动物模型系统和目标品系包括人中应用，用 NYVAC 表达伪狂犬病毒糖蛋白，犬肌肉注射 28d 后，已经检测到中和抗体。表达的马流感 A1 和 A2 血清型血凝素糖蛋白，接种马后，产生了血凝抑制抗体。用 NYVAC 表达日本脑炎病毒 prM/M，E 和 NS1 多蛋白，接种猪，检测到了血凝抑制和中和抗体 [8]。用 NYVAC 表达狂犬病毒糖蛋白基因，已在鼠，猫和犬体上，不仅表现出安全性，而且能够有效地保护动物，抵抗狂犬病毒的攻击。用 NYVAC 表达疟原虫，免疫鼠，诱导了结合抗体和细胞毒性 T 淋巴细胞 (CTL) 作用。

早期痘苗病毒转录中，缺少裂解酶，作为表达一些真核细胞的载体时，受到一定的限制，然而，此问题已通过将 cDNA 插入进痘苗病毒基因组中而得到解决。目前尽管只有几千 bp 的基因序列插入进痘苗病毒基因组中，通常认为其容量是很大的。痘苗病毒含有 1650bp 片段的串联重复序列，可以装备大量的基因组，删除 30kb 的痘病毒突变体载体，可以提高其容量，也可以在此单一重组病毒中表达多个不同的基因。

（三）反转录病毒载体

反转录病毒载体（也成为反转录病毒，Retrovirus）是常用的病毒载体之一。反转录病毒载体（也成为反转录病毒，Retrovirus）是常用的病毒载体之一。反转录表达载体种类较多，根据其基本载体骨架分为 pBABE、pMCs、pMXs、pMYx 等，又有不同筛选标记。很多反转录病毒载体包括 pBABE 和 pMXs 都是基于莫洛尼鼠白血病病毒（MMLV），这种反转录病毒载体在一些非成熟细胞里面被沉默表达，如胚胎瘤细胞、胚胎干细胞和造血干细胞，因此适应面受到限制。而骨髓瘤病毒（MPSV）和 PCC4 细胞来源的骨髓瘤病毒（PCMV）是 MMLV 的变种，能很好地在上述非成熟细胞内稳定表达。

（四）单纯疱疹病毒载体

单纯疱疹病毒（herpssimplexvirus，HSV）是一类双链 DNA 病毒，病毒基因组包括长单一成分（UL）、短单一成分（US）及其两侧与复制、包装相关的反向重复序列。HSV 生命周期分为裂解期和隐性期两种。在隐性感染期内，病毒基因组环化、甲基化、并被压缩为较有序的染色质样结构，大部分病毒基因不表达，但是仍有病毒启动子保持转录活性。在一定条件下，隐形感染的病毒可被激活。

单纯疱疹病毒载体的优点是宿主范围广，能将外源基因导入终末分化细胞及有丝分裂后静止期细胞中表达，对神经系统有天然的亲嗜性，并能在神经元中建立长期稳定的隐性感染。因此，发展 HSV—1 载体将有助于神经系统疾病基因治疗，如帕金森病、阿尔茨海默病等的基因治疗。除对神经细胞有亲和性之外，单纯疱疹病毒还能感染多种细胞，包括肌肉、肿瘤、肺、肝和胰岛细胞等。病毒滴度较高，可达 $10^8 \sim 10^9$PFU/ml。在目前所知的病毒载体系统中，HSV 载体的包装容量最大，可达 30kb。因此，可以同时装载多个目的基因。然而，HSV—1 用于神经系统基因治疗的安全性及可靠性、对隐形感染的再激活以及病毒蛋白表达对宿主细胞的毒性等问题仍待深入研究和认识。

早期的 HSV 载体系统的制备方法是：首先采用野生型 HSV 感染细胞，再用带外源基因的载体转染该细胞，然后包装出带有外源基因的重组 HSV 病毒颗粒。近来有人用一种温度敏感型 HSV 代替野生型 HSV，这种温度敏感型 HSV 在 31～C 可以正常存在，但在 37～C 就失去了感染繁殖的能力。因此，可利用温差变化来选择纯化重组 HSV 病毒。但重组 HSV 除含有靶基因外，还含有一部分病毒基因组，很容易产生免疫原性和细胞毒性。最近几年发展起来一种称为复制子的 HSV 病毒载体，它不带有 HSV 的结构基因，故病毒的免疫原性和细胞毒性均大大降低，对于临床试验更加安全。但是辅助病毒的分离和纯化是关键。目前，已经有 40 个基因治疗临床试验方案采用 HSV 基因转移系统，并有研究人员采用肿瘤条件复制型 HSV 病毒治疗中枢神经系统恶性肿瘤。

（五）猴病毒 40 载体

SV40（Simianvacuolatingvirus40orSimianvirus40）是猴空泡病毒 40，猿猴病毒 40 或猴病毒 40 的缩写，多瘤病毒科，这是在人类和猴子都发现的致瘤病毒。

1960 年，科学家首次在猴子体内发现了 SV40。随后，科学家又在脊髓灰质炎试剂中发现了 SV40，其原因是实验室在培养疫苗时使用了从猴子体内分离出的肾脏细胞。

SV40 病毒的基因组是一种环形双链的 DNA，基因组 5.2kb，病毒的直径 45nm，病毒成熟部位细胞核，无被膜，62 个核壳粒亚单位，这种大小很适于基因操作。同时它也是第一个完成基因组 DNA 全序列分析的动物病毒。

由于 SV40 结构简单，被首先应用于真核生物复制的研究。增强子首先发现于 SV40 基因组内。

SV40 病毒的生命周期根据 SV40 病毒感染作用的不同效应，可将其寄主细胞分成三种不同的类型。SV40 病毒在感染了 CV－1 和 AGMK 猿猴细胞之后，便产生感染性的病毒颗粒，并使寄主细胞裂解。我们称这种感染效应为裂解感染（lyticinfection），而猿猴细胞则叫作受纳细胞（permissivecell）。但如果感染的是啮齿动物（通常是仓鼠和小鼠）的细胞，就不会产生感染性颗粒，此时病毒基因组整合到寄生细胞的染色体上，于是细胞便被转化，也就是说发生了癌变。我们称这种啮齿动物细胞为 SV40 病毒的非受纳细胞（non－permissivecell）。人体细胞是 SV40 的半受纳细胞（semi－permissivecell），因为同 SV40 病毒接触的人体细胞中，只有 1%～2%会产生出感染性的病毒。

SV40 病毒对猿猴细胞的裂解感染可分成三个不同的时相。在感染了寄主细胞之后，有一段长达 8～12 小时的潜伏期，在此期间，病毒颗粒脱去蛋白质外壳，同时 DNA 逐渐地转移到寄主细胞核内；紧接着 4 小时为早期时相，此时发生早期 mRNA 和早期蛋白质的合成，并出现病毒诱导寄主细胞 DNA 合成的激发作用；在这以后的 36 小时称为晚期时相。进行病毒 DNA、晚期 mRNA 和晚期蛋白质的合成，并在高潮时发生病毒颗粒组装。大约在感染的第三天，细胞裂解，平均每个细胞可释放出 105 个的病毒颗粒。

SV40 病毒是一种小型的 20 面体的蛋白质颗粒，由三种病毒外壳蛋白质

Vp1、Vp2 和 Vp3 构成，中间包装着一条环形的病毒基因组 DNA。同其他病毒不同，SV40DNA 是同除了 H1 之外的所有寄主细胞组蛋白（H4、H2a、H2b 和 H3）相结合。这些组蛋白使病毒 DNA 分子紧缩成真核染色质所特有的念珠状核小体，这种结构特称为微型染色体（minichromosome）。感染之后的 SV40 基因组，输送到细胞核内进行转录和复制。SV40 病毒基因组表达的时间顺序是相当严格的，据此可将其区分为早期表达区和晚期表达区。围绕在 SV40DNA 复制起点周围约 400bp 的 DNA 区段，是十分引人注意的。现在已经弄清紧挨这个起点的 DNA 序列，是调节早期和晚期初级转录本合成的控制信号。早期转录本的合成，就是由位于这个区段内的由一对 72 核苷酸序列串联而成的强化因子序列激活的。

SV40 病毒基因组表达的一个重要特点是，它的 RNA 剪辑模式非常复杂。通过不同的剪辑途径，早期初级转录本加工成 2 种不同的早期 mRNA（多瘤病毒的早期初级转录本加工成 3 种不同的早期 mRNA）；而晚期的初级转录本加工成 3 种不同的晚期 mRNA。

这 2 种早期 mRNA 分别编码大 T 抗原的小 t 抗原（即肿瘤蛋白质或抗原）。晚期转录本按照其特定的沉降系数，可区分为 16S、18S 和 19S 三种 mRNA，它们分别编码 Vp1、Vp3 和 Vp2 病毒蛋白质。Vp1 编码区同 Vp2 和 Vp3 的编码区是以不同的转译结构形式彼此交叠的。

在 SV40 病毒基因组中存在着一个增强子序列。其长度为 72bp，以串联重复的形式位于基因组 DNA 复制起点的附近，它的主要功能是促进病毒 DNA 发生有效的早期转录，而且具有一般增强子所共有的基本特性。

外源的基因可以融合在 SV40DNA 的早期转录区段内，而 SV40 的增强子又能够有效地激活 SV40 早期转录单位的转录活性。因此显而易见，SV40 增强子在哺乳动物的基因操作中是相当有用的。此外，SV40 增强子还可以增强由细胞启动子启动的基因转录作用。

第三节　目的基因的克隆

一、目的基因的获得

（一）细胞核中直接分离

简单的原核生物目的基因可从细胞核中直接分离得到，但人类的基因分布在 23 对染色体上，较难从直接法中得到。

直接分离基因最常用的方法是"鸟枪法"，又叫"散弹射击法"。这种方法有如用猎枪发射的散弹打鸟，无论哪一颗弹粒击中目标，都能把鸟打下来。鸟枪法的具体做法是：用限制酶（即限制性内切酶）将供体细胞中的 DNA 切成许多片段，将这些片段分别载入运载体，然后通过运载体分别转入不同的受体细胞，让供体细胞所提供的 DNA（外源 DNA）的所有片段分别在受体细胞中大量复制（在遗传学中叫作扩增），从中找出含有目的基因的细胞，再用一定的方法吧带有目的基因的 DNA 片段分离出来。如许多抗虫，抗病毒的基因都可以用上述方法获得。

用"鸟枪法"获取目的基因的优点是操作简便，缺点是工作量大，具有一定的盲目性。

（二）染色体 DNA 的限制性内切酶酶解

II 型限制性内切酶可专一性地识别并切割特定的 DNA 顺序，产生不同类型的 DNA 末端。若载体 DNA 与插入的 DNA 片段用同一种内切酶消化，或靶 DNA 与载体 DNA 末端具有互补的黏性末端，可以直接进行连接。

（三）人工体外合成

简短的目的基因可在了解 DNA 一级结构或多肽链一级结构氨基酸编码的核苷酸序列的基础上人工合成。

（四）用反转录酶制备 cDNA

大多数的目的基因是由 mRNA 合成 cDNA（反转录 DNA）得到。从 RNA 入手，先从细胞提取总 RNA，然后根据大多数真核 mRNA 含有多聚腺嘌呤（polyadenylicacid，polyA）尾的特点，用寡聚 dT 纤维素柱将 mRNA 分离出，以 mRNA 为模板，在多聚 A 尾上结合 12－18 个 dT 的寡聚 dT 片段，作为合适的起始引物，在反转录酶作用下合成第一条。

基因的制备：cDNA 链。用碱或 RNA 酶水解除去 mRNA，再用 DNA 聚合酶，最好是 Klenow 片段合成第二条 DNA 链。双链合成后，用 S1 核酸酶切去发夹结构，即可获得双链 cDNA。cDNA 用于探针制备、序列分析、基因表达等研究。因此以 cDNA 为研究材料，反映了 mRNA 的转录及对以后翻译的影响情况，即反映某一基因（DNA）外显子的情况。

二、目的基因与载体的连接

（一）黏性末端 DNA 分子间的连接

1. 一种限制性核酸内切酶酶切的黏性末端间的连接

大多数限制性核酸内切酶切割 DNA 分子，能够形成具有 4～6 个核苷酸的黏性末端。当载体和外源 DNA 用同一种限制性核酸内切酶处理时，就会产生相同的黏性末端，当这样的两个 DNA 片段混合在一起退火，黏性末端单链间便进行碱基配对，并被 T_4 噬菌体 DNA 连接酶共价地连接起来，形成重组体 DNA 分子。当然，所选用的限制性核酸内切酶在表达载体 DNA 分子上应只有一个识别位点，而且还是位于非必需区段内。

2. 不同限制性核酸内切酶酶切黏性末端间的连接

采用不同限制性核酸外切酶酶切，可使外源 DNA 片段按一定的方向插入到载体分子上。根据限制性核酸内切酶作用的性质，用两种识别序列完全不同的限制酶同时消化一种特定的 DNA 分子，将会产生出具有两种不同黏性末端的 DNA 片段。显然，如果载体分子和外源 DNA 分子，都用同一对限制性核酸内切酶切割，然后混合起来，在 DNA 连接酶作用下，载体分子和外源 DNA 片段就只能按一种方向退火形成重组 DNA 分子。

（二）平头末端 DNA 分子间的连接

有许多情况下，我们选择不到合适的限制性核酸内切酶，使载体和外源 DNA 片段产生出互补的黏性末端，而只能形成非互补的黏性末端或平头末端。这时，通过调整反应条件，就可以用 T4 噬菌体 DNA 连接酶将平头末端的 DNA 片段有效地连接起来；两个不能互补的黏性末端无法直接相连，可将它们修饰变成平头末端，然后在 T4 噬菌体 DNA 连接酶作用下进行连接。通常将黏性末端变为平头末端的具体方法有：①5′突出末端的补平，一般选择大肠杆菌 DNA 聚合酶 I 的 Klenow 大片段聚合酶进行填补；②3′突出末端的切平，一般使用 T4 噬菌体 DNA 聚合酶或单链 DNA 的 S1 核酸酶切平。变成平头末端之后，同样也可以使用 T4 噬菌体 DNA 连接酶进行有效的连接。由于平头末端 DNA 片段间的连接效率比黏性末端要低得多，故在其连接反应中 T4 噬菌体 DNA 连接酶的浓度要比黏性末端连接时高 10～100 倍，外源 DNA 及载体 DNA 浓目也要求较高。通常还需加入低浓度的聚乙二醇，以促进 DNA 分子凝聚而提高转化效率。

（三）同聚物加尾法

同聚物加尾法就是利用末端转移酶分别在载体分子及外源双链 DNA 片段的 3 端各加上一段寡聚核苷酸，人工制成黏性末端。外源 DNA 片段和载体 DNA 分子要分别加上不同的寡聚核苷酸。这种方法的核心是利用末端转移酶的功能，它能够催化脱氧核苷三磷酸逐个地加到 DNA 分子的 3′—OH 末端，反应中不需要模板的存在，4 种 dNTP 中的任何一种都可以作为它的前体物。因此，当反应混合物中有一种 dNTP 时，就可以将核苷酸转移到双链 DNA 分子的突出或隐蔽的 3′—OH 上，形成仅由一种核苷酸组成的尾巴。

（四）人工接头（连接子）连接法

人工接头连接法可分为两种，一种是 DNA 连接子（linker）法，一种是 DNA 接头（adapter）法。

（1）DNA 连接子法 DNA 连接子是一段人工合成的具有平头末端的双链

寡聚脱氧核糖核苷酸片段，长度一般为 8～12 个，其上有一个或数个限制性核酸内切酶的识别位点。由此可以看出，DNA 连接子的作用主要是在 DNA 末端添加一个限制性核酸内切酶识别位点，以产生黏性末端，以利用 DNA 片段的连接。

(2) DNA 接头法尽管 DNA 人工连接子技术具有许多优越性，但也存在一些弊端。如靶 DNA 内部含有与连接子相同的识别序列时，在进行限制性核酸内切酶切割之前，必须先进行甲基化，以保护靶 DNA 不被破坏。这一系列步骤，使得 DNA 连接子技术操作较为烦琐。

在实际进行重组 DNA 的连接反应中，其目的都是尽可能地提高 DNA 片段的插入效率，增加重组 DNA 克隆对非重组体克隆的比例，以减少后期筛选重组体克隆的工作量。为此，防止载体分子经限制性核酸内切酶切割后又重新自身环化是问题的关键所在。而防止自身环化的方法，前面已提到有三：①利用碱性磷酸酶处理线性载体分子。碱性磷酸酶可以除去线性载体 DNA 分子的 5′—P 末端，而形成 5′—OH 基团。这样只有插入了外源 DNA 片段，载体 DNA 分子才能够重新环化导入受体细胞。②使用同尾酶产生的黏性末端连接方法，可以自动地防止线性载体 DNA 分子的自身环化。③采用同聚物加尾连接技术，使线性 DNA 分子的两个 3′—OH 末端因具有同样的碱基结构而无法自身环化。除此之外，我们还可应用黏粒载体，防止质粒 DNA 分子的自身再环化作用。

三、重组基因的导入

（一）基因转移的物理方法

电击转化法也称高压电穿孔法，最初用于将 DNA 导入真核细胞，自 1988 年起被 Dower 等人用于转化大肠杆菌。其基本原理是将受体细胞置于一个适当的外加电场中，利用高压脉冲对细菌细胞的作用，使细胞表面形成暂时性的微孔，质粒 DNA 得以进入细胞质内，但细胞不会受到致命伤害，一旦脱离脉冲电场，被击穿的微孔即可复原。然后置于丰富培养基中生长数小时后，细胞增殖，质粒复制。

（二）基因转移的化学方法

(1) 细菌的感受态细胞把以质粒为载体的重组 DNA 分子引入受体细胞的过程叫作转化（transformation）；把以噬菌体或病毒为载体的重组 DNA 分子引入受体细胞的过程叫作转染（transfection）。

将重组体 DNA 导入感受态大肠杆菌的转化实验，是一种十分有效的导入外源 DNA 的手段，转化实验包括制备感受态细胞和转化处理。在自然条件下，很多质粒都可通过细菌结合作用转移到新的宿主内，但在人工构建的质粒载体中，一般缺乏此种转移所必需的 mob 基因，因此不能自行完成从一个细胞到另一个细胞的接合转移。如需将质粒载体转移进受体细菌，需诱导受体细菌产生一种短暂的感受态以摄取外源 DNA。

对细菌细胞进行转化或转染的关键是细胞处在感受态。所谓感受态细胞，就是受体细胞处于摄入外源 DNA 的状态。一般用 $0.01\sim0.05mol/L$ 氯化钙处理受体细胞，可以引起细胞膨胀，增大细胞的通透性，使重组 DNA 进入细胞，提高转化效率。

感受态细胞无特异性，对各种外来 DNA 都可接收，如果一种缺乏标记的重组 DNA 与有识别标记的 DNA 同时转化（非亲缘关系），有利于转化体的筛选。

（2）感受态细胞的制备

（3）重组体向受体细胞的导入感受态细胞的转化效率在 24h 内最高，因此转化反应最好紧接其后进行。若不马上转化，感受态细胞应置于终浓度为 15% 的灭菌甘油内，$-70℃$ 可存 $1\sim2$ 个月，$-20℃$ 可保存 $2\sim3$ 周，总之储存时间越短越好。

将重组质粒 DNA 分子同经过 $CaCl_2$ 处理的大肠杆菌感受态细胞混合，置冰浴中一段时间，再转移到 $42℃$ 下做短暂（约 90S）的热刺激后，迅速置于冰上，向其中加入非选择性的肉汤（SOC）培养基，保温振荡培养一段时间（$1\sim2h$），使细菌恢复正常生长状态，以促使在转化过程中获得的新抗生素抗性基因（Ampr 或 Tetr）得到充分表达。该法转化效率一般可达每微克 DNAl05～106 个转化子。

磷酸钙沉淀法：磷酸钙沉淀法是较早应用于哺乳动物培养细胞基因转移的一种传统方法，其机理是将转移基因的 DNA 溶液与适量的 $CaCl_2$ 溶液混合，再加入一定量的磷酸盐溶液，逐步生成 DNA—磷酸钙沉淀复合物。将适量的 DNA—磷酸钙沉淀加入细胞培养液中，通过细胞的胞饮作用进入细胞质或进而转移到细胞核内，然后整合到染色体上，或游离于细胞质中逐渐被降解。应用这种方法，可以使任何 DNA 片段有效地导入到动物细胞中，因而此法在许多实验室被使用。

脂质体介导法：脂质体是磷脂在水中形成的一种由脂类双分子层围成的囊状脂质小泡结构，其大小一般为 $1\sim5\mu m$，外周是脂双层，内部是水腔。它可以与 DNA 通过静电结合或直接把 DNA 包裹在其内，并透过细胞膜把 DNA 运送到细胞内，实现外源基因的有效转染。同时脂质体几乎不具有通透性，因而可以保护包裹在其中的 DNA 免受细胞核酸酶的降解。

（三）基因转移的生物方法

借助于载体的基因转移：在真核生物中，借助于载体的基因转移主要是以重组的动植物病毒、反转录病毒及侵染植物的农杆菌 Ti 质粒或 Ri 质粒直接转染（转化）受体细胞，把外源 DNA 引入。如反转录病毒（ret−rovirus）感染细胞，并能把它们的基因插入宿主的染色体，用重组 DNA 技术制备携带外源基因的反转录病毒，并保持其插入宿主染色体和繁殖感染的能力，这种重组病毒就是一种高频率整合的载体。Wilmut 等用这种方法已将外源基因成功地导入小鼠和绵羊的卵细胞中。由于鸡的卵原核不可能用显微镜注射法导入 DNA，反转录病毒感染是制备转基因鸡的可行方法。这种方法具有定向性好、效率高、重复性好的优点。但也存在一些缺点，如载体的侵染范围有限。因此人们除了不断改进载体系统之外，还一直在探索不需载体的基因转移方法。

四、重组体的筛选与鉴定

将目的 DNA 片段与载体连接形成重组子，然后通过各种方法将重组子导入宿主细胞，得到所需要的带有重组 DNA 的转化子是基因工程的目的所在。所谓转化子就是导入外源 DNA 后获得了新的遗传标志的细菌细胞或其他受体细胞。在转化反应中，并非所有的细胞都转入重组 DNA 分子，即使所有的受体细胞都变为转化体，所获得的转化子仍是多种类型的 DNA 分子。因为在连接产物中既有载体和一个或数个串联目的基因的连接，也有载体的自连，还有目的 DNA 分子的自连，更多的是未发生连接反应的载体和目的 DNA 片段。因此在成千上万个转化子中，

真正含有期望的重组 DNA 分子的比例很少，为了将含有外源 DNA 的宿主细胞和不含外源 DNA 宿主细胞分开，以及将含有正确重组子的宿主细胞和含有其他外源 DNA 的宿主细胞分开，这就需要设计出最易于筛选重组子克隆的方案并加以验证。这就是我们这一章要讨论的内容。

阳性克隆的筛选与鉴定可以从不同的层次、利用不同的方法进行。总的来说，重组子的鉴定可以从直接和间接两个方面分析，可以从 DNA、RNA 和蛋白质三个不同的水平进行鉴定。筛选方法的选择与设计可依据载体、受体细胞和外源基因三者的不同遗传与分子生物学特性来进行，可以利用载体本身的一些特性与表现，如：抗药性、营养缺陷型、显色反应、噬菌斑形成能力等，其方法简便快速，可以在大量群体中进行筛选。也可以直接分析重组子中的质粒 DNA，根据目的基因的大小、核苷酸序列、基因表达产物的分子生物学特性，选择酶切图谱分析法、分子杂交法、核苷酸序列分析、免疫反应等，这些方法条件要求高，灵敏度高，结果准确。通过检测蛋白不仅可以知道目的基因是否整合到载体中，而且可以确定目的基因在宿中细胞中是否可以正常表达。有时可以通过间接分析和目的基因相连的基因或蛋白的表

达来检测目的基因的表达，比如将目的基因和报告基因同时整合到宿主中，如果报告基因表达，则说明目的基因也可能正确表达。通常可根据实验的具体情况，在初筛后确定是否进一步细筛，以保证鉴定结果的可靠性。

（一）遗传检测法

1. 根据载体表型特征筛选

根据载体分子所提供的表型特征，选择重组 DNA 分子的遗传选择法，可适用于大量群体的筛选，因此是一种比较简单而又十分有效的方法。在基因工程中使用的所有载体分子，都至少含有一个选择标记。质粒常有抗生素抗性基因。实际操作中，最典型的方法是使用抗药性标记的插入失活作用，或是 β－半乳糖苷酶基因的显色反应，将重组体 DNA 分子的转化子同非重组的载体转化子区别开来。而对于 λ 噬菌体的置换型载体来说，λ 噬菌体头部外壳蛋白容纳 DNA 的能力是有一定限度的。其包装能力应控制在野生型 λ DNA 长度的 $75\%\sim105\%$ 之间（$36\sim51$kb），这样才能形成噬菌斑。因此，包装限制这一特性，保证了体外重组所形成的有活性的 λ 重组体分子，一般都应带有外源 DNA 的插入片段，噬菌斑的形成本身就是对 λ 重组体的一种筛选特征。由于这些方法都是直接从平板上筛选，所以又称为平板筛选法。

2. 抗药性标记插入失活筛选法

检测外源 DNA 插入作用的一种通用方法是插入失活效应。也可以将转化菌先接种在含有环丝氨酸和四环素的培养基中生长，由于环丝氨酸使生长的细胞致死，而四环素仅仅是抑制 Tets 细胞的生长，不会杀死细菌，因此在这种生长培基中的 Tets 细胞由于能够生长，所以便被周围培养基环境中的环丝氨酸所杀死；Tets 细胞由于生长受到抑制，反而避免了环丝氨酸的致死作用。将经过环丝氨酸处理富集的 Tets 细胞，通过离心洗涤解除四环素，涂布在含有氨苄青霉素的琼脂平板上，受到抑制的 Tets 细胞便可重新生长，所形成的菌落都具有 AmprTets 的表型，即已经插入了外源 DNA 片段的 pBR322 质粒克隆。显然，这样仅在一种平板上就实现了重组体的筛选，简化了插入失活的检测程序。

同样，在 pBR322 质粒的 Ampr。基因序列中，利用 PstI 限制性核酸内切酶的识别位点，插入外源 DNA 片段，也能应用插入失活作用检测重组质粒。当然，所挑选的菌落则应该是具有 AmpsTetr 的表型。

3. β－半乳糖苷酶显色反应筛选法

质粒载体除了可以应用抗生素抗性筛选之外，有许多质粒载体还具有 β－半乳糖苷酶显色反应的检测功能。应用这样的载体系列，当外源 DNA 插入到它的 lacZ 基因上时，可造成 β－半乳糖苷酶的失活效应，就可以通过大肠杆菌转化子菌落在添加有 X－gal－IPTG 培养基中的颜色变化鉴别出重组子和非重组子。

（二）物理检测法

1. 直接凝胶电泳检测法

利用凝胶电泳检测重组质粒 DNA 分子的大小，也可以初步证明外源目的基因片段确已插入载体。因转化子数目众多，采用快速细胞破碎法快速检测质粒 DNA，就不必对每一个转化子中的质粒 DNA 进行培养扩增、提取纯化，这样可以减少工作量，且操作简单方便，一次实验可同时检测数十个转化子。具体方法是：分别挑取单个转化菌悬浮于约 $100\mu L$ 的破碎细胞缓冲液（50mmol/LTris — HCl、1% SDS、2mmol/LEDTA、400mmol/L 蔗糖、0.01% 溴酚蓝）中，37℃保温使细胞破裂、蛋白质沉淀，再高速离心，除去细胞碎片、蛋白质和大部分的染色体 DNA、RNA，将含有质粒 DNA 的上清液直接点样电泳分离，经 EB 染色，凝胶成像系统拍摄，可显示含有染色体 DNA、不同大小的质粒 DNA 以及 RNA 的电泳图谱。因为质粒 DNA 的电泳迁移率与其分子质量大小成反比，所以那些带有外源 DNA 插入序列的重组体 DNA 电泳时迁移率较非重组质粒要慢（滞后质粒），这样很容易就判断出哪些菌落是含有外源 DNA 插入序列的重组质粒。

除了用细胞破碎法鉴定转化子之外，还可以使用煮沸法（boiling）快速分析转化子 DNA。此法对于从大量转化子中制备少量部分纯化的质粒 DNA 十分有用，不仅快速简便，能同时处理大量试样，而且所得 DNA 有一定纯度，需要时可满足限制性核酸内切酶的切割、电泳分析的要求。其方法是：从琼脂平板上分别挑取单克隆接种培养过夜，取 1.5mL 菌液离心，剩余培养液保存，等待结果出来选择重组子备用。将沉淀悬浮于 STET（0.1mol/LNaCl、10mmol/LTris — HCl、10mmol/LEDTA、5% TritonX — 100）中，破碎细胞壁与细胞膜后，立即在沸水中煮沸 40s，让质粒 DNA 快速释放出来，离心，使变性的大分子染色体 DNA、蛋白质及大部分 RNA 与细胞碎片等一起沉淀而弃去。取上清质粒 DNA 点样电泳，根据外源 DNA 插入序列重组质粒分子质量增大这一特性，即可判断出具有外源 DNA 插入序列的重组质粒。

上述根据分子质量大小鉴定重组子的方法，适用于载体 DNA 与重组 DNA 分子质量差别较大的比较，如果两种 DNA 分子质量之间相差小于 1kb，加上各 DNA 之间还有三种构型的差异，DNA 的大小比较就有困难。在这种情况下，一般将快速抽提出的转化子 DNA 和原载体 DNA 用单一识别位点的限制性核酸内切酶切割后，再进行琼脂糖或丙烯酰胺凝胶电泳比较。

2. 限制性核酸内切酶酶切片段分析法

经过遗传筛选得到的阳性克隆还必须进一步进行鉴定，酶切鉴定是最常用的方法之一。利用电泳酶切图谱对照的方法，不仅可以判断出重组质粒

DNA 的分子质量大于非重组质粒 DNA。而且当用适当的限制性核酸内切酶消化重组质粒 DNA，使插入片段原位删除下来，并同时电泳原供体的插入 DNA 片段时，就可以确定插入片段的大小与供体片段的大小是否一致，即使有目的基因自连后与载体连接获得的多聚体转化子，电泳图谱上出现的是类似正常酶切片段，但插入片段的亮度比正常的条带要强一倍以上，因此，也能够准确地辨别出来。

这种方法判断的标准是：目的 DNA 分子和载体的分子大小及酶切图谱。分析时，首先提取质粒 DNA 后酶切，通过电泳观察其图谱。此外，从大量转化子中筛选到分子质量已增大的重组子后，利用酶切电泳图谱的分析，从中可以筛选到以正确方向插入的重组子。

（三）菌落或噬菌斑杂交筛选法

利用碱基配对的原理进行分子杂交是核酸分析的重要手段，也是鉴定基因重组体的常用方法。杂交的双方是待测的核酸序列和由插入片段基因制备的 DNA 或 RNA 探针。根据待测核酸的来源以及将其分子结合到固体支持物上的不同，核酸杂交主要有菌落印迹原位（insitu）杂交、斑点（dot）印迹杂交和 Southern 印迹杂交。这些方法都是通过一定的物理方法将菌落（噬菌斑）或提取的 DNA 从平板或凝胶上转移到固体支持物上，然后同液体中的探针进行杂交。菌落（噬菌斑）或 DNA 从平板或凝胶向滤膜转移的过程称为印迹，故这些杂交又都称为印迹（blotting）杂交。

菌落印迹原位杂交：将被筛选的菌落或噬菌斑，从其生长的琼脂平板中通过影印方法，小心地原位转移到放在琼脂平板表面的硝酸纤维素滤膜上，并保存好原来的菌落或噬菌斑平板作为参照。将影印的硝酸纤维素滤膜，用碱液处理，促使细菌细胞壁原位裂解、释放出 DNA 并随之原位变性。然后 80℃下烘烤滤膜，使变性 DNA 原位同硝酸纤维素滤膜形成不可逆的结合。将这样固定有 DNA 印迹的滤膜干燥后，同放射性标记（或非放射性标酲性记）的特异性 DNA 或 RNA 探针杂交，漂洗除去多余的探针，最后经放射自显影检测杂交的结果。含有同探针序列同源的 DNA 的印迹，在 X 光底片上呈现黑色的斑点，将胶片同原先保存的参比平板作对照，即可确定阳性菌落或噬菌斑的位置，从而获得含有目的基因插入片段的重组体克隆。这种方法的优点是适于高密度菌落的筛选，对于噬菌斑平板它可以连续影印几张同样的硝酸纤维素滤膜，获得数张同样的 DNA 印迹。因此能够进行重复筛选，效率高，可靠性强，而且可以使用两种或数种探针筛选同一套重组体 DNA，是一种最常规的检测手段。

斑点印迹杂交：斑点杂交法与菌落原位杂交的原理一样，但方法更简单、迅速，可直接将噬菌体的上清液或是由转化子提取的 DNA（RNA）样品直接点在硝酸纤维素滤膜等固体支持物上，烈针进行分子杂交。通过放射自显影，从底片中找出黑点即为阳性斑点。此方法常用于病毒核酸的定量检测。

Southern 印迹杂交：由 E. M. Southern 于 1975 年首创的 Southern 印迹杂交是进行基因组 DNA 特定序用方法，常用于对上述原位杂交所得到的阳性克隆的进一步分析，检测重组 DNA 分外源 DNA 是否是原来的目的基因，并验证插入片段的分子质量大小。该法的主要特点现象将 DNA 转移到固相支持物上，称为 Southern 转移或 Southern 印迹（Southernblotting）。它首先将初筛的重组子 DNA 提取出来，用合适的限制性核酸内切酶将 DNA 切割，电泳分离，然后经碱变性，利用干燥的吸水纸产生的毛细作用，让液体流经凝胶，使 DNA 片段由液流携带从凝胶转移并结合在硝酸纤维素滤膜的表面，最后将此膜同标记的核酸探针进行分子杂交。如果被检测 DNA 片段与核酸探针具有互补序列，就能在被检测 DNA 的条带部位合成双链的杂交分子，并通过放射自显影显示出黑色条带来。Southern 印迹杂交法与斑点印迹杂交法二者都可用于分析混合 DNA 样品中是否存在能与特定探针杂交的序列。但是，斑点杂交与 Southem 杂交相比，被检测的 DNA 不需经限切酶消化和琼脂糖凝胶电泳分离，操作步骤少，并可同时分析更多个样品。Southern 杂交由于滤膜是从凝胶上原位印迹而来，因而能够显示出与探针杂交的 DNA 片段的大小。因此，Southern 杂交能测出基因重排而斑点杂交则不能。

（四）免疫化学检测法

免疫化学检测法是一种间接的筛选方法，它利用特异性抗体与外源 DNA 编码的抗原的相互作用进行筛选，是一种特异性强、灵敏度高的检测方法，特别适用于检测不为宿主提供任何选择标志的基因。使用这种方法的前提是插入的外源基因必须在受体细胞内表达，并且具有目的蛋白质的抗体。通常有放射性抗体检测法（radioactiveantibodytest）和免疫沉淀检测（immunopre－cipitationtest）及 Western 印迹分析法。

1. 放射性抗体检测法

该方法的基本原理及操作步骤是：首先将长有转化子菌落的琼脂平板影印复制，备用。把原平板放置在氯仿蒸汽中，使细菌菌落裂解，以便释放出抗原。将吸附有抗体的固体支持物聚乙烯薄膜轻轻放在先前裂解的菌落上，相互接触，以利于个别菌落的抗原吸附到抗体上，形成抗原－抗体复合物。取出含有抗原－抗体复合物的聚乙烯薄膜，放入预先用同位素 125I 标记的抗体溶液中温浴，薄膜上的抗原就会与 125I 标记的抗体相结合。最后经放射自显影，显示出抗原与 125I 标记的抗体结合的位置，并由此确定复制平板上能够合成抗原的菌落，即重组体菌落

2. 免疫沉淀检测法

免疫沉淀检测法是在平板培养基上直接进行免疫反应，以鉴定产生蛋白

质的重组菌落。具体方法是：将补加有抗体和溶菌酶的琼脂，小心倾注到菌落的上面，并使之凝固。在溶菌酶的作用下，菌落表面的细菌发生溶菌反应，逐步释放出细胞内部的蛋白质。如果有某些菌落的细胞能够分泌出目的基因编码的蛋白质，它们就会同包含在琼脂培养基中的抗体发生反应，在菌落周围产生白色的沉淀圈。

3. Western 印迹分析法

Western 印迹杂交是在蛋白质水平上检测或研究基因表达功能的一种方法。We. stem 印迹又称免疫印迹，从细胞提取蛋白质并通过聚丙烯酰胺凝胶电泳将不同大小的蛋白质分开，分类的蛋白质被转移到硝酸纤维素膜或尼龙膜上，然后与特定蛋白标记的抗体（同位素或化学发光物标记）结合，经放射自显影现出带纹，根据带纹的密度可确定蛋白质表达的相对量。Western 印迹杂交与 Northern 印迹杂交结合，已广泛应用于基因表达调控的研究。

（五）DNA－蛋白质筛选法

通过与蛋白质接合的 DNA 来筛选的一种方法。

（六）转译筛选法

转译筛选法是用体外转译的手段来鉴定克隆的，分为杂交选择的转译和杂交抑制的转译两种方法。目前它主要用来验证克隆的鉴定工作是否正确。在体外转译体系中，mRNA 可以指导蛋白质的合成。提取转化细胞中的质粒 DNA，变性后与 mRNA 杂交，同时作个对照，留一部分 mRNA 不经杂交。将杂交的和未杂交的 mRNA 都进行体外转译实验，转译合成的蛋白质通过聚丙烯凝胶电泳和放射自显影进行比较分析，就可以找到转译合成被抑制的 mRNA。被抑制的 mRNA 因与目的基因互补杂交上了，所以无法转译出蛋白质，它所对应的蛋白质带在聚丙烯电泳凝胶上"缺席"了。重复上述的过程，可以最后鉴定出含目的基因的克隆。这是杂交抑制的转译。

杂交选择的转译，原理与杂交抑制的转译一样，所不同的是，先将 DNA 与 mRNA 杂交，收集杂交上的 mRNA，并分离纯化 mRNA，加入到体外转译系统，使之合成出带放射性的蛋白质，按生物活性来鉴定得到的蛋白质或者通过凝胶电泳分析来鉴定蛋白质。与 DNA 杂交上的 mRNA 就有可能是目的基因的转录产物，因此根据鉴定结果可以判断出含有目的基因的克隆所在。

（七）目的基因的确定及分析——DNA 序列测定

测序策略：目前应用的两种快速序列测定技术是 Sanger 等（1977）提出的酶法及 Maxam 和 Gilbert（1977）提出的化学降解法。虽然其原理大相径庭，但这两种方法都是同样生成互相独立的若干组带放射性标记的寡核苷酸，每组寡核苷酸都有固定的起点，但却随机终止于特定的一种或者多种残基上。由于 DNA 上的每一个碱基出现在可变终止端的机会均等，因此上述每一组产物都是一些寡核苷酸混合物，这些寡核苷酸的长度由某一种特定碱基在原DNA全片段上的位置所决定。然后在可以区分长度仅差一个核苷酸的不同DNA分子的条件下，对各组寡核苷酸进行电泳分析，只要把几组寡核苷酸加样于测序凝胶中若干个相邻的泳道这上，即可从凝胶的放射自影片上直接读出DNA上的核苷酸顺序。

Sanger双脱氧链终止法：与包括合成反应的链终止技术不同，Maxam－Gilbert法要对原DNA进行化学降解。这一方法是在体外研究lac阻抑制与lac操纵基因相互作用时酝酿发展起来的。时至今日，可以探测DNA构象的蛋白质－DNA相到作用，仍然是Maxam－Gilbert法独具的鲜明特点。在这一方法（Maxam和Gilbert，1980）中，一个末端标记的DNA片段在5组互相独立的化学反应分别得到部分降解，其中每一组反应特异地针对某于种或某一类碱基。因此生成5组放射性标记的分子，从共同起点（放射性标记末端）延续到发生化学降解的位点。每组混合物中均含有长短不一的DNA分子，其长度取决于该组反应所针对的碱基在原DNA全片段上的位置。此后，各组均通过聚丙烯酰胺凝胶电泳进行分离，再通过放射自显影来检测末端标记的分子。相对而言，Maxam－Gilbert法自初次提出以来，基本没有变化。虽然设计了另一些化学降解反应（见综述：Ambrose和Pless，1987），但这些反应一般只作为Maxam和Gilbert（1977，1980）最早提出的反应的补充。这一方法的成败，完全取决于上述这些两步进行的降解反应的特异性。第一步先对特定碱基（或特定类型的碱基）进行化学修饰，而第二步修饰碱基从糖环上脱落，修饰碱基$5'$和$3'$的磷酸二酯链断裂。在每种情况下，这些反应都要在精心控制的条件下进行，以确保每一个DNA分子平均只有一个靶碱基被修饰。随后用哌啶裂解修饰碱基的$5'$和$3'$位置，得到一组长度从一到数百个核苷酸不等的末端标记分子。比较G、A＋G、C＋T、C和A＞C各个泳道，右从测序凝胶的放射自显影片上读出DNA序列。由于种种原因（如采用32P进行放射性标记、末端标记DNA的比活度、裂解位点的统计学分布、凝胶技术方面的局限性等等），Maxam－Gilber法所能测定的长充要比Sanger法短一些，它对放射性标记末端250个核苷酸以内的DNA序列效果最佳。在70年代Maxam－Gilbert法和Sanger法刚刚问世时，利用化学降解进行测序不但重现性更高，而且也容易为普通研究人员所掌握。Sanger法南非要单链模板和特异寡核苷酸的，并需获得大肠杆菌DNA聚合酶IKlenow片段的高质量酶制剂，而Maxam－Gilbert法只需要人所共的简单化学试剂。但随着M13噬菌体和噬菌粒载体的发展，也由于现成的合成引物唾手可得及测序反应日臻完善，双脱氧链终止法如今远比Maxam－Gilbert法应用得广泛。然而，化学降解较之链终止法具有一个明显的优点：所测序列来自原DNA分子而不是酶促合成所产生的拷贝。因此，利用 Maxam－Gilbert 法可对合成的寡核苷酸进行测序，可以分析诸如甲基化等 DNA 修饰的情况，不可以通过化学保护及修饰干扰实验来研究 DNA 二级结构及蛋白质与 DNA 的相互作用。然而，由于 Sanger 法既简便又快速，因此是现今的最佳选择方案。事实上，目前大多数测序策略都是为 Sanger 法而设计的。类核苷酸类的耐受性看来也优于原来的测序酶。

（八）基于生物大分子间相互作用的 cDNA 克隆策略

首次由 Adams 等于 1991 年提出。近年来由此形成的技术路线被广泛应用于基因识别、绘制基因表达图谱、寻找新基因等研究领域，并且取得了显著成效。在通过 mRNA 差异显示、代表性差异分析等方法获得未知基因的 DNA 部分序列后，研究者都迫切希望克隆到其全长 DNA 序列，以便对该基因的功能进行研究。克隆全长 DNA 序列的传统途径是采用噬斑原位杂交的方法筛选 DNA 文库，或采用 PCR 的方法，这些方法由于工作量大、耗时、耗材等缺点已满足不了人类基因组时代迅猛发展的要求。而随着人类基因组计划的开展，在基因结构、定位、表达和功能研究等方面都积累了大量的数据，如何充分利用这些已有的数据资源，加速人类基因克隆研究，同时避免重复工作，节省开支，已成为一个急迫而富有挑战性的课题摆在我们面前，采用生物信息学方法延伸表达序列标签序列，获得基因部分乃至全长 DNAyg，将为基因克隆和表达分析提供空前的动力，并为生物信息学功能的充分发挥提供广阔的空间。文本将就 EST 技术的应用并就其在基因全长 DNA 克隆上的应用作一较为具体的介绍。

1. ESTs 与基因识别

EST 技术最常见的用途是基因识别，传统的全基因组测序并不是发现基因最有效率的方法，这一方法显得即昂贵又费时。因为基因组中只有 2％的序列编码蛋白质，因此一部分科学家支持首先对基因的转录产物进行大规模测序，即从真正编码蛋白质的 mRNA 出发，构建各种 DNA 文库，并对库中的克隆进行大规模测序。Adams 等提出的表达序列标签的概念标志着大规模 DNA 测序时代的到来。虽然 ESTs 序列数据对不精确，精确度最高为 97％，但实践证实 EST 技术可大大加速新基因的发现与研究。Medzhitov 等通过果蝇黑胃 TOLL 蛋白进行 dbEST 数据库检索，该蛋白已证实在成熟果蝇抗真菌反应中发挥重要作用，通过同源分析的方法，找到相应的人类同源 EST，这为接下来研究人类 TOLL 同源蛋白的功能提供了很好的条件。hMSH5 基因是从酿酒酵母菌 MSH5 存在 30％的一致性，它与 hMSH4 特异性相互作用，在减数分裂和精子发生过程中发挥一定的作用。由此可见，应用 EST 技术，可以跳过生物分类学的界限，从生物模型的已识别基因迅速克隆出人和小鼠基因组相应的更复杂的未知基因。生物间在核苷酸水平上的进货差异阻碍了传统意义上的杂交或以 PCR 为基础的基因克隆策略，即使是亲缘关系很接近的生物也不例外，如 C. eegans 和 C. briggsae，它们仅在 2～5 千万年前分化形成。而通过计算机进行 dbEST 进行数据库筛选，其配制是电子杂交实验，提供了一条更为广泛的基因识别路线，这一路线答应基因组间存在差异，这使得基因识别与新基因克隆策略发生革命性变化，同时它也提供了一个足够大小和复杂的基因数据库，目前，ESTs 数量正以平均每月 10 万条的速度递增。

2. ESTs 和物理图谱构建

ESTs 在多种以基因为基础的人和植物基因组物理图谱构建中扮演着重要角色。在这一应用中，从 ESTs 发展起来的 PCR 或杂交分析可用来识别 YACs、BACs 或其他含有大片段插入克隆类型的载体，它们是构建基因组物理图谱的基础，将 EST 与基因组物理图谱相比较即可辨认出含有剩余基因序列的基因组区间，包括调控基因表达的 DNA 控制元件，对这些元件进行分析就有可能获得对基因功能的具体了解。物理图谱与遗传图谱间的相互参考，形成一个用途更广泛的综合资源，获得这张综合图谱后，研究人员就可以孟德尔遗传特征为基础，将相关基因定位在基因组区间上，并且通过查询以 ESTs 为基础的荮图谱，即可获得这一区间上所有基因的名单。该综合资源用途的大小取决于 EST 数据库中拥有的基因数目。目前人和小鼠 EST 的不断扩充使其应用更加广泛和便捷。

3. ESTs 和基因组序列注释

EST 数据库并非完美无瑕，因为 ESTs 不能被剪切为单列序列位点识读，故精确度只能达到 97%，另外，ESTS 受制于表达倾向，因为产生 ESTs 的 DNA 是组织中丰富的 mRNA 以一定比例反转录而成，因此，表达水平很低的 EST 数据库中找到，而表达量高的基因在 EST 数据库中却过量存在。虽然可在起始 mRNA 或由它合成双链 DNA 时进行富集，减小 DNA 文库，但 DNA 文库中仍存在大量高丰度的 DNA 克隆。因此，一个理想的 DNA 文库必须去除或尽量消除多科信息克隆的影响，这就涉及 DNA 文库的前加工技术；均等化，减少与丰富编码基因相关的 DNA 数目；消减杂交，应用序列标记 DNA 识别并去除文库中多余的克降，这些技术的发展，使基因识别更依靠于 EST 技术，甚至可通过该技术获得精确的基因组 DNA 序列，在华盛顿大学基因组测序中心和 Sanger 中心的联合攻关下，C. eegans 基因组 10 亿个碱基对的测序工作基本完成。因此 ESTs 是一系列基因寻找工具中不可缺少后部分，而这些工具都是基因组序列为基础的。EST 技术关于基因组 DNA 序列的其他应用还包括对基因内含子、外是子排列的精确猜测，选择性接合事件的识别，反常基因组排列结构的识别等。

4. ESTs 与 "电子" 基因克隆

利用计算机来协助克隆基因，称为 "电子" 基因克隆，是与定位克隆、定位候选克隆策略并列的方法之一，即采用生物信息学的方法延伸 EST 序列，以获得基因部分乃至全长的 DNA 序列。EST 数据库的迅速扩张，已经并将继续导致识别与克隆新基因策略发生革命性变化。

（1）EST 序列的获取

利用计算机来协助克隆的第一步是必须获得感爱好的 EST，在 dbEST 数据库中找出 EST 的最有途径是寻找同源序列，标准：长度≥100bp，同源性50％以上、85％以下。可通过数个万维网界而使用 BLAST 检索程度实现，其中最常用的如 NCBI 的 eneBank、意大利 Tigem 的 ESTmahine、THC 数据库、ESTBast 检索程序——通过英国人类基因组作图项目资源中心服务器上访问。然后将检出序列组装为重叠群，以此重叠群为被检序列，重复

进行 BLAST 检索与序列组装，延伸重叠样系列，重复以上过程，直到没有更多的重叠 EST 检出或者说重叠群序列不能继续延伸，有时可获得全长的基因编码序列。获得这些 EST 序列数据后，再与 GeneBank 核酸数据库进行相似性检测，假如凤有精确匹配基因，将 EST 序列数据 EST 六种阅读框翻译成蛋白质，接着与蛋白质序列数据库进行比较分析。基因分析的结果大致有三种：第一是已知基因，是研究对象为人类已鉴定和了解的基因；第二是以前未经鉴定的新基因；第三是未知基因，这部分基因之间无同种或异种基因的匹配。新基因和未知基因将进一步用于生物学研究。

（2）基因的电子定位

基因的电子定位采用 NCBI 的电子 PCR 程序进行检索，寻找 EST 序列上是否存在序列标签位点，STS 作为基因组中的单拷贝序列，是新一代的遗传标记系统，其数目多，覆盖密度较大，达到平均每 1kb 一个 STS 或更密集。将寻找到的 STS 与相应的染色体相比较，即可将此序列定位在该染色体上。

（3）IMAGE 克隆的索取

许多 ESTs 所对应的 DNA 克隆可通过基因组及其表达的整合分子分析协定免疫索取，这与电子基因克隆相辅相成，IMAGE 协定由美国 LLNL 国家实验室主持，宗旨是共享排列好的 DNA 文库中的克隆重，大规模的 EST 测序项目如 Merk％26Cow 公司投资的人类 ESTs 项目等都加入了 IMAGE 协定。当研究者通过另外的途径得到基因的部分序列，并通过同源性检索后发现该片段与加入 IMAGE 协定的 EST 序列高度同源时，便可索取其原始克隆，可通过美国的 ATCC 组织索取，从而避免或减轻筛选全长基因的麻烦，以集中精力进行基因的功能研究。人类基因组计划已进入后基因组时代，基因组学的研究从结构基因组学过渡到功能基因组学，利用结构基因组学的同存数

据，充分发挥 EST 技术的优势，将为大规模进行基因识别、克隆和表达分析提供空前的动力，为生物论处学功能的发挥提供广阔的空间。

（九）比较并克隆组织或细胞间差异表达基因 cDNA 的策略

定位克隆：定位克隆的总体思路是疾病——染色体定位——基因序列——mRNA/cDNA——蛋白质（致病基因产物）。定位克隆是通过分析患病家系的连锁关系确定致病基因的遗传方式，从染色体畸变引发的疾病入手，将染色体畸变的位置作为疾病基因克隆的一个位点进行分析的一种克隆策略。

定位候选克隆：定位候选克隆是定位克隆的一种改进方法，是目前被认为最有发展前途的基因定位策略。人类基因组草图问世之后，所有人类致病基因将很快被定位在染色体的某个区域，这样，可从某局部的序列片段中筛选出致病基因进行结构与功能分析，这就是定位候选克隆。

1. 染色体区域定位

定位候选克隆的基因区域定位多采用 PCR 法、FISH 技术、染色体显微切割和辐射图谱等方法筛选致病基因（包括肿瘤易感基因）的基因组杂合性丢失（lossofheterozygosity，LOH）的高频率区，从而对致病基因进行定位候选克隆。

2. 致病基因的候选 cDNA 筛选

在致病基因被介定于狭窄的 DNA 重叠克隆区域的基础上，对该区域中的基因位点进行测序，将变异位点的核苷酸序列与正常序列进行比较，可确定致病基因的位置。随着区域性基因图谱的构建和标记位点的增多，从相互重叠的克隆群中筛选候选 cDNA 即筛选致病基因的表达序列和基因定位的步伐会大大加快。

3. 全长 cDNA 及基因结构与功能分析和鉴定

获得了大量的候选 cDNA 后，通过筛选 cDNA 文库或采用 cDNA 末端快速扩增（RACE）等方法克隆全长基因。确定其中致病基因的重要环节是对定位候选克隆进行功能分析，这需要对患病家系中的可能致病基因进行检测。

表型克隆：表型克隆策略不依赖于基因的染色体位置或基因的产物信息，只从疾病的特征出发，比较疾病 DNA 与正常 DNA 水平的差异并直接对变异的 DNA 进行分离。该策略是疾病基因克隆中的一种新策略。这种策略的典型技术方法是代表性差异分析（representative difference analysis，RDA）。

（十）表型相关基因组基因的克隆策略

当染色体上控制这些性状的基因位点相距很近时，在减数分裂过程中位点之间发生染色体单体交叉和等位基因互换的概率较小，相邻的基因位点就有较大的机会以连锁方式传递给后代，即两位点越近，发生染色体交叉和基因重组的可能性越小。位点间的距离用重组率或重组分数（recombinationfraction.

OttJ，1991）进行估计。即：重组分数＝重组配子数／（重组配子数非重组配子数）。

　　若发现某种疾病与染色体变异直接相关，致病基因就可定位在一段相对较短的染色体变异区域，通过连锁分析将基因分离的目标初步定位在 10～20Mb 区段内，使要分离的目标基因大大缩小，省去了大量烦琐的全基因组连锁分析，大大加快了该基因的定位和分离速度，再通过筛选 DNA 文库、外显子捕获（exontrapping）和比较基因组杂交（comparative genome hybridizatien）等表型策略获得致病基因。

　　（十一）基于生物信息学的基因克隆策略

　　cDNA 选择法：基因组图谱绘制和基因定位克隆的常见问题是大片段基因组编码 DNA 的鉴定。为解决此问题，1991 年，Parimoos 等首先提出了 cDNA 选择法。此法采用 cDNA 片段与固定在膜上的 DNA 进行杂交并通过 PCR 回收候选 cDNA，用 YAC、粘粒克隆扩增 cDNA，进行基因组 DNA 大片段编码序列的迅速克隆。

　　CpG 岛法：CpG 岛（CpGisland）是基因组 DNA 序列中富含 C、G 的 DNA 区域。在大规模的 DNA 测序中，每发现一个 CG 岛，意味着在此有一个基因。利用 CpG 岛稀有酶如 Sac Ⅱ、BssH Ⅲ、Eag Ⅰ、Hpa Ⅱ、Not Ⅰ识别其位点，切割基因组 DNA。CpG 岛又称 HIF 岛，即用 Hpa Ⅱ酶将 CpG 岛周围的 DNA 切成许多小片段，这些序列称为 HIF 序列。用位于 CpG 附近的序列作探针，从总 DNA 文库或 cDNA 文库中得到转录子，鉴定表达基因。

　　基因表达序列分析（Serialanalysisofgeneexpression，SAGE）

　　特点：VelculescuVE 等（1995）率先提出的一种分析基因表达的新策略，其主要特点是能在短期内采用 PCR 或手动测序等通用仪器得到大量的表达信息，并能对不同状态下的表达基因进行定量和定性的检测，比较完整地直接读出基因表达的信息，因此，SAGE 技术在研究表达基因测序上有较大的发展潜力。与 cDNA 选择法相比，基因序列表达分析能减少大量的重复测序，大大节省研究时间和费用。

　　动物基因组印迹杂交：动物基因组印迹杂交（Zooblot）是基于人类及其他动物在长期进化中普遍存在基因的同源和保守序列的理论设计的。该方法采用同一基因单拷贝的分子探针与各种动物的基因组 DNA 作 Southern 印迹杂交筛选，如果杂交表现为阳性，表明所用的探针中可能包含进化过程中的保守序列，即序列间有很高的同源性，该序列可能是外显子或编码表达基因区域，进而分离基因组中的表达序列。

　　基因差异表达：生物体在不同发育阶段、不同生理状态下、不同类型细胞或组织中的结构与功能的变化的差异归根结底是基因在时间与空间上的选择性表达差异，即为基因的差异表达。

基因差异表达的研究策略主要建立在基因转录和翻译的调控过程中，即 mRNA 差异或 cDNA 差异和蛋白质差异两个水平，研究较多的是 mRNA 或 cDNA 水平。

五、基因克隆技术实训

(一) 基因克隆技术概述

质粒具有稳定可靠和操作简便的优点。如果要克隆较小的 DNA 片段（<10kb）且结构简单，质粒要比其他任何载体都要好。在质粒载体上进行克隆，从原理上说是很简单的，先用限制性内切酶切割质粒 DNA 和目的 DNA 片段，然后体外使两者相连接，再用所得到重组质粒转化细菌，即可完成。但在实际工作中，如何区分插入有外源 DNA 的重组质粒和无插入而自身环化的载体分子是较为困难的。通过调整连接反应中外源 DNA 片段和载体 DNA 的浓度比例，可以将载体的自身环化限制在一定程度之下，也可以进一步采取一些特殊的克隆策略，如载体去磷酸化等来最大限度地降低载体的自身环化，还可以利用遗传学手段如 α 互补现象等来鉴别重组子和非重组子。

外源 DNA 片段和质粒载体的连接反应策略有以下几种：

(1) 带有非互补突出端的片段用两种不同的限制性内切酶进行消化可以产生带有非互补的黏性末端，这也是最容易克隆的 DNA 片段。一般情况下，常用质粒载体均带有多个不同限制酶的识别序列组成的多克隆位点，因而几乎总能找到与外源 DNA 片段末端匹配的限制酶切位点的载体，从而将外源片段定向地克隆到载体上。也可在 PCR 扩增时，在 DNA 片段两端人为加上不同酶切位点以便与载体相连。

(2) 带有相同的黏性末端用相同的酶或同尾酶处理可得到这样的末端。由于质粒载体也必须用同一种酶消化，亦得到同样的两个相同黏性末端，因此在连接反应中外源片段和质粒载体 DNA 均可能发生自身环化或几个分子串连形成寡聚物，而且正反两种连接方向都可能有。所以，必须仔细调整连接反应中两种 DNA 的浓度，以便使正确的连接产物的数量达到最高水平。还可将载体 DNA 的 5′磷酸基团用碱性磷酸酯酶去掉，最大限度地抑制质粒 DNA 的自身环化。带 5′端磷酸的外源 DNA 片段可以有效地与去磷酸化的载体相连，产生一个带有两个缺口的开环分子，在转入 E. coli 受体菌后的扩增过程中缺口可自动修复。

(3) 带有平末端是由产生平末端的限制酶或核酸外切酶消化产生，或由 DNA 聚合酶补平所致。由于平端的连接效率比黏性末端要低得多，故在其连接反应中，T4DNA 连接酶的浓度和外源 DNA 及载体 DNA 浓度均要高得多。

通常还需加入低浓度的聚乙二醇（PEG8000）以促进 DNA 分子凝聚成聚集体的物质以提高转化效率。

特殊情况下，外源 DNA 分子的末端与所用的载体末端无法相互匹配，则可以在线状质粒载体末端或外源 DNA 片段末端接上合适的接头（linker）或衔接头（adapter）使其匹配，也可以有控制的使用 E. coliDNA 聚合酶Ⅰ的klenow 大片段部分填平 3′凹端，使不相匹配的末端转变为互补末端或转为平末端后再进行连接。

本实验所使用的载体质粒 DNA 为 pBS，转化受体菌为 E. coliDH5α 菌株。由于 pBS 上带有 Ampr 和 lacZ 基因，故重组子的筛选采用 Amp 抗性筛选与 α－互补现象筛选相结合的方法。

因 pBS 带有 Ampr 基因而外源片段上不带该基因，故转化受体菌后只有带有 pBSDNA 的转化子才能在含有 Amp 的 LB 平板上存活下来；而只带有自身环化的外源片段的转化子则不能存活。此为初步的抗性筛选。

pBS 上带有 β－半乳糖苷酶基因（lacZ）的调控序列和 β－半乳糖苷酶 N端 146 个氨基酸的编码序列。这个编码区中插入了一个多克隆位点，但并没有破坏 lacZ 的阅读框架，不影响其正常功能。E. coliDH5α 菌株带有 β－半乳糖苷酶 C 端部分序列的编码信息。在各自独立的情况下，pBS 和 DH5α 编码的 β－半乳糖苷酶的片段都没有酶活性。但在 pBS 和 DH5α 融为一体时可形成具有酶活性的蛋白质。这种 lacZ 基因上缺失近操纵基因区段的突变体与带有完整的近操纵基因区段的 β－半乳糖苷酸阴性突变体之间实现互补的现象叫 α－互补。由 α－互补产生的 Lac＋细菌较易识别，它在生色底物 X－gal（5－溴－4 氯－3－吲哚－β－D－半乳糖苷）下存在下被 IPTG（异丙基硫代－β－D－半乳糖苷）诱导形成蓝色菌落。当外源片段插入到 pBS 质粒的多克隆位点上后会导致读码框架改变，表达蛋白失活，产生的氨基酸片段失去 α－互补能力，因此在同样条件下含重组质粒的转化子在生色诱导培养基上只能形成白色菌落。在麦康凯培养基上，α－互补产生的 Lac＋细菌由于含 β－半乳糖苷酶，能分解麦康凯培养基中的乳糖，产生乳酸，使 pH 下降，因而产生红色菌落，而当外源片段插入后，失去 α－互补能力，因而不产生 β－半乳糖苷酶，无法分解培养基中的乳糖，菌落呈白色。由此可将重组质粒与自身环化的载体 DNA 分开。此为 α－互补现象筛选。

（二）基因克隆的材料、设备及试剂

材料：外源 DNA 片段；自行制备的带限制性末端的 DNA 溶液，浓度已知；载体 DNA：pBS 质粒（Ampr，lacZ），自行提取纯化，浓度已知；宿主菌：E. coliDH5α，或 JM 系列等具有 α－互补能力的菌株。

设备：恒温摇床，台式高速离心机，恒温水浴锅，琼脂糖凝胶电泳装置，电热恒温培养箱，电泳仪无菌，工作台，微量移液枪，eppendorf 管。

试剂：

（1）连接反应缓冲液（10×）：0.5mol/LTris·Cl（pH7.6），100mol/LMgCl2，100mol/L 二硫苏糖醇（DTT）（过滤灭菌），500μg/ml 牛血清蛋白（组分 V. Sigma 产品）（可用可不用），10mol/LATP（过滤灭菌）。

（2）T_4DNA 连接酶（T4DNALigase）；购买成品。

（3）X－gal 储液（20mg/ml）：用二甲基甲酰胺溶解 X－gal 配制成20mg/ml 的储液，包以铝箔或黑纸以防止受光照被破坏，储存于－20℃。

（4）IPTG 储液（200mg/ml）：在 800μl 蒸馏水中溶解 200mgIPTG 后，用蒸馏水定容至 1ml，用 0.22μm 滤膜过滤除菌，分装于 eppendorf 管并储于－20℃。

（5）麦康凯选择性培养基（MaconkeyAgar）：取 52g 麦康凯琼脂加蒸馏水 1000ml，微火煮沸至完全浴解，高压灭菌，待冷至 60℃ 左右加入 Amp 储存液使终浓度为 50mg/ml，然后摇匀后涂板。

（6）含 X－gal 和 IPTG 的筛选培养基：在事先制备好的含 50μg/mlAmp 的 LB 平板表面加 40mlX－gal 储液和 4μlIPTG 储液，用无菌玻棒将溶液涂匀，置于 37℃ 下放置 3－4 小时，使培养基表面的液体完全被吸收。

（7）感受态细胞制备试剂：见第三节。

（8）煮沸法快速分离质粒试剂：见第一节。

（9）质粒酶及电泳试剂：见第二节。

（三）基因克隆的操作步骤

1. 连接反应

① 取新的经灭菌处理的 0.5mleppendorf 管，编号。

② 将 0.1μg 载体 DNA 转移到无菌离心管中，加等摩尔量（可稍多）的外源 DNA 片段。

③ 加蒸馏水至体积为 8μl，于 45℃ 保温 5 分钟，以使重新退火的粘端解链。将混合物冷却至 0℃。

④ 加入 10×T4DNAligasebuffer1μl，T4DNALigase0.5μl，混匀后用微量离心机将液体全部甩到管底，于 16℃ 保温 8～24 小时。

同时做二组对照反应，其中对照组一只有质粒载体无外源 DNA；对照组二只有外源 DNA 片段没有质粒载体。

2. E. coliDH5α 感受态细胞的制备及转化

每组连接反应混和物各取 2μl 转化 E. coliDH5α 感受态细胞。具体方法见第三章。

3. 重组质粒的筛选

① 每组连接反应转化原液取 100μl 用无菌玻棒均匀涂布于筛选培养基上，

37℃下培养半小时以上，直至液体被完全吸收。

②　倒置平板于 37℃继续培养 12～16 小时，待出现明显而又未相互重叠的单菌落时拿出平板。

③　放于 4℃数小时，使显色完全（此步麦康凯培养基不做）。

不带有 pBS 质粒 DNA 的细胞，由于无 Amp 抗性，不能在含有 Amp 的筛选培养基上成活。带有 pBS 载体的转化子由于具有 β－半乳糖苷酶活性，在麦康凯筛选培养基上呈现为红色菌落。在 X－gal 和 ITPG 培养基上为蓝色菌落。带有重组质粒转化子由于丧失了 β－半乳糖苷酶活性，在麦康凯选择性培养基和 x－gal 和 ITPG 培养基上均为白色菌落。

4. 酶切鉴定重组质粒

用无菌牙签挑取白色单菌落接种于含 Amp50μg/ml 的 5mlLB 液体培养基中，37℃下振荡培养 12 小时。使用煮沸法快速分离质粒 DNA 直接电泳，同时以煮沸法抽提的 pBS 质粒做对照，有插入片段的重组质粒电泳时迁移率较 pBS 慢。再用与连接末端相对应的限制性内切酶进一步进行酶切检验。还可用杂交法筛选重组质粒。

[注意]

①　DNA 连接酶用量与 DNA 片段的性质有关，连接平齐末端，必须加大酶量，一般使用连接黏性末端酶量的 10～100 倍。

②　在连接带有黏性末端的 DNA 片段时，DNA 浓度一般为 2～10mg/ml，在连接平齐末端时，需加入 DNA 浓度至 100～200mg/ml。

③　连接反应后，反应液在 0℃储存数天，－80℃储存 2 个月，但是在－20℃冰冻保存将会降低转化效率。

④　黏性末端形成的氢键在低温下更加稳定，所以尽管 T4DNA 连接酶的最适反应温度为 37℃，在连接黏性末端时，反应温度以 10～16℃为好，平齐末端则以 15～20℃为好。

⑤　在连接反应中，如不对载体分子进行去 5′磷酸基处理，便用过量的外源 DNA 片段（2～5 倍），这将有助于减少载体的自身环化，增加外源 DNA 和载体连接的机会。

⑥　麦康凯选择性琼脂组成的平板，在含有适当抗生素时，携有载体 DNA 的转化子为淡红色菌落，而携有带插入片段的重组质粒转化子为白色菌落。该产品筛选效果同蓝白斑筛选，且价格低廉。但需及时挑取白色菌落，当培养时间延长，白色菌落会逐渐变成微红色，影响挑选。

⑦　X－gal 是 5－溴－4－氯－3－吲哚－b－D－半乳糖（5－bromo－4－chloro－3－indolyl－b－D－galactoside）以半乳糖苷酶（b－galactosidase）水解后生成的吲哚衍生物显蓝色。IPTG 是异丙基硫代半乳糖苷（Isopropylthiogalactoside），为非生理性的诱导物，它可以诱导 lacZ 的表达。

⑧ 在含有 X－gal 和 IPTG 的筛选培养基上，携带载体 DNA 的转化子为蓝色菌落，而携带插入片段的重组质粒转化子为白色菌落，平板如在 37℃ 培养后放于冰箱 3～4 小时可使显色反应充分，蓝色菌落明显。

5.DNA 分子的限制性内切酶消化

限制性内切酶可特异地结合于一段被称为限制酶识别序列的 DNA 序列位点上并在此切割双链 DNA。绝大多数限制性内切酶识别长度为 4、5 或 6 个核苷酸且呈二重对称的特异序列，切割位点相对于二重对称轴的位置因酶而异。一些酶恰在对称轴处同时切割 DNA 双链而产生带平端的 DNA 片段，另一些酶则在对称轴两侧相对的位置上分别切断两条链，产生带有单链突出端（即粘端）的 DNA 片段。1 个单位限制性内切酶是指在最适条件下，在 $50\mu l$ 体积 1 小时内完全切开 $1\mu g\lambda$ 噬菌体 DNA 所需的酶量。不同的限制性内切酶生产厂家往往推荐使用截然不同的反应条件，甚至对同一种酶也如此。但是，几乎所有的生产厂家都对其生产的酶制剂优化过反应条件，因此购买的内切酶说明书上均有其识别序列和切割位点，同时提供有酶切缓冲液（buffer，10×、5×）和最适条件，使得酶切反应变得日益简单。

(1) 限制性内切酶对 DNA 消化的一般方案

① 限制性内切酶反应一般在灭菌的 0.5ml 离心管中进行。

② $20\mu l$ 体积反应体系如下：

DNA0.2～$1\mu g$；

10×酶切 buffer2.0μl；

限制性内切酶 1～2u（单位）；

加 ddH2O 至 20μl；

限制性内切酶最后加入，轻轻混匀，稍加离心，放置于最适温度水浴并按所需的时间温育，一般为 37℃ 水浴消化 1hr。

③ 用于回收酶切片段时，反应总体积可达 $50～200\mu l$，各反应组分需相应增加。

④ 多种酶消化时若缓冲液条件相同，可同时加入；否则，先做低温或低盐的酶消化，再做高温或高盐的酶消化。

⑤ 酶切结束时，加入 0.5MEDTA（pH8.0）使终浓度达 10mM，以终止反应。或将反应管在 65℃ 水浴放置 10min 以灭活限制性内切酶活性。

⑥ 如消化反应体积过大，电泳时加样孔盛不下，可加以浓缩：终止反应后，加入 0.6 体积的 5M 乙酸铵（或 1/10 体积 3MNaAc）和 2 倍体积无水乙醇，在冰上放置 5min，然后于 4℃ 离心 12000g×5min。倾去含大部分蛋白质的上清液。于室温晾干 DNA 沉淀后溶于适量 TE 中（pH7.6）。

⑦ 如要纯化消化后的 DNA，可用等体积酚/氯仿（1∶1）和氯仿各抽提一次，再用乙醇沉淀。

⑧ 电泳检测

取质粒酶切产物适量，加适当 loadingbuffer 混匀上样，以未经酶切的质粒或/和酶切的空载体（如有）作对照，采用 1~5V/cm 的电压，使 DNA 分子从负极向正极移动，至合适位置取出置紫外灯下检测，摄片。

注意事项

① 浓缩的限制性内切酶可在使用前以 1×限制酶缓冲液稀释，切勿用水稀释以免酶变性。

② 购买的限制性内切酶多保存于 50%甘油中，于−20℃是稳定的。进行酶切消化时，将除酶以外的所有反应成分加入后即混匀，再从−20℃冰箱中取出酶，立即放置于冰上。每次取酶时都应更换一个无菌吸头，以免酶被污染。加酶的操作尽可能快，用完后立即将酶放回−20℃冰箱。

③ 尽量减少反应体积，但要确保酶体积不超过反应总体积的 10%，否则酶活性将受到甘油的抑制。

④ 通常延长时间可使所需的酶量减少，在切割大量 DNA 时可用。在消化过程中可取少量反应液进行微量凝胶电泳以检测消化进程。

⑤ 注意星号酶切活力。

（2）目的基因的亚克隆

所谓亚克隆就是对已经获得的目的 DNA 片段进行重新克隆，其目的在于对目的 DNA 进行进一步分析，或者进行重组改造等。

亚克隆的基本过程包括：①目的 DNA 片段和载体的制备；②目的 DNA 片段和载体的连接；③连接产物的转化；④重组子筛选。

试剂准备过程如下：

① LB 液体培养基：胰化蛋白胨（细菌培养用）10g，酵母提取物（细菌培养用）5g，NaCl10g，加 ddH2O 至 1000ml，完全溶解，分装小瓶，15lbf/in2 高压灭菌 20min。

② 1.5%琼脂 LB 固体培养基：称取 1.5g 琼脂粉放入 300ml 锥形瓶，加 100mlLB，15lbf/in2 高压灭菌 20min，稍冷却，制备平皿。

③ IPTG、X−Gal

④ 0.1MMgCl2：15lbf/in2 高压灭菌 20min，0℃冰浴备用。

⑤ 0.1MCaCl2（以 20%甘油水溶液配制）：15lbf/in2 高压灭菌 20min，0℃冰浴备用。

⑥ 限制性核酸内切酶、T4DNA 连接酶。

（3）目的 DNA 片段和载体的制备

选择适宜的限制性核酸内切酶，消化已知目的 DNA 和载体，获得线性 DNA，用于重组。根据目的 DNA 和载体的具体情况，选择一种或者两种适当的限制酶切割，分别产生对称性黏性末端（用一种限制性内切酶进行消化而产生带有互补突出端）、不对称黏性末端（用两种不同的限制性内切酶进行消化而产生带有非互补突出端）、平端。在亚克隆时，首选不对称相容末端连接，次选对称性黏性相容性末端连接，由于平末端连接效率较低，通常很少采用。但有时目的片段的末端与载体不匹配，一般先将不匹配末端补平，然后再以平末端连接。（实验操作同前述）

6. 利用 T_4DNA 连接酶进行目的 DNA 片段和载体的体外连接

（1）连接要求和结果

表 11-4　外源 DNA 片段和载体体外连接方式

外源 DNA 片段末端性质	连接要求	连接结果
不对称黏性末端	两种限制酶消化后，需纯化载体以提高连接效率	载体与外源 DNA 连接处的限制酶切位点常可保留；非重组克隆的背景较低；外源 DNA 可以定向插入到载体中
对称性黏性末端	线形载体 DNA 常需磷酸酶脱磷处理	载体与外源 DNA 连接处的限制酶切位点常可保留；重组质粒会带有外源 DNA 的串联拷贝；外源 DNA 会以两个方向插入到载体中
平端	要求高浓度的 DNA 和连接酶	载体与外源 DNA 连接处的限制酶切位点消失；重组质粒会带有外源 DNA 的串联拷贝；非重组克隆的背景较高

带有相同末端（平端或粘端）的外源 DNA 片段必须克隆到具有匹配末端的线性质粒载体中，但是在连接反应时，外源 DNA 和质粒都可能发生环化，也有可能形成串联寡聚物。因此，必须仔细调整连接反应中两个 DNA 的浓度，以便使"正确"连接产物的数量达到最佳水平，此外还常常使用碱性磷酸酶去除 5′磷酸基团以抑制载体 DNA 的自身环化。利用 T_4DNA 连接酶进行目的 DNA 片段和载体的体外连接反应，也就是在双链 DNA5′磷酸和相邻的 3′羟基之间形成新的共价键。如载体的两条链都带有 5′磷酸（未脱磷），可形成 4 个新的磷酸二酯键；如载体 DNA 已脱磷，则只能形成 2 个新的磷酸二酯键，此时产生的重组 DNA 带有两个单链缺口，在导入感受态细胞后可被修复。

（2）T_4DNA 连接酶对目的 DNA 片段和载体连接的一般方案

① 连接反应一般在灭菌的 0.5ml 离心管中进行。

② 10μl 体积反应体系中：取载体 50～100ng，加入一定比例的外源 DNA 分子（一般线性载体 DNA 分子与外源 DNA 分子摩尔数为 1：1～1：5），补足 ddH$_2$O 至 8μl。

③ 轻轻混匀，稍加离心，56℃水浴 5min 后，迅速转入冰浴。

④ 加入含 ATP 的 10×Buffer1μl，T$_4$DNA 连接酶合适单位，用 ddH$_2$O 补至 10μl，稍加离心，在适当温度（一般 14～16℃水浴）连接 8－14hr。

7. 连接产物的转化

(1) 感受态细胞的制备

① 保存于－70℃的 DH5α（或其他菌种）用接种环划菌于 1.5%琼脂平板上，37℃恒温倒置培养至单菌落出现（约 14～16hr）。

② 挑取单菌落，接种于 2.0mlLB 液体培养基中，37℃恒温，250g 振荡培养过夜（约 12hr）。

③ 取 0.5ml 过夜培养液，接种于 100mlLB 液体培养基中，37℃振荡培养 2～2.5hr，至 OD600 为 0.4～0.5 时，放置于 4℃冰箱冷却 1～2hr。

（注：以下操作均应在冰浴中进行。）

④ 将培养液分入两个 50ml 离心管中，4℃离心，4000g×10min，弃去上清，用冰浴的 0.1MMgCl225ml 悬浮 30min。

⑤ 4℃离心，4000g×10min，弃去上清，加入冰浴的 0.1MCaCl2－甘油溶液 1ml 悬浮。

⑥ 以 100μl/管分装入 1.5ml 离心管中，－70℃冻存备用。

注：此法制备感受态细胞，可使每微克超螺旋质粒 DNA 产生 5×106～2×107 个菌落，这样的转化效率足以满足所有在质粒中进行的常规克隆的需要，制备的感受态细胞可贮存于－70℃，但保存时间过长会使转化效率在一定程度上受到影响，一般三个月以内转化效率无多大改变。

(2) 连接产物的转化

① 取 100μl 贮存于－70℃钙化菌，冰浴化开；

② 加入适量连接产物（一般不超过 10μl，轻轻混匀，冰浴 20min）；

③ 于 42℃热休克 90s，迅速转移至冰浴中，继续冰浴 2－3min；

④ 加入 LB 液体培养基 500μl，于 37℃缓摇孵育 45min；

⑤ 将培养物适量涂于 1.5%琼脂 LB 平板（根据质粒性质添加抗生素 AMP 即氨苄 50μg/ml），待胶表面没有液体流动时，37℃温箱倒置培养 12～16hr。

8. 重组子的筛选

根据载体的遗传特征筛选重组子，如 α－互补、抗生素基因等。现在使用的许多载体都带有一个大肠杆菌的 DNA 的短区段，其中有 β-半乳糖苷酶基因（lacZ）的调控序列和前 146 个氨基酸的编码信息。在这个编码区中插入了一个多克隆位点（MCS），它并不破坏读框，但可使少数几个氨基酸插入到 β-半乳糖苷酶的氨基端而不影响功能，这种载体适用于可编码 β-半乳糖苷酶 C 端部分序列的宿主细胞。因此，宿主和质粒编码的片段虽都没有酶活性，但它们同时存在时，可形成具有酶学活性的蛋白质。这样，lacZ 基因在缺少近操纵基因区段的宿主细胞与带有完整近操纵基因区段的质粒之间实现了互补，称为 α-互补。由 α-互补而产生的 LacZ+细菌在诱导剂 IPTG 的作用下，在生色底物 X-Gal 存在时产生蓝色菌落，因而易于识别。然而，当外源 DNA 插入到质粒的多克隆位点后，几乎不可避免地导致无 α-互补能力的氨基端片段，使得带有重组质粒的细菌形成白色菌落。这种重组子的筛选，又称为蓝白斑筛选。如用蓝白斑筛选则经连接产物转化的钙化菌平板 37℃温箱倒置培养 12~16hr 后，有重组质粒的细菌形成白色菌落。

注意事项

① 目的 DNA 片段制备、回收、纯化时，应避免外来 DNA 污染。

② 不同厂家生产的 T₄DNA 连接酶反应条件稍有不同，但其产品说明书上均有最适反应条件，包括对不同末端性质 DNA 分子连接的 T₄DNA 连接酶的用量、作用温度、时间等。同时提供有连接酶缓冲液（10×、5×、2×），其中多已含有要求浓度的 ATP，应避免高温放置和反复冻融使其分解。

③ 连接产物的转化：细菌细胞经特殊试剂处理后在适当的条件下具有接收外源 DNA 的能力，因此可将上述连接产物通过热刺激或电脉冲转化感受态细胞，当细菌大量增殖的同时，导入的重组 DNA 也得到增殖。

④ 制备感受态细胞所用离心管、培养瓶最好经酸碱处理或使用新的，15lbf/in2 高压灭菌 20min。

⑤ 白色菌落中重组质粒内插入片段是否是目的片段需通过鉴定。

9. 原核表达

将克隆化基因插入合适载体后导入大肠杆菌用于表达大量蛋白质的方法一般称为原核表达。这种方法在蛋白纯化、定位及功能分析等方面都有应用。大肠杆菌用于表达重组蛋白有以下特点：易于生长和控制；用于细菌培养的材料不及哺乳动物细胞系统的材料昂贵；有各种各样的大肠杆菌菌株及与之匹配的具各种特性的质粒可供选择。但是，在大肠杆菌中表达的蛋白由于缺少修饰和糖基化、磷酸化等翻译后加工，常形成包涵体而影响表达蛋白的生物学活性及构象。

表达载体在基因工程中具有十分重要的作用，原核表达载体通常为质粒，典型的表达载体应具有以下几种元件：

① 选择标志的编码序列；

② 可控转录的启动子；

③ 转录调控序列（转录终止子，核糖体结合位点）；

④ 一个多限制酶切位点接头；

⑤ 宿主体内自主复制的序列。

原核表达一般程序如下：

获得目的基因－准备表达载体－将目的基因插入表达载体中（测序验证）－转化表达宿主菌－诱导靶蛋白的表达－表达蛋白的分析－扩增、纯化、进一步检测

Ⅰ. 试剂准备

① LB 培养基。

② 100mMIPTG（异丙基硫代－β－D－半乳糖苷）：2.38gIPTG 溶于 100mlddH2O 中，$0.22\mu m$ 滤膜抽滤，-20℃保存。

Ⅱ. 操作步骤

（1）获得目的基因

① 通过 PCR 方法：以含目的基因的克隆质粒为模板，按基因序列设计一对引物（在上游和下游引物分别引入不同的酶切位点），PCR 循环获得所需基因片段。

② 通过 RT－PCR 方法：用 TRIzol 法从细胞或组织中提取总 RNA，以 mRNA 为模板，反转录形成 cDNA 第一链，以反转录产物为模板进行 PCR 循环获得产物。

（2）构建重组表达载体

① 载体酶切：将表达质粒用限制性内切酶（同引物的酶切位点）进行双酶切，酶切产物行琼脂糖电泳后，用胶回收 Kit 或冻融法回收载体大片段。

② PCR 产物双酶切后回收，在 T4DNA 连接酶作用下连接入载体。

（3）获得含重组表达质粒的表达菌种

① 将连接产物转化大肠杆菌 DH5α，根据重组载体的标志（抗 Amp 或蓝白斑）作筛选，挑取单斑，碱裂解法小量抽提质粒，双酶切初步鉴定。

② 测序验证目的基因的插入方向及阅读框架均正确，进入下步操作。否则应筛选更多克隆，重复亚克隆或亚克隆至不同酶切位点。

③ 以此重组质粒 DNA 转化表达宿主菌的感受态细胞。

（4）诱导表达

① 挑取含重组质粒的菌体单斑至 2mlLB（含 Amp50μg/ml）中 37℃过夜培养。

② 按 1：50 比例稀释过夜菌，一般将 1ml 菌加入到含 50mlLB 培养基的

300ml 培养瓶中，37℃震荡培养至 OD600 ≅ 0.4～1.0（最好 0.6，大约需 3hr）。

③ 取部分液体作为未诱导的对照组，余下的加入 IPTG 诱导剂至终浓度 0.4mM 作为实验组，两组继续 37℃震荡培养 3hr。

④ 分别取菌体 1ml，离心 12000g×30s 收获沉淀，用 $100\mu l 1\%$ SDS 重悬，混匀，70℃10min。

⑤ 离心 12000g×1min，取上清作为样品，可做 SDS-PAGE 等分析。

Ⅲ. 注意事项

① 选择表达载体时，要根据所表达蛋白的最终应用考虑。如为方便纯化，可选择融合表达；如为获得天然蛋白，可选择非融合表达。

② 融合表达时在选择外源 DNA 同载体分子连接反应时，对转录和转译过程中密码结构的阅读不能发生干扰。

10. 表达蛋白的 SDS-聚丙烯酰胺凝胶电泳分析

Ⅰ原理

细菌体中含有大量蛋白质，具有不同的电荷和分子量。强阴离子去污剂 SDS 与某一还原剂并用，通过加热使蛋白质解离，大量的 SDS 结合蛋白质，使其带相同密度的负电荷，在聚丙烯酰胺凝胶电泳（PAGE）上，不同蛋白质的迁移率仅取决于分子量。采用考马斯亮兰快速染色，可及时观察电泳分离效果。因而根据预计表达蛋白的分子量，可筛选阳性表达的重组体。

Ⅱ试剂准备

① 30%储备胶溶液：丙烯酰胺（Acr）29.0g，亚甲双丙烯酰胺（Bis）1.0g，混匀后加 ddH_2O，37OC 溶解，定容至 100ml，棕色瓶存于室温。

② 1.5MTris-HCl（pH8.0）：Tris18.17g 加 ddH_2O 溶解，浓盐酸调 pH 至 8.0，定容至 100ml。

③ 1MTris-HCl（pH6.8）：Tris12.11g 加 ddH_2O 溶解，浓盐酸调 pH 至 6.8，定容至 100ml。

④ 10%SDS：电泳级 SDS10.0g 加 ddH_2O68℃助溶，浓盐酸调至 pH7.2，定容至 100ml。

⑤ 10×电泳缓冲液（pH8.3）：Tris3.02g，甘氨酸 18.8g，10%SDS10ml 加 ddH_2O 溶解，定容至 100ml。

⑥ 10%过硫酸铵（AP）：1gAP 加 ddH_2O 至 10ml。

⑦ 2×SDS 电泳上样缓冲液：1MTris-HCl（pH6.8）2.5ml，β-巯基乙醇 1.0ml，SDS0.6g，甘油 2.0ml，0.1%溴酚兰 1.0ml，ddH_2O3.5ml。

⑧ 考马斯亮兰染色液：考马斯亮兰 0.25g，甲醇 225ml，冰醋酸 46ml，ddH_2O225ml。

⑨ 脱色液：甲醇、冰醋酸、ddH$_2$O 以 3：1：6 配制而成。

Ⅲ操作步骤

11. 采用垂直式电泳槽装置

（1）聚丙烯酰胺凝胶的配制

① 分离胶（10％）的配制：ddH$_2$O4.0ml，30％储备胶 3.3ml，1.5MTris—HCl2.5ml，10％SDS0.1ml，10％AP0.1ml。

取 1ml 上述混合液，加 TEMED（N，N，N'，N'—四甲基乙二胺）10μl 封底，余加 TEMED4μl，混匀后灌入玻璃板间，以水封顶，注意使液面平。（凝胶完全聚合需 30—60min）

② 积层胶（4％）的配制：ddH$_2$O1.4ml，30％储备胶 0.33ml，1MTris—HCl0.25ml，10％SDS0.02ml，10％AP0.02ml，TEMED2μl。

将分离胶上的水倒去，加入上述混合液，立即将梳子插入玻璃板间，完全聚合需 15～30min。

（2）样品处理：将样品加入等量的 2×SDS 上样缓冲液，100℃加热 3～5min，离心 12000g×1min，取上清作 SDS—PAGE 分析，同时将 SDS 低分子量蛋白标准品作平行处理。

（3）上样：取 10μl 诱导与未诱导的处理后的样品加入样品池中，并加入 20μl 低分子量蛋白标准品作对照。

（4）电泳：在电泳槽中加入 1×电泳缓冲液，连接电源，负极在上，正极在下，电泳时，积层胶电压 60V，分离胶电压 100V，电泳至溴酚兰行至电泳槽下端停止（约需 3hr）。

（5）染色：将胶从玻璃板中取出，考马斯亮兰染色液染色，室温 4—6hr。

（6）脱色：将胶从染色液中取出，放入脱色液中，多次脱色至蛋白带清晰。

（7）凝胶摄像和保存：在图像处理系统下将脱色好的凝胶摄像，结果存于软盘中，凝胶可保存于双蒸水中或 7％乙酸溶液中。

Ⅳ注意事项

① 实验组与对照组所加总蛋白含量要相等。

② 为达到较好的凝胶聚合效果，缓冲液的 pH 值要准确，10％AP 在一周内使用。室温较低时，TEMED 的量可加倍。

③ 未聚合的丙烯酰胺和亚甲双丙烯酰胺具有神经毒性，可通过皮肤和呼吸道吸收，应注意防护。

12. 表达蛋白的分离与纯化

大肠杆菌表达蛋白以可溶和不溶两种形式存在，需要不同的纯化策略。现在，许多蛋白质正在被发现而事先并不知道它们的功能，这些自然需要将蛋白质分离出来后，进行进一步的研究来获得。分析蛋白质的方法学现已极大的简化和改进。必须承认，蛋白质纯化比起 DNA 克隆和操作来是更具有艺术性的，尽管 DNA 序列具有异乎寻常的多样性（因而它是唯一适合遗传物质的），但它却有标准的物理化学性质，而每一种蛋白质则有它自己的由氨基酸序列决定的物理化学性质（因而它具有执行众多生物学功能的用途）。正是蛋白质间的这些物理性质上的差异使它们得以能进行纯化但这也意味着需要对每一种待纯化的蛋白质研发一套新的方法。所幸的是，尽管存在这种固有的困难，但现已有多种方法可以利用，蛋白质纯化策略也已实际可行。目前，待研究蛋白或酶的基因的获得已是相当普遍的事。可诱导表达系统特别是Studier 等发展的以噬菌体 T7RNA 聚合酶为基础的表达系统的出现使人们能近乎常规地获得过表达（overexpression），表达水平可达细胞蛋白的 2% 以上，有些甚至高达 50%。

13. 可溶性产物的纯化（融合 T7・Tag 的表达蛋白）

Ⅰ. 试剂准备

采用 T7・TagAffinityPurificationKit

① T7・Tag 抗体琼脂。

② B/W 缓冲液：4.29mMNa2HPO$_4$，1.47mMKH$_2$PO$_4$，2.7mMKCl，

③ 0.137mMNaCl，1% 吐温－20，pH7.3。

④ 洗脱缓冲液：0.1M 柠檬酸，pH2.2。

⑤ 中和缓冲液：2MTris，pH10.4。

⑥ PEG20000。

Ⅱ. 操作步骤

① 100ml 含重组表达质粒的菌体诱导后，离心 5000g×5min，弃上清，收获菌体，用 10ml 预冷的 B/W 缓冲液重悬。

② 重悬液于冰上超声处理，直至样品不再粘稠，4℃ 离心 14000g×30min，取上清液，0.45μm 膜抽滤后作为样品液。

③ 将结合 T7・Tag 抗体的琼脂充分悬起，平衡至室温，装入层析柱中。

④ B/W 缓冲液平衡后样品液过柱。

⑤ 10mlB/W 缓冲液过柱，洗去未结合蛋白。

⑥ 用 5ml 洗脱缓冲液过柱，每次 1ml，洗脱液用含 150μl 中和缓冲液的离心管收集，混匀后置于冰上，直接 SDS－PAGE 分析。

⑦ 将洗脱下来的蛋白放入透析袋中，双蒸水透析 24hr，中间换液数次。

⑧ 用 PEG20000 浓缩蛋白。

Ⅲ. 注意事项

蛋白在过层析柱前，要 0.45μm 膜抽滤，否则几次纯化后，柱子中会有

不溶物。

14. 包涵体的纯化

包涵体是外源基因在原核细胞中表达时，尤其在大肠杆菌中高效表达时，形成的由膜包裹的高密度、不溶性蛋白质颗粒，在显微镜下观察时为高折射区，与胞质中其他成分有明显区别。包涵体形成是比较复杂的，与胞质内蛋白质生成速率有关，新生成的多肽浓度较高，无充足的时间进行折叠，从而形成非结晶、无定形的蛋白质的聚集体；此外，包涵体的形成还被认为与宿主菌的培养条件，如培养基成分、温度、pH 值、离子强度等因素有关。细胞中的生物学活性蛋白质常以可融性或分子复合物的形式存在，功能性的蛋白质总是折叠成特定的三维结构型。包涵体内的蛋白是非折叠状态的聚集体，不具有生物学活性，因此要获得具有生物学活性的蛋白质必须将包涵体溶解，释放出其中的蛋白质，并进行蛋白质的复性。包涵体的主要成分就是表达产物，其可占据集体蛋白的 $40\% \sim 95\%$，此外，还含有宿主菌的外膜蛋白、RNA 聚合酶、RNA、DNA、脂类及糖类物质，所以分离包涵体后，还要采用适当的方法（如色谱法）进行重组蛋白质的纯化。

Ⅰ. 试剂配制

① 缓冲液 A：50mMTris－HCl（pH8.0），2mMEDTA，100mMNaCl。

② 缓冲液 B：50mMTris－HCl（pH8.0），1mMEDTA，100mMNaCl，1％NP－40。

③ 缓冲液 Ⅰ：50mMTris－HCl（pH8.0），2mMEDTA，100mMNaCl，0.5％TritonX－100（V/V），4M 脲素。

④ 缓冲液 Ⅱ：50MTris－HCl（pH8.0），2mMEDTA，100mMNaCl，3％TritonX－100。

⑤ 缓冲液 Ⅲ：50mMTris－HCl（pH8.0），2mMEDTA，100mMNaCl，0.5％TritonX－100，2M 盐酸胍。

⑥ 缓冲液 C：8M 脲素，10mMβ－巯基乙醇，100mMTris－HCl（pH8.0），2mMEDTA 及脱氧胆酸钠。

Ⅱ. 操作步骤

① 用缓冲液 A 漂洗菌体细胞（10ml/g），离心 6000g×15min，收集菌体细胞，重复此步骤，将菌体细胞再在缓冲液 A 中洗涤一次。

② 将漂洗过的菌体细胞悬浮于缓冲液 B 中，超声破碎，镜检，破碎率高于 95％，离心 1500g×30min，收集包涵体沉淀。

③ 将包涵体沉淀用缓冲液 Ⅰ、缓冲液 Ⅱ、缓冲液 Ⅲ 分别超声洗涤一次，1500g 离心收集包涵体沉淀。

④ 包涵体的溶解：用含高浓度尿素的缓冲液室温放置 30min，然后离心

1500g×30min，留上清。将溶解后的蛋白质适当稀释，磁力搅拌，透析过夜。

⑤ 溶解后的包涵体蛋白可通过亲和层析进一步纯化。

15. 表达蛋白的生物学活性的检测

MTT 比色法检测细胞活性

Ⅰ. 原理

活细胞内线粒体琥珀酸脱氢酶能催化无色的 MTT 形成蓝色的甲腙，其形成的量与活细胞数和功能状态呈正相关。对细胞活力有影响的表达蛋白活性检测可以通过 MTT 比色法进行。

Ⅱ. 试剂准备

① 青链霉素溶液（100X）：青霉素 100 万 U，链霉素 100 万 U，溶于 100mlddH$_2$O 中，抽滤除菌。

② 15L 基础培养基：1000ml15L 培养基，加 2g 碳酸氢钠，10ml100X 青链霉素，5mlHEPES。

③ MTT 液：5mg/ml 溶于 15L 基础培养基。

④ SDS 处理液：20gSDS，50μl 二甲基甲酰胺，加双蒸水 50ml 溶解。

⑤ L-多聚赖氨酸：50μg 溶于 1ml 双蒸水中。

⑥ 15L 基础培养基溶解的不同浓度的蛋白液。

Ⅲ. 操作步骤（以背根神经节细胞培养为例）

① 无菌条件下取新生一天的 SD 大鼠背根神经节（DRG）。

② 镜下去除神经根和外膜，放入 1ml0.1%胶原酶中37℃消化30min，每5min 摇匀一次。

③ 洗去胶原酶，吹打分散后，接种于预先涂有 L-多聚赖氨酸的 96 孔培养板中，每孔含 100μl 无血清 15L 培养基，细胞约 800 个。

④ 实验组分别加入纯化的表达蛋白（分别以不同的蛋白浓度），阴性对照加入等体积表达蛋白的溶剂。

⑤ 37℃ 5% CO$_2$ 培养 48hr 后，每孔加入 10μlMTT，37℃ 5% CO$_2$ 孵育 4hr。

⑥ 加入 100μl20%的 SDS 处理液，37℃孵育 20hr。

⑦ 用 EL×800 微孔酶标仪测定 OD570 值，数据分析。

16. DRG 无血清培养检测促神经生长作用

Ⅰ 操作步骤：

① 无菌条件下取新生一天的 SD 大鼠 DRG。

② 镜下去除神经根和外膜，接种于预先涂有 L-多聚赖氨酸的 96 孔培养板中，每孔 1 个 DRG。

③ 待 DRG 贴壁后加入 100μl 无血清 15L 基础培养基，实验组加入纯化的

表达蛋白（分别以不同的蛋白浓度），阴性对照加入等体积的溶解表达蛋白的溶剂。

④ 37℃5％CO₂培养，每天在 Olympus 倒置显微镜下观察细胞的生长情况，并进行测量，其数据作统计分析。

Ⅱ注意事项

① MTT 有毒，注意防护。

② 单个 DRG 贴壁实验操作难度较大，需仔细耐心。

第四节　表达载体

一、原核表达载体的重要调控元件

（一）启动子

启动子是 DNA 链上一段能与 RNA 聚合酶结合并起始 RNA 合成的序列，它是基因表达不可缺少的重要调控序列。没有启动子，基因就不能转录。由于细菌 RNA 聚合酶不能识别真核基因的启动子，因此原核表达载体所用的启动子必须是原核启动子。

原核启动子是由两段彼此分开且又高度保守的核苷酸序列组成，对mRNA 的合成极为重要。在转录起始点上游 5～10bp 处，有一段由 6～8 个碱基组成，富含 A 和 T 的区域，称为 Pribnow 盒，又名 TATA 盒或－10 区。来源不同的启动子，Pribnow 盒的碱基顺序稍有变化。在距转录起始位点上游 35bp 处，有一段由 10bp 组成的区域，称为－35 区。转录时大肠杆菌 RNA聚合酶识别并结合启动子。－35 区与 RNA 聚合酶 s 亚基结合，－10 区与RNA 聚合酶的核心酶结合，在转录起始位点附近 DNA 被解旋形成单链，RNA 聚合酶使第一和第二核苷酸形成磷酸二酯键，以后在 RNA 聚合酶作用下向前推进，形成新生的 RNA 链。

原核表达系统中通常使用的可调控的启动子有 Lac（乳糖启动子）、Trp（色氨酸启动子）、Tac（乳糖和色氨酸的杂合启动子）、lPL（l噬菌体的左向启动子）、T7 噬菌体启动子等。

（1）Lac 启动子：它来自大肠杆菌的乳糖操纵子，是 DNA 分子上一段有方向的核苷酸序列，由阻遏蛋白基因（LacI）、启动基因（P）、操纵基因（O）和编码 3 个与乳糖利用有关的酶的基因结构所组成。Lac 启动子受分解代谢系统的正调控和阻遏物的负调控。正调控通过 CAP（catabolitegeneactivationprotein）因子和 cAMP 来激活启动子，促使转录进行。负调控则是由调节基因产生

LacZ 阻遏蛋白，该阻遏蛋白能与操纵基因结合阻止转录。乳糖及某些类似物如异丙基硫代半乳糖苷（IPTG）可与阻遏蛋白形成复合物，使其构型改变，不能与 O 基因结合，从而解除这种阻遏，诱导转录发生。

（2）trp 启动子：它来自大肠杆菌的色氨酸操纵子，其阻遏蛋白必须与色氨酸结合才有活性。当缺乏色氨酸时，该启动子开始转录。当色氨酸较丰富时，则停止转录。b－吲哚丙烯酸可竞争性抑制色氨酸与阻遏蛋白的结合，解除阻遏蛋白的活性，促使 trp 启动子转录。

（3）Tac 启动子：Tac 启动子是一组由 Lac 和 trp 启动子人工构建的杂合启动子，受 Lac 阻遏蛋白的负调节，它的启动能力比 Lac 和 trp 都强。其中 Tac1 是由 Trp 启动子的－35 区加上一个合成的 46bpDNA 片段（包括 Pribnow 盒）和 Lac 操纵基因构成，Tac12 是由 Trp 的启动子－35 区和 Lac 启动子的－10 区，加上 Lac 操纵子中的操纵基因部分和 SD 序列融合而成。Tac 启动子受 IPTG 的诱导。

（4）lPL 启动子：它来自 l 噬菌体早期左向转录启动子，是一种活性比 Trp 启动子高 11 倍左右的强启动子。lPL 启动子受控于温度敏感的阻遏物 cIts857。在低温（30℃）时，cIts857 阻遏蛋白可阻遏 PL 启动子转录。在高温（45℃）时，cIts857 蛋白失活，阻遏解除，促使 PL 启动子转录。系统由于受 cIts857 作用，尤其适合于表达对大肠杆菌有毒的基因产物，缺点是温度转换不仅可诱导 PL 启动子，也可诱导热休克基因，其中有一些热休克基因编码蛋白酶。如果用 l 噬菌体 cI＋溶源菌，并用丝裂霉素 C 或萘啶酮酸进行诱导，可缓解这一矛盾。

（5）T7 噬菌体启动子：它是来自 T7 噬菌体的启动子，具有高度的特异性，只有 T7RNA 聚合酶才能使其启动，故可以使克隆化基因独自得到表达。T7RNA 聚合酶的效率比大肠杆菌 RNA 聚合酶高 5 倍左右，它能使质粒沿模板连续转录几周，许多外源终止子都不能有效地终止它的序列，因此它可转录某些不能被大肠杆菌 RNA 聚合酶有效转录的序列。这个系统可以高效表达其他系统不能有效表达的基因。但要注意用这种启动子时宿主中必须含有 T7RNA 聚合酶。应用 T7 噬菌体表达系统需要 2 个条件：第一是具有 T7 噬菌体 RNA 聚合酶，它可以由感染的 l 噬菌体或由插入大肠杆菌染色体上的一个基因拷贝产生；第二是在一个待表达基因上游带有 T7 噬菌体启动子的载体。

（二）SD 序列

1974 年 Shine 和 Dalgarno 首先发现，在 mRNA 上有核糖体的结合位点，它们是起始密码子 AUG 和一段位于 AUG 上游 3～10bp 处的由 3～9bp 组成的序列。这段序列富含嘌呤核苷酸，刚好与 16SrRNA3 末端的富含嘧啶的序列互补，是核糖体 RNA 的识别与结合位点。以后将此序列命名为 Shine－Dalgarno 序列，简称 SD 序列。它与起始密码子 AUG 之间的距离是影响 mRNA 转录、翻译成蛋白的重要因素之一，某些蛋白质与 SD 序列结合也会影响 mRNA 与核糖体的结合，从而影响蛋白质的翻译。另外，真核基因的第二个密码子必须紧接在 ATG 之后，才能产生一个完整的蛋白质。

（三）终止子

在一个基因的 3′末端或是一个操纵子的 3′末端往往有特定的核苷酸序列，且具有终止转录功能，这一序列称之为转录终止子，简称终止子（terminator）。转录终止过程包括：RNA 聚合酶停在 DNA 模板上不再前进，RNA 的延伸也停止在终止信号上，完成转录的 RNA 从 RNA 聚合酶上释放出来。对 RNA 聚合酶起强终止作用的终止子在结构上有一些共同的特点，即有一段富含 A/T 的区域和一段富含 G/C 的区域，G/C 富含区域又具有回文对称结构。这段终止子转录后形成的 RNA 具有茎环结构，并且有与 A/T 富含区对应的一串 U。转录终止的机制较为复杂，并且结论尚不统一。但在构建表达载体时，为了稳定载体系统，防止克隆的外源基因表达干扰载体的稳定性，一般都在多克隆位点的下游插入一段很强的 rrB 核糖体 RNA 的转录终止子。

二、大肠杆菌表达载体

大肠杆菌表达载体都是质粒载体。作为表达载体首先必须满足克隆载体的基本要求，即能将外源基因运载到大肠杆菌细胞中。在基本骨架的基础上增加表达元件，就构成了表达载体。各种表达载体的不同之处在于其表达元件的差异。

（一）表达融合蛋白的表达载体

当蛋白质表达以后，有效的分离纯化或分泌就成为获得目标蛋白的关键因素。通过以融合蛋白的形式表达，并利用载体编码的蛋白或多肽的特殊性质可对目标蛋白进行分离和纯化。用作分离的载体蛋白被称为标签蛋白或标签多肽（Tag），常用的有谷胱甘肽转移酶（glutathioneS－transferase，GST）、六聚组氨酸肽（polyHis－6）、蛋白质 A（proteinA）和纤维素结合位点（cellulosebindingdomain）等。

1. 表达 LacZ 融合蛋白的载体

如 pEX1/2/3 载体（图 11－1），PR 受 cIts857 控制，宿主 M5219 含缺陷性原噬菌体，编码 cIts857 和 N 蛋白。cIts857 强烈抑制基因转录。N 基因可使 RNApolymerase 跨过基因内部潜在终止位点。一般采用 42－45℃ 灭活 cIts857 阻遏物，此处采用 40℃ 以减少热激蛋白的诱导并使细菌能继续生长。

因为温度转换不仅可诱导 PL/PR 启动子，也可诱导热激基因，而后者有些可编码蛋白酶。

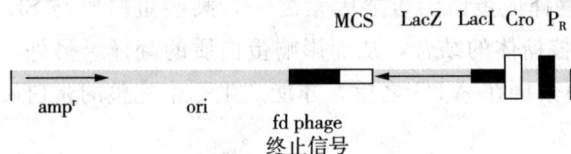

MCS LacZ LacI Cro P_R

amp^r   ori   fd phage
终止信号

图 11-1   pEX1/2/3 载体结构示意图
注：MCS（多克隆位点 multiple cloning site）

2. 表达 GST 融合蛋白的表达载体

GST 表达载体在启动子 tac 和多克隆位点之间加入了两个与分离纯化有关的编码序列，其一是谷胱甘肽转移酶基因，其二是凝血蛋白酶（Thrombin）切割位点的编码序列。当外源基因插入到多克隆位点后，可表达出由三部分序列组成的融合蛋白。GST 是来源于血吸虫的小分子酶（26kDa），在 E.coli 易表达，在融合蛋白状态下保持酶学活性，对谷胱甘肽有很强的结合能力。

将谷胱甘肽固定在琼脂糖树脂上形成亲和层析柱，当表达融合蛋白的全细胞提取物通过层析柱时，融合蛋白将吸附在树脂内，其他细胞蛋白就被洗脱出来。然后再用含游离的还原型谷胱甘肽的缓冲液洗脱，可将融合蛋白释放出来。再用凝血蛋白酶切割融合蛋白，便可获得纯化的目标蛋白。除了凝血蛋白酶的切割位点外，其他还有 Xa 因子（FactorXa）和肠激酶。

3. 利用 T7 噬菌体启动子的表达载体

表达载体 pET-5a 是典型的 pET 载体（图 11-2），其组成是在载体的基本结构的基础上加入了 T7 噬菌体启动子序列及其下游的几个酶切位点。当外源基因插入到这些酶切位点后，就可在特定的宿主细胞中诱导表达。大肠杆菌中 T7 启动子表达调控模式图见图 11-3。

4. 分泌型表达载体

分泌型表达载体除了在细胞内表达外，还可让表达的蛋白分泌到细胞外或细胞周质区中。这种表达方式可避免细胞内蛋白酶的降解，或使表达的蛋白正确折叠，或去除 N-末端的甲硫氨酸，从而达到维护目标蛋白活性的目的。

利用信号肽序列作为融合标签可将融合蛋白分泌到细胞外，可利用的信号肽有碱性磷酸酶的信号肽和蛋白质 A 的信号肽。

表达载体 pEZZ18 的表达元件有 lac 启动子、蛋白质 A 的信号肽序列和两个合成的 Z 功能域（domain）（图 11-4）。来自金黄色葡萄球菌（Staphylo-

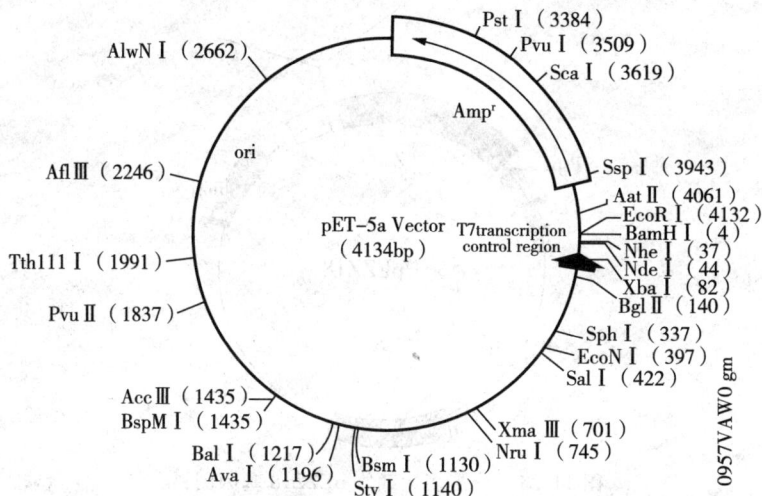

图 11-2　大肠杆菌表达载体 pET-5a 基因图谱

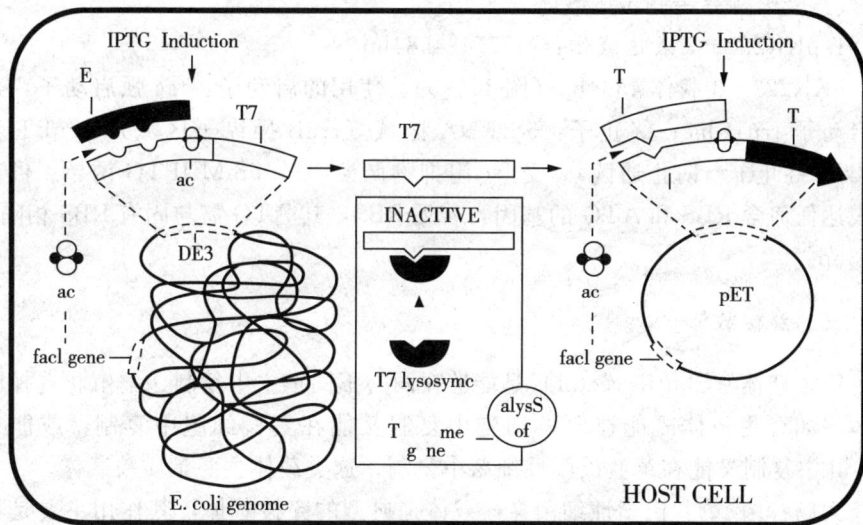

图 11-3　大肠杆菌中 T7 启动子表达调控模式图

coccusaureus）的蛋白质 A 具有与抗体 IgG 结合的能力，Z 功能域就是根据蛋白质 A 中结合 IgG 的 B 功能域而设计的。融合蛋白表达后，在信号肽序列的指导下，分泌到培养基中。然后用固定了 IgG 的琼脂糖层析柱，通过与 ZZ 功能域的结合而得到纯化的融合蛋白。这个 14kDa 的"ZZ"肽链对融合蛋白的正确折叠几乎没有影响。

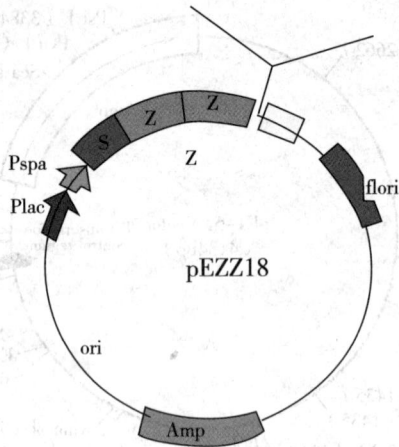

图 11-4 分泌表达载体 pEZZ18 基因图谱

注：Plac：Lac 启动子；Pspa：金黄色葡萄球菌蛋白 A 启动子；

S：蛋白 A 的信号肽序列；两个合成的 Z 功能域（结合 lgG，琼脂糖层析柱）

（二）非融合蛋白表达载体

1. pKK223－3 表达载体：M777494584bp

pKK223－3 载体 4584bp（图 11-5）。使用的启动子：tac 强启动子，杂合启动子 trp－lac；终止子：5SrRNA 区域（rrnB 操纵子区域），rrnBT 和 rrnBT2 终止子（防止通读）。受 lac 阻抑物调控，1－5mM IPTG 诱导。可直接表达任何含 RBS 和 ATG 的基因，若无 RBS，其 ATG 需与固有 RBS 相隔 5 －13bp。

三、穿梭载体

穿梭载体（Shuttlevector）是能够在两类不同宿主中复制、增殖和选择的载体。如有些载体既能在原核细胞中复制又能在真核细胞中复制，或能在 E. coli 中复制又能在革兰氏阳性细菌中复制。这类载体主要是质粒载体。

大肠杆菌/革兰氏阳性细菌穿梭载体是典型的穿梭载体，其作用主要是将目标基因转移到芽孢杆菌或球菌中去。

（一）大肠杆菌/酵母菌穿梭载体

酵母菌除了在真核生物的细胞生物学研究方面发挥重要作用外，在作为蛋白质的真核表达系统方面也显示出巨大威力。

大肠杆菌－酿酒酵母穿梭质粒载体，含有分别来自大肠杆菌和酿酒酵母的复制起点与选择标记，另有一个多克隆位点区。由于此类型的载体既可在大肠杆菌细胞中复制，也可在酿酒酵母细胞中复制，因此在遗传学研究中很受欢迎。它使研究工作者可自如的在两种不同的寄主细胞之间来回转移基因，

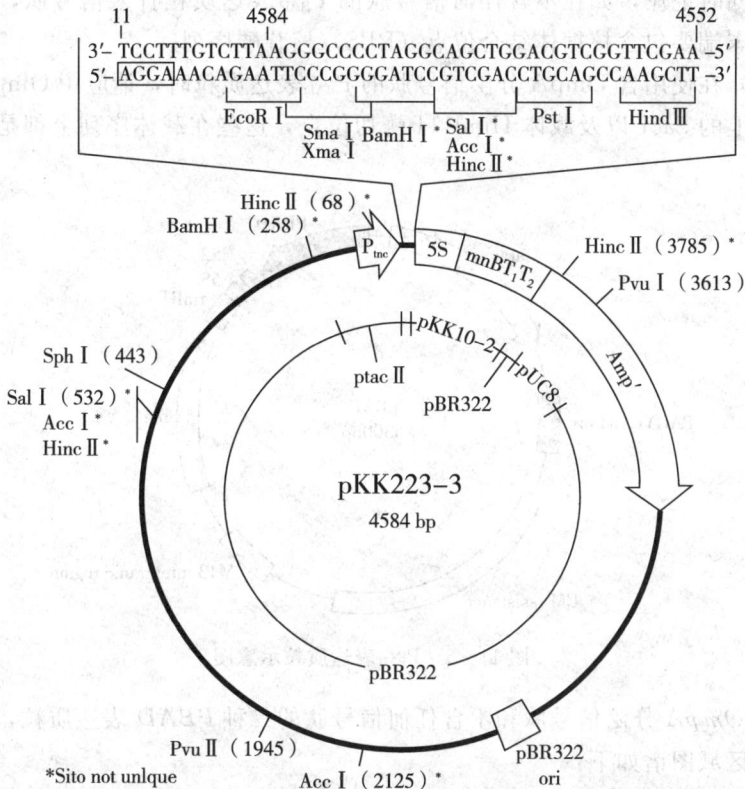

图 11-5　pKK223-3 载体遗传图谱

并单独或同时在两种宿主细胞中研究目的基因的表达活性及其他的调节功能。

（二）其他穿梭载体

在哺乳动物、植物、昆虫细胞等细胞中使用的表达载体或其他载体，一般都有在大肠杆菌中复制的元件，因此都具备穿梭载体的特征。

四、商品化的表达载体实例

（一）原核细胞表达载体

1. pBAD 载体特点

该表达质粒含有 araBAD（arabinose）操纵子的 P_{BAD} 启动子和编码该启动子的正负调控子基因 araC，具有紧密调控功能和高水平表达外源蛋白质的原核细胞表达载体。

（1）当要扦入其他信号肽片段，改建此载体时，请不要利用该载体上的 Nde1 EcoR1 BamH1 Kpn1 和 Pst1 位点，以免造成重组困难，因为前述内切酶在此载体上均有二个位点，最好使用只有一个酶切位点的 Sac1 和 Hind111

位点。同时记住，如在不含任何信号肽的 P_{BAD} 表达质粒扦入信号肽，其非编码 N-末端要包含核糖体结合位点（RBS）核苷酸序列。

（2）在使用含 OmpA 分泌信号肽的 P_{BAD} 表达质粒时，请应用 OmpA 分泌信号肽上的 Sac1 以及载体 Hind111 酶切位点，这些在载体序列上都是单个酶切位点。

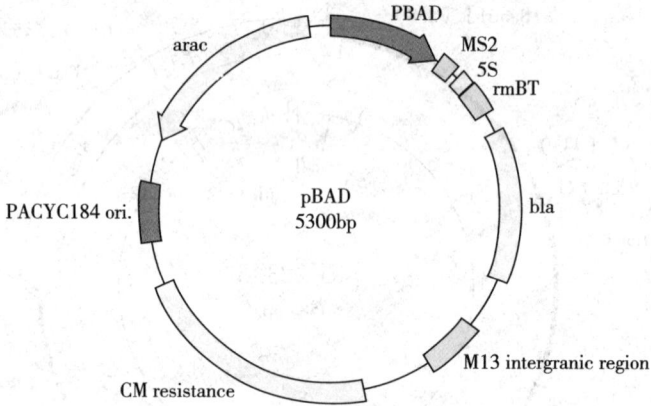

图 11-6　P_{BAD} 表达质粒示意图

含 *OmpA* 分泌信号肽和不含任何信号肽的二种 *PBAD* 表达质粒，其多克隆位点区域图谱如下：

（a）含 *OmpA* 分泌信号肽的 *PBAD* 表达质粒多克隆区域 SD

PBAD…. TACCCGTTTTTTTCC…. GCTAGCAGGAGGAAACGATGA
AAAAGACAGCTATCGCGATTGCAGTGGCACTGGCTGGTAMAEL
TTCGCTACCGTAGCCATGGCCGAGCTCGGTACCCGGGGGATCCTCT
AGAGTCGCCTGCAGGCATCCAAGCTT

Nco1Sac1Kpn1Smal1BamH1Pst1Hind111

（b）不含分泌信号肽的 PBAD 表达质粒多克隆区域

EcoR1Kpn1BamH1Pst1

PBAD…. TACCCGTTTTTTTGG…. GCTAGCGAATTCGAGCTCGGT
ACCCGGGGGATCCTCTAGAGTCGCCTGCAGGCATCCAAGCTT

Nde1Sac1Smal1Hind111

2. pCAl-n&pCAl-*pelB* 载体

特点：该原核细胞表达载体是来源于以 T7RNA 聚合酶为基础的 pET 载体，含有 T7/LacO 启动子、编码钙调素结合多肽标签和凝血酶切点的核苷酸序列。因此，该表达载体在 E. coliBL21（DE3）或 BL21（DE3）pLysS 宿主菌中能高水平表达外源蛋白质且这种表达的外源蛋白质因带有钙调素结合多肽和凝血酶切点，故该蛋白产物易于纯化和产业化。

此外，本公司利用分泌信号肽 *PelB*，构建成新型的原核细胞表达载体 Pcal－*PelB*。此载体表达的蛋白产物能在分泌肽 *PelB* 的指引下进入细胞周质。

（a）Pcal－n

MKRRWKKNFIAVSAANRFKKISSSGALLVP

CAT ATG AAGGGACGATGGAAAAAACAATTTCATAGCCGTCTC AGCAGCCAACCCGCTTTAAGAAAATCTCATCCTCCGGGGCACTTCTG GTTCC

Nde1RGSPGILDSMGRLELKLRSA

GCGTGGATCCCCGGGAATTCTAGACTCCATGGGTCGACTCGAGC TCAAGCTTAGATCCGCC

BamH1Sma1EcoR1Nco1Sal1Xho1Sac1Hnd111

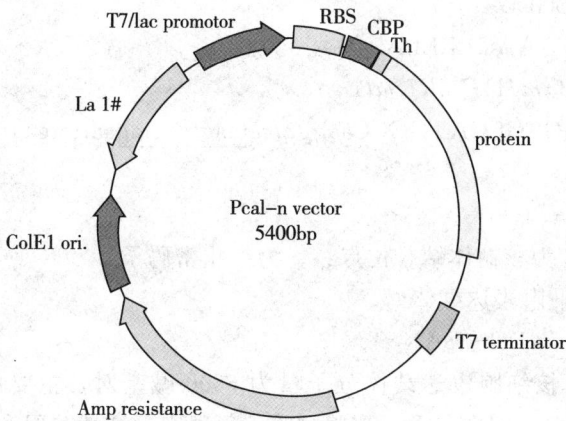

图 11 - 7　Pcal－n 载体示意图

（b）Pcal－PelB：

*Nde*1

act ggaga ctcatATGAAATACCTATTGCCTACGGCAGCCGCTGGATT GTTATTACTCGCGGCCCAGGGC

MKYLLPTAAAGLLLLAAQP

*Nco*1*Msc*1*Bam*H1*Eco*R1*Sal*1

GCCATGGCCaagg*atcc*taagtaagtagaattctgagtaggtaagtcgacaatcgcgtctagagcc ccgacgcgctggg

AMA＊＊＊＊＊＊

3. pPOW3.0 表达载体

特点：该原核表达质粒含有噬菌体的重叠 λ*PRPL* 热诱导启动子和编码热敏感抑制子的 *C*1857 基因，可使宿主细胞在合成蛋白前获得高密度的宿主细菌，进行高水平目的蛋白表达，并对蛋白合成提供紧密控制。*PelB* 分泌信号肽能指引合成的外源蛋白通过胞浆膜进入胞质。特别提示：在进行重组质粒时，最好在 N-末端用 *Nco*1 或 *Msc*1 位点，*C*-末端则可用 *Bam*H1、*Eco*R1 位点进行拼接。

图示为启动子、*PelB* 分泌信号肽和多克隆位点区域

*Xho*1

λ*PRPL* 启动子 ggggtgtgtgatacgaaacgaagcattggcgcctcgagtaatttaccaacactact
acgttttaactgaaacaa

RBS*Nde*1

act ggaga ctcatATGAAATACCTATTGCCTACGGCAGCCGCTGGATT
GTTATTACTCGCG

MKYLLPTAAAGLLLLA

*Nco*1*Msc*1*Bam*H1*Eco*R1*Sal*1

GCCCAGGGCGCCATGGCCaa*ggatcc*taagtaagtagaattctgagtaggtaagtcgaca
atcgcgtctagagccc

AQPAMA******

说明：RBS 为核糖体结合位点；*为终止密码子

（二）真核细胞表达载体

1. pCMVp-NEO-BAN 载体

特点：该真核细胞表达载体分子量为 6600 碱基对，主要由 CMVp 启动子、兔 β-球蛋白基因内含子、聚腺嘌呤、氨青霉素抗性基因和抗 neo 基因以及 pBR322 骨架构成，在大多数真核细胞内都能高水平稳定地表达外源目的基因。更重要的是，由于该真核细胞表达载体中抗 neo 基因存在，转染细胞后，用 G418 筛选，可建立稳定的、高表达目的基因的细胞株。

扦入外源基因的克隆位点包括 Sal1、BamH1 和 EcoR1 位点。注意在此载体中有二个 EcoR1 位点存在。

2. pEGFP，增强型绿色荧光蛋白表达载体（EnhancedFluorecentProtein-Vector）

特点：pEGFP 表达载体中含有绿色荧光蛋白，在 PCMV 启动子驱动下，在真核细胞中高水平表达。载体骨架中的 SV40origin 使该载体在任何表达 SV40T 抗原的真核细胞内进行复制。Neo 抗性盒由 SV40 早期启动子、Tn5 的 neomycin/kanamycin 抗性基因以及 HSV-TK 基因的聚腺嘌呤信号组成，

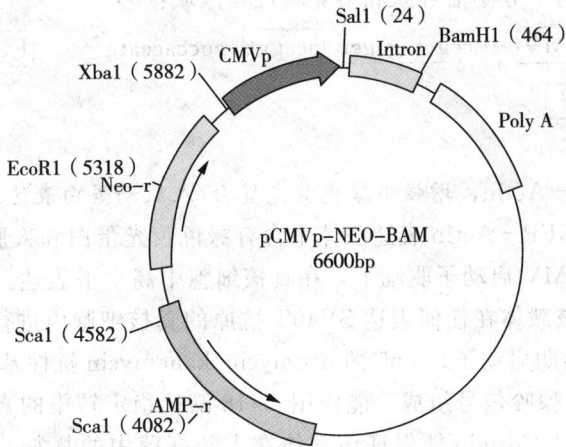

图 11-8　pCMVp－NEO－BAN 载体示意图

能应用 G418 筛选稳定转染的真核细胞株。此外，载体中的 pUCorigin 能保证该载体在大肠杆菌中的复制，而位于此表达盒上游的细菌启动子能驱动 kanamycin 抗性基因在大肠杆菌中的表达。

用途：该表达载体 EGFP 上游有 Nde1、Eco47111 和 Age1 克隆位点，将外源基因扦入这些位点，将合成外源基因和 EGFP 的融合基因。借此可确定外源基因在细胞内的表达和/或组织中的定位。

亦可用于检测克隆的启动子活性（取代 CMV 启动子，Acet1－Nhe1）。

Excitationmaximum＝488nm；Emissionmaximum＝507

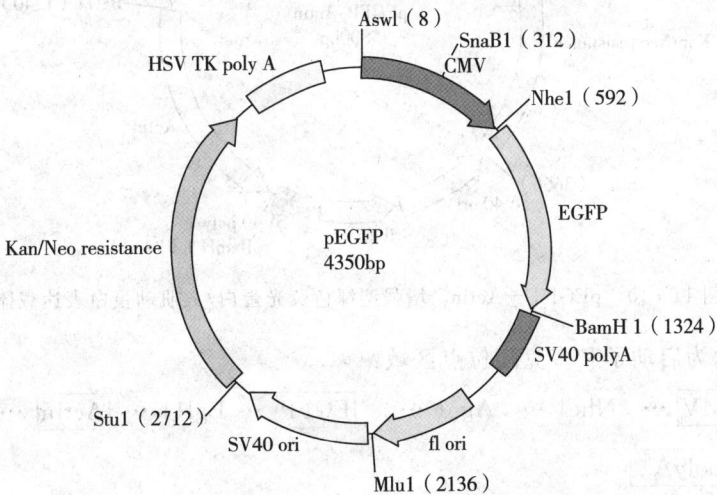

图 11-9　pEGFP，增强型绿色荧光蛋白表达载体示意图

图示为启动子分泌信号肽和多克隆位点区域：

Ase1. pCMV ··· ccgctagcgct accggt cgccaccatg — . EGFP ··· BamH1
···SV40polyA＋

Nhe1Age1

3. pEGFT－Actin，增强型绿色荧光蛋白/人肌动蛋白表达载体

特点：pEGFP－Actin 表达载体中含有绿色荧光蛋白和人胞质 β－肌动蛋白基因，在 PCMV 启动子驱动下，在真核细胞中高水平表达。载体骨架中的 SV40origin 使该载体在任何表达 SV40T 抗原的真核细胞内进行复制。Neo 抗性盒由 SV40 早期启动子、Tn5 的 neomycin/kanamycin 抗性基因以及 HSV－TK 基因的聚腺嘌呤信号组成，能应用 G418 筛选稳定转染的真核细胞株。此外，载体中的 pUCorigin 能保证该载体在大肠杆菌中的复制，而位于此表达盒上游的细菌启动子能驱动 kanamycin 抗性基因在大肠杆菌中的表达。

用途：pEGFP－Actin 载体在真核细胞表达 EGFP－Actin 融合蛋白，该蛋白能整合到胞内正在生的肌动蛋白，因而在活细胞和固定细胞中观察到细胞内含肌动蛋白的亚细胞结构。

Excitationmaximum＝488nm；Emissionmaximum＝507

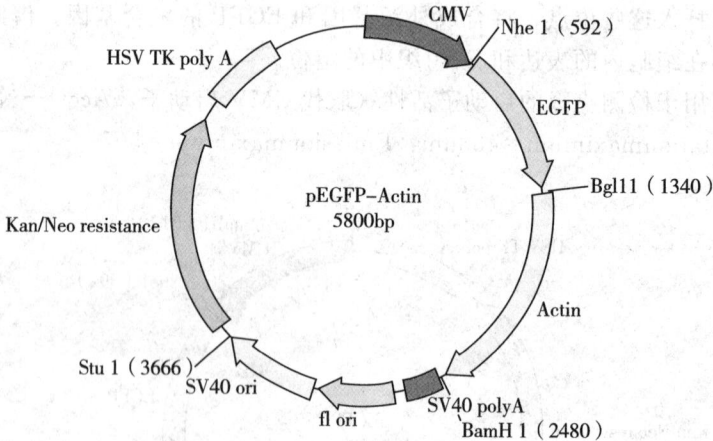

图 11－10 pEGFT－Actin，增强型绿色荧光蛋白/人肌动蛋白表达载体

图示为启动子和多克隆位点区域：

pCMV ··· . Nhe1 . Age1 . EGFP ··· Bgl11 Actin ··· BamH1
···SV40polyA＋

4. pSV2 表达载体

特点：该表达质粒是以病责 SV40 启动子驱动在真核细胞目的基因进行表

达的，克隆位点为 Hind111。SV40 启动子具有组织/细胞的选择特异性。此载体不含 neo 基因，故不能用来筛选、建立稳定的表达细胞株。

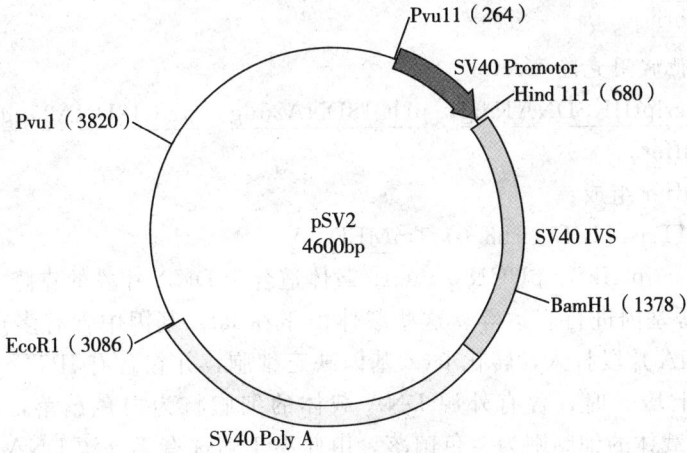

图 11-11　pSV2 表达载体示意图

图示为启动子和多克隆位点区域：

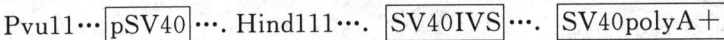

Pvu11···｜pSV40｜····. Hind111····. ｜SV40IVS｜····. ｜SV40polyA+｜

5. CMV4 表达载体

特点：该真核细胞表达载体由 CMV 启动子驱动，多克隆区域酶切位点选择性较多。含有氨苄青霉素抗性基因和生长基因片段以及 SV40 复制原点和 fl 单链复制原点。但值得注意的是，该表达载体不含有 neo 基因，转染细胞后不能用 G418 筛选稳定的表达细胞株。

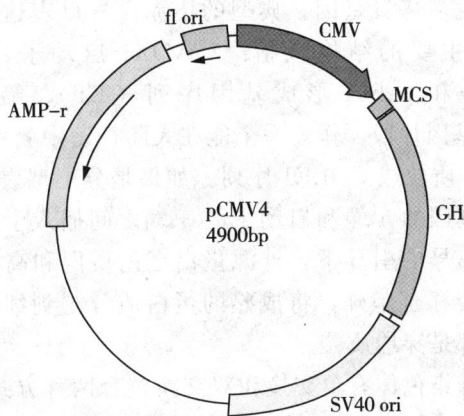

图 11-12　CMV4 表达载体示意图

图示为启动子和多克隆位点区域：

CMVp···Bgl11···Kpn1···Mlu1···Cla1···Hind111···Xbal1···Sma1··· GH···

···. SV40ori

6. 其他常用克隆 Vector

pBluscriptIIKSDNA15ug， pUC18DNA25ug， pUC19DNA25ug，保 存液：TEBuffer

TEBuffer 组成：

10mMTris. HCL（Ph8. 0），1mMEDTA

pBluescriptIIkS、pUC18&Puc19 载体适合于 DNA 片段的克隆、DNA 测序和对外源基因进行表达等。这些载体由于在 lacZ 基因中含有多克隆位点，当外源 DNA 片段扦入，转化 lacZ 基因缺乏细胞，并在含有 IPTG 和 X—gal 的培养基上培养时，含有外源 DNA 载体的细胞将为白色菌落，而无外源 DNA 片段载体的细胞则为兰色菌落，由此易于筛选有无外源 DNA 片段的载体。此外，这些载体中有便于测序的 M13、T7 和 T3 的通用引物进行 DNA 测序。

用途：

·克隆外源 DNA 片断；

·进行基因表达；

·使用 M13、T7 和 T3 引物进行测序。

7. 毕赤酵母表达载体及宿主菌

由于甲醇营养型酵母菌体内无天然质粒，所以携带外源基因的重组体必须整合于染色体中才能实现外源基因的表达。整合表达的优点在于保持外源基因稳定性并可产生多拷贝基因。典型的毕赤氏酵母表达载体含有醇氧化酶基因的调控序列，主要的结构包括：5′AOX1 启动子片段、多克隆位点（MCS）、转录终止和 polyA 形成基因序列（TT）、筛选标记（His4 或 Zeocin）、3′AOX1 基因片段，作为一个能在大肠杆菌中繁殖扩增的穿梭质粒，它还有部分 pBR322 质粒或 COLE1 序列。如果是分泌型表达载体，在多克隆位点的前面，外源基因的 5′端和启动子的 3′端之间插入了分泌作用的信号肽序列。在这个分泌信号的引导下，外源蛋白在内质网和高尔基体中经修饰和加工后能够由胞内转移至胞外，将成熟的蛋白质分泌到细胞外。为方便于操作，通常表达载体都是穿梭质粒。

表达载体与酵母染色体有单交换和双交换整合两种方式，单交换整合时，或插入 A0X1 位点，或插入 his 位点。有文献报道，以 his4 作为整合位点时，染色体突变株与表达盒间存在基因转换，偶尔可使 Laz 表达盒丢失，故 AOX1 位点更好。一般认为，单交换转化效率比双交换效率高，且易得到多拷贝整合，其发生机制可能是重复单交换引起的。

携带外源基因的表达载体可通过电穿孔、原生质体生成法或全细胞法转化酵母细胞。甲醇酵母转化和大肠埃希氏菌转化不同之处是前者较为复杂。对于大肠埃希氏菌而言，只要把重组表达载体导入细胞体内即可。因其载体上携带有自身复制原点，可随染色体复制而复制，重组表达载体能够稳定存在。在甲醇酵母系统中，所有的表达载体均不含酵母复制原点。这就是说，导入酵母体内的重组表达载体只有和酵母染色体上的同源区发生重组，整合到染色体上，外源基因才能够稳定存在，外源蛋白才能得到稳定表达，这种整合的转化子一旦形成就非常稳定。如果转化后的重组表达载体未能整合到染色体上，而是以游离的附加体形式存在，这种转化子就不稳定，重组表达载体极易丢失。所以，载体必须整合入酵母基因组中才能实现异源蛋白的稳定表达。

多数情况下，外源基因多拷贝整合可提高表达水平。一般可采用如下 3 种方法建立多拷贝表达株：

① 在表达载体中插入首尾相连的多拷贝表达盒；

② 在表达载体中插入细菌 Tn903Kan 基因，因 G418 抗性水平与载体拷贝数呈正相关；

③ 应用含细菌 Shble 基因的表达载体，如 pPICZ 系列，该载体较小，易扩增，具有真光霉素抗性。

（1）启动子

最常用的启动子是 AOX1 启动子（AOX1, promoter, PAOX），它的甲醇诱导性很强，因而它控制下的外源基因能得到较高的表达。AOX1 基因是从用RNA 构建的 cDNA 文库中分离的，RNA 来自克隆筛选能在甲醇培养基上生长的 P. Pasotris 细胞。

P. Pasotris 基因组包含 2 个基因：AOX1 和 AOX2，编码乙醇氧化酶。在序列上这 2 种 AOX 蛋白同源性≥97%，并有相似特殊活性，但 AOX1 表达水平明显高于 AOX2，即启动能力 AOX1 大大强于 AOX2。细胞中绝大多数乙醇氧化酶的活力是由 AOX1 提供的。当以甲醇为唯一的生长碳源时，AOX1基因的表达被甲醇严格调控，并被诱导到相当高的水平，可占整个细胞可溶蛋白的30%以上。AOX1 和 AOX2 同源性虽然高达 97%，但 AOX2 只承担很少一部分活力。当 AOX1 基因缺乏而只存在 AOX2 时，大部分乙醇氧化酶的活力丧失，细胞利用甲醇能力降低。因此细胞在甲醇介质上生长很慢，这种菌株被称为 Muts；AOX1 基因存在时，细胞利用甲醇能力正常，在甲醇介质上生长较快，这种菌株表型被称为 Mut＋。

AOX1 基因的表达为转录水平调控。以甲醇为碳源时，生长细胞中约 5%

mRNA 来自于 A0X1 基因。A0X1 基因的调控是两步过程：抑制机制加上诱导机制。即在以葡萄糖或甘油为碳源的培养基上生长时抑制转录；而在以甲醇为唯一生长碳源时，诱导基因转录，蛋白表达。最近在 P. Pasotris 中克隆到一个组成型启动子：PGAP（三磷酸甘油醛脱氢酶启动子），在它控制下的 p. Lacz 基因表达率比甲醇诱导下的以 PAOX1 为启动子的产量更高。由于该组成型启动子不需甲醇诱导，发酵工艺更为简单，产量高，所以它是一个很有潜力的启动子。

（2）选择标记

选择标记一般为对应于营养缺陷型受体的野生型基因，常用 HIs4。由于 P. Pasotris 不利用蔗糖，所以也可用啤酒酵母的蔗糖酶基因 suC2 作为标记。AMP：氨苄抗性基因，可在大肠杆菌中筛选。G418 和 Zeocinr（Invitrogen，sandiego，CA）也是筛选标记，使得到高拷贝的转化子，这是因为表达载体上外源基因和卡那基因相偶联。Zeocinr 在 E. coli 和 P. Pastoris 宿主中都表达，因此缩短了穿梭载体的长度，但 Zeocin 是一种强诱变剂，可能导致转化子产生突变。

（3）信号肽序列

表达蛋白的分泌需要信号肽引导并沿一定途径才能分泌至细胞外。P. Pastoris 自身分泌的蛋白质很少，分泌表达是一种理想的表达方式，胞外表达有利于蛋白质的提取和纯化，同时有助于不分泌型的蛋白质使其分泌，而像人血清蛋白（HSA）和牛凝乳酶（Rennin），用自身信号肽序列即可在 P. Pastoris 中成功表达。然而，对于有些蛋白的自身信号肽，P. Pastoris 不能有效利用，如反转录酶。

甲醇营养型酵母表达系统一般利用 2 种来源的信号肽序列：一是外源基因本身携带的信号肽序列；二是来源于酵母的信号肽序列，如 a－因子、PHO1 信号肽序列。P. Pastoris 信号肽主要包括磷酸酶（PHO）、转化酶（inertase）和 α－因子，其中 α－因子信号肽（MF）使用最广。

α－因子信号序列是由 87 个氨基酸组成，来于 S. cerevsiae 的 α 性成熟因子前导序列，并且已将这段序列编码的信号肽插入到几个 P. Pastoris 的表达载体中（Invitrogen）。在构建 α－因子信号肽融合基因时，需保留 KeX2 蛋白酶切位点附近的谷氨酸－丙氨酸（Glu－Ala）间隔区，GluAla 的存在会避免错误切割的发生。研究证明：信号肽引导的外源蛋白在 P. Pastoris 中均能被有效切割。α－MF 是在高尔基体中被 KeX2 蛋白酶识别并切割，而 PHO1 一般在内质网被切割。

酵母细胞对信号肽序列的识别有一定的灵活性，在一定程度上可以识别外源蛋白的信号肽进行蛋白输送，但利用外源基因自身信号肽序列不能得到高表达量和高分泌效率。来源于 P. pastoris 酵母酸性磷酸酶（PHO1）基因的信号肽序列也常用于甲醇营养型酵母表达载体，由该信号肽引导的蛋白一般仅能分泌至膜周质，分泌效应不如 a−因子信号肽强。

（4）载体

● Ⅰ 表达载体种类

有几种甲醇酵母是用于表达外源蛋白的受体菌，如 GS115，KM71 和 SMD1168 等，它们都是组氨酸缺陷型。如表达载体上携带有组氨酸基因，可补偿宿主的组氨酸缺陷，因此可以在不含组氨酸的培养基上筛选转化子。这些受体菌自发突变为组氨酸野生型的概率一般低于 10～8，通常不予考虑。GS115 表型为 Mut＋。重组表达载体转化 GS115 后，长出的转化子既有可能是 Mut＋，又有可能是 Muts，可以在 MM 和 MD 培养基上鉴定表型。SMDI168 和 Gsll5 类似，不同的是它是蛋白酶缺陷型，可减弱蛋白酶对外源蛋白的降解作用。KM71 没有 AOX1 基因，本身就是 Muts，因此转化后所有的转化子都是 Muts，不必鉴定表型。

Invitrogen 公司构建的多种 P. Pastoris 表达载体，既有胞内表达的，又有分泌表达的。这些载体都包括一个表达盒（cassette），它是由 0.9kb 的 5'A0X1 序列片断和约 0.3kb 的转录终止基因的 3'序列组成。分泌型表达载体主要有 pPIc9，pPIc9k，pHIL−S1，pPIcza，pYAM75P6；胞内表达的载体主要有：pHIL − D2，pA0815，pPIC3K，pPICZ，pHWO10，pGAPZ，pGAPZa（Invitrogen）等。这些载体在结构上有共同点：

AOX1：含有 AOX1 启动子，可调控异源蛋白表达，同时也是载体和受体菌染色体发生重组的位点；

McS：多克隆位点，允许外源基因插入；

Sig：编码 N 末端信号肽序列，可引导蛋白分泌；

1vr：转录终止和多聚腺苷酸化序列，允许 mRNA 有救转录终止和多聚腺苷酸化

3'AOx1：TT 序列下游区域，同源重组位点之一；

His：编码组氨酸，提供转化子的筛选标记，也是重组位点之一；

Amp：氨苄抗性基因，允许在大肠杆菌中筛选。

按 Invitrogen 公司推出的 Kit 可分为 3 类。第一类属高拷贝型：如 pPIC3K 和 pPIC9k 都携带有卡那基因，可通过提高 G418 浓度，很容易得到高拷贝的转化子。PA0815 是先在体外构建串联的外源基因多拷贝（可连接 8 个拷贝子），转化后可得到已知的多拷贝转化子。第二类为易筛选型：pPIczA，pPIcza，不需要营养缺陷筛选、不需要氨苄抗性筛选，且载体小，易操作。但是筛选标记为 Zeocin，它是很强的诱变剂，可使外源蛋白突变。

第三类为原始型：pPIc9 等操作烦琐，是单一拷贝，有高水平表达外源蛋白的时候，但不多见。

酵母表达载体有多种，采用较多的是整合型表达载体，可通过整合型载体将外源基因整合到酵母染色体上，获得遗传性稳定重组子，而且能通过前导信号肽引导外源蛋白的分泌表达。并能识别及有效地切割这些信号肽。外源基因在酵母中的表达一般是采用酵母基因的启动子。目前，利用最多的是美国 Invitrogen 公司出售的毕赤酵母表达载体和相应的试剂盒。该公司构建了多种甲醇酵母表达载体，既有胞内表达的，又有分泌表达的，该种表达载体表达外源蛋白时，需要加入甲醇进行诱导，不利条件是在表达产物中引入了有毒的甲醇。

典型的毕赤氏酵母表达载体含有醇氧化酶基因的调控序列，主要的结构包括：5′AOX1 启动子片段、多克隆位点（MCS）、转录终止和 polyA 形成基因序列（TT）、筛选标记（His4 或 Zeocin）、3′AOX1 基因片段，作为一个能在大肠杆菌中繁殖扩增的穿梭质粒，它还有部分 pBR322 质粒或 COLE1 序列。如果是分泌型表达载体，在多克隆位点的前面，外源基因的 5′端和启动子的 3′端之间插入了分泌作用的信号肽序列。在这个分泌信号的引导下，外源蛋白在内质网和高尔基体中经修饰和加工后能够由胞内转移至胞外，将成熟的蛋白质分泌到细胞外。

● pGAP 系列表达载体

美国 Invitrogen 公司的产品 pGAeZ 和 pGAPza，是一种无需甲醇诱导而能表达外源蛋白的毕赤酵母载体。pGAP 系列是典型的组成型酵母表达载体，为穿梭型表达载体，能在大肠杆菌和酵母中进行遗传复制。是以毕赤酵母中磷酸甘油酸脱氢酶（GAP）基因启动子作为外源基因启动子，该启动子是组成型表达的，所以不存在诱导的问题，在以葡萄糖为碳源的培养基上就可以表达。通过利用美洲小长尾猴重组 a－1,3 半乳糖转移酶，来表达 a－半乳糖抗原，在 P/ch/apastor/s 酵母中获得了表达。是在 PGAP 启动子的启动下，分泌到培养基中，并且表达产物与 6×His 尾巴相融合，以利于纯化。同时，由于不用加人甲醇进行诱导，所以在表达产物中不会引人有毒物质，有利于表达产物的商品化。

● Ⅱ表达载体的整合方式

整合载体转化受体菌时，可以和染色体上的相应位点发生互换，从而整合到酵母菌染色体上。通常有以下几种整合方式：

① 双位点互换。发生在染色体 AOX1 或 GAP 位点和表达质粒中的 PAOX1 或 PGAP 及转录终止区，产生的表达菌的表型为 His＋Mut＋。

② AOX1 或 GAP 单位点互换。发生在染色体和表达质粒的 AOX1 或

GAP 区，外源基因的表达单位插入在染色体 AOX1 或 GAP 基因的上游或下游，这一过程可重复发生，使得更多拷贝的表达单位插入到基因组中，产生的表型是 His+Mut+。

③ His 单位点置换。发生在染色体 His 位点和表达质粒的 His 位点，使得 1 个或多个表达单位插入在 His 位点，产生的表型也是 His+Mut+。

五、表达载体案例——如何构建新的载体

（一）启动子的选用和改造

外源基因表达量不足往往是得不到理想的转基因植物的重要原因。由于启动子在决定基因表达方面起关键作用，因此，选择合适的植物启动子和改进其活性是增强外源基因表达首先要考虑的问题。

目前在植物表达载体中广泛应用的启动子是组成型启动子，例如，绝大多数双子叶转基因植物均使用 CaMV35S 启动子，单子叶转基因植物主要使用来自玉米的 Ubiquitin 启动子和来自水稻的 Actinl 启动子。在这些组成型表达启动子的控制下，外源基因在转基因植物的所有部位和所有的发育阶段都会表达。然而，外源基因在受体植物内持续、高效的表达不但造成浪费，往往还会引起植物的形态发生改变，影响植物的生长发育。为了使外源基因在植物体内有效发挥作用，同时又可减少对植物的不利影响，目前人们对特异表达启动子的研究和应用越来越重视。已发现的特异性启动子主要包括器官特异性启动子和诱导特异性启动子。例如，种子特异性启动子、果实特异性启动子、叶肉细胞特异性启动子、根特异性启动子、损伤诱导特异性启动子、化学诱导特异性启动子、光诱导特异性启动子、热激诱导特异性启动子等。这些特异性启动子的克隆和应用为在植物中特异性地表达外源基因奠定了基础。例如，瑞士 CIBA－GEIGY 公司使用 PR－IA 启动子控制转基因烟草中 Bt 毒蛋白基因的表达，由于该启动子可受水杨酸及其衍生物诱导，通过喷洒廉价、无公害的化学物质，诱导抗虫基因在虫害重发生季节表达，显然是一个十分有效的途径。

在植物转基因研究中，使用天然的启动子往往不能取得令人满意的结果，尤其是在进行特异表达和诱导表达时，表达水平大多不够理想。对现有启动子进行改造，构建复合式启动子将是十分重要的途径。例如，Ni 等人将章鱼碱合成酶基因启动子的转录激活区与甘露碱合成酶基因启动子构成了复合启动子，GUS 表达结果表示：改造后的启动子活性比 35S 启动子明显提高。吴瑞等人将操作诱导型的 PI－II 基因启动子与水稻 Actinl 基因内含子 1 进行组合，新型启动子的表达活性提高了近 10 倍（专利）。在植物基因工程研究中，这些人工组建的启动子发挥了重要作用。

（二）增强翻译效率

为了增强外源基因的翻译效率，构建载体时一般要对基因进行修饰，主要考虑三方面内容：

1. 添加 $5'-3'-$ 非翻译序列

许多实验已经发现，真核基因的 $5'-3'-$ 非翻译序列（UTR）对基因的正常表达是非常必要的，该区段的缺失常会导致 mRNA 的稳定性和翻译水平显著下降。例如，在烟草花叶病毒（TMV）的 126kDa 蛋白基因翻译起始位点上游，有一个由 68bp 核苷酸组成的 Ω 元件，这一元件为核糖体提供了新的结合位点，能使 Gus 基因的翻译活性提高数十倍。目前已有许多载体中外源基因的 $5'-$ 端添加了 Ω 翻译增强序列。Ingelbrecht 等曾对多种基因的 $3'-$ 端序列进行过研究，发现章鱼碱合成酶基因的 $3'-$ 端序列能使 NPTII 基因的瞬间表达提高 20 倍以上。另外，不同基因的 $3'-$ 端序列增进基因表达的效率有所不同，例如，rbcS$3'$端序列对基因表达的促进作用比查尔酮合酶基因的 $3'$端序列高 60 倍。

2. 优化起始密码周边序列

虽然起始密码子在生物界是通用的，然而，从不同生物来源的基因各有其特殊的起始密码周边序列。例如，植物起始密码子周边序列的典型特征是 AACCAUGC，动物起始密码子周边序列为 CACCAUG，原核生物的则与二者差别较大。Kozak 详细研究过起始密码子 ATG 周边碱基定点突变后对转录和翻译所造成的影响，并总结出在真核生物中，起始密码子周边序列为 ACCATGG 时转录和翻译效率最高，特别是－3 位的 A 对翻译效率非常重要。该序列被后人称为 Kozak 序列，并被应用于表达载体的构建中。例如，有一个细菌的几丁质酶基因，原来的起始密码周边序列为 UUUAUGG，当被修饰为 ACCAUGG，其在烟草中的表达水平提高了 8 倍。因此，利用非植物来源的基因构建表达载体时，应根据植物起始密码子周边序列的特征加以修饰改造。

3. 对基因编码区加以改造

如果外源基因是来自于原核生物，由于表达机制的差异，这些基因在植物体内往往表达水平很低，例如，来自于苏云金芽孢杆菌的野生型杀虫蛋白基因在植物中的表达量非常低，研究发现这是由于原核基因与植物基因的差异造成了 mRNA 稳定性下降。美国 Monsanto 公司 Perlak 等人在不改变毒精氨酸序列的前提下，对杀虫蛋白基因进行了改造，选用植物偏爱的密码子，增加了 GC 含量，去除原序列下影响 mRNA 稳定的元件，结果在转基因植株中毒蛋白的表达量增加了 30～100 倍，获得了明显的抗虫效果。

（三）消除位置效应

当外源基因被移入受体植物中之后，它在不同的转基因植株中的表达水平往往有很大差异。这主要是由于外源基因在受体植物的基因组内插入位点不同造成的。这就是所谓的"位置效应"。为了消除位置效应，使外源基因都能够整合在植物基因组的转录活跃区，在目前的表达载体构建策略中通常会考虑到核基质结合区以及定点整合技术的应用。

核基质结合区（matrixassociationregion，MAR）是存在于真核细胞染色质中的一段与核基质特异结合的 DNA 序列。一般认为，MAR 序列位于转录活跃的 DNA 环状结构哉的边界，其功能是造成一种分割作用，使每个转录单元保持相对的独立性，免受周围染色质的影响。有关研究表明，将 MAR 置于目的基因的两侧，构建成包含 MAR－gene－MAR 结构的植物表达载体，用于遗传转化，能明显提高目的基因的表达水平，降低不同转基因植株之间目的基因表达水平的差异，减少位置效应。例如，Allen 等人研究了异源 MAR（来自酵母）和同源 MAR（来自烟草）对 Gus 基因在烟草中表达的影响，发现酵母的 MAR 能使转基因表达水平平均提高 12 倍，而烟草本身的 MAR 能使转基因的表达水平平均提高 60 倍。使用来源于鸡溶菌酶基因的 MAR 也可起到同样作用。

另一可行的途径是采用定点整合技术，这一技术的主要原理是，当转化载体含有与寄主染色体同源的 DNA 片段时，外源基因可以通过同源重组定点整合于染色体的特定部位。实际操作时首先要分离染色体转录活性区域的 DNA 片段，然后构建植物表达载体。在微生物的遗传操作中，同源重组定点整合已成为一项常规技术，在动物中外源基因的定点整合已获得成功，而在植物中除了叶绿体表达载体可实现定点整合以外，细胞核转化中还很少有成功的报道。

（四）构建叶绿体表达载体

为了克服细胞核转化中经常出现的外源基因表达效率低，位置效应及由于核基因随花粉扩散而带来的不安全性等问题，近几年出现的一种新兴的遗传转化技术—叶绿体转化，正以它的优越性和发展前景日益为人们所认识并受到重视。到目前为止，已在烟草、水稻、拟南芥、马铃薯和油菜等 5 种植物中相继实现了叶绿体转化，使得这一转化技术开始成为植物基因工程中新的生长点。

由于目前多种植物的叶绿体基因组全序列已被测定，这就为外源基因通过同源重组机制定点整合进叶绿体基因组奠定了基础，目前构建的叶绿体表达载体基本上都属于定点整合载体。构建叶绿体表达载体基本上都属于定点事例载体。构建叶绿体表达载体时，一般都在外源基因表达盒的两侧各连接一段叶绿体的 DNA 序列，称为同源重组片段或定位片段（Targetingfragment）。当载体被导入叶绿体后，通过这两个片段与叶绿体基因组上的相同片段发生同源重组，就可能将外源基因整合到叶绿体基因组的特定位点。在以作物改良为目的的叶绿体转化中，要求同源重组发生以后，外源基因的插入既不引起叶绿体基因原有序列丢失，又不至于破坏插入点处原有基因的功能。为满足这一要求，已有的工作都选用了相邻的两个基因作为同源重组片段，例如 rbcL/accD，16StrnV/rpsl2rps7，psbA/trnK，rps7/ndhB。当同源重组发生以后，外源基因定点插入在两个相邻基因的间隔区，保证了原有基因的功能不受影响。最近，Daniel 等利用烟草叶绿体基因 trnA 和 trnI 作为同源重组片段，构建了一种通用载体（universalvector）。由于 trnA 和 trnI 的 DNA 序列在高等植物中是高度保守的，作者认为这种载体可用于多种不同植物的叶绿体转化。如果这种载体的通用性得到证实，那么这项工作无疑为构建方便而实用的新型叶绿体表达载体提供了一个好的思路。

由于叶绿体基因组的高拷贝性，定点整合进叶绿体基因组的外源基因往往会得到高效率表达，例如 McBride 等人首次将 BtCryIA（c）毒素基因转入烟草叶绿体，Bt 毒素蛋白的表达量高达叶子总蛋白的 3%～5%，而通常的核转化技术只能达到 0.001%～0.6%。最近，Kota 等将 BtCry2Aa2 蛋白基因转入烟草转入烟草叶绿体，也发现毒蛋白在烟草叶子中的表达量很高，占可溶性蛋白的 2%～3%，比细胞核转化高出 20～30 倍，转基因烟草不仅能抗敏感昆虫，而且能够百分之百地杀死那些产生了高抗性的昆虫。Staub 等最近报道，将人的生长激素基因转入烟草叶绿体，其表达量竟高达叶片总蛋白的 7%，比细胞核转化高出 300 倍。这些实验充分说明，叶绿体表达载体的构建和转化，是实现外源基因高效表达的重要途径之一。

（五）定位信号的应用

上述几种载体优化策略主要目的是提高外源基因的转录和翻译效率，然而，高水平表达的外源蛋白能否在植物细胞内稳定存在以及积累量的多少是植物遗传转化中需要考虑的另一重要问题。

近几年的研究发现，如果某些外源基因连接上适当的定位信号序列，使外源蛋白产生后定向运输到细胞内的特定部位，例如：叶绿体、内质网、液泡等，则可明显提高外源蛋白的稳定性和累积量。这是因为内质网等特定区域为某些外源蛋白提供了一个相对稳定的内环境，有效防止了外源蛋白的降解。例如，Wong 等将拟南芥 rbcS 亚基的转运肽序列连接于杀虫蛋白基因之前，发现杀虫蛋白能够特异性地积累在转基因烟草的叶绿体内，外源蛋白总的积累量比对照提高了 10～20 倍。也有人将 rbcS 亚基的转运肽序列连接于 PHB 合成相关基因之前，试图使基因表达产物在转基因油菜种子的质体中积累，从而提高外源蛋白含量。另外，Wandelt 等和 Schouten 等将内质网定位序列（四肽 KDEL 的编码序列）与外源蛋白基因相连接，发现外源蛋白在转基因植物中的含量有了显著提高。显然，定位信号对于促进蛋白质积累有积极作用，但同一种定位信号是否适用于所有的蛋白还有待于进一步确定。

（六）内含子在增强基因表达方面的应用

内含子增强基因表达的作用最初是由 Callis 等在转基因玉米中发现的，玉米乙醇脱氢酶基因（Adhl）的第一个内含子（intron1）对外源基因表达有明显增强作用，该基因的其他内含子（例如 intron8，intron9）也有一定的增强作用。后来，Vasil 等也发现玉米的果糖合成酶基因的第一个内含子能使 CAT 表达水平提高 10 倍。水稻肌动蛋白基因的第三个内含子也能使报道基因的表达水平提高 2～6 倍。至今对内含子增强基因表达的机制不清楚，但一般认为可能是内含子的存在增强了 mRNA 的加工效率和 mRNA 稳定性。Tanaka 等人的多项研究表明，内含子对基因表达的增强作用主要发生在单子叶植物，在双子叶植物中不明显。

由于内含子对基因表达有增强作用，Mcelroy 等在构建单子叶植物表达载体时，特意将水稻的肌动蛋白基因的第一个内含子保留在该基因启动子的下游。同样，Christensen 等在构建载体时将玉米 Ubiquitin 基因的第一个内含子置于启动子下游，以增强外源基因在单子叶植物中的表达。然而，有研究指出，特定内含子对基因表达的促进作用取决于启动子强度、细胞类型、目的基因序列等多种因素，甚至有时会取决于内含子在载体上的位置。例如，玉米 Adhl 基因的内含子 9 置于 Gus 基因的 5′端，在 CaMV35S 启动子调控下，Gus 基因的表达未见增强；当把内含子置于 Gus 基因 3 端，在同样的启动子控制下，Gus 基因的表达水平却增加了大约 3 倍。由此可见，内含子对基因表达的作用机制可能是很复杂的，如何利用内含子构建高效植物表达载体，目前还缺乏一个固定的模式，值得进一步探讨。

（七）多基因策略

迄今为止，多数的遗传转化研究都是将单一的外源基因转入受体植物。但有时由于单基因表达强度不够或作用机制单一，尚不能获得理想的转基因植物。如果把两个或两个以上的能起协同作用的基因同时转入植物，将会获得比单基因转化更为理想的结果。这一策略在培育抗病、抗虫等抗逆性转基因植物方面已得到应用。例如，根据抗虫基因的抗虫谱及作用机制的不同，可选择两个功能互补的基因进行载体构建，并通过一定方式将两个抗虫基因同时转入一个植物中去。王伟等将外源凝集素基因和蛋白酶抑制剂基因同时转入棉花，得到了含双价抗虫基因的转化植株。Barton 等将 Bt 杀虫蛋白基因和蝎毒素基因同时转入烟草，其抗虫性和防止害虫产生抗性的能力大为提高。在抗病方面，本实验室蓝海燕等构建了包含 β－1，3－葡聚糖酶基因及几丁质酶基因的双价植物表达载体，并将其导入油菜和棉花，结果表明，转基因植株均产生了明显的抗病性。最近，冯道荣、李宝健等将 2～3 个抗真菌病基因和 hpt 基因连在一个载体上，两个抗虫基因与 bar 基因连在另一个载体上，用基因枪将它们共同导入水稻植株中，结果表明，70%的 R 代植株含有导入的全部外源基因（6～7 个），且导入的多个外源基因趋向于整合在基因组的一个或两个位点。

一般常规的转化，尚不能将大于 25kb 的外源 DNA 片段导入植物细胞。而一些功能相关的基因，比如植物中的数量性状基因、抗病基因等，大多成"基因簇"的形式存在。如果将某些大于 100kb 的大片段 DNA，如植物染色体中自然存在的基因簇或并不相连锁的一系列外源基因导入植物基因组的同一位点，那么将有可能出现由多基因控制的优良性状或产生广谱的抗虫性、抗病性等，还可以赋予受体细胞一种全新的代谢途径，产生新的生物分子。不仅如此，大片段基因群或基因簇的同步插入还可以在一定程度上克服转基因带来的位置效应，减少基因沉默等不良现象的发生。最近，美国的 Hamilton 和中国的刘耀光分别开发出了新一代载体系统，即具有克隆大片段 DNA 和借助于农杆菌介导直接将其转化植物的 BIBAC 和 TAC。这两种载体不仅可以加速基因的图位克隆，而且对于实现多基因控制的品种改良也会有潜在的应用价值。目前，关于 BIBAC 和 TAC 载体在多基因转化方面的应用研究还刚刚开始。

（八）筛选标记基因的利用和删除

筛选标记基因是指在遗传转化中能够使转化细胞（或个体）从众多的非转化细胞中筛选出来的标记基因。它们通常可以使转基因细胞产生对某种选择剂具有抗性的产物，从而使转基因细胞在添加这种选择的培养基上正常生长，而非转基因细胞由于缺乏抗性则表现出对此选择剂的敏感性，不能生长、发育和分化。在构建载体时，筛选标记基因连接在目的基因一旁，两者各有自己的基因调控序列（如启动子、终止子等）。目前常用的筛选标记基因主要有两大类：抗生素抗性酶基因和除草剂抗性酶基因。前者可产生对某种抗生素的抗性，后者可产生对除草剂的抗性。使用最多的抗生素抗性酶基因包括 NPTII 基因（产生新霉素磷酸转移酶，抗卡那霉素）、HPT 基因（产生潮霉素磷酸转移酶，抗潮霉素）和 Gent 基因（抗庆大霉素）等。常用的抗除草剂基因包括 EPSP 基因（产生 5－烯醇式丙酮酸莽草酸－3－磷酸合酶，抗草甘磷）、GOX 基因（产生草甘膦氧化酶、降解草甘膦）、bar 基因（产生 PPT 乙酰转移酶，抗 Bialaphos 或 glufosinate）等。

后面的就是克隆的步骤了，相对简单。

（1）首先获得目的基因加酶切位点，连入改好的载体中；

（2）将质粒转入大肠杆菌 DH5a 扩增；

（3）将扩增好的质粒转入植物细胞内进行表达；

（4）收集根细胞外培养基检测是否有该蛋白的表达和分泌。

简单说明以下步骤：①选择合适酶切位点，主要参考你所用的载体的多克隆位点，一般建议用双酶切，这样就不存在方向验证的问题；②根据你所选用的酶切位点设计引物克隆基因；③分别酶切载体和基因的 PCR 产物，然后回收。可以选择切胶回收，也可以用无水乙醇沉淀；④连接酶链接；⑤转化；⑥提质粒验证，要进行 PCR 验证和酶切验证；⑦测序。

第五节　外源基因表达系统

一、大肠杆菌表达系统

（一）大肠杆菌表达系统的特点

克隆的真核基因在大肠杆菌细胞中实现正确有效表达的基本条件是必须能够正常地转录和翻译，在许多情况下还需进行转录后加工以及在细胞中正确定位，这些过程中的任何一步发生差错，都会导致该基因表达的失败。所以必须考虑表达载体、外源基因的性质、原核细胞的启动子和 SD 序列、开放读码框架（openreadingframe，ORF）及宿主菌调控系统等基本条件，即必须满足以下条件：①外源基因不能带有间隔序列（内含子），因而必须用 cDNA 或全化学合成基因，而不能用基因组 DNA（genomicDNA）；②必须利用原核细胞的强启动子和 SD 序列等调控元件控制外源基因的表达；③外源基因与表达载体连接后，必须形成正确的开放阅读框架；④通过表达载体将外源基因导入宿主菌，并指导宿主菌的酶系统合成外源蛋白；⑤利用宿主菌的调控系统，调节外源基因的表达，防止外源基因的表达产物对宿主菌的毒害。

（二）大肠杆菌表达载体的重要调控元件

工程表达载体是适合在受体细胞中表达外源基因的载体。除了要具备一般载体的特性，如含有选择标记基因、载体的复制起点（ori）、供外源基因正确插入的多克隆位点（multicloningsite）之外，还需要有能控制插入的外源基因进行有效转录的序列以及适当的翻译调控序列，即具有启动子、核糖体结合位点和翻译起始点 AUG 等。

（1）启动子启动子是表达载体的至关重要的部分，也是影响外源基因表达的重要因素。可使克隆的外源基因高水平表达的最佳启动子，必须具备以下几个条件：①必须是一种强启动子。能够使克隆基因的蛋白质产物的表达量占细胞总蛋白的 10%～30% 或以上；②这个启动子应能呈现出一种低限的基础转录水平，因为在表达毒性蛋白质或是有损于宿主细胞生物的蛋白质的情况下，使用高度抑制型的启动子（repressiblepromoter）是一种极为重要的条件；③这种启动子应是诱导型的，能通过简单的方式使用廉价的诱导物加以诱导。下面介绍常用的原核启动子。

① Lac 启动子；

② Trp 启动子；

③ Tac 启动子；

④ PL 启动子。

（2）终止子由上游启动子驱动的转录作用，当其通读过下游启动子时，便会使下游启子功能受到抑制，所以如果在克隆基因编码区的 37 末端接上一个有效的转录终止子，便能阻止转录通读到下游的启动子，从而妨碍下游的基因的正常表达。

（3）翻译起始序列 mRNA 分子 5′端的结构是决定 mRNA 翻译起始效率的主要因素，所以在构建载体时，需认真选择有效的翻译起始序列（translation—initiationsequence）。遗憾的至今人们尚未鉴定出通用有效的翻译起始序列的保守结构，但却发展出了多种可以有效地降低 mRNA 分子 5′末端形成二级结构的实验方法，从而提高了克隆的外源基因的表达效率。

（4）翻译增强子大肠杆菌和噬菌体中存在着能够显著地增强异源基因表达效率的特殊序列元件称为翻译增强子（translationalenhancer），如 T7 噬菌体基因 10 前导序列（简称 g10－L 序列）、以大肠杆菌 atpE 基因为代表的一些 mRNA 分子 5LUTR 中的富含 U 的区段、直接位于 T7 基因起始密码子下游的下游元件等，均属于此类翻译增强子。尽管翻译增强子的作用机制还不很清楚，但它们的应用的确有助于提高外源基因的表达水平。

（5）翻译终止子 mRNA 翻译终止的一个必不可少的条件是必须存在着一个终止密码子。因此在构建大肠杆菌表达载体时，人们通常是安置上全部的三个密码子，以便阻止发生核糖体的跳读（skipping）现象。已知大肠杆菌偏爱使用终止密码子 UAA，尤其是当在其后连上一个 U 而形成 UAAU 四联核苷酸的情况下，翻译终止的效率便会得到进一步的加强。

（三）常用大肠杆菌表达系统举例

人生长激素（hGH）的 mRNA 最初被翻译成前体激素，它没有天然激素的生物活性，比天然激素在 N 末端多了一段信号肽。此信号肽有 23 个氨基酸残基，它与生长激素被分泌到细胞外有关，并在分泌过程中失去，使前体生长素变成有生物活性的天然激素。动物细胞内存在将前体生长素变为成熟的生长素的加工系统，所以能容易表达有生物活性的生长素。但是，大肠杆菌中缺乏加工前体激素的系统，很难产生有活性的生长素。为此，人们构建了在大肠杆菌中指导合成有活性的生长素的细胞质粒。

（四）大肠杆菌表达系统存在的问题

真核细胞缺乏真核细胞所特有的翻译后加工修饰系统，如糖基化，而不少具有生物活性的蛋白是糖蛋白，因此无法用原核表达系统表达；细菌本身产生的热源、内毒素不易除去，产品纯化问题较多；蛋白的高水平表达常形成包涵体，提取和纯化步骤烦琐，而且蛋白复性困难，易出现肽链的不正确折叠等问题。

二、酵母表达系统

（一）酵母表达系统的特点

酵母表达系统是引人注目的一个重要真核细胞表达系统，它具有许多优点：酵母是单细胞真核生物，具有真核细胞的特点，可以对蛋白进行多种翻译后修饰；容易培养，生长迅速，增殖一代只需几小时；具有较高的安全性，啤酒酵母已被美国仪器和医药管理局确认为一种安全的生物，因此用它表达的药剂不需进行大量的宿主安全性实验；具有分泌功能，可使某些外源蛋白分泌到胞外，易于纯化；遗传背景比较清楚，已分离鉴定出几个较强的酵母基因启动子，可以利用基因表达调控机制，进行高水平表达。因此，酵母表达系统是一种很好的真核细胞基因表达系统，有着广阔的发展前景，如人乙型肝炎病毒表面抗原和核－b抗原、多种干扰素、人表皮生长因子、胰岛素等均在酵母细胞中获得了成功的表达。

虽然外源基因在酵母启动子（如 ADH1 和 PGK 启动子）控制下，能在酵母细胞中得到表达，但表达水平常常低于其内源基因本身的表达水平。影响外源基因表达的因素很多。例如，启动子和起始密码子 AUG 间的距离比正常情况下的距离小，邻近 AUG 密码子的碱基序列也和正常情况不同，有可能导致最后的翻译水平降低。

（二）啤酒酵母表达系统

啤酒酵母为常用的基因克隆宿主细胞。克隆载体的应用，包括调节表达的序列（RNA 聚合酶识别位点及核糖体识别位点）的应用十分有效。要在酵母中最大限度表达外源基因，需要特异的启动子（乙醇脱氢酶、磷酸甘油激酶、酸性磷酸酶等基因的启动子）。酵母表达系统的转化方法有原生质体法、乙酸法、电穿孔法等。

（三）毕赤酵母表达系统

克隆基因在酵母体内转录受相应的激素调节，这种激素调控的基因分为三类：第一类即营养生长细胞中表达的基因，它们在调控因子影响下不再转录；第二类即在相应的激素存在的情况下，表达增加 10～20 倍的基因；第三类即只有在某些调控因子处理后才能表达的基因。

使用酵母表达体系应注意以下几方面：①由于啤酒酵母不能识别和处理高等真核内含子所以必须使用 cDNA；②注意所表达蛋白质的性质，因为这将决定在胞内表达还是向外分泌；③启动子和终止子的选择；④表达盒的稳定性；⑤外源蛋白的累积部位。

酿酒酵母菌用于基因工程存在的最大问题是很难进行高密度发酵，致使外源基因表达的总体水平较低。为了解决这一问题，人们开始从酵母菌这个巨大的生物资源中寻找更好的宿主。近年来被大家所熟悉，并已被广泛应用的巴斯德毕赤氏酵母（又称为甲醇酵母）表达系统就是其中成功的一个。这个酵母作为真核表达系统，具有许多其他蛋白表达系统所不具备的优点，可概括为：①具有强有力的乙醇氧化酶基因（AOX1）启动子，可严格调控外源蛋白的表达。②作为真核表达系统，可对表达的蛋白进行翻译后的加工和修饰，从而使表达出的蛋白具有生物活性。③营养要求低，培养基廉价，便于工业化生产。④可高密度发酵培养，在发酵罐中细胞干重甚至可达 120g/L 以上。⑤表达量高，许多蛋白可达到每升克以上水平，如破伤风毒素 C 片段表达量高达 12g/L。⑥表达的蛋白既可存在于胞内，又可分泌至胞外。自身分泌的蛋白（背景蛋白）非常少，十分有利于纯化，如表达的重组水蛭素（HIR），仅经过二步层析纯化，纯度就高达 97% 以上。⑦糖基化程度低，加到翻译蛋白上的糖链长度平均每条侧链为 8～14 个甘露糖残基，较之酿酒酵母的侧链甘露糖残基（平均 50～150）短得多。此外，酿酒酵母核心多糖末端存在 $\alpha-1,3$ 糖苷键，而巴斯德毕赤氏酵母没有。一般认为酿酒酵母中糖蛋白的 $\alpha-1,3$ 糖苷键使得这些蛋白具有高度的抗原性，因而不适合治疗用途。

但是，这一表达系统也有其缺点：①分子生物学的研究基础差，要对其进行遗传改造困难较大。②不是一种食品微生物，发酵时又要添加甲醇，所以，要用它来生产药品或食品还没有被广泛接受。③发酵虽然能达到很高的密度，但是发酵周期一般较长。

三、昆虫细胞表达系统

（一）昆虫细胞表达载体

昆虫细胞表达系统利用昆虫细胞和杆状病毒载体表达哺乳动物细胞蛋白。这种表达系统与其他表达系统如大肠杆菌、酵母、哺乳动物细胞等表达系统相比，具有下列明显的优点：

① 允许插入较大的外源基因。采用双启动子，则可以同时表达两种外源基因。

② 能较高水平表达不同生物来源的基因，可以实现胞内表达，也可以进

行分泌性表达。

④ 能有效地进行蛋白质翻译的加工，例如糖基化、脂酰化、磷酸化。

④ 杆状病毒具有严格的宿主细胞专一性，对脊椎动物和植物均无致病性，也不能在非宿主细胞中繁殖或发生整合，因此使用十分安全。

（二）昆虫细胞宿主

重组杆状病毒既可感染培养的昆虫细胞，又可感染昆虫的幼虫，这幼虫如同一个低成本的蛋白质工厂。有人做了这样一个实验，将带人的腺嘌呤脱氨酶基因的重组洲 CAMNPV 注射到 22 只粉纹夜蛾的幼虫体内，4d 后人腺苷酸脱氨酶可占昆虫总蛋白的 2%～5%，最后可纯化出约 9mg 很纯的产物。因此，昆虫幼虫也是一种很有前途的生产重组蛋白的生物反应器，经济效益十分可观。

（三）重组病毒载体的转染

为了提高重组效率，目前采用带有致死缺失的野生型线性病毒与重组病毒载体共转染的方法，转染率几乎达到 100%。致死缺失的野生型线性病毒不会编码产生活的病毒，在细胞中不能复制，也不能感染细胞，只有通过共转染的方式，发生同源重组，成为重组病毒，才能感染细胞进行复制。同时采用 Lipfection 脂质体代替磷酸钙，它可以与细胞膜发生融合。由于脂质体是微囊结构，可以将外源 DNA 包裹在其中，并且一起转入细胞。同时，脂质体几乎不具有通透性，所以包在其中的 DNA 可以免受细胞核酸酶的降解。

（四）分泌产物的表达与检测

昆虫细胞的表达载体主要是由核型多角体病毒改建而来的。在大肠杆菌的基础质粒上，插入多角体病毒的多角蛋白基因的部分 DNA 序列，这部分序列包括：①多角体蛋白基因的启动子和他的上游序列②多角体蛋白基因的终止序列和加多聚 A 序列③在启动子和终止序列两侧为用于重组的杆状病毒同源序列；④多克隆位点位于启动子的下游。

（五）昆虫细胞表达系统的缺点

昆虫细胞表达系统的主要缺点是不能连续合成重组蛋白，因为重组病毒感染昆虫细胞或昆虫幼虫 4～5d 后，细胞就裂解，幼虫死亡。为了能够连续合成外源蛋白，人们设计了两个办法：①采用两个生物反应器来实现昆虫细胞的连续生产，先在第一个容器中培养昆虫细胞，然后转入另一个容器中进行感染和收获产物。②采用整合的办法，将重组表达载体整合于昆虫细胞染色体上，以连续合成重组蛋白。要达到这一目的，最好选择 ACMMPV 的一个早期基因 IEL 的启动子，因为它的转录不依赖于其他病毒产物，并且在昆虫细胞中可以进行正常转录。只要把外源基因插入 IEL 启动子与终止序列之间，就构建成整合载体。当这种载体感染宿主细胞时，载体 DNA 可以整合到昆虫细胞基因组的多个随机位点上，实现蛋白的持续表达。

四、哺乳动物细胞表达系统

（一）哺乳动物细胞表达载体

能在哺乳动物细胞中表达获得某种有用的蛋白质，或采用某种方式将外源基因导入细胞，改变细胞的某种状态，这一类真核细胞表达系统，称为哺乳动物细胞基因表达系统。

已构建了多种适用于哺乳动物细胞表达系统的载体。这些载体既含有在原核生物中复制和筛选的标记基因，又含有在真核生物中工作的遗传元件。真核遗传元件包括了增强子－启动子（如 SV40 增强子－启动子、LTR 增强子－启动子、人巨细胞病毒增强子－启动子、金属硫蛋白基因启动子、β－actin 增强子－启动子等）、RNA 加工的信号序列、转录终止序列和加多聚腺苷酸的信号序列以及筛选标记基因。

（二）哺乳动物细胞宿主

哺乳动物细胞基因表达系统按其用途可分为两类，一类是用于表达大量外源蛋白，另一类用于基础研究。包括开展基因治疗的研究。所谓基因治疗，是通过合适的病毒载体将外源基因导入由基因缺陷所引起遗传病的患者体内，产生具有治疗功能的蛋白质。

（三）哺乳动物细胞表达系统

应用哺乳动物细胞表达系统表达高等真核基因，比起其他系统更优越。因为哺乳动物细胞能产生天然状态的蛋白质，能加工修饰表达的蛋白质，包括二硫键的形成、糖基化、磷酸化、寡聚体的形成，以及蛋白酶对蛋白进行特定位点上的切割。同时还能表达有功能的膜蛋白，如细胞表面的受体或细胞外的激素和酶，只能由哺乳动物细胞来表达。同时还能表达分泌性蛋白。

（四）哺乳动物细胞高效表达载体的构建

不同哺乳动物细胞的表达载体对宿主细胞的要求不同，因为载体上有各种特殊的序列，这些特殊的序列往往与细胞内的某一种细胞因子结合，从而影响基因的表达。同时，哺乳动物细胞内新翻译出来的多肽链，多数是没有功能的，或者活性很低，必须在有关的细胞器内进行加工，包括糖基化、磷酸化、信号肽的切除，然后将分泌性蛋白分泌于胞外，这一系列的加工与细胞类型密切相关。

思考题

11-1　名词解释：基因工程、星活性、限制性内切酶、DNA 聚合酶、反转录酶、质粒、载体、穿梭质粒载体、λ噬菌体载体、感受态细胞、磷酸钙沉淀法、脂质体介导法、启动子、SD 序列、终止子、分泌型表达载体、穿梭载体、信号肽序列。

11-2　简述基因工程的操作过程。

11-3　简述限制性核酸内切酶的命名方法及主要切割方式。

11-4　简述 DNA 连接酶的特点。

11-5　目前使用较多的 DNA 修饰酶主要有哪些？他们主要有什么不同特点？

11-6　目前中国酶制剂生产有何特点？

11-7　作为基因工程载体必须具备哪些基本条件？

11-8　质粒具有哪些基本特性？

11-9　酵母质粒有什么样的基本结构？

11-10　简述用"鸟枪法"分离目的基因的操作思路。

11-11　简述用反转录酶制备 cDNA 的操作思路。

11-12　简述目的基因与载体连接的几种基本方法。

11-13　简述重组基因的导入几种常用方法。

11-14　可用哪些方法筛选与鉴定重组体的阳性克隆，并说明原理。

11-15　简述克隆载体与表达载体的相同点和区别。

11-16　简述大肠杆菌表达载体有哪些重要调控元件。

11-17　酵母表达系统与大肠杆菌表达系统相比，有哪些优点。